国家出版基金项目
NATIONAL PUBLICATION FOUNDATION

U0175240

"十四五"时期国家重点出版物出版专项规划项目

密码理论与技术丛书

云计算安全
(第二版)

陈晓峰　马建峰　李　晖　李　进　著

密码科学技术全国重点实验室资助

科学出版社

北　京

内 容 简 介

本书以云计算安全的基础理论和关键技术为主要内容. 全书共 8 章, 第 1 章介绍云计算的基本概念; 第 2 章介绍可证明安全理论基础; 第 3~8 章是本书的重点内容, 分别介绍可搜索加密技术、基于属性的密码技术、安全外包计算技术、云数据完整性审计技术、数据库的可验证更新技术和云数据安全去重技术等. 本书融前沿性、丰富性、实用性为一体, 囊括了云计算安全的核心研究方向, 有助于广大读者了解云计算安全研究的基础理论和关键技术.

本书可作为高等院校网络空间安全和密码学专业的本科生与研究生的教学用书或参考书, 也可供信息安全从业人员、云计算安全研究人员参考.

图书在版编目 (CIP) 数据

云计算安全/陈晓峰等著. —2 版. —北京: 科学出版社, 2023.9
(密码理论与技术丛书)
国家出版基金项目 "十四五"时期国家重点出版物出版专项规划项目
ISBN 978-7-03-076285-6

Ⅰ. ①云⋯ Ⅱ. ①陈⋯ Ⅲ. ①云计算-网络安全 Ⅳ. ①TP393.08

中国国家版本馆 CIP 数据核字 (2023) 第 169472 号

责任编辑: 李静科 贾晓瑞 / 责任校对: 彭珍珍
责任印制: 吴兆东 / 封面设计: 无极书装

科 学 出 版 社 出版
北京东黄城根北街 16 号
邮政编码: 100717
http://www.sciencep.com
北京建宏印刷有限公司印刷
科学出版社发行 各地新华书店经销
*
2016 年 2 月第 一 版   开本: 720 × 1000 B5
2023 年 9 月第 二 版   印张: 16 1/2
2024 年 6 月第八次印刷   字数: 323 000
定价: 98.00 元
(如有印装质量问题, 我社负责调换)

"密码理论与技术丛书" 序

随着全球进入信息化时代, 信息技术的飞速发展与广泛应用, 物理世界和信息世界越来越紧密地交织在一起, 不断引发新的网络与信息安全问题, 这些安全问题直接关乎国家安全、经济发展、社会稳定和个人隐私. 密码技术寻找到了前所未有的用武之地, 成为解决网络与信息安全问题最成熟、最可靠、最有效的核心技术手段, 可提供机密性、完整性、不可否认性、可用性和可控性等一系列重要安全服务, 实现数据加密、身份鉴别、访问控制、授权管理和责任认定等一系列重要安全机制.

与此同时, 随着数字经济、信息化的深入推进, 网络空间对抗日趋激烈, 新兴信息技术的快速发展和应用也促进了密码技术的不断创新. 一方面, 量子计算等新型计算技术的快速发展给传统密码技术带来了严重的安全挑战, 促进了抗量子密码技术等前沿密码技术的创新发展. 另一方面, 大数据、云计算、移动通信、区块链、物联网、人工智能等新应用层出不穷、方兴未艾, 提出了更多更新的密码应用需求, 催生了大量的新型密码技术.

为了进一步推动我国密码理论与技术创新发展和进步, 促进密码理论与技术高水平创新人才培养, 展现密码理论与技术最新创新研究成果, 科学出版社推出了 "密码理论与技术丛书", 该丛书覆盖密码学科基础、密码理论、密码技术和密码应用等四个层面的内容.

"密码理论与技术丛书" 坚持 "成熟一本, 出版一本" 的基本原则, 希望每一本都能成为经典范本. 近五年拟出版的内容既包括同态密码、属性密码、格密码、区块链密码、可搜索密码等前沿密码技术, 也包括密钥管理、安全认证、侧信道攻击与防御等实用密码技术, 同时还包括安全多方计算、密码函数、非线性序列等经典密码理论. 该丛书既注重密码基础理论研究, 又强调密码前沿技术应用; 既对已有密码理论与技术进行系统论述, 又紧密跟踪世界前沿密码理论与技术, 并科学设想未来发展前景.

"密码理论与技术丛书" 以学术著作为主, 具有体系完备、论证科学、特色鲜明、学术价值高等特点, 可作为从事网络空间安全、信息安全、密码学、计算机、通信以及数学等专业的科技人员、博士研究生和硕士研究生的参考书, 也可供高等院校相关专业的师生参考.

冯登国

2022 年 11 月 8 日于北京

前　　言

　　云计算是一种具有动态延展能力的运算方式, 可看作是分布式计算、并行处理计算、网格计算等概念的发展和应用, 它实现了人们长期以来的"把计算作为一种基础设施"的梦想. 基于云计算技术, 云计算平台可以在数秒之内处理数以千万甚至亿万的信息, 从而把信息资源 (包括计算、存储及带宽) 以服务的形式通过因特网提供给个人用户和厂商, 大大减轻了资源受限用户对软件管理及硬件维护的负担, 从而彻底改变了传统 IT 产业的架构和运行方式. 然而, 云计算在提供多种高效灵活的数据服务的同时, 也面临着诸多挑战和一些急需解决的安全问题. 云计算、云存储及云安全已成为学术界和产业界共同关注的研究热点.

　　目前, 国内外已有一些云计算安全的相关书籍出版. 然而, 已有的书籍大部分是从宏观的角度阐述云计算所面临的安全问题, 侧重于描述云安全的架构、安全体系等, 较少涉及基础理论和关键技术.

　　本书共 8 章, 第 1 章是云计算的基本概念; 第 2 章是可证明安全理论基础; 第 3~8 章是全书的重点内容, 分别介绍可搜索加密技术、基于属性的密码技术、安全外包计算技术、云数据完整性审计技术、数据库的可验证更新技术和云数据安全去重技术等. 本书内容经过精心考虑, 紧扣目前学术研究前沿领域, 全面介绍了云计算安全的基础理论和关键技术, 其中也包括了作者近几年的主要研究成果. 在写作过程中, 既介绍研究的动机和背景, 又介绍相关的理论、算法和方案, 还给出未来可能的研究方向, 从而形成了一个完整的体系.

　　与第一版相比较, 除了校正一些笔误以外, 我们还对近几年相关理论和技术进行了更为系统的介绍和拓展, 增加了最新的文献和前沿方案. 其中, 第 3 章特别增加了前/后向安全的可搜索加密方案; 第 4 章增加了基于属性的签名方案; 第 5 章增加了最新的大规模科学计算、密码基础运算和基于属性密码的安全外包计算方案; 第 6 章增加了最新的数据持有性和可恢复性证明方案. 此外, 本书新增第 7 章 "数据库的可验证更新技术", 介绍了一系列前沿的动态数据库和数据流的可验证更新方案; 新增了第 8 章 "云数据安全去重技术", 介绍了文件级和数据块级云数据安全去重方案.

　　本书可作为高等院校网络空间安全和密码学专业的本科生与研究生的教学用书或参考书, 也可作为云计算安全研发人员的参考资料.

　　作者对参与本书修订工作的魏江宏博士、王赞玲博士、吴姣姣博士、田国华博士、黄梦蝶博士、栗亚敏博士、潘静博士等一并表示感谢. 另外, 本书得到国家出版基金、密码科学技术全国重点实验室学术专著出版基金和国家自然科学基金重点国际合作研究项目"开放融合环境下密文数据安全服务关键理论与技术"(批准号: 61960206014) 的资助, 特此感谢.

由于作者水平有限, 书中不妥之处在所难免, 恳请读者提出宝贵意见.

作 者

2021 年 6 月 6 日

目　　录

第 1 章 绪 论

云计算实现了人类把计算作为一种基础设施的梦想, 目前已成为学术界、产业界和政府部门共同关注的研究热点. 本章主要介绍云计算的概念及其研究进展, 并阐述了云计算目前面临的主要安全问题与挑战.

1.1 云 计 算

1989 年, 欧洲核子研究中心研究员蒂姆·伯纳斯-李 (Tim Berners-Lee) 首次提出"万维网" (World Wide Web) 的概念, 这是计算机网络发展史上的一大里程碑. 2004 年, 蒂姆因万维网荣获第一届"千年技术奖", 成为"互联网之父". 2016 年, 蒂姆又获得计算机科学领域最负盛名的大奖"图灵奖". 从最初的 Web1.0 到成熟的 Web3.0[1], 万维网的每一次跨越都给人们带来了全新的体验. 最初的 Web1.0 主要是各大网站以"单向"的方式传递信息, 而用户只能通过搜索引擎搜索自己所需的信息或资源, 此时的网络相当于一部"百科全书". 相对于 Web1.0 只能实现"读"的功能, Web2.0 则更注重交互性. 此时, 用户不仅是网站的浏览者, 更是网站的制造者. Web3.0 不仅继承了 Web1.0 和 Web2.0 的优点, 同时更具智能化, 能够对用户提供的信息进行有效整合, 使得内容特征更加明显, 便于搜索. 随着网络发展的日新月异, 用户的数量也在以惊人的速度上升. 据国际电信联盟发布的数据显示, 2009 年全球互联网用户为 20 亿人, 2014 年已突破 30 亿人大关. 根据互联网世界统计 (IWS) 数据显示, 2021 年全球互联网用户数量已突破 46 亿. 然而, 人们在享受网络丰富信息带来便利的同时也在忍受着网络资源受限所导致诸多问题的困扰, 如计算资源、存储资源、宽带资源等.

2006 年, 全球最大的搜索引擎服务提供商 Google 首次提出了云计算的概念, 它实现了人们长期以来的"把计算作为一种基础设施"的梦想. 此后, 在 IBM、Google、Yahoo、Amazon 等 IT 行业巨头的大力推动之下, 云计算迅速风靡全球. 产业界的云计算代表了信息领域迅速向集约化、规模化与专业化道路发展的趋势, 已成为产业界、学术界、政府等各界共同关注的焦点. 我国政府对云计算高度重视, 2011 年 7 月公布的《国家"十二五"科学和技术发展规划》中将云计算作为新一代信息技术发展的重要方向之一, 要着力实施"中国云"工程, 建设国家级云计算平台, 掌握云计算和高性能计算的核心技术.

1.1.1 云计算的概念

什么是云计算? 通俗地讲云计算就是以用户为中心的一种计算服务. 而且, 该服务就像是天上的 "云", 用户可以随时根据自己的需求改变它的 "规模" "形状" "配置" 等. 维基百科[2] 上定义云计算是一种基于互联网的计算方式, 通过这种方式, 共享的软硬件资源和信息可以按需求提供给计算机和其他设备. 而 IBM[3] 则认为 "云计算是一种将 IT 资源、数据和应用作为服务通过互联网提供给用户的计算模式". 中国信息协会云计算技术专业委员会认为 "云计算是通过整合、管理、调配分布在网络各处的计算资源, 并以统一的界面同时向大量用户提供服务". 这些定义叙述不一, 但内涵却大致相同, 即将计算资源作为一种服务提供给资源受限的用户.

云计算是并行计算 (Parallel Computing)、分布式计算 (Distributed Computing) 和网格计算 (Grid Computing) 的融合和发展, 然而又有所区别.

并行计算是相对于串行计算而言的, 其基本原理是将单个复杂的任务细化成多个小任务, 分别交给多个不同的处理器进行处理, 最后将每个小任务的结果返回, 再集中处理得到最终结果. 在此过程中, 每个细化的小任务之间相互关联. 如果其中任一小任务的结果出现错误, 都将会影响最终的结果. 分布式计算的产生就是为了处理并行计算遗留的故障 (某个细化的小任务返回错误结果导致了最终结果的错误), 它能够通过网络将成千上万台计算机连接起来, 共同完成单台计算机无法完成的巨大的计算任务. 类似于并行计算, 分布式计算同样是将大任务划分为多个小任务进行处理, 但不同之处在于, 每个小任务之间是相互独立的, 上一个任务的结果未返回或者结果错误不会影响下一个任务的执行. 网格计算是分布式计算的一种, 通过互联网将物理位置不同的计算机连接起来组成一个 "虚拟的超级计算机", 利用闲置的资源增强自身的计算能力并达到资源共享的目的. 云计算是这三种计算模式的又一次升华, 它不仅具备三种计算模式的特点, 同时又弱化了对硬件资源的需求, 将硬件资源转化成 "虚拟的资源".

1.1.2 云计算的服务构架

云计算的服务构架总共分为三个部分, 即基础设施即服务 (Infrastructure as a Service, IaaS)、平台即服务 (Platform as a Service, PaaS) 和软件即服务 (Software as a Service, SaaS).

- **基础设施即服务 (IaaS)**

云计算的最底层. IaaS 拥有数以万计的服务器, 可提供最基本的计算和存储资源. 用户可以通过互联网访问云平台上的资源, 采用 "租用" 的形式让 IaaS 平台上的资源为自己所用, 并且无需为基础的硬件设备付出相应的原始成本. 同时, 它还具有自动按需分配的功能, 可以根据用户计算或存储的需求自动分配相应数量的服务器, 从而避免了用户为闲置的服务器付费, 实现按需付费, 为用户节省开支. 此外, 在使用资源的过程中, 用户同样无需管理或控制任何云计算基础设施, 但能够在此基础上调用资源. 典型的例子有 Amazon EC2、Hadoop、Amazon S3 等.

- **平台即服务 (PaaS)**

云计算的中间层. PaaS 主要是向开发人员提供基于互联网的应用程序开发或测试平台. 通过 PaaS 平台, 开发人员可以在云端实现应用程序的设计、开发、测试、托管等一系列操作. 该平台是以服务的模式提供给用户, 因此用户只需为自己使用的服务付费, 无需为硬件或软件资源付费. 除此之外, 应用程序在云端上的维护十分简单, 方便开发人员后续跟进. 这种成本低、方便高效、应用简单的开发平台无疑会得到许多大小型企业的青睐. 典型的例子有: Google AppEngine、Microsoft Azure 等.

- **软件即服务 (SaaS)**

云计算的最高层. SaaS 主要面向互联网终端用户, 以服务的模式通过互联网将应用程序提供给终端用户. 用户可以通过互联网向专门的应用程序提供商获取带有相应程序功能的服务, 且无需购买应用程序, 也无需将应用程序安装在自己的电脑或服务器上. 自始至终用户获取的都只是应用程序的服务而不是应用程序本身, 因此, 用户避免了应用程序的管理和维护, 大大降低了成本. 典型的例子有: Google Docs、Salesforce CRM、Office Live Workspace 等.

这三种模式都是采用"外包"的理念, 将硬件和软件的原始购置、管理维护等高成本的操作外包给云平台, 用户只需为使用的服务付出相应的费用. 其最终目的都是以最少的成本获取最大的服务.

1.1.3 云计算的分类

云计算的分类多种多样, 按需求类型可分成: 公有云 (Public Cloud)、私有云 (Private Cloud)、混合云 (Hybrid Cloud) 和互联云 (Inter Cloud) 等[4].

- **公有云**

公有云是运营商以营利为目的搭建的可供给第三方使用的云平台, 如 Google 云、阿里云、Amazon AWS 等. 第三方用户可以通过互联网使用云服务, 但并不拥有云服务. 公有云可以通过云计算基础设施的灵活性和可扩展性提供低廉的云服务以吸引用户, 降低用户的风险和成本. 公有云比私有云大很多, 可以根据用户的需求随时进行伸缩, 改变大小, 并且可以将用户基础设施风险转嫁到云服务提供商身上.

- **私有云**

私有云是相对公有云而言的, 它是运营商自己运营并且使用的云平台服务, 且仅供内部人员使用. 私有云可以是用户使用自己的 IT 设施搭建, 也可由云服务提供商搭建, 既可以托管在企业数据中心防火墙内, 也可托管在一个安全的主托管所内. 私有云相对于公有云来说, 它的安全性、服务质量更好, 避免了多级用户访问数据造成的数据泄露等安全问题.

- 混合云

介于公有云和私有云之间的便是混合云, 它由多个云端系统组成, 其中包括公有云、私有云等, 这些云端相互独立但又可通过特殊的技术相互结合. 混合云既具备公有云的资源丰富的优点, 又拥有私有云安全性高的优点, 它就相当于将私有云进行扩展, 在保证安全性的基础上扩充资源. 如果某个企业拥有混合云, 那么它便可以将企业中资源信息分为两部分: 一部分是要求保密性高、常访问处理的资源; 另一部分是闲置的资源. 那么, 企业可以将前一部分的资源存储在私有云上, 后一部分存储在公有云中, 通过两者之间的协调互助提供云服务.

- 互联云

互联云是一种全球性联通的"云中云", 类似于互联网"网中网"的概念一样, 是基于现有云的一种扩展和延伸, 它所提供的服务也类似于移动运营商实现漫游和长途通信的操作. 由于现有的每个独立的云都没有无限的物理资源或无处不在的地理分布, 因此当一个独立的云平台的基础设施无法提供计算和存储资源时或者它所在的地理位置没有基站时, 互联云便能够通过互联网使得每个独立的云平台可以使用其他云基础设施提供的资源 (包括计算、存储, 甚至是任何类型的资源), 即通过平等互惠的协议让其他独立云平台的资源为自己所用. 更甚者, 云交换、云互传、云漫游等互联云所能实现的服务都为云服务提供商引入了新的商机.

1.1.4 移动云计算

近几年, 随着移动互联网的蓬勃发展, 智能手机等移动业务迅速占领了互联网市场. 然而移动终端资源受限的瓶颈 (如有限的计算能力、电池能量受限、连接受限等) 大大制约了移动业务的发展. 为解决此问题, 基于智能移动终端的云计算服务随之兴起, 成为移动云计算的雏形. 移动云计算就是指智能终端用户通过移动网络以按需、易扩展的方式获得基于云平台的服务[5], 如图 1.1 所示. 移动云计算弥补了云计算的不足, 实现了云服务的无时不在、无处不在的特点, 并且增强了云计算服务对复杂网络的适应性.

移动云计算可以看作是"浓缩版"的云计算. 移动终端用户通过互联网共同搭建"临时"云平台, 可解决传统云计算受基础设施制约的难题, 实现云平台"即用即建"的优势. 在某些特定的场景下, 移动云计算具有非常重要的应用前景. 如某地发生地震、山洪暴发等重大自然灾害时, 该地的云计算基础设施遭到了毁灭性的破坏, 任何与云计算相关的应用都将无法运行. 然而, 移动云计算技术可以在此时发挥重要的作用, 灾难现场的移动终端用户可以通过与邻近的移动用户临时搭建一个云平台, 将灾难现场的情况拍照记录并传送出去, 从而可以迅速地展开救援工作.

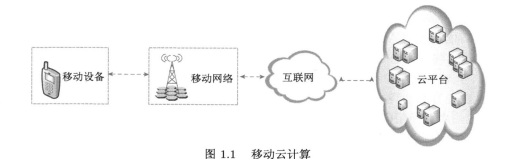

图 1.1   移动云计算

移动云计算发展至今已经陆续出现了许多的成功案例. 作为云计算的先行者, Google 公司积极开发面向移动环境的 Android 系统平台和终端, 实现了传统互联网和移动互联网信息的有机整合, 添加了语音搜索服务, 提供了定点搜索、Google 手机地图以及 Android 的 Google 街景功能. 同样, 微软公司推出的 LiveMesh, 苹果公司推出的 MobileMe 服务等案例, 表明移动云计算的飞速发展.

自移动云计算出现之后, 为了让用户能够更加便捷、高效地使用云服务, 云服务运营商为用户精心打造了一项智能云服务, 称之为 "微云" (Cloudlet)[6]. 用户通过微云可以方便、快捷地在智能终端和云之间进行交互. 从某一层面上来说, 如果我们将普通的云称为"远程云"的话, 那么微云也就相当于"本地云", 即云计算在一个小领域内的应用, 比如家庭云、企业云、学校云等. 微云介于用户和远程云之间, 假如用户想用云服务来实现计算任务, 那么用户首先用的是微云内的资源, 当微云内的资源不足时则调用远程云的资源, 如此能够实现高效便捷的服务.

移动云计算在有效地解决各种移动终端资源受限的状况的同时也带来了新的、不容忽视的安全问题. 移动云计算是移动计算和云计算的结合, 它们所面临的安全威胁同样沿袭到了移动云计算. 从某种程度上来讲, 移动云计算比云计算更易遭受安全威胁, 这是由于移动终端的访问位置灵活、访问并发数规模大等原因造成的. 从宏观的角度来看, 移动云计算主要面临着以下亟待解决的安全问题.

- **终端安全**

在移动云计算模式下, 移动终端是用户使用云计算服务的入口, 主要包括智能手机、平板电脑、笔记本等便携式移动设备, 移动终端本身的安全将会影响移动云计算的安全. 例如终端通信的安全算法、网络协议存在漏洞, 终端操作系统或云应用程序存在漏洞, 手机病毒等, 这些都使得移动终端容易受到各种攻击, 面临用户被跟踪、窃听、破坏等安全威胁, 更甚者可能导致云端服务器遭到攻击. 为解决移动终端的安全问题, 首先就要设计适合于移动终端、与时俱进的安全算法和协议, 其次需要软硬件的共同保障, 最后要增强移动用户的安全意识、养成良好的使用习惯.

- **信道安全**

移动终端与云端服务器通过互联网连接, 主要包括 2G/3G/4G/5G 网络、WiFi 无线网络等. 网络的复杂性、移动终端的移动性导致了一系列的安全问题, 主要表现为移动终端的认证问题及数据传输的安全问题. 在移动终端接入认证时, 攻击者可能阻碍认证或冒充云端服务器窃取用户信息. 尤其是在接入未经认证的 WiFi 无线网络时, 面临的安全威胁将会更大. 为解决这类问题, 应当增强用户身份认证或实行匿名认证、采用双向认证技术来保证用户接入时的安全. 由于通信信道是公开的, 所以在传输时应当对数据使用高强度的加密算法进行加密处理.

- **云端安全**

云端是云计算的资源池和移动云计算的核心, 主要是为用户提供云服务. 云端安全问题是移动云计算安全的关键, 主要包含基础设施的安全及服务安全. 首先, 云端的基础设施是移动云计算的资源地, 也是搭建整个云平台的基柱. 无论是从云端获取资源还是将资源集中存储到云端, 我们都必须保证基础设施的安全, 这样才能保证云端资源的安全. 其次, 要保证服务的安全. 如若服务是不安全的, 那么云端服务器可能会拦截移动终端与服务器之间传送的数据, 或是传送错误的结果到终端. 因此, 我们应当在加强数据隐私保护的同时还要加强验证计算等安全技术.

1.2　云　存　储

云存储是云计算概念上的延伸和发展. 云存储系统通过集群功能、分布式文件系统及网格计算等技术将网络中大量的存储设备联合起来协同工作, 并通过一定的应用软件或应用接口, 对用户提供一定类型的存储服务和访问服务. 因此, 云存储本质上也是一种 (基础设施) 服务. 用户无需了解存储设备的物理位置、型号、容量、接口和传输协议等.

云存储系统的结构模型由 4 层组成.

(1) **存储层**. 存储层是云存储最基础的部分. 存储设备可以是 FC 光纤存储设备, 可以是 IP 存储设备, 也可以是 DAS 存储设备. 云存储中的存储设备往往数量庞大且分布在不同地域, 彼此之间通过广域网、互联网或者 FC 光纤通道网连接在一起. 存储设备之上是一个统一存储设备管理系统, 可以实现存储设备的逻辑虚拟化管理、多链路冗余管理, 以及硬件设备的状态监控和故障维护.

(2) **基础管理层**. 基础管理层是云存储最核心的部分, 也是云存储中最难以实现的部分. 基础管理层通过集群、分布式文件系统和网格计算等技术, 实现云存储中多个存储设备之间的协同工作, 使多个存储设备可以对外提供同一种服务, 并提供更大更强更好的数据访问性能.

(3) **应用接口层**. 应用接口层是云存储最灵活多变的部分. 不同的云存储运营单位可以根据实际业务类型, 开发不同的应用服务接口, 提供不同的应用服务. 比如视频监控应用平台、IPTV 和视频点播应用平台、网络硬盘引用平台、远程数据备份应用平台等.

(4) **访问层**. 任何一个授权用户都可以通过标准的公用应用接口来登录云存储系统, 享受云存储服务. 云存储运营单位不同, 云存储提供的访问类型和访问手段也不同.

自云计算的概念提出之后, 全球各大著名的云存储服务提供商争相发展自己的云平台. 目前较成熟的云平台包括: Google App Engine[7]、IBM "蓝云" 计算平台[3]、Amazon Web Services[8]、Windows Azure[8] 等.

• **Google App Engine**

Google 云的基础设施主要由 MapReduce (分布式计算模型)、GFS (分布式文件系统) 和 BigTable (分布式存储系统) 三个部分构成. 2008 年 4 月, Google 提出了一种 Web 应用工具——Google App Engine. 它是一种可以让开发者在 Google 的基础设施上免费运行自己的网络应用程序的云平台, 并且不需要维护服务器. 在 Google App Engine 上, 用户可以注册一个免费的账户, 此后便可以用该账户开发或者发布自己的应用程序用以全球共享, 并且无需承担任何费用和责任. 每个免费账户都可使用多达 500MB 的持久存储空间, 以及提供每月可支持约 500 万页面浏览量的 CPU 和宽带.

Google App Engine 可支持如下服务.

(1) 网址获取: 应用程序可以使用 App Engine 访问互联网上的资源, 例如网络服务或者其他数据等. 网络获取服务是通过使用检索许多其他 Google 产品网页的高速 Google 基础架构来检索网络资源.

(2) 邮件: 应用程序可以通过该服务发送电子邮件. 邮件服务使用 Google 的基础设施发送电子邮件.

(3) Memcache: 为应用程序提供高性能的内存键值缓存, 可以通过应用程序的多个实例访问缓存. Memcache 对于那些不需要数据库长久存储的数据或事务 (例如临时数据或者从数据库复制到缓存以便高效访问的数据) 非常有用.

(4) 图片服务: 该服务使应用程序可以对图片进行各种操作. 通过使用 API,

可对 JPEG 和 PNG 格式的图片进行大小调整、剪切、旋转和翻转.

(5) 即使在重载和数据量极大的情况下, 也可以轻松构建拥有持久存储、自动扩展的安全应用程序.

• IBM "蓝云" 计算平台

IBM 的云基础设施主要包括 Xen 和 PowerVM 虚拟化、Linux 操作系统映像以及 Hadoop 文件系统与并行构建. 2007 年 11 月, IBM 推出了 "蓝云" (Blue Cloud) 计算平台, 该平台是基于 IBM 的云基础构架搭建的, 它的推出为用户带来了一系列新的云计算产品体验, 能够使得企业通过架设一个分布式、可全球访问的资源结构, 让数据中心能在类似于互联网一样的环境下运行, 并实现公有云的无缝连接及测试环境的部署. 与 Google 不同的是, IBM 没有基于云计算提供外部可访问的网络应用程序, 这是由于 IBM 可以全程自我提供从硬件、软件到服务的全部产品, 并且 IBM 是目前唯一一家能够实现该功能的企业.

"蓝云" 计算平台可支持如下服务.

(1) 自动化: 可以使得 Microsoft Windows 和 Linux 操作系统的映像、部署、安装和配置过程实现自动化, 并且可自动化安装或配置用户请求的任何软件集, 高效实现各种操作.

(2) 自我管理: 该平台内置各种自我管理功能. 能够动态地将计算平台定位到所需要的物理平台上, 无需暂停运行程序; 能够有效地管理主机资源, 将计算负载不是很重的虚拟机计算节点合并到一个物理节点, 从而关闭闲置的节点, 节省资源.

(3) 虚拟化: 可实现服务器虚拟化、存储及网络的虚拟化.

• Amazon Web Services

21 世纪初期, Amazon 为第三方零售商建立了 "电商即服务" (e-commerce-as-a-service) 平台 "Merchant.com", 用于商户开设网上商店. 这一经验促使 Amazon 在扩大运营规模的探索中开始追求面向服务的架构. 2002 年 7 月, Amazon 推出了第一个向所有开发人员开放的云计算平台 "Amazon Web Services (AWS)", 可以向个人、企业和政府提供一系列包括信息技术基础架构和应用的服务, 如存储、数据库、计算、机器学习等. AWS 提供的大多数服务都使用按需付费 (Pay-as-you-go) 的收费模式, 按照用户使用资源的级别和时长收费. 因此, 用户可以在平时关闭和删除未使用的 AWS 服务资源以节省费用, 在用户请求突然增加时再快速添加新的资源. AWS 通过连接到互联网的软硬件系统提供云计算服务, 用户则通过 Web 控制台、HTTP API、软件开发工具包 SDK 等来设置、管理和使用这些服务.

Amazon Web Services 主要包括以下几种服务.

(1) Elastic Compute Cloud (EC2): 一种弹性云计算服务. 可提供计算能力

庞大、计算容量弹性可变的云平台, 并使开发者的工作变得更加容易. 用户可以自行创建和管理多个虚拟机, 弹性分配虚拟机的内存, 并能够在虚拟机上部署自己的应用程序.

(2) Simple Storage Service (S3): 一种简单的存储服务. 可为用户提供高效持久的存储服务, 并且用户可以将任意资源迁移到 S3, 根据自身资源的大小随时调整存储空间, 实行按需服务.

(3) Simple Queuing Service (SQS): 一种消息队列服务. 专门为解决 AWS 不同部件之间的消息传递而设计, 它提供消息存储队列, 可在不同计算机、不同分布式系统应用组件之间轻松地转移数据, 并且可保证数据的完整性.

(4) Cloud Front: 一种基于 Amazon 平台实现的内容分发网络, 专门为配合其他 AWS 服务使用而设计, 并可以极大地提高网站的访问速度.

• **Windows Azure**

Windows Azure 又名 "Microsoft Azure", 是微软基于云计算的一种操作系统. Windows Azure 不仅是一个可帮助开发者开发运行在云服务器、数据中心、Web 和 PC 上的应用程序平台, 而且还可以灵活地实现互操作, 即用户可以在 Azure 上开发应用程序, 同时又可在现有的应用程序基础上增强其功能. Azure 平台提供的主要服务包括: Windows Azure, Microsoft SQL 数据库服务, Microsoft.Net 服务, 用于分享、储存和同步文件的 Live 服务, Microsoft Share-Point 和 Microsoft Dynamics CRM 服务. 为方便开发人员更好地使用 Azure 服务平台, Azure 不仅支持 Microsoft Visual Studio、Eclipse 等开发工具, 同时还支持各种流行的标准与协议, 如 SOAP、REST、XML 和 HTTPS 等.

Azure 服务平台能够支持大量用户同时运行不同应用程序, 该计算服务是根据需求将计算任务细化并分配给不同的虚拟机, 使多台虚拟机共同完成任务. 此外, Azure 同样能够提供一些简单的存储服务, 并且可以用很多不同的方式来运用数据, 如 Blobs、Tables、Queues 和 Drives.

1.3 云 安 全

作为一种新兴的网络服务模式, 云计算依托其集群化的基础设施, 面向用户提供了高度集中化的计算存储业务. 然而, 云端作业的模式意味着一旦云服务器出现问题, 所有用户的应用将无法正常运行. 此外, 云端数据的海量性、网络的开放性及异构性使得云端数据面临诸如数据隐私泄露、服务器宕机等内部安全威胁, 以及恶意软件漏洞、恶意用户攻击等外部安全危机, 严重制约了云计算技术的发展和推广. Gartner 咨询公司副总裁兼分析家 David Cearly 也曾表示, "使用云计算的局限是企业必须认真对待的敏感问题, 企业必须对云计算发挥作用的时间和地点所产生的风险加以衡量".

1.3.1　云安全现状

云服务面临的安全挑战贯穿了云计算技术的发展始末, 频频发生的云安全事件不仅对云服务提供商们造成严重的经济损失, 还为用户的数据隐私、生产生活带来了巨大的威胁和影响.

从安全分析的角度来看, 这些云安全事件大致可以分为两类. 一方面, 云服务提供商可能出于利益目的或受到胁迫而非法访问、收集、篡改、泄露用户数据, 挖掘用户隐私, 导致用户遭受名誉、经济等损失. 典型的案例包括: "棱镜门" 事件、"Cloudflare" 事件、"Amazon AWS 宕机泄露" 事件. 另一方面, 恶意的外部攻击者可能利用系统软硬件漏洞、基础设施缺陷等安全隐患破坏云服务系统, 从而达到破坏云服务设备、中断服务、数据窃取等目的. 典型的案例包括: "震网" 系列事件、"勒索病毒" 事件、"北约云平台供应链" 事件等.

1. "棱镜门" 事件

2013 年, 美国中央情报局 (CIA) 前职员斯诺登在香港披露了美国的绝密级网络监控监听项目——"棱镜计划", 该计划由美国国家安全局 NSA 自 2007 年开始实施, 通过引诱、胁迫等手段索取美国电子通信公司的用户通信数据, 挖掘美国九大互联网公司云服务器中存储的数据, 从而实现对即时通信和既存资料的深度监听. 斯诺登披露的资料显示, "棱镜计划" 的许可监听对象包括任何在美国以外地区使用参与计划公司服务的客户, 或是任何与国外人士通信的美国公民. 美国国家安全局通过该计划可以获得电子邮件、语音、视频、照片、文件等数据, 然后挖掘特定目标的社交网络细节, 并通过各种联网设备 (如智能手机、电子手表等) 对该目标进行攻击. 美国政府曾证实, 美国国家安全局要求美国公司威瑞森 (Verizon) 提供了数百万私人电话记录, 其中包括个人电话的时长、通话地点、通话双方的电话号码. 同时, 相关资料显示 "棱镜计划" 中 98% 的情报来自雅虎、谷歌和微软提供的云服务器数据, 而雅虎官方也曾提供了一份长达 1500 页的法庭文件证明其受到美国政府胁迫: 必须按照 "棱镜计划" 要求向美国国家安全局上缴用户资料, 否则将受到每日 25 万美元的处罚. 随着事件的发酵, 人们对各大云服务商的不信任情绪也在全世界范围内扩散. 据信息技术与创新基金会 ITIF 的报告显示, 美国云计算产业至少为此损失 215 亿美元, 最多可能损失 350 亿美元. 美国 Gartner 公司 2012 年的报告显示, 全球云计算服务市场为 1110 亿美元 (约合 6793 亿元人民币), 预测 2013 年增长至 1310 亿美元 (约合 8017 亿元人民币), 而本次事件将影响其中的 20%~30%. 同时, "棱镜门" 事件促使世界各国开始重新规划国家安全战略, 这表明云安全问题正在影响, 甚至重塑社会安全态势.

2. "Cloudflare" 事件

2017 年 2 月 24 日, 著名云安全服务商 Cloudflare 被曝泄露用户 HTTPS 网络会话中的加密数据长达数月, 受影响的网站超过 200 万, 涉及 Uber、1Password、OKCupid、Fibit 等多家知名互联网公司的服务. 据了解, Cloudflare 为众多互联网公司提供 CDN (Content Delivery Network)、安全防护等服务, 帮助优化网页加载性能. 然而, 由于一个简单的编程错误 (符号错误), 导致 Cloudflare 的系统会在特定的情况下将服务器内存里的部分内容缓存到网页中. 因此, 用户在访问由 Cloudflare 提供支持的网站时, 可以通过特定操作随机获取来自他人会话的敏感信息 (即使这些数据受到 HTTPS 的保护). 尽管用户只能随机获取数据, 但攻击者可以反复利用该方法获取随机的通信数据, 进而积累大量私密数据. 据悉, 该漏洞最初由 Google Project Zero 安全团队的漏洞猎人奥曼迪发现, 当时他在谷歌搜索的缓存网页中发现了大量包括加密密钥、 Cookie 和密码在内的数据, 于是立即向 Cloudflare 披露了该漏洞. 可怕的是, 这一问题自发现至完全解决持续了 5 个多月, 这意味着很可能有黑客在此期间利用该漏洞非法访问了大量 Cloudflare 提供服务的网站. 有趣的是, 漏洞发现者奥曼迪在帖子中特别提到, 发现 Cloudflare 的漏洞赏金最高只奖励一件 T 恤. 因此, 有网友开玩笑道: Google 的安全人员在发现该漏洞后, 第一时间向 Cloudflare 进行报告, 但却只被奖励了一件 T 恤, 因此该漏洞就被公开在网络上.

3. "Amazon AWS 宕机泄露" 事件

作为全球领先的云服务提供商, Amazon AWS 因自身软硬件故障而频频发生服务异常和宕机事件. 2018 年 3 月 2 日凌晨, 依赖 AWS 服务的部分 Alexa 智能音箱出现失声、服务中断等故障. 据了解, Alexa 的此次故障是由 AWS 网络服务中断引起的, 而 Amazon 其他依赖于 AWS 的主要网络应用在当天也受到了不同程度的影响, 包括软件开发公司 Atlassian、云通信公司 Twilio 等. 同年 5 月, AWS 因北弗吉尼亚地区的数据中心出现硬件故障而再次出现网络连接问题. 此次事故中, AWS 的核心 EC2 服务、Workspaces 虚拟桌面服务以及 Redshift 数据仓库服务均受到影响. 2020 年初, 由于 Amazon AWS 的存储服务器配置错误, 包括《华尔街日报》订户在内的 220 万道琼斯 "私密信息" 都遭到非法访问. 事件发生后, 道琼斯公司对外发言人表示, 这些信息仅在 Amazon AWS 上过度曝光, 并未扩散至开放式互联网. 其中, 受影响数据包括用户的姓名、电子邮件地址、家庭地址、内部账户信息、信用卡后四位号码等. 据权威安全调研机构 UpGuard 披露, 6 月初他们曾向道琼斯公司报告了 AWS 存储库的配置错误, 声明这些错误使得任何拥有 AWS 账户的用户都可以自由访问 Amazon S3 存储库中的数据. 不难想象, 黑客可以利用这些非法获得的订阅信息对这些隐私泄露的顾客实施钓鱼攻击, 从而实施经济诈骗. 此外, UpGuard 还发现了道琼斯风险与合规服务部门的数据, 收集了有关高风险个人和组织的信息.

4. "震网"系列事件

2010 年, 伊朗核工业体系受到一种名为"震网"(Stuxnet) 的蠕虫病毒攻击, 致使伊朗纳坦兹铀浓缩基地至少五分之一的 SCADA 设备 (离心机) 被破坏. 此后, 伊朗还数次遭受"震网"的攻击, 其电力系统、通信系统和工业系统都遭到不同程度的破坏. 据悉, "震网"是由美国和以色列联合研发的计算机蠕虫病毒 Stuxnet 及其变种, 这是一种利用最新 Windows Shell 漏洞传播恶意文件的蠕虫病毒, 主要针对微软系统以及西门子工业系统, 被多国安全专家称为全球首个"超级工厂病毒". Stuxnet 蠕虫病毒最大的特点是打破恶意程序只攻击用户电脑的"惯例", 将攻击目标偏向于用户的生活与生存环境上来. 同时, 该病毒可以通过伪造 RealTek 与 JMicron 两大公司的数字签名, 顺利绕过安全产品的检测. 此外, 新病毒可以利用 Java、ActiveX、VB Script 等技术潜伏在 HTML 页面里, 而用户在网上浏览网页时便会触发该病毒. 值得注意的是, 一旦用户的电脑不幸遭受 Stuxnet 蠕虫病毒入侵, 不但会变成任其摆布的"肉鸡", 而且还会引发"多米诺骨牌效应", 导致与受害用户联网人群遭受同样的攻击. 显然, 云计算因其集群化服务架构有利于 Stuxnet 蠕虫病毒的传播, 而必然面临前所未有的安全威胁. 在遭受"震网"攻击之后, 伊朗也报复性地制造了自己的网络武器 Shamoon, 并于 2012 年首次部署. Shamoon 摧毁了沙特阿拉伯国家石油公司沙特阿美网络上的 35000 多个工作站, 使该公司瘫痪了数周之久. 据报道, 沙特阿美公司当时尽可能地购买了世界上大部分硬盘, 用来替换被感染的 PC 机群. 几年之后, 网络上开始出现 Shamoon 的变体, 主要部署在石油和天然气行业及其相关的公司中. 尽管在 2010 年之前, 世界各国之间会通过网络攻击窃取信息数据, 而"震网"跨越性地实现了对物理设施的破坏, 成为第一个震惊世界的网络安全事件, 标志着网络战进入了新的阶段.

5. "勒索病毒"事件

日益猖獗的勒索病毒同样严重威胁着云服务的安全, 相关资料显示其累计攻击次数高达 1700 万余次. 一般来说, 云服务提供商一旦被勒索软件攻击, 勒索的赎金不在少数. 同时, 即使停机时间较短或数据可恢复, 云服务提供商也会面临各方的巨大压力, 甚至进行巨额赔偿. 2021 年上半年, 瑞士云托管服务提供商 Swiss Cloud、圣地亚哥非营利医疗保健提供商 Scripps Health、欧洲生物研究所都遭受了勒索软件攻击, 严重影响了其服务器基础设施. 此次事件中, 尽管 Swiss Cloud 在遭受网络攻击之后已经使用数据备份恢复受影响的服务器, 但受攻击影响的服务器网络必须单独清理并重新配置, 因此修复工作前后持续了一周左右. 虽然勒索软件并未影响 Swiss Cloud 公司的基础架构, 但影响了其超过 6500 个客户服务器的可用性.

6. "北约云平台供应链" 事件

2021 年 6 月 23 日, 泄密披露平台 DDoSecrets 接到线报称, 北约机密云平台的重要供应商 Everis 遭网络攻击, 与云平台相关的重要代码、文档等数据全部失窃, 包括与北约 "北极星计划" 云计算平台 (SOA & IDM) 相关的源代码及文档. 除获取数据副本外, 黑客团伙还宣称有能力修改代码内容、在项目中植入后门, 并索要超过 10 亿欧元赎金, 甚至开玩笑称要把数据发给俄情报机构. 此外, 黑客宣称自己是 "出于政治动机的攻击者", 并对 Everis/NTT Data 南美洲子公司掌握的数据抱有浓厚兴趣, 对 "地球与网络安全" 和平问题相当关注. 对此, 北约严阵以待, 声称一旦受到网络威胁, 将准备进行报复. 显然, 云计算服务的安全隐患并不局限于自身的网络系统, 还取决于其供应链上下游设备和技术的安全性, 而国家级的网络攻击往往就是通过这种方式, 利用重大项目的漏洞获取敏感信息, 进而危害国家网络安全甚至全球网络安全.

无论是 "棱镜计划" 中各大云服务厂商对美国霸权主义的妥协, 还是 "Cloudflare" 事件中云服务商对云安全问题的轻视, 以及 Amazon AWS 等一众云服务器中层出不穷的软硬件故障, 都说明了互联网世界和现实物理世界中都不存在完全可信的云服务提供商. 同时, "震网" 和 "勒索病毒" 事件的发生则说明了互联网、现实世界均不存在绝对严谨、绝对安全的互联网系统, 而 "北约云平台供应链" 事件更是证明了网络安全绝不是单个网络系统的安全, 而是整个互联网生态的安全. 因此, 云安全技术的发展面临前所未有的挑战, 道阻且长.

1.3.2 云安全问题分类

美国知名市场研究公司 Gartner 曾在一份名为《云计算安全风险评估》的研究报告中称, 云计算服务存在着七大潜在安全风险, 即特权用户的接入、可审查性、数据位置、数据隔离、数据恢复、调查支持和长期生存性. 在学术领域中, 我们将云安全问题分为以下两大类.

1. 存储安全

云计算模式中用户的数据外包存储在云服务器上, 使得数据的所有权与管理权分离, 从而导致了严重的数据存储安全问题. 存储安全主要包括四个方面, 即数据的机密性、完整性、可用性和隔离性. 机密性是指确保只有授权用户可以得到数据的隐私信息, 它可防止恶意的云服务器窃取用户的信息. 完整性指数据在进行传输、存储、处理时能够确保数据不被非法篡改或删除, 数据完整性直接影响数据的可用性. 可用性是指合法用户在要求使用数据时能够及时得到云服务器的支持, 即使在云服务器因人为攻击或不可抗因素导致宕机时, 可以使用数据备份及灾难恢复技术保证用户数据的可用. 隔离性是指每个用户数据在使用、传输和存储过程中不与其他用户数据发生混淆, 非授权用户无法查看或修改其他用户数据.

　　2. 计算安全

　　数据不能只存储在云服务器上, 很多应用场景中必须对数据进行高效的计算或其他操作, 如更新、检索等. 我们可以将任何一种计算都抽象成一个函数 F. 计算安全包括 F 输入输出的机密性和输出的可验证性, 当然在某些特殊的情形下我们还必须保证 F 的机密性. 要保证输入输出的机密性, 一个自然的想法就是对数据进行加密. 然而, 如何对密文进行有效的计算或操作是非常困难的事情, 即如何由密文的计算结果高效地得到对应明文的计算结果. 很显然, 全同态加密技术可以提供一种可行的途径, 可以使得密文下处理的结果等价于明文下处理的结果. 然而, 目前全同态加密的效率较低, 还无法达到完全高效实用的目标. 因此, 有时必须借助于一些其他的手段如盲化、分拆等技巧来保证计算函数输入输出的机密性. 另一方面, 不可信的云服务器有可能会故意 (如为节省计算成本恶意地返回一个随机数) 或无意 (软件程序的 bug) 地返回一个错误的计算结果. 所以, 用户必须有一个有效的机制来验证计算结果的正确性. 当然, 一个隐含的条件就是验证机制的高效性, 至少要比计算 F 本身高效.

1.3.3　云安全模型

　　云数据的存储和计算均由云服务器完成, 因此云服务的安全性主要取决于云服务器的可信程度, 目前已有的云安全模型主要可以分为以下四种.

　　• **诚实且好奇模型** (Honest-but-curious), 又称为 "Semi-honest" 模型, 由 Goldreich 等[9] 首次提出. 在该模型中, 云服务器和用户双方都能保证正确地执行所规定的协议, 云服务器也会诚实地将计算结果发送给用户. 然而, 在协议执行完成之后, 云服务器会尽可能利用执行过程来推断用户的输入, 即它会尽力获取用户的敏感信息 (如用户的秘密输入或输出). 这里必须要强调, 云服务器的计算结果 (即服务器的输出) 不一定等同于用户的输出 (即用户的真实计算结果). 在很多应用场景中, 用户还必须通过自己的秘密信息将服务器的输出转化成自己的输出.

　　• **懒惰且诚实模型** (Lazy-but-honest), 由 Golle 等[10] 提出, 可以高效地实现单向函数求逆类计算的安全外包. 该模型中如果云服务器完成了计算则一定会诚实地输出计算结果. 另一方面, 作为理性的经济实体, 云服务器 S 将有可能为节省资源会尽量减少它的计算工作量. 在最坏的情形下, 它有可能会直接返回一个计算上不可区分的随机数作为计算结果. 因此, 在该模型中用户必须有一个高效的机制来进行计算结果的验证. 当然, 在单向函数求逆类计算的外包中, 验证就等同于计算一个单向函数的值.

- **双服务器模型** (Two Untrusted Program), 由 Hohenberger 和 Lysyan-skaya 等[11] 首先提出, 主要用于设计密码基础运算 (如模指数和双线对) 的外包方案. 该模型假定存在两个不勾结的服务器, 并且最多有一个服务器是恶意的但无法得知是哪一个. 由于两个服务器不勾结, 因此用户一定会以一个不可忽略的概率检测出恶意服务器的行为. 这类似于一个囚徒困境模型中, 两个服务器输出一个相同错误结果的概率是可忽略的. 这样, 其实我们可以假定两个服务器都不诚实, 但是它们无法勾结.

- **多服务器模型** (Refereed Delegation of Computation), 由 Canetti 等[12] 提出, 是对 "Two Untrusted Program" 模型的推广. 在该模型下, 用户将计算任务外包给 n $(n \geqslant 2)$ 个服务器共同完成, 其中至少有一个服务器是诚实的.

云计算作为新一代信息技术产业的发展重点, 具有不可估量的发展前景, 但其面临的安全挑战也是前所未有的. 2009 年, RSA 大会宣布成立云计算安全联盟, 其目的在于为用户提供云计算环境下最佳的安全方案. 各国领导人及信息安全方面的专家都一致呼吁要加强云计算安全领域的研究, 制定相应的安全标准, 增强其兼容性和安全性. 因此, 云安全已成为政府、学术界、产业界共同关注的焦点, 这对促进云计算长期、健康、快速发展有着重要的意义.

参 考 文 献

[1] 刘玉奇, 冯益鸣. 万维网发展历程对比研究. 中国电子商务, 2010, 11: 171.

[2] Cloud computing. https://en.wikipedia.org/wiki/Cloud_computing.

[3] 张为民, 唐剑锋, 罗治国, 钱岭. 云计算深刻改变未来. 北京: 科学出版社, 2009.

[4] Buyya R, Ranjan R, Calheiros R N. Intercloud: Utility-oriented federation of cloud computing environments for scaling of application services. Algorithms and Architectures for Parallel Processing. Springer, 2010: 13-31.

[5] Khan A N, Mat Kiah M L, Khan S U, Madani S A. Towards secure mobile cloud computing: A survey. Future Generation Computer Systems, 2013, 29(5): 1278-1299.

[6] Fernando N, Loke S W, Rahayu W. Mobile cloud computing: A survey. Future Generation Computer Systems, 2013, 29(1): 84-106.

[7] Zahariev A. Google app engine. Helsinki: Helsinki University of Technology, 2009.

[8] 刘鹏. 云计算. 北京: 电子工业出版社, 2010.

[9] Goldreich O, Micali S, Wigderson A. How to play any mental game. Proceedings of the 19th Annual ACM Symposium on Theory of Computing. ACM, 1987: 218-229.

[10] Golle P, Mironov I. Uncheatable distributed computations. Topics in Cryptology-CT-RSA 2001. Springer, 2001: 425-440.

[11]　Hohenberger S, Lysyanskaya A. How to securely outsource cryptographic computations. Theory of Cryptography. Springer, 2005: 264-282.

[12]　Canetti R, Riva B, Rothblum G N. Practical delegation of computation using multiple servers. Proceedings of the 18th ACM Conference on Computer and Communications Security (CCS). ACM, 2011: 445-454.

第 2 章　可证明安全理论基础

　　密码学是信息安全技术的核心. 密码方案最重要的性质是安全性, 不安全的密码方案或协议在实际中没有任何意义. 现代密码学以计算复杂性理论、信息论和数学等学科为基础, 对密码方案安全性的定义、方案构造的基础假设和安全性的证明都有着严格精准的数学刻画, 形成了一套科学严谨的可证明安全理论, 这也是现代密码学区别于古典密码学的主要特征. 如何利用可证明安全理论刻画和证明密码方案的安全性已成为密码方案设计的核心. 本章主要介绍可证明安全理论的基础知识, 主要包括计算复杂性理论相关概念、目前主要的数学困难问题、可证明安全理论、公钥密码体制的形式化定义和安全性定义以及一些常用的安全模型.

2.1　计算复杂性理论相关概念

　　计算复杂性理论为现代密码学的研究提供了理论基础, 使密码学从一门艺术发展成为一门严格的科学. 现代密码学对攻击者的计算能力进行了合理的界定. 具体来讲, 一个攻击者一般都被抽象为一个概率多项式时间 (Probabilistic Polynomial Time, PPT) 的算法.

　　定义 2.1 (概率多项式时间算法)　$\mathcal{A}$ 是一个概率多项式时间的算法是指, 存在一个多项式函数 $f(\cdot) : \mathbb{N} \to \mathbb{N}$, 对于算法 $\mathcal{A}$ 的任意一个输入 $x \in \{0,1\}^*$, 算法 $\mathcal{A}$ 总能在至多 $f(|x|)$ 步后终止.

　　一个密码方案一般由若干 PPT 算法组成, 即每个算法的运行步骤或时间都是系统安全参数 λ 的一个多项式函数. 而一个针对某个密码方案的攻击算法是多项式时间的就是指, 该攻击算法的运行时间被安全参数 λ 的一个多项式函数界定. 粗略地说, 在目前的计算条件下, 普遍认为 PPT 算法是有效的算法, 而非 PPT 算法在现实中是不可行的. 因此, 一个数学问题是困难的是指, 尚不存在能够解决该问题的 PPT 算法. 此外, 在讨论 PPT 算法解决一个困难问题的成功概率时, 还需要用到可忽略函数的概念.

　　定义 2.2 (可忽略函数)　一个关于参数 λ 的非负函数 $\mathrm{negl}(\lambda)$ 是可忽略的是指, 存在 $\kappa \in \mathbb{N}$, 使得当 $\lambda \geqslant \kappa$ 时, 对任意常数 $c > 0$, 不等式 $\mathrm{negl}(\lambda) < \lambda^{-c}$ 均成立.

　　例如, 给定安全参数 λ, 令集合 $S = \{0,1\}^\lambda$ 是所有长度为 λ 的比特串全体, 则从 S 中均匀随机地选取一个元素, 该元素为 1^λ 的概率可表示为 λ 的函

数 $p(\lambda) = 1/2^{\lambda}$, 而 $p(\lambda)$ 就是一个关于 λ 的可忽略函数.

在讨论算法的复杂度时, 通常以关于算法输入的规模 n 的函数来刻画, 还需用到阶号的概念.

定义 2.3 (阶号)   对于函数 $g(n)$ 和 $f(n)$, 若存在常数 $c > 0$ 和正整数 $N \in \mathbb{N}$, 使得对任意的 $n > N$ 均成立 $|g(n)| \leqslant c|f(n)|$, 则就用 $\mathcal{O}(f(n))$ 表示函数 $g(n)$, 并记为 $g(n) = \mathcal{O}(f(n))$.

例如, 如果一个算法的计算复杂度为 $f(n) = 6n^5 + 3n^4 + n^2 + 5n + 2$, 则有 $f(n) = \mathcal{O}(n^5)$.

不可区分性是现代密码学里面的一个重要概念, 本质上由图灵测试引申而来. 具体而言, 给定两个随机分布 $X = \{X_n\}$ 和 $Y = \{Y_n\}$ ($n \in \mathbb{N}$), 令算法 $\mathcal{A}$ 为这两个分布的一个分类器, 即给 $\mathcal{A}$ 提供一个随机抽取的元素 x 之后, 需要判定 x 到底是按照哪个分布抽取的, 并通过输出 1 表示 x 源于分布 X, 输出 0 表示 x 源于分布 Y. 进一步, 定义 $\Pr[\mathcal{A}(x) = 1 | x \leftarrow X_n]$ 为当 x 是从 X_n 中抽取时, 算法 $\mathcal{A}$ 也认为其是从 X_n 中抽取的概率; 定义 $\Pr[\mathcal{A}(x) = 1 | x \leftarrow Y_n]$ 为当 x 是从 Y_n 中抽取时, 算法 $\mathcal{A}$ 仍然认为其是从 X_n 中抽取的概率. 在上述定义的基础上, 算法 $\mathcal{A}$ 区分这两个分布的优势可定义为

$$\mathrm{Adv}_{\mathcal{A}} = |\Pr[\mathcal{A}(x) = 1 | x \leftarrow X_n] - \Pr[\mathcal{A}(x) = 1 | x \leftarrow Y_n]|$$

定义 2.4 (分布的不可区分性)   若对于所有的算法 $\mathcal{A}$, 均有 $\mathrm{Adv}_{\mathcal{A}} = 0$, 则称分布 X 和 Y 是统计不可区分的; 若对于所有的 PPT 算法 $\mathcal{A}$, 其优势 $\mathrm{Adv}_{\mathcal{A}}$ 是一个关于安全参数的可忽略函数, 则称分布 X 和 Y 是计算不可区分的.

2.2 困 难 问 题

1976 年, Diffie 和 Hellman 发表了 "New directions in cryptography" 一文 [1], 划时代地提出了公钥密码体制的概念, 成为密码学发展史上的一个里程碑. 目前, 几乎所有的公钥密码体制的安全性都建立在一些计算问题的困难性假设基础之上. 这些假设中的问题, 经过数学家和理论计算机学家长期深入的研究, 在目前的计算条件下被认为是困难的, 即无法找到一个 PPT 算法可以解决这些问题 (注意这只是个假设, 到目前为止并没有给出这个 PPT 算法是否存在的严格证明). 研究这些问题及其变形的困难程度和相互关系仍是密码学乃至计算复杂性理论中的一个重要方向.

本节主要介绍一些经典和常见的困难问题以及它们的变形, 主要包括整数分解问题和离散对数问题以及双线性群上的一些困难问题. 此外, 随着量子计算机

技术的快速发展, 还出现了一些在量子计算条件下困难的计算问题, 如基于格的困难问题[2]、基于超奇异同源的困难问题[3] 等, 此处不再阐述.

2.2.1 整数分解问题及其变形

整数分解是一个经典的数论问题, 其定义可简单表述为: 给定整数 n, 将其表示成一些素数的乘积. 目前还不存在可以有效解决整数分解问题的 PPT 算法, 特别是当 n 非常大时, 在当前的计算条件下对其进行分解是非常困难甚至是不可能的. 与整数分解问题相关的还有 RSA 问题、强 RSA 问题、依赖性 RSA 问题、二次剩余问题以及 Paillier 剩余问题等.

1. RSA 问题及其变形

尽管整数分解问题被公认为是一个计算困难性的问题, 但不能被直接用来构造密码方案. 为此, Rivest、Shamir 和 Adleman 提出了与之相关的 RSA 问题[4], 并基于此构造了 RSA 公钥加密体制, 也是迄今为止最成功的公钥密码系统之一. 下面首先给出 RSA 问题的定义.

• **RSA 问题** 给定一个 RSA 模数 $n = p \cdot q$ (p 和 q 为素数且 $p \neq q$), 满足 $\gcd(e, \phi(n)) = 1$ 的指数 e (ϕ 是欧拉函数), 随机选取的整数 $z \in \mathbb{Z}_n^*$, 求整数 $a \in \mathbb{Z}_n^*$, 使其满足 $a^e = z \mod n$.

当 n 的分解已知时, 利用欧几里得扩展算法可求得 e 关于 $\phi(n)$ 的逆 d (即 $e \cdot d = 1 \mod \phi(n)$), 进而可得 $a = z^d \mod n$. 因此, RSA 问题的困难性要弱于整数分解问题. 然而, 至今还未证明分解模数 n 就是攻击 RSA 加密体制的最佳方法, 也未证明整数分解就是 NP 问题. 目前尚不清楚是否存在一种无需借助于分解 n 的攻击方法, 也未能证明破译 RSA 加密体制的任何方法都等价于整数分解问题.

• **强 RSA 问题**[5] 给定一个 RSA 模数 $n = p \cdot q$ 和随机整数 $z \in \mathbb{Z}_n^*$, 求整数 $a \in \mathbb{Z}_n^*$ 和指数 $e > 1$, 使它们满足 $a^e = z \mod n$.

RSA 问题与强 RSA 问题的区别在于, 指数 e 的选择在前者中是独立于 z 的, 而在后者中 e 的选择有可能以某种方式依赖于 z. 很显然, 如果 RSA 问题可解, 那么强 RSA 问题也一定可解, 反之则无法证明. 目前尚无法证明这两个问题等价或不等价.

另一类与 RSA 问题相关的变形是由 Pointcheval 提出的依赖性 RSA (Dependent RSA, DRSA) 问题[6], 包括以下三种变体:

• **计算依赖性 RSA 问题** (Computational DRSA, CDRSA) 给定一个 RSA 模数 $n = p \cdot q$, 满足 $\gcd(e, \phi(n)) = 1$ 的指数 e, 随机生成的整数 $z = a^e \mod n$, 计算 $(a+1)^e \mod n$.

- **判定依赖性 RSA 问题** (Decisional DRSA, DDRSA)　给定一个 RSA 模数 $n = p \cdot q$, 满足 $\gcd(e, \phi(n)) = 1$ 的指数 e, 随机生成的整数 $z = a^e \mod n$, 以及另外一个随机整数 $y \in \mathbb{Z}_n^*$, 判定 $y = (a+1)^e \mod n$ 是否成立.
- **提取依赖性 RSA 问题** (Extraction DRSA, EDRSA)　给定一个 RSA 模数 $n = p \cdot q$, 满足 $\gcd(e, \phi(n)) = 1$ 的指数 e, 随机生成的整数 $z = a^e \mod n$, 以及 $y = (a+1)^e \mod n$, 计算 $a \mod n$.

最大公约数方法是目前解决 DRSA 问题的最好方法, 但对于较大的指数 (如 $e \geqslant 2^{60}$), 这种方法仍然难以在当前的计算条件下有效地解决该问题.

困难性问题之间往往存在归约关系. 为方便描述和讨论这种关系, 本书用符号 $A \Rightarrow B$ 表示问题 B 可在多项式时间内归约到问题 A, 即如果问题 A 在多项式时间内可解, 那么问题 B 在多项式时间内也可解. 也就是说, 在解决问题 B 时, 可以把解决问题 A 的算法作为一个子程序进行调用. 下面讨论 RSA 问题与 DRSA 问题之间的归约关系.

定理 2.1　RSA $\Leftrightarrow$ EDRSA + CDRSA.

证明　首先证明当 CDRSA 问题和 EDRSA 问题可同时有效解决时, 则 RSA 问题同样可有效解决. 给定 RSA 问题的输入 (n, z, e), 目标是求得 a 使得 $z = a^e \mod n$. 为此, 先调用 CDRSA 问题的求解算法得到 $(a+1)^e \mod n$, 再基于 $(z = a^e \mod n, (a+1)^e \mod n)$ 调用 EDRSA 问题的求解算法即可得 a. 因此, 成立 EDRSA + CDRSA $\Rightarrow$ RSA.

反之, 若 RSA 问题可解, 即对于给定的 (n, z, e), 可以计算出 a 使得 $z = a^e \mod n$, 则自然可进一步计算出 $(a+1)^e \mod n$. 因此, 成立 RSA $\Rightarrow$ EDRSA + CDRSA.

综之则有 RSA $\Leftrightarrow$ EDRSA + CDRSA.　∎

此外, 由于一个困难性问题的计算性变体没有比其判定性变体更容易, 上述困难性问题之间还存在下述关系: CDRSA $\Rightarrow$ DDRSA.

2. 二次剩余问题及其变形

RSA 问题是定义在群 $\mathbb{Z}_n^*$ 上的, 当整数 n 难以分解时, 这个群的阶 $\phi(n)$ 也是难以计算的. 然而在这个群中, 还有另外一个重要的问题, 即二次剩余问题. 假定 $n = pq$ 是两个互异的奇素数的乘积, 在 $\mathbb{Z}_n^*$ 上定义三个集合: $\mathrm{J}_n^+ = \left\{ x \in \mathbb{Z}_n^* \middle| \left(\dfrac{x}{n} \right) = 1 \right\}$, 即所有 Jacobi 符号为 1 的元素的集合; $\mathrm{QR}_n = \{ y \in \mathbb{Z}_n^* | \exists x \in \mathbb{Z}_n^* \text{ s.t. } y = x^2 \mod n \}$, 即所有平方剩余元素的集合 (也称为模 n 的二次剩余群); $\mathrm{QNR}_n = \mathrm{J}_n^+ \setminus \mathrm{QR}_n$, 即所有 Jacobi 符号为 1 的非平方剩余元素的集合. 可以证

明, 上述集合满足 $J_n^+ = QNR_n \cup QR_n$ 且 $|QNR_n| = |QR_n|$. 在上述定义下, 二次剩余问题可定义如下.

• **二次剩余问题** (Quadratic Residue, QR) 给定整数 $n = pq$ 和随机选取的元素 $x \in J_n^+$, 判定是否有 $x \in QR_n$.

目前很多密码方案的安全性都依赖于二次剩余问题的困难性, 包括 Goldwasser-Micali 的公钥加密方案[7]、Cocks 的基于身份的加密方案[8], 以及一些零知识证明方案[9] 等. Paillier 在二次剩余问题的基础上又提出了判定性复合剩余问题[10], 并将其应用到了公钥加密体制和陷门置换体制的构造. 具体定义如下.

• **判定性复合剩余问题** (Decisional Composite Residuosity, DCR) 给定整数 $n = pq$ 和 $y \in \mathbb{Z}_{n^2}^*$, 判定是否存在元素 $x \in \mathbb{Z}_{n^2}^*$ 使得 $y = x^n \mod n^2$.

2.2.2 离散对数问题及其变形

离散对数问题是另外一个在公钥密码体制设计中广泛应用的著名数学困难问题. 虽已经过了多年的研究, 但目前仍无法设计出一个通用的 PPT 算法来计算离散对数, 学术界目前也普遍认为不存在这样的算法.

令 p 和 q 是两个大素数, 且 $q \mid (p-1)$, $\mathbb{G}$ 是一个由 g 所生成的 q 阶乘法循环群. 下面讨论群 $\mathbb{G}$ 上的一些困难问题, 包括离散对数问题和相应的 Diffie-Hellman 类问题.

• **离散对数问题** (Discrete Logarithm, DL) 给定 $(g, y) \in \mathbb{G}^2$, 计算 $x \in \mathbb{Z}_q^*$ 使得 $y = g^x$.

• **计算性 Diffie-Hellman 问题** (Computational Diffie-Hellman, CDH)[1] 给定 $(g, g^a, g^b) \in \mathbb{G}^3$, 其中 a 和 b 是 $\mathbb{Z}_q^*$ 中的随机整数, 计算 g^{ab}.

• **二次 CDH 问题** (Square-CDH)[11] 给定 $(g, g^a) \in \mathbb{G}^2$, 其中 a 是 $\mathbb{Z}_q^*$ 中的随机整数, 计算 g^{a^2}.

• **逆 CDH 问题** (Inverse-CDH)[12] 给定 $(g, g^a) \in \mathbb{G}^2$, 其中 a 是 $\mathbb{Z}_q^*$ 中的随机整数, 计算 $g^{a^{-1}}$.

• **反转 CDH 问题** (Reverse CDH, RCDH)[13] 给定 $(g, g^a, g^b) \in \mathbb{G}^3$, 其中 a 和 b 是 $\mathbb{Z}_q^*$ 中的随机整数, 计算 g^c 使得 $a = bc \mod q$.

• **判定性 Diffie-Hellman 问题** (Decisional Diffie-Hellman, DDH)[14] 给定 $(g, g^a, g^b, g^c) \in \mathbb{G}^4$, 其中 a, b 和 c 是 $\mathbb{Z}_q^*$ 中的随机整数, 判定 $g^c = g^{ab}$ 是否成立.

• **判定性线性问题** (Decisional Linear, DLIN)[15] 给定 $(g, f, v, g^{c_1}, f^{c_2}, R) \in \mathbb{G}^6$, 其中 c_1 和 c_2 是 $\mathbb{Z}_q^*$ 中的随机整数, 判定 $R = v^{c_1+c_2}$ 是否成立.

• **Gap Diffie-Hellman 问题** (GDH)[16] 给定 $(g, g^a, g^b) \in \mathbb{G}^3$ 和一个可有效解决群 $\mathbb{G}$ 上的 DDH 问题的预言机 $\mathcal{O}_{DDH}()$, 其中 a 和 b 是 $\mathbb{Z}_q^*$ 中的随机整数,

计算 g^{ab}.

- **孪生 Diffie-Hellman** 问题 (Twin Diffie-Hellman, TDH)[17]　给定 $(g, g^a, g^b, g^c) \in \mathbb{G}^4$, 其中 a, b 和 c 是 $\mathbb{Z}_q^*$ 中的随机整数, 计算 (g^{ab}, g^{ac}).

- **n-Diffie-Hellman 指数问题** (n-Diffie-Hellman Exponent, n-DHE)[18]　对任意整数 $i \in [1, 2n]$, 令 $g_i = g^{\gamma^i}$, 其中 $\gamma \in \mathbb{Z}_q^*$ 是一个随机整数, 给定 $(g, g_1, g_2, \cdots, g_n, g_{n+2}, \cdots, g_{2n}) \in \mathbb{G}^{2n}$, 计算 g_{n+1}.

- **n-强 Diffie-Hellman** 问题 (n-Strong Diffie-Hellman, n-SDH)[19]　给定 $(g, g^x, \cdots, g^{x^n}) \in \mathbb{G}^{n+1}$, 其中 $x \in \mathbb{Z}_q^*$ 是一个随机整数, 计算 $(g^{1/(x+c)}, c)$, 其中 $c \in \mathbb{Z}_q^*$.

- **n-隐藏强 Diffie-Hellman** 问题 (n-Hidden Strong Diffie-Hellman, n-HSDH)[20]　给定 $(g, g^x, h) \in \mathbb{G}^3$ 和 $\{g^{1/(x+\gamma^i)}, g^{\gamma^i}, h^{\gamma^i}\}_{i=1}^n$ 以及 $\{g^{\gamma^i}\}_{i=n+2}^{2n}$, 其中 γ 和 x 是 $\mathbb{Z}_q^*$ 中的随机整数, 计算 $(g^{1/(x+c)}, g^c, h^c)$, 其中 $c \in \mathbb{Z}_q^*$.

- **ℓ-CDH** 问题[21]　给定 $(g, g^x, \cdots, g^{x^\ell}) \in \mathbb{G}^{\ell+1}$, 其中 $x \in \mathbb{Z}_q^*$ 是一个随机整数, 计算 $g^{x^{\ell+1}}$.

- **ℓ-CDH 逆问题** (ℓ-CDH Inversion, ℓ-CDHI)[22]　给定 $(g, g^x, \cdots, g^{x^\ell}) \in \mathbb{G}^{\ell+1}$, 其中 $x \in \mathbb{Z}_q^*$ 是一个随机整数, 计算 $g^{1/x}$.

- **ℓ-DDH 逆问题** (ℓ-DDH Inversion, ℓ-DDHI)[22]　给定 $(g, g^x, \cdots, g^{x^\ell}, h) \in \mathbb{G}^{\ell+2}$, 其中 $x \in \mathbb{Z}_q^*$ 是一个随机整数, 判断是否成立 $h = g^{1/x}$.

下面讨论上述一些困难性问题之间的归约关系.

ℓ-CDH 和 ℓ-CDHI 问题分别是 CDH 和 CDHI 问题的变形, 很显然, 只要 CDH 和 CDHI 问题可解, 则 ℓ-CDH 和 ℓ-CDHI 问题可解, 因此成立: CDH $\Rightarrow$ ℓ-CDHP, CDHI $\Rightarrow$ ℓ-CDHI.

定理 2.2　Square-CDH $\Leftrightarrow$ CDH.

证明　首先, Square-CDH 问题可看作是 CDH 问题中当 $b = a$ 时的特例, 因此自然就成立 CDH $\Rightarrow$ Square-CDH.

其次, 给定 (g, g^a, g^b), 若 Square-CDH 问题可解, 则可计算出 $g^{(a+b)^2}$ 和 g^{a^2} 以及 g^{b^2}, 进而可得 $g^{2ab} = g^{(a+b)^2}/(g^{a^2}g^{b^2})$, 从而可计算出 g^{ab}, 因此有 Square-CDH $\Rightarrow$ CDH.

综之则有 Square-CDH $\Leftrightarrow$ CDH.　∎

定理 2.3　Inverse-CDH $\Leftrightarrow$ Square-CDH.

证明　给定 (g, g^a), 令 $h = g^a$, 则 $g = h^{a^{-1}}$.

首先, 若 Square-CDH 问题可解, 则对于给定的 $(h, h^{a^{-1}})$, 可得 $h^{a^{-2}} = g^{a^{-1}}$, 因此有 Square-CDHP $\Rightarrow$ Inverse-CDHP.

其次, 若 Inverse-CDHP 问题可解, 则对于给定的 $(h, h^{a^{-1}})$, 可得 $h^a = g^{a^2}$, 因此有 Inverse-CDHP $\Rightarrow$ Square-CDHP.

综之则有 Inverse-CDHP $\Leftrightarrow$ Square-CDHP. ∎

定理 2.4 RCDH $\Leftrightarrow$ CDH.

证明 给定 (g, g^a, g^b), 若 RCDH 问题可解, 则由 (g, g, g^b) 可得到 $g^{b^{-1}}$. 进一步, 注意到 $a = (ab)b^{-1}$, 于是由 $(g, g^a, g^{b^{-1}})$ 可计算出 g^{ab}. 所以 RCDH $\Rightarrow$ CDH.

反之, 给定 (g, g^a, g^b), 若 CDH 问题可解, 则由前面的定理可知 Inverse-CDH 问题可解, 因此可得到 $g^{b^{-1}}$. 进一步, 由 $(g, g^a, g^{b^{-1}})$ 可得 $g^{ab^{-1}}$, 即为 g^c, 因此有 CDH $\Rightarrow$ RCDH.

综之则有 RCDH $\Leftrightarrow$ CDH. ∎

综合考虑上述定理, 则可得

$$\text{Square-CDH} \Leftrightarrow \text{Inverse-CDH} \Leftrightarrow \text{RCDH} \Leftrightarrow \text{CDH}$$

2.2.3 基于双线性映射的困难问题

双线性映射最早被 Boneh 和 Franklin[23] 开创性地用来构造高效、实用的基于身份的加密方案. 自此之后, 双线性映射作为一个基本的密码学工具, 被广泛地用来构造各种密码体制, 如数字签名、广播加密、密钥交换协议等. 下面先给出双线性映射的具体定义.

定义 2.5 (双线性映射) 令 $\mathbb{G}_1$ 和 $\mathbb{G}_2$ 是两个阶为素数 p 的乘法循环群, g 是群 $\mathbb{G}_1$ 的一个生成元, 定义在 $\mathbb{G}_1$ 和 $\mathbb{G}_2$ 之间的双线性映射 $e : \mathbb{G}_1 \times \mathbb{G}_1 \to \mathbb{G}_2$ 需满足下述条件:

(1) 双线性性: 对任意整数 $a, b \in \mathbb{Z}_p$ 和任意群元素 $u, v \in \mathbb{G}_1$, 总有 $e(u^a, v^b) = e(u, v)^{ab}$;

(2) 非退化性: $e(g, g) \neq 1_{\mathbb{G}_2}$, 其中 $1_{\mathbb{G}_2}$ 是 $\mathbb{G}_2$ 的单位元;

(3) 可计算性: 对任意群元素 $u, v \in \mathbb{G}_1$, 存在一个 PPT 算法可以有效计算 $e(u, v)$.

为方便描述, 我们用一个五元组 $(\mathbb{G}_1, \mathbb{G}_2, e, p, g)$ 表示如上定义的双线性映射 (有时也称之为双线性群). 下面给出一些基于双线性映射的困难问题.

- **双线性 Diffie-Hellman 问题** (Bilinear Diffie-Hellman, BDH)[23] 给定 $(g, g^a, g^b, g^c) \in \mathbb{G}_1^4$, 其中 $a, b, c \in \mathbb{Z}_p^*$ 是随机整数, 计算 $e(g, g)^{abc}$.

- **判定性 BDH 问题** (Decisional BDH, DBDH)[24] 给定 $(g, g^a, g^b, g^c, R) \in \mathbb{G}_1^4 \times \mathbb{G}_2$, 其中 $a, b, c \in \mathbb{Z}_p^*$ 是随机整数, R 是 $\mathbb{G}_2$ 中的随机群元素, 判断是否成立 $R = e(g, g)^{abc}$.

- **双线性 Diffie-Hellman 逆问题** (Bilinear Diffie-Hellman Inversion, BDHI)[25]　给定 $(g, g^a) \in \mathbb{G}_1^2$, 其中 $a \in \mathbb{Z}_p^*$ 是一个随机整数, 计算 $e(g, g)^{\frac{1}{a}}$.
  - **双线性对逆问题** (Bilinear Pairing Inversion, BPI)[26]　给定 $(g, R) \in \mathbb{G}_1 \times \mathbb{G}_2$, 计算 $h \in \mathbb{G}_1$ 使得 $R = e(g, h)$.

下面给出双线性映射群上一些困难问题之间的归约关系.

定理 2.5　对于 $i \in \{1, 2\}$, 用 $\mathrm{CDH}_{\mathbb{G}_i}$, $\mathrm{DDH}_{\mathbb{G}_i}$ 和 $\mathrm{DL}_{\mathbb{G}_i}$ 分别表示群 $\mathbb{G}_i$ 上相应的困难问题, 则可证明它们之间满足如下归约关系:

$$
\begin{array}{ccccc}
\mathrm{DL}_{\mathbb{G}_2} & \Rightarrow & \mathrm{DL}_{\mathbb{G}_1} & & \\
\Downarrow & & & & \\
\mathrm{BPI} & \Rightarrow & \mathrm{CDH}_{\mathbb{G}_2} & \Rightarrow & \mathrm{DDH}_{\mathbb{G}_2} \\
& & \Downarrow & & \\
\mathrm{CDH}_{\mathbb{G}_1} & \Rightarrow & \mathrm{BDH} & &
\end{array}
$$

证明　$\mathrm{DL}_{\mathbb{G}_2} \Rightarrow \mathrm{DL}_{\mathbb{G}_1}$: 对于给定的 $(g, g^x) \in \mathbb{G}_1$, 令 $T = e(g, g)$, $T^x = e(g, g^x)$. 由于 $\mathrm{DL}_{\mathbb{G}_2}$ 问题可解, 则由 (T, T^x) 可得 x, 也就同时解决了 $\mathrm{DL}_{\mathbb{G}_1}$ 问题.

$\mathrm{CDH}_{\mathbb{G}_1} \Rightarrow \mathrm{BDH}$: 给定 $(g, g^a, g^b, g^c) \in \mathbb{G}_1^4$, 若 $\mathrm{CDH}_{\mathbb{G}_1}$ 问题可解, 则可直接得到 g^{ab}, 进而可得 $e(g, g)^{abc} = e(g^{ab}, g^c)$, 即 BDH 问题可解.

$\mathrm{CDH}_{\mathbb{G}_2} \Rightarrow \mathrm{BDH}$: 给定 $(g, g^a, g^b, g^c) \in \mathbb{G}_1^4$, 令 $R = e(g, g)$, 则 $R^{ab} = e(g^a, g^b)$, $R^c = e(g, g^c)$. 由于 $\mathrm{CDH}_{\mathbb{G}_2}$ 问题可解, 则由 (R, R^{ab}, R^c) 可得 $R^{abc} = e(g, g)^{abc}$, 即 BDH 问题可解.

$\mathrm{BPI} \Rightarrow \mathrm{CDH}_{\mathbb{G}_2}$: 给定 $(R, R^a, R^b) \in \mathbb{G}_2^3$, 若 BPI 问题可解, 则由 (g, R) 可得 $h \in \mathbb{G}_1$, 使得 $R = e(g, h)$. 进一步, 当 BPI 问题可解时, 由 (R^a, h) 可得 g^a, 由 (R^b, g) 可得 h^b, 从而可得 $R^{ab} = e(g^a, h^b)$, 即 $\mathrm{CDH}_{\mathbb{G}_2}$ 问题可解.

$\mathrm{DL}_{\mathbb{G}_2} \Rightarrow \mathrm{BPI}$: 给定 $(g, R) \in \mathbb{G}_1 \times \mathbb{G}_2$, 令 $T = e(g, g)$. 若 $\mathrm{DL}_{\mathbb{G}_2}$ 问题可解, 则由 (T, R) 可得 x 使得 $R = T^x$. 进一步, 令 $h = g^x$, 则有 $e(g, h) = e(g, g)^x = T^x = R$, 因此 BPI 问题可解. ∎

下面给出一些常见的 BDH 问题变形.

- **ℓ-BDHE 问题** [27]　给定 $(g, h, g^{\alpha}, \cdots, g^{\alpha^{\ell}}, g^{\alpha^{\ell+2}}, \cdots, g^{\alpha^{2\ell}}) \in \mathbb{G}_1^{2\ell+1}$, 其中 $\alpha \in \mathbb{Z}_p^*$ 是一个随机整数, 计算 $e(g, h)^{\alpha^{\ell+1}}$.
  - **ℓ-DBDHE 问题** [27]　给定 $(g, h, g^{\alpha}, \cdots, g^{\alpha^{\ell}}, g^{\alpha^{\ell+2}}, \cdots, g^{\alpha^{2\ell}}, T) \in \mathbb{G}_1^{2\ell+1} \times \mathbb{G}_2$, 其中 $\alpha \in \mathbb{Z}_p^*$ 是一个随机整数, 判定 $T = e(g, h)^{\alpha^{\ell+1}}$ 是否成立.
  - **ℓ-并行 DBDHE 问题** (ℓ-Parallel DBDHE, ℓ-PDBDHE)[28]　给定 $(g, g^s, g^{\alpha}, \cdots, g^{\alpha^{\ell}}, g^{\alpha^{\ell+2}}, \cdots, g^{\alpha^{2\ell}}, T) \in \mathbb{G}_1^{2\ell+1} \times \mathbb{G}_2$, $\{g^{s \cdot b_j}, g^{\alpha/b_j}, \cdots, g^{\alpha^{\ell}/b_j}, g^{\alpha^{\ell+2}/b_j}, \cdots, g^{\alpha^{2\ell}/b_j}\}_{j=1}^{\ell} \subset \mathbb{G}$, $\{g^{\alpha \cdot s \cdot b_k/b_j}, \cdots, g^{\alpha^q \cdot s \cdot b_k/b_j}\}_{1 \leqslant j, k \leqslant \ell, k \neq j} \subset \mathbb{G}$, 其中 α, $s, b_1, \cdots, b_{\ell} \in \mathbb{Z}_p^*$ 是随机整数, 判定 $T = e(g, g)^{s\alpha^{\ell+1}}$ 是否成立.

• ℓ-**扩增 BDH 指数问题** (ℓ-Augmented BDH Exponent, ℓ-ABDHE)[29] 给定 $(h, h^{\alpha^{\ell+2}}, g, g^{\alpha}, \cdots, g^{\alpha^{\ell}}, g^{\alpha^{\ell+2}}, \cdots, g^{\alpha^{2\ell}}) \in \mathbb{G}_1^{2\ell+2}$, 其中 $\alpha \in \mathbb{Z}_p^*$ 是一个随机整数, 计算 $e(g, h)^{\alpha^{\ell+1}}$.

• **判定性截断 ℓ-ABDHE 问题** (Decisional Truncated ℓ-ABDHE)[29] 给定 $(h, h^{\alpha^{\ell+2}}, g, g^{\alpha}, \cdots, g^{\alpha^{\ell}}, T) \in \mathbb{G}_1^{\ell+3} \times \mathbb{G}_2$, 其中 $\alpha \in \mathbb{Z}_p^*$ 是一个随机整数, T 是 $\mathbb{G}_2$ 中的一个随机群元素, 判定 $T = e(g, h)^{\alpha^{\ell+1}}$ 是否成立.

• ℓ-**强 BDH 问题** (ℓ-Strong BDH, ℓ-SBDH)[30] 给定随机整数 $r \in \mathbb{Z}_p^*$ 和 $(g, g^{\alpha}, \cdots, g^{\alpha^{\ell}}) \in \mathbb{G}_1^{\ell+1}$, 其中 $\alpha \in \mathbb{Z}_p^*$ 是一个随机整数, 计算 $e(g, g)^{\frac{1}{\alpha+r}}$.

• ℓ-**BDH 逆问题** (ℓ-BDH Inversion, ℓ-BDHI)[31] 给定 $(g, g^{\alpha}, \cdots, g^{\alpha^{\ell}}) \in \mathbb{G}_1^{\ell+1}$, 其中 $\alpha \in \mathbb{Z}_p^*$ 是一个随机整数, 计算 $e(g, g)^{1/\alpha}$.

以上这些 BDH 问题的变形均受到参数 ℓ 的影响, 因此也被统称为动态的 ℓ-型 BDH 问题, 被广泛地用于分层的基于身份加密体制、基于属性的加密体制、群签名、可验证伪随机函数等密码学原语的构造. 除此之外, 还有一些其他的 BDH 问题变形:

• **Modified BDH 问题**[32] 给定 $(g, g^a, g^b) \in \mathbb{G}_1^3$, 其中 $a, b \in \mathbb{Z}_p^*$ 是随机整数, 计算 $e(g, g)^{ab^2}$.

• **Modified DBDH 问题**[32] 给定 $(g, g^a, g^b, R) \in \mathbb{G}_1^3 \times \mathbb{G}_2$, 其中 $a, b \in \mathbb{Z}_p^*$ 是随机整数, R 是 $\mathbb{G}_2$ 中的随机群元素, 判断 $R = e(g, g)^{ab^2}$ 是否成立.

• **Extended BDH 问题**[33] 给定 $(g, g^a, g^b, g^c, g^{ab^2}) \in \mathbb{G}_1^5$, 其中 $a, b, c \in \mathbb{Z}_p^*$ 是随机整数, 计算 $e(g, g)^{cb^2}$.

• **Extended DBDH 问题**[33] 给定 $(g, g^a, g^b, g^c, g^{ab^2}, R) \in \mathbb{G}_1^5 \times \mathbb{G}_2$, 其中 $a, b, c \in \mathbb{Z}_p^*$ 是随机整数, 判定 $R = e(g, g)^{cb^2}$ 是否成立.

• **Variant BDH 问题**[33] 给定 $(g, g^a, g^b, g^c, g^{a(a^2-b^2)}, g^{b(a^2-b^2)}) \in \mathbb{G}_1^6$, 其中 $a, b, c \in \mathbb{Z}_p^*$ 是随机整数, 计算 $e(g, g)^{abc}$.

• **Mixed BDH 问题**[33] 给定 $(g, g^a, g^{a^2}, e(g, g)^b) \in \mathbb{G}_1^3 \times \mathbb{G}_2$, 其中 $a, b \in \mathbb{Z}_p^*$ 是随机整数, 计算 $e(g, g)^{a^2 b}$.

• **Mixed DBDH 问题**[33] 给定 $(g, g^a, g^{a^2}, e(g, g)^b, R) \in \mathbb{G}_1^3 \times \mathbb{G}_2^2$, 其中 $a, b \in \mathbb{Z}_p^*$ 是随机整数, 判定 $R = e(g, g)^{a^2 b}$ 是否成立.

2.3 可证明安全理论

20 世纪 80 年代早期, Goldwasser 和 Micali 首次提出可证明安全的思想[7], 即在公认的计算复杂度理论假设下, 形式化证明密码方案的安全性. 一般而言, 可证明安全是指利用数学中的反证法思想, 采用归约的思路把一个密码方案的安全性建立在某个困难的数学问题上[34]. 粗略而言, 若假设密码方案是不安全的, 则存在一个攻击者可以攻破这个密码方案的安全性, 此时就可构造出一个模拟不可区分的挑战者与攻击者进行交互, 使其能利用攻击者攻破密码方案安全性的能力来解决困难问题的一个随机实例. 这与困难问题假设相矛盾. 因此, 这样的攻击者是不存在的, 从而方案是安全的.

可证明安全性理论利用严谨的数学方法为密码方案的安全性分析提供了一个完整坚实的理论基础. 通常情况下, 一个密码方案的安全性证明包含三个阶段: ① 选定一个已知的、公认的困难性问题假设, 或者一个安全的基本密码学构件; ② 建立密码方案的形式化定义和安全性定义, 对密码方案的安全性目标、运行环境以及攻击者的能力进行合理、完整的抽象和刻画; ③ 在特定的安全模型下分析密码方案的安全性, 将攻击者针对密码方案的攻击有效地归约到对困难性问题的求解上或者对基本密码学构件的攻击上, 从而证明密码体制能够达到所定义的安全性. 这三个阶段在可证明安全理论的框架中具有不同的作用和地位.

(1) 困难性问题假设: 困难性问题是一类公认的目前无法在多项式时间内解决的数学问题, 这些问题对应的假设称为困难性问题假设. 这些困难性问题的难易程度决定了密码方案所能达到的可证明安全性的强度和级别. 显然, 如果一个密码方案所依赖的困难问题的难度越大 (即对应的密码假设越弱), 那么它所提供的安全性保障就越强, 也就更具有实际意义. 依据所基于的困难性问题假设, 目前公认安全实用的公钥密码体制可分为两大类, 即基于整数分解问题的密码体制和基于离散对数问题的密码体制. 同时, 随着新的公钥密码方案的提出, 为了证明这些方案的安全性, 一些新的困难性问题假设也随之被提出. 如何将新的密码方案的安全性或者新的困难性问题假设归约到已有的标准的困难性问题假设是现代密码学领域的一个重要研究方向.

(2) 安全性定义: 如何适当准确地定义密码方案的安全性直接关系到方案的可用性, 同时也并非轻而易举. 早期的密码方案的安全性分析均采用了启发式的方法, 即当方案能够抵抗所有已知攻击方法时, 认为该方案是安全的. 但事实证明, 密码分析攻击技术层出不穷, 在这种安全性定义下得到的密码方案永远无法达到真正的安全. 在可证明安全理论框架下, 通过对实际攻击行为和攻击目标的刻画和抽象, 攻击者的能力被合理地最大化, 基于此再通过一个安全性游戏刻画出密码方案的安全性, 即在给定的攻击能力下, 攻击者无法实现意定的攻击目标. 特别地, 对于公钥加密方案而言, 目前使用最为普遍的安全性定义是通过不可区分性定义的语义安全性. 此外, 由于密码方案的安全性目标有高有低、攻击者能力有强有弱、攻击目的有简单有复杂, 所以相互组合出来的安全性定义也就多种多样. 当然, 最理想的是让具有最强攻击能力的敌手也无法达到最简单的攻击目的, 这样的方案安全性也最强.

(3) 具体的归约方法: 密码方案的安全性往往通过一个挑战者和攻击者之间

安全性游戏来定义, 而可证明安全中的核心体现在如何模拟出一个在攻击者看来与真实的挑战者不可区分的挑战者, 进而可以无差异地与攻击者在安全性游戏中进行交互, 最终利用攻击者攻破方案的能力来解决困难问题的一个实例. 在模拟挑战者的具体过程中, 往往需要为攻击者提供一个模拟出来的安全性游戏, 可以让攻击者充分发挥其攻击能力 (我们称之为对攻击者的训练), 而相应的困难性问题的实例则被隐式地嵌入到了模拟过程中. 当攻击者最终输出其攻击结果时, 模拟的挑战者就能利用该结果解决困难性问题实例, 也即将困难性问题实例的求解过程嵌入到了攻击者攻破密码方案安全性的过程中. 目前, 比较常用的一种归约证明方法是由 Shoup 引入的游戏序列方法[35], 其核心思想是整个证明过程通过一系列不可区分的游戏进行演化, 最终过渡到一个容易计算结果的游戏, 进而获得要证明的结果.

2.4 公钥加密体制

公钥加密体制使得通信双方在没有共享秘密的前提下可以在公开信道上安全地传输消息, 克服了对称加密体制在实际应用中需要先进行密钥协商的约束, 是保障信息安全所必不可少的重要手段和工具. 在 Diffie-Hellman 提出公钥加密的思想之后, 公钥加密体制的发展一日千里, 密码学者先后设计出了 RSA 加密方案、ElGamal 加密方案等经典的公钥加密方案. 在此基础上, 公钥加密体制又衍生出了众多的变形, 如基于身份的加密体制、基于属性的加密体制、函数加密体制等等, 进一步扩展了公钥加密体制的应用场景.

2.4.1 形式化定义

一个公钥加密方案 $\mathcal{E} = (\text{KeyGen}, \text{Encrypt}, \text{Decrypt})$ 由下述三个多项式时间的算法组成:

(1) KeyGen(λ): 该算法输入一个安全参数 λ, 输出一对密钥 (PK, SK), 其中 PK 是公钥, SK 是私钥.

(2) Encrypt(PK, m): 该算法输入一个公钥 PK 和待加密的明文消息 m, 输出对应的密文 CT.

(3) Decrypt(SK, CT): 该算法输入一个私钥 SK 和密文 CT, 输出一个明文消息 m 或者一个解密失败符号 $\perp$.

公钥加密方案的一个最基本的要求是它的正确性: 利用某个公钥加密明文消息产生密文, 使用相应的私钥对密文进行解密, 得到的明文消息等于加密前的明文消息的概率为 1. 具体而言, 对于任意正确生成的公私钥对 $(PK, SK) \leftarrow$ KeyGen(λ) 和任意明文消息 m, 下面的等式成立:

$$\Pr[\mathrm{Decrypt}(SK, \mathrm{Encrypt}(PK, m)) = m] = 1.$$

2.4.2 安全性定义

一个公钥密码加密方案的安全性包括两个方面: 一方面是什么是安全, 即要说明一个加密方案在什么情况下被攻击者攻破了; 另一方面是被什么样的攻击者攻破了, 也即需要说明攻击者的能力是什么. 定义一个公钥加密方案的安全性并非易事. 直观上来讲, 一个公钥加密方案是安全的意味着攻击者不能从密文中学习到任何东西, 困难在于如何将这种直观想法形式化地刻画出来. 1984 年, Goldwasser 和 Micali 率先提出了概率加密的概念[7], 同时定义了公钥加密体制的语义安全性. 粗略而言, 语义安全性是指, 对于任何 PPT 攻击者, 在看见一个消息的密文后所推断出的有关这个消息的信息, 与看见该消息的任何密文之前所能推断出的有关这个消息的信息一样多. 换言之, 攻击者没有从密文中额外地学习到任何有关明文消息的信息.

一个公钥加密方案 $\mathcal{E} = (\mathrm{KeyGen}, \mathrm{Encrypt}, \mathrm{Decrypt})$ 的语义安全性可以通过一个攻击者 $\mathcal{A}$ 和挑战者 $\mathcal{C}$ 之间关于密文不可区分性的安全性游戏来定义, 包含以下三个阶段:

(1) 系统建立阶段: 在该阶段, 挑战者 $\mathcal{C}$ 运行密钥生成算法 $\mathrm{KeyGen}(\lambda) \to (PK, SK)$, 将公钥 PK 发送给攻击者 $\mathcal{A}$.

(2) 挑战阶段: 在该阶段, 攻击者 $\mathcal{A}$ 生成两个等长的明文消息 m_0 和 m_1, 然后将它们提交给挑战者 $\mathcal{C}$. 在收到挑战消息之后, 挑战者 $\mathcal{C}$ 首先随机选择一个比特 $b \in \{0, 1\}$, 然后生成挑战密文 $\mathrm{Encrypt}(PK, m_b) \to CT^*$, 并将 CT^* 发送给攻击者 $\mathcal{A}$.

(3) 猜测阶段: 最后, 攻击者 $\mathcal{A}$ 输出一个比特 $b' \in \{0, 1\}$ 作为对 b 的猜测.

若 $b' = b$, 则称攻击者 $\mathcal{A}$ 赢得了上述安全性游戏, 并定义其赢得安全性游戏的优势为

$$\mathrm{Adv}_{\mathcal{A}}^{\mathrm{IND\text{-}CPA}}(\lambda) = |\Pr[b' = b] - 1/2|$$

定义 2.6 (语义安全性)   一个公钥加密方案 $\mathcal{E}$ 是语义安全的是指, 对任意 PPT 攻击者 $\mathcal{A}$, 其赢得上述安全性游戏的优势 $\mathrm{Adv}_{\mathcal{A}}^{\mathrm{IND\text{-}CPA}}(\lambda)$ 是关于安全参数 λ 的一个可忽略函数.

上述语义安全性的定义不仅刻画了什么样的公钥加密方案是安全的, 同时也隐式地给定了攻击者的能力, 即攻击者只能通过监听攻击被动地获取密文, 不能主动地进行攻击. 另一方面, 在公钥加密体制中, 公钥对于攻击者是可知的, 攻击者可以自己生成任何明文/密文对, 进而发起选择明文攻击 (Chosen Plaintext Attack, CPA). 因此, 按照上述方式定义的语义安全性实质上就是选择明文攻击下

的语义安全性或密文不可区分性 (IND-CPA), 有时也称为 CPA 安全性.

在选择明文攻击下的语义安全性定义中, 私钥 SK 没有被使用过. 但是在实际环境中, 由于私钥滥用问题的存在, 攻击者可能会利用用户私钥来对特定的密文进行解密, 进而得到相应的明文消息. 显然, 选择明文攻击下语义安全的公钥加密方案无法在这种现实攻击环境中提供安全保障. 攻击者的这种攻击行为被抽象为选择密文攻击 (Chosen Ciphertext Attack, CCA), 即允许攻击者访问解密服务, 获得特定密文对应的明文. 早期的 CCA 只允许攻击者在挑战阶段之前访问解密服务, 称之为 CCA1. 随后, 学术界进一步提出了自适应的 CCA (Adaptively CCA), 允许攻击者在挑战阶段之后还能访问解密服务, 称之为 CCA2, 也是目前针对公钥加密体制的最强敌手. 我们后面就直接使用 CCA 来表示 CCA2.

一个公钥加密方案 $\mathcal{E} = (\text{KeyGen}, \text{Encrypt}, \text{Decrypt})$ 在 CCA 下的语义安全性 (也称为 CCA 安全性) 同样可以通过一个攻击者 $\mathcal{A}$ 和挑战者 $\mathcal{C}$ 之间关于密文不可区分性的安全性游戏来定义, 包含以下五个阶段:

(1) 系统建立阶段: 在该阶段, 挑战者 $\mathcal{C}$ 运行密钥生成算法 $\text{KeyGen}(\lambda) \rightarrow (PK, SK)$, 将公钥 PK 发送给攻击者 $\mathcal{A}$.

(2) 询问阶段 1: 在该阶段, 攻击者 $\mathcal{C}$ 自适应地访问解密服务, 即将任意选择的密文 CT 发送给挑战者 $\mathcal{C}$, 并得到相应的明文 $m \leftarrow \text{Decrypt}(SK, CT)$.

(3) 挑战阶段: 在该阶段, 攻击者 $\mathcal{A}$ 生成两个等长的明文消息 m_0 和 m_1, 然后将它们提交给挑战者 $\mathcal{C}$. 在收到挑战消息之后, 挑战者 $\mathcal{C}$ 首先随机选择一个比特 $b \in \{0, 1\}$, 然后生成挑战密文 $\text{Encrypt}(PK, m_b) \rightarrow CT^*$, 并将 CT^* 发送给攻击者 $\mathcal{A}$.

(4) 询问阶段 2: 在该阶段, 攻击者 $\mathcal{A}$ 如同在询问阶段 1 一样, 继续自适应地访问解密服务, 但不能询问 CT^* 的明文.

(5) 猜测阶段: 最后, 攻击者 $\mathcal{A}$ 输出一个比特 $b' \in \{0, 1\}$ 作为对 b 的猜测.

若 $b' = b$, 则称攻击者 $\mathcal{A}$ 赢得了上述安全性游戏, 并定义其赢得安全性游戏的优势为

$$\text{Adv}_{\mathcal{A}}^{\text{IND-CCA}}(\lambda) = |\Pr[b' = b] - 1/2|$$

定义 2.7 (CCA 安全性) 一个公钥加密方案 $\mathcal{E}$ 是 CCA 安全的是指, 对任意 PPT 攻击者 $\mathcal{A}$, 其赢得上述安全性游戏的优势 $\text{Adv}_{\mathcal{A}}^{\text{IND-CCA}}(\lambda)$ 是关于安全参数 λ 的一个可忽略函数.

在上述 CCA 安全性的定义中, 我们只要求攻击者 $\mathcal{A}$ 不能对挑战密文 CT^* 调用解密服务. 单纯从定义的角度来看, 若攻击者 $\mathcal{A}$ 能通过访问解密服务得到 CT^* 的明文, 则就能轻易地赢得安全性游戏, 从而使得这个定义没有意义. 但本质上来讲, 这一约束刻画了密文的不可延展性 (Non-malleability). 具体而言, 所谓不可

延展性是指, 给定某个明文 m 的密文 CT, 攻击者 $\mathcal{A}$ 不能以一个不可忽略的概率将 CT 转换成另一个密文 CT', 使得解密 CT' 后得到的明文 m' 与原来的明文 m 之间有一定的联系. 因此, 若一个公钥加密方案是 CCA 安全的, 则它一定是不可延展的. 否则攻击者 $\mathcal{A}$ 可以通过将挑战密文 CT^* 转换成另外一个与 m_b 有关的明文对应的密文 CT^{**}, 再对 CT^{**} 调用解密服务就可以轻易地推断出挑战密文所对应的明文. 事实上, CCA 安全性与不可延展性也被证明是等价的[36].

2.4.3   CPA 安全到 CCA 安全的转换

自从 CCA 安全的概念提出之后, 达到 CCA 安全性成为公钥加密体制设计的"黄金准则"和事实上的标准. 密码学家同时也提出了很多构造 CCA 安全的公钥加密方案的技术路线, 如基于陷门函数的构造方法[37]、基于非交互零知识证明的构造方法[38]、基于哈希证明系统的构造方法[39]、基于身份基密码体制的构造方法[40] 等.

显然, 相比于 CCA 安全的公钥加密方案, CPA 安全的公钥加密方案在设计和安全性证明方面要更为容易一些. 因此, 若能将 CPA 安全的公钥加密方案按照某种通用方式转换成一个 CCA 安全的公钥加密方案, 则将极大地简化公钥加密体制的设计工作. 为此, Fujisaki 和 Okamoto 在 1999 年给出了一种将 CPA 安全的公钥加密方案转换成 CCA 安全的通用方法[41]. 下面介绍这一转换方法.

令 $\mathcal{E} = (\mathrm{KeyGen}, \mathrm{Encrypt}, \mathrm{Decrypt})$ 是一个 CPA 安全的公钥加密方案, 其明文空间为 $\{0,1\}^{k+k_0}$、密文空间为 $\{0,1\}^n$、随机数空间为 $\{0,1\}^\ell$, 令 $H : \{0,1\}^{k+k_0} \to \{0,1\}^{k_0}$ 是一个哈希函数, 其中 k, k_0, ℓ 和 n 是安全参数 λ 的多项式. 基于此, 一个新的公钥加密方案 $\mathcal{E}' = (\mathrm{KeyGen}', \mathrm{Encrypt}', \mathrm{Decrypt}')$ 构造如下:

(1) $\mathrm{KeyGen}'(\lambda)$: 调用密钥生成算法 $\mathrm{KeyGen}(\lambda) \to (PK, SK)$, 将 (PK, SK) 作为公私钥对.

(2) $\mathrm{Encrypt}'(PK, m)$: 选取随机数 $r \in \{0,1\}^{k_0}$, 调用加密算法 $\mathrm{Encrypt}(PK, m\|r; H(m\|r)) \to CT$, 输出密文 CT.

(3) $\mathrm{Decrypt}'(SK, CT)$: 调用解密算法 $\mathrm{Decrypt}(SK, CT) \to m\|r$, 若 $CT = \mathrm{Encrypt}(PK, m\|r; H(m\|r))$, 则输出明文 $m \in \{0,1\}^k$, 否则输出一个解密失败符号 $\perp$.

如上构造的公钥加密方案 $\mathcal{E}'$ 的正确性可以由原来的公钥加密方案 $\mathcal{E}$ 保证. 可以证明, 若 $\mathcal{E}$ 是 CPA 安全的, 则按照上述方式转换而来的 $\mathcal{E}'$ 是 CCA 安全的. 但是, 如此转换而来的公钥加密方案只能达到随机预言模型下的可证明安全性, 即哈希函数 H 在证明的过程中被模拟成了一个现实中并不存在的随机预言机. 针对此问题, Sahai 提出了一种利用非交互零知识证明将 CPA 安全的公钥加密方案转换到 CCA 安全的方法[42]. 下面介绍这一转换方法.

令 $\mathcal{E} = (\text{KeyGen}, \text{Encrypt}, \text{Decrypt})$ 是一个 CPA 安全的公钥加密方案, 其明文空间为 $\mathcal{M}$、密文空间为 $\mathcal{C}$、随机数空间为 $\mathcal{R}$. 令 $\Pi = (\text{Prove}, \text{Verify})$ 是下述 NP 语言 L 的一个自适应非延展的非交互零知识证明系统:

$$L = \{(CT_1, CT_2, PK_1, PK_2) | \exists m \in \mathcal{M}, r_1, r_2 \in \mathcal{R} \text{ s.t.}$$

$$CT_1 = \text{Encrypt}(PK_1, m; r_1) \& CT_2 = \text{Encrypt}(PK_2, m; r_2)\}$$

也即 L 是对同一消息加密两次得到的密文对的语言. 基于此, 可以按照如下方式构一个新的公钥加密方案 $\mathcal{E}' = (\text{KeyGen}', \text{Encrypt}', \text{Decrypt}')$:

(1) $\text{KeyGen}'(\lambda)$: 首先调用密钥生成算法 $\text{KeyGen}(\lambda) \to (PK_1, SK_1)$, $\text{KeyGen}(\lambda) \to (PK_2, SK_2)$, 然后为非交互零知识证明系统 Π 随机选择一个均匀分布的公共参考串 r, 最后设置公钥为 $PK = (PK_1, PK_2, r)$, 私钥为 $SK = (SK_1, SK_2)$.

(2) $\text{Encrypt}'(PK, m)$: 首先选择随机数 $r_1, r_2 \in \mathcal{R}$, 调用加密算法 $\text{Encrypt}(PK_1, m; r_1) \to CT_1$, $\text{Encrypt}(PK_2, m; r_2) \to CT_2$, 然后调用非交互零知识证明系统 Π 的证明算法生成证明 $\text{Prove}((CT_1, CT_2, PK_1, PK_2), (m, r_1, r_2), r) \to \pi$, 最后输出密文 $CT = (CT_1, CT_2, \pi)$.

(3) $\text{Decrypt}'(SK, CT)$: 首先调用非交互零知识证明系统 Π 的验证算法验证关于 π 的正确性, 若 $\text{Verify}((CT_1, CT_2, PK_1, PK_2), \pi, r) = 1$, 则调用解密算法 $\text{Decrypt}(SK_1, CT_1) \to m$, 得到明文 m, 否则输出一个解密失败符号 $\perp$.

可以证明, 当 $\mathcal{E}$ 是一个 CPA 安全的公钥加密方案时, 如上构造的公钥加密方案 $\mathcal{E}'$ 是 CCA 安全的, 且不依赖于随机预言模型. 需要说明的是, 上述从 CPA 安全到 CCA 安全的通用转换方法借助了非交互零知识证明系统. 因此, 相比于 Fujisaki-Okamoto 转换方法, 按照上述方法转换而来的 CCA 安全的公钥加密方案效率较低. 可以看出, 这两种通用的转换方法在效率和安全性方面各有优势. 在这两种经典的通用转换框架的基础上, 又发展出了一些更为简单和高效的转换方法, 感兴趣的读者可以参阅相关文献 [43,44].

2.5 数字签名体制

数字签名体制允许签名者利用私钥对自己的消息进去签名, 使得任何一个知道其公钥的用户都可以公开验证该消息确实来源于签名者, 且没有被篡改过. 换言之, 类似于人们用手写签名来实现对纸质文件的鉴别, 数字签名体制通过公钥密码的技术实现了人们对数字信息的鉴别. 因此, 数字签名是实现网络通信身份认证、保证信息完整性和不可否认性的关键技术, 广泛应用于网络通信、电子商务和电子政务等领域.

2.5.1　形式化定义

一个数字签名方案 $\mathcal{S} = (\mathrm{KeyGen}, \mathrm{Sign}, \mathrm{Verify})$ 由以下三个多项式时间的算法组成:

(1) $\mathrm{KeyGen}(\lambda)$: 密钥生成算法输入一个安全参数 λ, 输出一对密钥 (VK, SK), 其中 VK 是公开的验证密钥, SK 是秘密的签名密钥.

(2) $\mathrm{Sign}(SK, m)$: 签名算法输入签名密钥 SK 和待签名消息 m, 输出一个关于 m 的签名 σ.

(3) $\mathrm{Verify}(VK, \sigma, m)$: 验证算法输入验证密钥 VK、签名 σ 和消息 m, 在签名正确的情况下输出 1, 否则输出 0.

正确性是一个数字签名方案可用的前提, 即对于正确生成的签名, 任何用户都能利用验证密钥对其进行验证. 具体而言, 对于任意密钥对 $(VK, SK) \leftarrow \mathrm{KeyGen}(\lambda)$ 和任意签名消息 m, 总成立:

$$\Pr[\mathrm{Verify}(VK, \mathrm{Sign}(SK, m), m) = 1] = 1$$

另外, 假定数字签名方案 $\mathcal{S}$ 的签名消息空间为 $\mathcal{M}$、签名空间为 Σ, 则称数字签名方案 $\mathcal{S}$ 是定义在 $(\mathcal{M}, \Sigma)$ 之上的.

2.5.2　安全性定义

类似于公钥加密体制的定义, 数字签名体制的安全性也可以从攻击者的目标和能力两个方面刻画. 首先, 由于签名体制的安全目标是保证签名消息的不可篡改性和签名者的不可否认性, 攻击者的最终目标自然是伪造出一个关于某个消息 m 的正确签名 σ, 同时签名者在此之前也没有对 m 签名过, 即存在伪造. 另一方面, 攻击者可以选择任意消息 $m' \neq m$, 并得到相应的签名 σ', 也即可以进行选择消息攻击 (Chosen Message Attack, CMA). 因此, 一个安全的数字签名体制应该在选择消息攻击下具有不可伪造性. 具体而言, 对于一个定义在 $(\mathcal{M}, \Sigma)$ 之上的数字签名方案 $\mathcal{S} = (\mathrm{KeyGen}, \mathrm{Sign}, \mathrm{Verify})$, 其安全性可以通过一个攻击者 $\mathcal{A}$ 和挑战者 $\mathcal{C}$ 之间的安全性游戏来定义, 主要包括以下几个阶段:

(1) 系统建立阶段: 在该阶段, 挑战者 $\mathcal{C}$ 运行密钥生成算法 $\mathrm{KeyGen}(\lambda) \to (VK, SK)$, 并将验证公钥 VK 发送给攻击者 $\mathcal{A}$.

(2) 询问阶段: 在该阶段, 攻击者 $\mathcal{A}$ 可以进行签名询问, 即选择消息 $m_i \in \mathcal{M}$, 然后将其发送给挑战者 $\mathcal{C}$. 在接收到 m_i 后, 挑战者 $\mathcal{C}$ 调用签名算法 $\mathrm{Sign}(SK, m_i) \to \sigma_i$, 并将 σ_i 返回给攻击者 $\mathcal{A}$. 同时, 挑战者 $\mathcal{C}$ 维持一个初始化为空集的集合 $\mathcal{P}$ 来记录签名询问, 即在每次签名询问结束后, 更新集合 $\mathcal{P} \leftarrow \mathcal{P} \cup \{m_i\}$.

(3) 伪造阶段: 在最后, 攻击者 $\mathcal{A}$ 输出伪造的消息和签名对 $(m^*, \sigma^*) \in \mathcal{M} \times \Sigma$.

若下述两个条件同时成立, 则称攻击者 $\mathcal{A}$ 赢得了上述安全性游戏:

- $m^* \notin \mathcal{P}$, 即攻击者 $\mathcal{A}$ 没有询问过 m^* 的签名;
- $\mathrm{Verify}(VK, \sigma^*, m^*) = 1$, 即 σ^* 是一个关于 m^* 的正确签名.

令 $\mathrm{Adv}_{\mathcal{A}}^{\mathrm{EUF\text{-}CMA}}(\lambda)$ 为攻击者 $\mathcal{A}$ 的优势, 即赢得上述安全性游戏的概率.

定义 2.8(选择消息攻击下的存在不可伪造性) 一个数字签名方案 $\mathcal{S} = (\mathrm{KeyGen}, \mathrm{Sign}, \mathrm{Verify})$ 是安全的, 即在选择消息攻击下具有不可伪造性, 是指对于任意 PPT 攻击者 $\mathcal{A}$, 其赢得上述安全性游戏的优势 $\mathrm{Adv}_{\mathcal{A}}^{\mathrm{EUF\text{-}CMA}}(\lambda)$ 是安全参数 λ 的一个可忽略函数.

上述安全性定义没有考虑攻击者将一个已知的消息签名转换成一个新的签名这种情形. 换言之, 即使攻击者 $\mathcal{A}$ 能将一个消息 m 的签名 σ 转换成一个关于 m 的新的签名 σ', 仍然认为签名体制是安全的. 为克服这种潜在的安全威胁, 我们对上述安全性游戏进行修改, 要求挑战者 $\mathcal{C}$ 维持的集合 $\mathcal{P}$ 中的记录格式为 (m, σ), 其中 σ 是 m 的签名. 同时, 攻击者赢得安全性的游戏的第一个条件修改为 $(m^*, \sigma^*) \notin \mathcal{P}$, 这就允许攻击者通过修改 m^* 的其他签名来赢得安全性游戏. 数字签名体制的这种安全性称为选择消息攻击者下的强存在不可伪造性, 在构造 CCA 安全的公钥加密体制[40]、群签名体制[45] 等方面有着广泛应用. 此外, 从数字签名体制的存在不可伪造性到强存在不可伪造性也存在通用转换方法[41,47].

2.6 安全模型

在可证明安全理论框架的约束下, 公钥密码方案的计算开销都相对较高. 为了在公钥密码方案的实际可用性和可证明安全性之间找到一个平衡, 密码学家在安全性证明的过程中放松了某些要求, 引入了一些理想化的假设, 使得密码方案既具有可证明安全性, 又具有较高的效率. 这些假设也就决定了密码方案安全性证明所使用的安全模型, 其中有些安全模型对所有的公钥密码体制都适用, 而有些安全模型只适用于某些特定的公钥密码体制. 本节介绍一些常用的安全模型.

2.6.1 随机预言模型

1993 年, Bellare 和 Rogaway[48] 从哈希函数抽象出来了一种新的计算模型, 称之为随机预言模型 (Random Oracle Model). 在该模型中, 假定存在一个公开的随机预言机 $\mathcal{H}$, 任何参与方都可以通过黑盒方式对其进行询问, 并得到 $\mathcal{H}$ 的相应输出. 具体而言, 随机预言机 $\mathcal{H}$ 必须满足如下三条基本性质:

- 确定性: 对于相同的询问输入 x, 随机预言机 $\mathcal{H}$ 总是给出相同的应答;
- 有效性: 对于任意的询问输入 x, 随机预言机 $\mathcal{H}$ 总是能在多项式时间内给出应答;

- 随机性: 随机预言机 $\mathcal{H}$ 的输出分布是均匀、随机的.

随机预言机只是一个理想化的原语, 实际应用中一般都用一个哈希函数 H 对其进行实例化. 这就要求 H 能足够好地模拟 $\mathcal{H}$, 使得密码方案在随机预言模型下的可证明安全性能保证其在实际中的安全性, 但是这一点无法从理论上保证. 密码学家发现, 存在一些精心构造的密码方案, 在随机预言模型下是可证明安全的, 实际中无论如何实例化随机预言机, 都将是不安全的[49].

随机预言模型的引入在一定程度上降低了证明密码方案安全性的难度, 在密码理论和应用之间架起了一座桥梁. 具体而言, 在随机预言模型下证明密码方案的安全性时, 随机预言机的行为是由挑战者控制的, 这就允许挑战者将其所面临困难问题实例以某种形式嵌入到随机预言机的输出, 进而传递给攻击者. 通过这种对随机预言机的控制, 挑战者最终能够借由攻击者攻击密码方案的能力解决其所面临的问题实例. 需要说明的是, 随机预言机虽然是由挑战者控制的, 但仍要满足三条性质, 使攻击者看来这与真实的随机预言机是不可区分的. 这一点通常使用查表法来实现, 即保持一个动态增长的列表 L, 对于询问 x, 首先在 L 中查找是否已存在查询记录 (x, y). 若存在, 则输出 y 作为回答; 否则, 均匀随机地选择 y, 输出 y, 并将 (x, y) 添加到表 L 中.

下面介绍 RSA 签名方案, 并基于 RSA 假设证明它在随机预言模型下满足选择消息攻击下的存在不可伪造性. 该签名方案由以下三个算法组成:

(1) KeyGen(λ): 给定安全参数 λ, 生成一个 RSA 模数 $n = pq$ 和满足 $\gcd(e, \phi(n)) = 1$ 的指数 e 以及 e 关于 $\phi(n)$ 的逆 d (即 $ed = 1 \mod \phi(n)$), 选择一个哈希函数 $H: \{0, 1\}^* \to \mathbb{Z}_n^*$. 令验证公钥为 $VK = (n, e)$, 签名私钥为 $SK = (n, d)$.

(2) Sign(SK, m): 给定签名私钥 SK 和待签名消息 m, 计算 $\sigma = H(m)^d \mod n$, 输出消息和签名对 (m, σ).

(3) Verify(VK, σ, m): 给定验证公钥 VK、签名 σ 和消息 m, 若 $\sigma^e \mod n = H(m)$, 则输出 1, 否则输出 0.

上述签名方案的正确性由欧拉定理直接可得, 安全性由下述定理保证.

定理 2.6   若 RSA 假设成立, 则 RSA 签名方案在随机预言模型下满足选择消息攻击下的存在不可伪造性.

证明   在安全性证明过程中, 哈希函数 H 被模拟为一个随机预言机 $\mathcal{H}$, 由挑战者 $\mathcal{C}$ 控制其输出. 此外, 若攻击者 $\mathcal{A}$ 询问消息 m 的签名, 则事先一定询问过了 $\mathcal{H}(m)$, 并且对同一消息不进行重复询问. 假定攻击者询问 $\mathcal{H}$ 的最大次数 Q 是安全参数 λ 的一个多项式. 在安全性游戏开始之前, $\mathcal{C}$ 收到一个 RSA 问题的实例 (n, e, y^*), 其目标是计算出一个整数 $a \in \mathbb{Z}_n^*$, 使得 $a^e = y^* \mod n$.

系统建立阶段: 挑战者 $\mathcal{C}$ 令验证公钥为 $VK = (n, e)$, 并维持一个初始化为空的列表 L, 其中的元素形式为 (m_i, σ_i, y_i), 表示 $\mathcal{H}(m_i) = y_i$, 并且 $\sigma_i^e \mod n = y_i$.

然后, 挑战者 $\mathcal{C}$ 随机选择一个整数 $i^* \in \{1, \cdots, Q\}$. 最后, 挑战者 $\mathcal{C}$ 将验证公钥 $VK = (n, e)$ 发送给攻击者 $\mathcal{A}$.

询问阶段: 当攻击者 $\mathcal{A}$ 第 i 次询问随机预言机 $\mathcal{H}$ 关于消息 m_i 的值时, 若 $i = i^*$, 则挑战者 $\mathcal{C}$ 将 y^* 返回给 $\mathcal{A}$. 否则, $\mathcal{C}$ 随机选择一个元素 $\sigma_i \in \mathbb{Z}_n^*$, 计算并返回 $y_i = \sigma_i^e \mod n$, 同时更新列表 $L \leftarrow L \cup \{(m_i, \sigma_i, y_i)\}$. 当攻击者 $\mathcal{A}$ 询问关于 m_i 的签名时, 若 $i = i^*$, 则挑战者 $\mathcal{C}$ 终止安全性游戏. 否则, 存在一个元组 $(m_i, \sigma_i, y_i) \in L$, 返回 σ_i.

伪造阶段: 攻击者 $\mathcal{A}$ 输出一个伪造的消息和签名对 (m^*, σ^*).

若 $m^* = m_{i^*}$ 且 $\mathcal{A}$ 赢得上述安全性游戏, 则有 $\mathrm{Verify}(VK, \sigma^*, m^*) = 1$, 即 $(\sigma^*)^e = y^* \mod n$, 挑战者 $\mathcal{C}$ 就得到了给定的 RSA 问题实例的解 σ^*. 由于攻击者 $\mathcal{A}$ 所观察到的随机预言机的输出分布与真实的分布是不可区分的, 因此有

$$\mathrm{Adv}_{\mathcal{C}}^{\mathrm{RSA}}(\lambda) = \Pr[m^* = m_{i^*}] \cdot \mathrm{Adv}_{\mathcal{A}}^{\mathrm{EUF\text{-}CMA}}(\lambda) \geqslant \frac{1}{Q} \cdot \mathrm{Adv}_{\mathcal{A}}^{\mathrm{EUF\text{-}CMA}}(\lambda)$$

这也就意味着, 若攻击者 $\mathcal{A}$ 能以不可忽略的优势 $\mathrm{Adv}_{\mathcal{A}}^{\mathrm{EUF\text{-}CMA}}(\lambda)$ 攻破 RSA 签名方案在选择消息攻击下的存在不可伪造性, 则 $\mathcal{C}$ 能以不可忽略的概率解决 RSA 问题. 这与 RSA 假设矛盾, 因此 RSA 签名方案是安全的. ∎

2.6.2 标准模型

简单地说, 标准模型是指不依赖随机预言机以及其他任何理想化假设的安全模型. 在标准模型下, 攻击者只受时间和计算能力的约束, 而没有其他假设. 如果在此条件下可以将密码方案的安全性在多项式时间归约到困难性问题上, 则称该归约是基于标准模型的, 也称密码方案具有在标准模型下的可证明安全性. 此外, 如果所设计的密码方案使用了哈希函数, 但在证明时仅利用了现实中哈希函数可以实现的特性, 那么仍然可以认为是标准模型下的证明. 标准模型没有任何安全证明环节上的理想化假设, 使得密码的方案安全性仅依赖于一些已被广泛接受的困难问题假设, 所以其安全性更值得信赖.

然而在实际中, 对于许多密码方案而言, 在标准模型下证明它们的安全性是比较困难的, 即使能达到标准模型下的可证明安全性, 所得到的方案的效率也是比较低的. 因此, 为了提高密码方案的效率和降低证明的难度, 往往在安全性证明过程中引入了其他的假设条件, 如前面所讨论的随机预言机. 但是, 实现标准模型下的可证明安全性始终是密码方案设计的终极目标.

下面介绍由 Cramer 和 Shoup 在 1998 年提出的一个公钥加密方案 (Cramer-Shoup 加密方案)[39], 也是第一个在标准模型下具有可证明的 CCA 安全性的公钥加密方案. Cramer-Shoup 加密方案由以下三个算法组成:

(1) KeyGen(λ): 给定安全参数 λ, 首先生成一个阶为素数 p 的乘法循环群 $\mathbb{G}$, 并令 g 为 $\mathbb{G}$ 的生成元; 然后, 选择一个哈希函数 $H : \{0,1\}^* \to \mathbb{Z}_p$, 令系统公开参数为 $PP = (\mathbb{G}, p, g, H)$; 进一步, 随机选择 $g_1, g_2 \in \mathbb{G}$ 以及 $\alpha_1, \alpha_2, \beta_1, \beta_2, \gamma_1, \gamma_2 \in \mathbb{Z}_p$, 计算 $u = g_1^{\alpha_1} g_2^{\alpha_2}$, $v = g_1^{\beta_1} g_2^{\beta_2}$, $h = g_1^{\gamma_1} g_2^{\gamma_2}$; 最后, 返回公开参数 PP 和用户的公私钥对 (PK, SK), 其中 $PK = (g_1, g_2, u, v, h)$, $SK = (\alpha_1, \alpha_2, \beta_1, \beta_2, \gamma_1, \gamma_2)$.

(2) Encrypt(PP, PK, m): 给定系统公开参数 PP 和用户公钥 PK 以及待加密消息 $m \in \mathbb{G}$, 首先选择随机数 $r \in \mathbb{Z}_p$, 然后计算:

$$c_1 = g_1^r, \quad c_2 = g_2^r, \quad c_3 = h^r \cdot m, \quad c_4 = u^r \cdot v^{wr}$$

其中 $w = H(c_1, c_2, c_3)$, 最后返回密文 $CT = \{c_1, c_2, c_3, c_4\}$.

(3) Decrypt(PP, SK, CT): 给定系统公开参数 PP 和用户私钥 SK 以及密文 $CT = \{c_1, c_2, c_3, c_4\}$, 首先计算 $w = H(c_1, c_2, c_3)$, 然后验证是否成立 $c_4 = c_1^{\alpha_1 + w\beta_1} \cdot c_2^{\alpha_2 + w\beta_2}$, 若成立, 则进一步恢复出消息 $m = c_3 \cdot c_1^{-\gamma_1} \cdot c_2^{-\gamma_2}$, 否则返回一个解密错误符号 $\perp$.

Cramer-Shoup 加密方案的正确性容易验证, 代入相关的参数值即可得到解密等式成立. 其安全性由下述定理保证.

定理 2.7　若 DDH 假设在循环群 $\mathbb{G}$ 上成立, 且 H 是一个安全的哈希函数, 则 Cramer-Shoup 加密方案具有 CCA 安全性.

上述定理的具体证明过程相对比较复杂, 此处不再赘述, 感兴趣的读者可参阅文献 [39].

2.6.3　随机预言模型合理性与局限性

随机预言模型为可证明安全提供了很大的方便, 已广泛应用于密码方案的安全性证明, 得到了很多高效的密码方案, 包括 CCA 安全的公钥加密方案、数字签名方案、基于身份的加密方案、认证密钥交换协议等, 同时还使得一些在标准模型中不能实现的密码方案变得可行. 但是, 围绕随机预言模型是否合理、在现实世界中能保证什么、与标准模型之间有怎样的根本不同等问题, 密码学界也一直存在争议, 基本上可分为反对与支持两派.

反对的观点. 反对使用随机预言模型的观点的出发点很简单: 随机预言机在现实中是通过哈希函数实例化的, 但是现实世界中没有任何一个哈希函数能表现得像一个真正的随机预言机. 例如, 在随机预言模型中, 对于一个给定的输入 x, 若没有对随机预言机 $\mathcal{H}$ 询问过 x, 则 $\mathcal{H}(x)$ 就应该是完全随机的. 将 $\mathcal{H}$ 用一个哈希函数 H 实例化后, 这就意味着如果没有计算过 $H(x)$, 则要求 $H(x)$ 是随机的. 但是, 现实中却是一旦 H 的结构确定后, 不管是否计算过 $H(x)$, 其值都是确定的. 另一方面, 在安全性证明的过程中, 随机预言机的输出是由挑战者控制的,攻击者只能通过询问挑战者才能得到相应的输出,随机预言机对于攻击者而言完全是黑盒的. 但是,用哈希函数 H 实例化随机预言机之后,意味着攻击者一开始就知道 H 的细节,完全可以自己计算哈希函数值,而不用再去询问挑战者. 显然,挑战者此时无法再控制 H 的输出.

为了论证随机预言模型的不合理性,密码学者精心构造了一些在随机预言模型下具有可证明安全性,但在实例化后不安全的密码方案.

• 1998 年, Canetti 等[49] 首先给出了一般性的负面结论: 他们分别构造了一个公钥加密方案和数字签名方案,并证明这两个方案在随机预言模型下是安全的. 但是,他们同时证明,一旦用任何具体的哈希函数实例化后,这些方案就变得完全不安全了. 数字签名方案会泄露签名私钥,而公钥加密方案会泄露加密的明文消息.

• 2002 年, Nielsen[50] 证明,在随机预言模型下安全的非交互非承诺加密方案在标准模型下是不可行的. 2004 年, Bellare 等[51] 证明,在随机预言模型下,带哈希函数的 ElGamal 密钥封装机制可以与数据封装机制安全地结合. 但是,在标准模型下,这一性质却无法实现.

• 2015 年, Brzuska 等[52] 证明,如果存在不可区分的混淆 (Indistinguishability Obfuscation, IO),则许多在随机预言模型下成立的变换,在标准模型下都实现不了,包括第二类型的 Fujisaki-Okamoto 转换[41],以及通过哈希函数加密的方式将概率公钥加密体制转换为确定性加密[53] 等变换.

总的来说,已有的这些负面的结论表明,随机预言模型下的可证明安全性的确在实例化的时候会存在问题,不能达到令人满意的安全性保证.

支持的观点. 尽管有诸多不足,随机预言模型还是被广泛地使用,被认为是可证明安全性中最成功的应用. 例如, OAEP 到目前为止只能被证明是随机预言模型下 CCA 安全的公钥加密方案,但仍然被 PKC#1 v2.1 标准化. 这主要是源于以下两个原因: 一方面,对于具有同样功能和安全性强度的密码方案而言,随机预言模型下的方案要比标准模型下的方案高效许多; 另一方面,有很多密码方案很难在标准模型下给出安全性证明或者构造,而在随机预言模型下往往有相应的构造以及安全性证明. 此外,随着密码学理论的发展,随机预言模型下的密码方案在某些情况下还有可能自然地转换为标准模型下的方案. 特别地,随着 IO 构造的可实例化[54],许多随机预言模型下的密码方案都可以在标准模型下实例化. 例如, Hohenberger 等[55] 展示了如何利用 IO 来实例化全域哈希函数签名中的随机预言机, Brzuska 和 Mittelbach[56] 证明了用 IO 可以安全地实现通用计算抽取器,而后者的提出就是为了实例化许多密码方案中的随机预言机.

总的来说,基于随机预言机模型的安全证明除了哈希函数外的环节都可以达到安全要求,至少增强了人们对于使用某些高效的密码方案的信心,并且对于扩大密码方案的实际应用范围起到了重要作用.

2.6.4　其他安全模型

在可证明安全理论领域, 依据是否使用随机预言机, 可以将安全模型分为随机预言模型和标准模型. 在此基础上, 为了进一步方便密码方案的安全性证明, 密码学家又引入了一些其他的假设, 定义了一些新的安全模型, 常用的包括以下几种.

(1) **通用群模型**. 很多可证明安全的密码方案的安全性依赖于一些非标准的困难问题假设. 在这种情况下, 就必须证明所使用的困难性假设满足一些最低要求. 验证困难性假设难度的公认方法是表明不存在通用攻击, 即在通用群模型[57]中仅利用其底层代数结构的攻击. 具体而言, 通用群模型是一种通过建立一个理想的素数阶有限交换群来分析某个问题是否困难的数学工具. 在该模型中, 所使用的算法都是概率算法, 称之为通用群算法. 所构造的群对于攻击者而言是黑盒的, 即看不到群的设置或任何群元素, 只能执行一系列基本的群运算, 并在满足群运算法则的基础上能求群元素的逆和进行相等性测试. 通用群模型只是形式化地保证一个群没有可以被攻击者用于解决某个问题的特殊结构的一种简便方法, 主要应用于一些新的困难问题的困难性分析. 此外, 通用群模型还可用于证明签名方案和代数消息认证码等密码体制的安全性, 以抵御代数攻击. 通用群模型是密码学中评估困难性假设难度的最重要和最成功的工具之一.

(2) **代数群模型**. 通用群模型中的证明虽可为困难性假设提供一定的可信度, 但由于没有利用群表示上的具体算法, 其范围仍相当有限. 为了克服这个限制, Fuchsbauer 等[58] 提出了代数群模型. 这是一个介于标准模型和通用群模型之间的模型, 所使用的代数算法概括了通用算法的概念. 虽然算法输出的所有群元素必须由通用运算计算, 但算法可以自由地访问群的结构, 因此可能会获得更多的信息. 与通用群模型相比, 代数群模型虽然不能给出信息论下界, 但是可以通过计算困难性假设的安全性归约来分析密码方案的安全性. 代数群模型凭借其自身的通用性和强大的框架, 在简化复杂密码方案的安全性分析方面具有广泛作用, 如简明非交互知识论证系统、盲签名等密码方案的安全性分析.

(3) **公共参考串模型**. 公共参考串模型是 Blum 等[9] 为了构造非交互式零知识证明系统而提出的. 所谓公共参考串是指由可信第三方选择, 并在证明者与验证者之间共享的一个随机字符串. 公共参考串其实是一个比随机预言机更为简单的假设, 即仅假设证明者与验证者都拥有一段相同的参考串, 这个字符串可能是随机生成的, 也可能是某个函数的输出, 但证明者与验证者都不知道这个字符串具体是怎么生成的. 在公共参考串模型中, 可以很容易地得到一些标准模型中无法得到的方案, 如并发的零知识证明系统、通用组合框架下的安全协议等.

(4) **理想密码模型**. 理想密码模型也是一个理想的计算模型, 又称为香农模型和黑盒模型, 类似于随机预言机模型. 理想密码模型经常用于证明各种密码对象和协议的安全性. 与随机预言机模型不同的是, 它没有一个公共可访问的随机函数, 而是有一个公共可访问的随机分组密码 $E : \{0,1\}^k \times \{0,1\}^n \rightarrow \{0,1\}^n$. 这是一个密钥为 k-bit, 输入/输出为 n-bit 的分组密码, 是从所有这种形式的分组密码中均匀随机选择的. 使用该模型对密码方案进行安全性分析时, 首先在该模型中证明密码方案的安全性, 然后用实际的分组密码 (如 AES) 实例化理想的分组密码. Coron 等[59] 在 2008 年证明, 理想密码模型与随机预言模型是等价的.

2.7   小   结

可证明安全理论本质上是一种公理化的研究方法, 将密码学理论建立在了计算复杂性理论、信息论、数学等科学的基础之上, 使密码学从一门艺术变为一门科学, 目前已经成为现代密码学尤其是公钥密码研究的主线. 本章主要介绍了可证明安全理论的基础知识, 主要包括一些常用的困难问题假设、公钥加密体制的形式化定义与安全性定义、数字签名体制的形式化定义与安全性定义以及可证明安全中经常用到的随机预言模型和标准模型. 本章所涉及的内容对本书的学习有着十分重要的意义.

参 考 文 献

[1] Diffie W, Hellman M E. New directions in cryptography. IEEE Transactions on Information Theory, 1976, 22(6): 644-654.

[2] Regev O. On lattices, learning with errors, random linear codes, and cryptography. Journal of the ACM, 2009, 56(6): 34: 1-40.

[3] Costello C, Longa P, Naehrig M. Efficient algorithms for supersingular isogeny Diffie-Hellman. Advances in Cryptology-CRYPTO 2016. Springer, 2016: 572-601.

[4] Rivest R L, Shamir A, Adleman L M. A method for obtaining digital signatures and public-key cryptosystems. Communications of the ACM, 1983, 26(1): 96-99.

[5] Cramer R, Shoup V. Signature schemes based on the strong RSA assumption. ACM Transactions on Information and System Security, 2000, 3(3): 161-185.

[6] Pointcheval D. New public key cryptosystems based on the dependent-rsa problems. Advances in Cryptology-EUROCRYPT 1999. Springer, 1999: 239-254.

[7] Goldwasser S, Micali S. Probabilistic encryption. Journal of Computer and System Sciences, 1984, 28(2): 270-299.

[8] Cocks C C. An identity based encryption scheme based on quadratic residues. 8th IMA International Conference on Cryptography and Coding. Springer, 2001: 360-363.

[9]   Blum M, Feldman P, Micali S. Non-interactive zero-knowledge and its applications
      (extended abstract). Proceedings of the 20th Annual ACM Symposium on Theory of
      Computing. ACM, 1988: 103-112.

[10] Paillier P. Public-key cryptosystems based on composite degree residuosity classes.
      Advances in Cryptology-EUROCRYPT 1999. Springer, 1999: 223-238.

[11] Maurer U M, Wolf S. Diffie-Hellman oracles. Advances in Cryptology-CRYPTO 1996.
      Springer, 1996: 268-282.

[12] Pfitzmann B, Sadeghi A R. Anonymous fingerprinting with direct non-repudiation.
      Advances in Cryptology-ASIACRYPT 2000. Springer, 2000: 401-414.

[13] Chen X F, Zhang F G, Mu Y, Susilo W. Efficient provably secure restrictive partially
      blind signatures from bilinear pairings. Financial Cryptography and Data Security-FC
      2006. Springer, 2006: 251-265.

[14] Boneh D. The decision Diffie-Hellman problem. Buhler J. Third International Sympo-
      sium on Algorithmic Number Theory. Springer, 1998: 48-63.

[15] Waters B. Dual system encryption: Realizing fully secure IBE and HIBE under simple
      assumptions. Advances in Cryptology-CRYPTO 2009. Springer, 2009: 619-636.

[16] Okamoto T, Pointcheval D. The gap-problems: A new class of problems for the security
      of cryptographic schemes. Public Key Cryptography-PKC 2001. Springer, 2001: 104-
      118.

[17] Cash D, Kiltz E, Shoup V. The twin Diffie-Hellman problem and applications. Ad-
      vances in Cryptology-EUROCRYPT 2008. Springer, 2008: 127-145.

[18] Boneh D, Gentry C, Waters B. Collusion resistant broadcast encryption with short
      ciphertexts and private keys. Advances in Cryptology-CRYPTO 2005. Springer, 2005:
      258-275.

[19] Boneh D, Boyen X. Short signatures without random oracles. Advances in Cryptology-
      EUROCRYPT 2004. Springer, 2004: 56-73.

[20] Camenisch J, Kohlweiss M, Soriente C. An accumulator based on bilinear maps and
      efficient revocation for anonymous credentials. Public Key Cryptography-PKC 2009.
      Springer, 2009.

[21] Zhang F G, Safavi-Naini R, Susilo W. An efficient signature scheme from bilinear
      pairings and its applications. Public Key Cryptography-PKC 2004. Springer, 2004:
      277-290.

[22] Mitsunari S, Sakai R, Kasahara M. A new traitor tracing. IEICE Transactions on
      Fundamentals of Electronics, Communications and Computer, 2002, 85-A(2): 481-484.

[23] Boneh D, Franklin M K. Identity-based encryption from the Weil pairing. Advances
      in Cryptology-CRYPTO 2001. Springer, 2001: 213-229.

[24] Waters B. Efficient identity-based encryption without random oracles. Advances in
      Cryptology-EUROCRYPT 2005. Springer, 2005: 114-127.

[25] Yacobi Y. A note on the bilinear Diffie-Hellman assumption. IACR Cryptology ePrint Archive, 2002: 113.

[26] Seo J H, Kobayashi T, Ohkubo M, Suzuki K. Anonymous hierarchical identity-based encryption with constant size ciphertexts. Public Key Cryptography-PKC 2009. Springer, 2009: 215-234.

[27] Boneh D, Boyen X, Goh E J. Hierarchical identity based encryption with constant size ciphertext. Advances in Cryptology-EUROCRYPT 2005. Springer, 2005: 440-456.

[28] Waters B. Ciphertext-policy attribute-based encryption: An expressive, efficient, and provably secure realization. Public Key Cryptography-PKC 2011. Springer, 2011: 53-70.

[29] Gentry C. Practical identity-based encryption without random oracles. Advances in Cryptology-EUROCRYPT 2006. Springer, 2006: 445-464.

[30] Chase M, Lysyanskaya A. Simulatable vrfs with applications to multi-theorem NIZK. Advances in Cryptology-CRYPTO 2007. Springer, 2007: 303-322.

[31] Boneh D, Boyen X. Efficient selective-id secure identity-based encryption without random oracles. Advances in Cryptology-EUROCRYPT 2004. Springer, 2004: 223-238.

[32] Chow S S M, Yiu S M, Hui L C K, Chow K P. Efficient forward and provably secure id-based signcryption scheme with public verifiability and public ciphertext authenticity. Information Security and Cryptology-ICISC 2003. Springer, 2003: 352-369.

[33] Chabanne H, Phan D H, Pointcheval D. Public traceability in traitor tracing schemes. Advances in Cryptology-EUROCRYPT 2005. Springer, 2005: 542-558.

[34] 冯登国. 可证明安全性理论与方法研究. 软件学报, 2005, 16(10): 1743-1756.

[35] Shoup V. Sequences of games: A tool for taming complexity in security proofs. IACR Cryptol. ePrint Arch., 2004: 332.

[36] Bellare M, Desai A, Pointcheval D, Rogaway P. Relations among notions of security for public-key encryption schemes. Advances in Cryptology-CRYPTO 1998. Springer, 1998: 26-45.

[37] Bellare M, Rogaway P. Optimal asymmetric encryption. Advances in Cryptology-EUROCRYPT 1994. Springer, 1994: 92-111.

[38] Dolev D, Dwork C, Naor M. Nonmalleable cryptography. SIAM Journal on Computing, 2000, 30(2): 391-437.

[39] Cramer R, Shoup V. A practical public key cryptosystem provably secure against adaptive chosen ciphertext attack. Advances in Cryptology-CRYPTO 1998. Springer, 1998: 13-25.

[40] Canetti R, Halevi S, Katz J. Chosen-ciphertext security from identity-based encryption. Advances in Cryptology-EUROCRYPT 2004. Springer, 2004: 207-222.

[41] Fujisaki E, Okamoto T. How to enhance the security of public-key encryption at minimum cost. Public Key Cryptography-PKC 1999. Springer, 1999: 53-68.

[42] Sahai A. Non-malleable non-interactive zero knowledge and adaptive chosen-ciphertext security. 40th Annual Symposium on Foundations of Computer Science-FOCS 1999. IEEE, 1999: 543-553.

[43] Lindell Y. A simpler construction of cca2-secure public-key encryption under general assumptions. Advances in Cryptology-EUROCRYPT 2003. Springer, 2003: 241-254.

[44] Hofheinz D, Kiltz E. Practical chosen ciphertext secure encryption from factoring. Advances in Cryptology-EUROCRYPT 2009. Springer, 2009: 313-332.

[45] Ateniese G, Camenisch J, Joye M, Tsudik G. A practical and provably secure coalition-resistant group signature scheme. Advances in Cryptology-CRYPTO 2000. Springer, 2000: 255-270.

[46] Boneh D, Shen E, Waters B. Strongly unforgeable signatures based on computational diffie-hellman. Public Key Cryptography-PKC 2006. Springer, 2006: 229-240.

[47] Steinfeld R, Pieprzyk J, Wang H X. How to strengthen any weakly unforgeable signature into a strongly unforgeable signature. Topics in Cryptology-CT-RSA 2007. Springer, 2007: 357-371.

[48] Bellare M, Rogaway P. Random oracles are practical: A paradigm for designing efficient protocols. Proceedings of the 1st ACM Conference on Computer and Communications Security. ACM, 1993: 62-73.

[49] Canetti R, Goldreich O, Halevi S. The random oracle methodology, revisited. Proceedings of the Thirtieth Annual ACM Symposium on the Theory of Computing. ACM, 1998: 209-218.

[50] Nielsen J B. Separating random oracle proofs from complexity theoretic proofs: The non-committing encryption case. Advances in Cryptology-CRYPTO 2002. Springer, 2002: 111-126.

[51] Bellare M, Boldyreva A, Palacio A. An uninstantiable random-oracle-model scheme for a hybrid-encryption problem. Advances in Cryptology-EUROCRYPT 2004. Springer, 2004: 171-188.

[52] Brzuska C, Farshim P, Mittelbach A. Random-oracle uninstantiability from indistinguishability obfuscation. Theory of Cryptography-TCC 2015. Springer, 2015: 428-455.

[53] Bellare M, Boldyreva A, O'Neill A. Deterministic and efficiently searchable encryption. Advances in Cryptology-CRYPTO 2007. Springer, 2007: 535-552.

[54] Jain A, Lin H, Sahai A. Indistinguishability obfuscation from well-founded assumptions. 53rd Annual ACM SIGACT Symposium on Theory of Computing-STOC 2021. ACM, 2021: 60-73.

[55] Hohenberger S, Sahai A, Waters B. Replacing a random oracle: Full domain hash from indistinguishability obfuscation. Advances in Cryptology-EUROCRYPT 2014. Springer, 2014: 201-220.

[56] Brzuska C, Mittelbach A. Using indistinguishability obfuscation via UCEs. Advances in Cryptology-ASIACRYPT 2014. Springer, 2014: 122-141.

[57] Shoup V. Lower bounds for discrete logarithms and related problems. Advances in Cryptology-EUROCRYPT 1997. Springer, 1997: 256-266.

[58] Fuchsbauer G, Kiltz E, Loss J. The algebraic group model and its applications. Advances in Cryptology-CRYPTO 2018. Springer, 2018: 33-62.

[59] Coron J S, Patarin J, Seurin Y. The random oracle model and the ideal cipher model are equivalent. Advances in Cryptology-CRYPTO 2008. Springer, 2008: 1-20.

第 3 章　可搜索加密技术

可搜索加密技术通过特定的关键词来搜索加密后的文件, 它是实现云计算中数据安全的一个关键技术. 构造高效的可搜索加密方案对于提高云服务器的密文检索效率, 促进云计算技术的快速发展有着非常重要的意义. 本章主要介绍两大类可搜索加密技术, 即对称可搜索加密和非对称 (公钥) 可搜索加密.

3.1　问题阐述

在云计算平台中, 越来越多的敏感信息集中存储在云服务器上, 如 Email、个人健康记录、公司金融数据等. 如何有效地保护用户的敏感信息已成为云计算亟须解决的一个关键技术问题. 访问控制技术在一定程度上可以防止敌手对数据的非法访问. 然而, 作为用户数据的最高权限管理者, 云服务器可以轻松地绕过访问控制策略来查看用户的数据. 在实际的应用中, 我们不可能找到一个所有用户都完全信赖的云服务器. 云安全联盟指出: 如果文件没有加密直接存储在云上, 那么此文件则被认为已经丢失. 因此, 为了防止用户的机密数据泄露给不诚实的云服务器, 必须将这些数据进行加密处理后再存储到云平台.

然而, 加密数据存储使得在海量的密文数据集中搜索特定的数据变得极为困难. 对于明文数据, 我们可以采用传统的搜索技术获取想要的数据文件. 但是对于密文数据, 传统的搜索方法将不再有效. 一种显而易见的方法是将整个密文数据集下载到本地解密后再进行搜索. 然而, 这种方法所需的存储和计算开销是资源受限的用户无法承受的. 更重要的, 这使得云计算中的外包模式失去了应有的意义. 因此, 用户会自然地产生如下疑问: "我们能否将自己的机密数据存储在云服务器上? 此外, 有没有一种很好的技术可以快速检索自己想要的数据文件?"

目前, 学术界对密文数据检索技术进行了大量的研究, Brinkman[1] 将现有的方法分为以下四类.

(1) 利用加密索引检索. 该方法中, 用户不需要直接在加密数据中执行检索, 而是设法建立一种加密索引. 通过索引, 用户检索出自己想要的数据. 通常, 加密索引中包含的是数据的哈希值.

(2) 利用陷门信息检索. 该方法允许服务器在不解密密文的情况下利用陷门信息对密文数据进行搜索, 一种常用的方法是基于关键词构造陷门信息, 从而检索出包含该关键词的所有文档.

(3) 利用秘密共享检索. 该方法要求数据所有者将自己的机密数据分散地存储在不同的云服务器上, 只要云服务器之间不进行相互勾结, 那么利用该方法可以很好地保护数据. 数据检索由用户与服务器之间的安全协议来完成.

(4) 利用同态加密检索. 同态加密技术可以在不解密密文数据的情况下, 通过对密文数据的简单操作而直接作用于明文数据上. 显然, 利用同态加密可以实现对密文数据的检索, 但效率较低.

考虑到方案的效率和实用性, 本章主要介绍第 (2) 种方法, 即可搜索加密技术. 根据所使用的密码体制的不同, 可搜索加密技术分为两类: 对称可搜索加密 (Searchable Symmetric Encryption, SSE) 和非对称 (公钥) 可搜索加密 (Public-key Encryption with Keyword Search, PEKS).

2000 年, Song 等[2] 创新性地提出了第一个对称可搜索加密方案. 在他们的方案中, 文件中每个关键词使用一种特殊的双层加密结构进行加密. 用户想要进行搜索时, 生成检索关键词的密文并发送给服务器, 通过将检索关键词密文和文件中每个密文进行扫描比对, 服务器可以确认检索关键词是否存在, 甚至可统计其出现次数. 但是, 该方案的搜索代价随所有文件中关键词数量呈线性增加, 效率较低. Goh[3] 提出了使用布隆过滤器 (Bloom Filter) 为每个文件构造一个索引的方法, 即文件包含的所有关键词映射在布隆过滤器中, 通过布隆过滤器就能高效判定密文文件中是否包含某个特定关键词, 该方法的搜索开销与密文文件数量成正比. 此外, 该方法针对检索索引的安全性, 给出了选择关键词攻击不可区分 (Semantic Security Against Adaptive Chosen Keyword Attack, IND-CKA) 的安全定义. Curtmola 等[4] 进一步完善了安全定义, 考虑了检索陷门的安全性. 同时, 为了提高搜索效率, 首次采用了倒排索引的方法, 建立了整个加密文件集的哈希索引表, 其中每一条记录包含一个关键词陷门信息和对应的包含该关键词的加密文件地址集. 因此, 该方案的搜索代价与包含关键词文档数量成正比, 而和数据集中文件数目无关. 此外, Curtmola 等[4] 还考虑了多用户检索场景, 即数据所有者上传加密数据后允许多用户进行搜索.

对称可搜索加密技术由于其运算速度快、计算量小的特点, 目前已经成为学术界研究的热点[5-11]. Li 等[5] 提出了模糊关键词集的概念, 在其构造的算法中, 允许用户输入端有细微的拼写错误, 使得可搜索加密技术有了更广阔的应用前景. Cash 等[6] 提出了支持多关键词查询的 SSE 方案, 服务器可以返回包含所有检索关键词的文件. Sun 等[7] 提出了支持多用户的多关键词查询 SSE 方案, 数据所有者可以将检索权限授权给不同的用户. Wang 等[8] 在此基础上进一步提高了解密的效率和降低了通信开销. 为了提高检索的安全性, Wang 等[9] 基于双服务器模型提出了检索模式隐藏的 SSE 方案. 在实际中, 数据拥有者往往需要对外包的文件进行添加和删除, 文献 [10,11] 考虑了动态更新中的安全性, 提出前/后向安全的 SSE 方案.

　　在商业云计算服务中, 为了节省资源, 不诚实的服务器可能会返回错误的搜索结果或者部分搜索结果, 该模型称为半可信且好奇 (semi-honest-but-curious) 的服务器模型. 为了抵抗这种攻击, 2011 年, Chai[12] 提出了可验证的对称可搜索加密方案 (Verifiable Searchable Symmetric Encryption, VSSE). 该方案中, 云服务器在搜索过程中不但要将搜索结果返回给用户, 还要将相应的搜索证据返回给用户, 用户可以根据证据对服务器的搜索结果进行完整性和正确性验证. Wang 等在文献 [13∼15] 中针对不同场景设计了可验证的 SSE 方案. 其中文献 [13] 提出了支持模糊关键词查询的可验证 SSE 方案, 文献 [14] 提出了支持多关键词查询的可验证 SSE 方案, 文献 [15] 提出了前向安全的可验证 SSE 方案.

　　2004 年, Boneh 等[16] 将公钥密码体制引入到了可搜索加密领域, 提出了第一个基于关键词的公钥可搜索加密方案. 2005 年 Abdalla 等[17] 完善了 PEKS 的定义, 并提出了一种新的基于临时关键词搜索的公钥可搜索加密方案 (Public-key Encryption with Temporary Keyword Search, PETKS). 为了实现多关键词搜索, Golle 等[18] 首次提出了基于多关键词公钥可搜索加密的概念. Byun[19] 和 Hwang 等[20] 分别对 Golle 等的方案进行了效率上的改进. Boneh 等[21] 对关键词的交集、子集、并集等搜索进行了研究, 并给出了一种支持对关键词取交集、子集、并集的公钥可搜索加密方案, 但是其效率很低. 为了提高效率, Zhang 等[22] 提出了高效的支持对关键词进行交集搜索的公钥可搜索加密方案. 2008 年, Baek 等[23] 指出文献 [16] 只能应用于安全信道模型下, 这大大限制了该方案的实际应用, 并提出了公共信道下的公钥可搜索加密方案. 2010 年, Fang 等[24] 构造了更加高效的公共信道下的公钥可搜索加密方案.

　　在安全性方面, 文献 [19,25,26] 研究了针对公钥可搜索加密方案的攻击, 称之为离线的关键词猜测攻击. 为了解决这类问题, Tang 等[27] 提出了可以抵抗离线的关键词猜测攻击的方案. Rhee 等[28] 首次提出了 "陷门信息不可区分性" 的概念, 并指出陷门信息不可区分性是抵抗离线的关键词猜测攻击的充分条件.

3.2　对称可搜索加密技术

　　在对称可搜索加密方案中, 只有数据拥有者 (用户) 能够加密文件、生成检索索引和执行搜索, 因此非常适合于个人数据库 (集) 外包的情形, 如图 3.1 所示. 对称可搜索加密方案关注效率提升、检索方式多样和数据动态变化, 本节主要介绍基于顺序扫描的 SSE 方案、基于倒排索引的 SSE 方案、模糊关键词 SSE 方案、可验证的 SSE 方案和前/后向安全 SSE 方案.

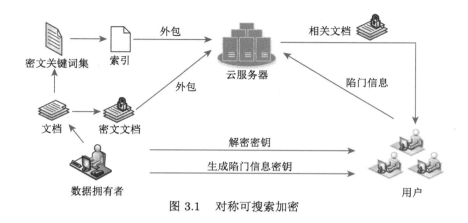

图 3.1　对称可搜索加密

3.2.1　安全定义

定义 3.1(对称可搜索加密方案)　定义在关键词集 $\Delta = \{W_1, W_2, \cdots, W_p\}$ 上的对称可搜索加密方案可描述为五元组 SSE = (KeyGen, Enc, Trapdoor, Search, Dec):

(1) KeyGen$(\kappa) \to K$: 由用户执行的概率性算法. 输入安全参数 κ, 输出随机产生的密钥 K.

(2) Enc$(K, \mathcal{D}) \to (I, C)$: 由用户执行的概率性算法. 输入密钥 K 和明文文件集 $\mathcal{D} = (D_1, D_2, \cdots, D_n)$, 输出索引 I 和密文文件集 $C = (C_1, C_2, \cdots, C_n)$. 对于无需构造索引的 SSE 方案 (例如 Song 等的密文搜索加密方案), 定义 $I = \varnothing$.

(3) Trapdoor$(K, w) \to T_w$: 由用户执行的确定性算法. 输入密钥 K 和关键词 w, 输出陷门 T_w.

(4) Search$(I, T_w) \to D(w)$: 由服务器执行的确定性算法, 用来检索出包含检索关键词 W 的所有文档. 输入索引 I 和陷门 T_w, 输出包含 w 的文档标识构成的集合 $D(w)$.

(5) Dec$(K, C_i) \to D_i$: 由用户执行的确定性算法. 输入密钥 K 和密文文档 C_i, 输出相应明文文件 D_i.

定义 3.2 (对称可搜索加密方案安全性)　对称可搜索加密方案的安全性通过真实游戏和理想游戏证明方案除了泄露函数 $\mathcal{L}$ 外不泄露其他消息. 具体来讲, 真实游戏 Real$_{\mathcal{A}}$ 和理想游戏 Ideal$_{\mathcal{A}, \mathcal{S}}$ 定义如下, 其中 $\mathcal{A}$ 为攻击者, $\mathcal{S}$ 为模拟器.

• Real$_{\mathcal{A}}(\kappa)$: 攻击者 $\mathcal{A}(\kappa)$ 选择数据库 $\mathcal{D}$, 该游戏运行 Enc$(K, \mathcal{D})$ 算法生成检索索引 I 并发送给 $\mathcal{A}$. 接着, 敌手 $\mathcal{A}$ 自适应地选择查询 q, 该游戏运行 Trapdoor 算法并将生成的陷门 T_q 发送给 $\mathcal{A}$. 然后, 该游戏运行 Search(I, T_q), 将运行的结果发送给 $\mathcal{A}$. 敌手可以执行多项式次上述查询. 最后, $\mathcal{A}$ 输出一个比特 b.

• Ideal$_{\mathcal{A},\mathcal{S}}(\kappa)$: 攻击者 $\mathcal{A}(\kappa)$ 选择数据库 $\mathcal{D}$, 该游戏运行 $\mathcal{S}(\mathcal{L}(\mathcal{D}))$ 算法生成检索索引 I 并发送给 $\mathcal{A}$. 接着, 敌手 $\mathcal{A}$ 自适应地选择查询 q, 该游戏运行 $\mathcal{S}(\mathcal{L}(q,\mathcal{D}))$ 算法并将生成的陷门 T_q 发送给 $\mathcal{A}$. 然后, 该游戏运行 $\mathrm{Search}(I, T_q)$, 将运行的结果发送给 $\mathcal{A}$. 敌手可以执行多项式次上述查询. 最后, $\mathcal{A}$ 输出一个比特 b.

对于一个 SSE 方案, 如果对于所有的多项式概率时间敌手 $\mathcal{A}$, 存在一个高效的模拟器 $\mathcal{A}$ 和一个可忽略函数 negl, 使得

$$|\mathrm{Pr}[\mathrm{Real}_{\mathcal{A}}(\kappa) = 1] - \mathrm{Pr}[\mathrm{Ideal}_{\mathcal{A},\mathcal{S}}(\kappa) = 1]| \leqslant \mathrm{negl}(\kappa)$$

那么, 该 SSE 方案是 $\mathcal{L}$-自适应安全的方案.

在 SSE 方案中有两种常见的泄露: 访问模式 (Access Pattern) 和检索模式 (Search Pattern). 假设用户执行 t 次关键词查询, 即 $w_1, w_2, \cdots, w_t$, 那么两种模式的泄露分别定义如下.

定义 3.3 (访问模式) 访问模式为包含检索关键词的文档标识集合, 具体为 $(\mathcal{D}(w_1), \cdots, \mathcal{D}(w_t))$.

定义 3.4 (检索模式) 检索模式为判断两次检索的关键词是否相同, 具体表示为一个对称的二元矩阵 $\sigma[i,j]$, $1 \leqslant i, j \leqslant t$, 如果 $w_i = w_j$, 那么 $\sigma[i,j] = 1$; 否则 $\sigma[i,j] = 0$.

由于服务器不完全可信, 因此可能会返回不正确或者不完整的检索结果, 因此用户验证检索结果的完备性 (正确性和完整性) 成为必要. 可验证的对称可搜索加密方案在基本 SSE 方案的基础上, 实现了验证的功能, 具体定义如下.

定义 3.5 (可验证的对称可搜索加密方案) 一个可验证对称可搜索加密方案可描述为五元组 VSSE = (KeyGen, Enc, Trapdoor, Search, Verify):

(1) KeyGen$(\kappa) \to K$: 该算法由用户执行, 输入安全参数 κ, 输出为密钥 K;

(2) Enc$(K, \mathcal{D}) \to (I, C)$: 该算法由用户执行, 输入密钥 K 和数据集 $\mathcal{D}$, 输出索引 I 和密文文档集 $C = (C_1, C_2, \cdots, C_n)$;

(3) Trapdoor$(K, w) \to T_w$: 该算法由用户执行, 输入密钥 K 和关键词 w, 输出陷门信息 T_w;

(4) Search$(T_w, I) \to (\mathcal{D}(w), \mathrm{proof})$: 该算法由服务器执行, 输入为陷门信息 T_w, 服务器在索引 I 上执行搜索, 输出检索结果 $\mathcal{D}(w)$ 和对应的证据 proof;

(5) Verify$(K, \mathcal{D}(w), \mathrm{proof}) \to \{\mathrm{True/False}\}$: 该算法由用户执行, 输入密钥 K、检索结果 $\mathcal{D}(w)$ 和搜索证据 proof, 用户对搜索结果的正确性和完整性进行验证. 如果通过验证, 输出 Ture; 否则, 输出 False.

静态的 SSE 方案中, 用户一次性对需要外包的文档建立检索索引, 不支持文档的添加和删除. 在实际中, 用户往往需要对服务器上的文档进行更新, 因此如何

相应地更新检索索引成为关键. 动态的对称可搜索加密技术实现了用户对外包文档的更新, 具体定义如下.

定义 3.6 (动态的对称可搜索加密方案) 一个动态的可搜索加密方案可描述为三元组 DSSE = (Setup, Search, Update):

(1) Setup(κ): 用户执行系统建立算法, 输入安全参数 κ, 输出 EDB, K 和 σ. 这里 K 是密钥, EDB 是密文数据集, σ 是用户的状态.

(2) Search(K, q, σ; EDB) = (Search$_C$(K, q, σ), Search$_S$(EDB)): 用户和服务器执行关键词搜索协议, 用户输入密钥 K、状态 σ 和查询 q, 输出搜索陷门; 服务器输入 EDB, 输出搜索结果.

(3) Update($K, \sigma, \text{op}, \text{in}$; EDB) = (Update$_C$($K, \sigma, \text{op}, \text{in}$), Update$_S$(EDB)): 用户和服务器执行更新协议, 用户输入密钥 K、状态 σ、更新操作 op 和输入 in, 其中 in 为更新的文档标识 id 和该文档包含的关键词集 W, 更新操作 op 从集合 {add, del} 中选取, 分别表示文档的添加和删除; 服务器输入 EDB, 输出更新后的 EDB$'$.

动态的对称可搜索加密方案需要保证前向安全 (Forward Security) 和后向安全 (Backward Security). 简单来讲, 前向安全保证了无法使用之前的检索陷门在新更新的文档中执行检索, 即不泄露更新文档中的关键词信息; 后向安全保证了无法检索出已删除的文档, 根据泄露信息的不同, 后向安全分为三个等级. 具体定义如下.

定义 3.7 (前向安全性) 一个 SSE 方案是前向安全的, 如果更新的泄露函数 $\mathcal{L}^{\text{Updt}}$ 可以写为

$$\mathcal{L}^{\text{Updt}}(\text{op}, \text{in}) = \mathcal{L}'(\text{op}, \{(id_i, \mu_i)\})$$

这里 $\{(id_i, \mu_i)\}$ 指更新的文件 id_i 和修改的关键词的数量 μ_i, $\mathcal{L}'$ 是无状态函数, 即不依赖于之前的查询.

定义 3.8 (后向安全的三个等级) 后向安全可搜索加密方案的安全等级分为三种类型, 在给出具体的定义之前首先给出下面的泄露函数. TimeDB(w) 为包含 w 的所有文档 (不包含删除文档) 和文档的插入时间, 具体定义为

$$\text{TimeDB}(w) = \{(u, id) | (u, \text{add}, (w, id)) \in Q, \ \forall u', (u', \text{del}, (w, id)) \notin Q\}$$

Updates(w) 为 w 更新发生的时间, 具体定义为

$$\text{Updates}(w) = \{u | (u, \text{add}, (w, id)) \ \text{或} \ (u, \text{del}, (w, id)) \in Q\}$$

DelHist(w) 为 w 删除的一系列时间, 以及删除操作对应的添加时间, 具体定义为

$$\text{DelHist}(w) = \{(u^{\text{add}}, u^{\text{del}}) | \exists \, id \; \text{s.t.} \; (u^{\text{del}}, \text{del}, (w, id)) \in Q, \; (u^{\text{add}}, \text{add}, (w, id)) \in Q\}$$

下面给出后向安全三个等级的具体定义.

(1) I 型 (插入模式泄露的后向安全性: Backward privacy with insertion pattern): 该安全性会泄露目前与关键词匹配的文档, 这些文档是何时插入到数据库的, 以及关键词总共更新 (插入和删除) 次数 a_w, 具体更新和检索泄露函数 $\mathcal{L}^{\text{Updt}}$, $\mathcal{L}^{\text{Srch}}$ 表示为

$$\mathcal{L}^{\text{Updt}}(\text{op}, w, id) = \mathcal{L}'(\text{op})$$

$$\mathcal{L}^{\text{Srch}}(w) = \mathcal{L}''(\text{TimeDB}(w), a_w)$$

其中 $\mathcal{L}'$ 和 $\mathcal{L}''$ 是无状态函数.

(2) II 型 (更新模式泄露的后向安全性: Backward privacy with update pattern): 该安全性会泄露目前与关键词匹配的文档, 这些文档是何时插入到数据库的, 以及关键词的所有更新 (插入和删除) 发生的时间, 具体 $\mathcal{L}^{\text{Updt}}$, $\mathcal{L}^{\text{Srch}}$ 表示为

$$\mathcal{L}^{\text{Updt}}(\text{op}, w, id) = \mathcal{L}'(\text{op}, w)$$

$$\mathcal{L}^{\text{Srch}}(w) = \mathcal{L}''(\text{TimeDB}(w), \text{Updates}(w))$$

(3) III 型 (弱后向安全性: Weak backward privacy): 该安全性会泄露目前与关键词匹配的文档, 这些文档是何时插入到数据库的, 以及何时的删除操作是对应何时的插入操作, 具体 $\mathcal{L}^{\text{Updt}}$, $\mathcal{L}^{\text{Srch}}$ 表示为

$$\mathcal{L}^{\text{Updt}}(\text{op}, w, id) = \mathcal{L}'(\text{op}, w)$$

$$\mathcal{L}^{\text{Srch}}(w) = \mathcal{L}''(\text{TimeDB}(w), \text{DelHist}(w))$$

这三种安全等级依次减弱, 我们通过下面的例子来说明这三种安全等级的区别. 考虑下面依次更新的数据条目: $(\text{add}, id_1, \{w_1, w_2\})$, $(\text{add}, id_2, \{w_1\})$, $(\text{del}, id_1, \{w_1\})$ 和 $(\text{add}, id_3, \{w_2\})$. 接下来, 我们通过检索关键词 w_1 来说明三种安全等级的泄露内容. I 型安全方案会泄露 id_1, id_1 在时间 1 添加, 以及 w_1 总共更新了 3 次. II 型安全方案会在 I 型安全方案泄露的基础上进一步泄露 w_1 的更新发生在时间 1、时间 2 和时间 3. III 型安全方案会在 II 型安全方案泄露的基础上进一步泄露关于 w_1 在时间 1 添加的文档在时间 3 时被删除.

3.2.2 基于顺序扫描的对称可搜索加密方案

2000 年, Song 等[2] 开创性地提出了第一个可搜索加密方案. 具体来讲, 明文中的每个关键词 $\{W_1, W_2, \cdots, W_l\}$ 被伪随机序列 $\{S_1, S_2, \cdots, S_l\}$ 以特殊的结构

进行加密, 形成密文文档 $\{C_1, C_2, \cdots, C_l\}$; 当用户检索某个关键词时, 将该关键词的检索陷门发送给服务器; 服务器根据陷门信息与密文文档中的每个密文关键词进行匹配, 若匹配成功 (密文文档包含检索关键词), 服务器返回该密文文档给用户; 最后, 用户解密密文文档中的每个密文, 得到明文文档. 为了更清楚地描述该方案, 我们逐步介绍方案的构造过程.

1. 基本方案

若要加密明文中第 i 个位置上长度为 n 比特的关键词 W_i, 利用伪随机比特串 S_i 得到一个长度为 n 比特的伪随机序列 $T_i = \langle S_i, F_{k_i}(S_i) \rangle$, 从而输出密文 $C_i = W_i \oplus T_i$ (这里 F_{k_i} 是一个带密钥的伪随机函数). 需要注意的是, 伪随机序列 S_i 的长度为 $n-m$ 比特, 由伪随机数产生器产生, $F_{k_i}(S_i)$ 的长度为 m 比特, 且不同 S_i 对应不同的密钥 k_i. 加密过程如图 3.2 所示. 当用户想要检索包含关键词 W 的文档时, 他将 W 及所有的密钥 k_i 发送给服务器. 服务器通过检查是否存在 S 使得 $C_i \oplus W$ 满足 $\langle S, F_{k_i}(S) \rangle$ 的形式, 从而判断密文文档中是否包含 W.

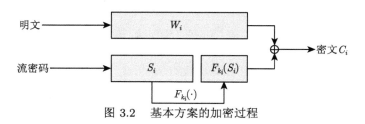

图 3.2　基本方案的加密过程

上述方案有如下不足: ① 用户将检索关键词直接发送给服务器, 因此检索关键词的隐私没有保护. ② 每个位置上对应的密钥不同, 用户需要存储所有的密钥, 存储开销大; 此外, 执行检索时, 用户需要把所有的密钥发送给服务器, 导致通信代价过高. ③ 服务器在不知道密钥 k_i 的时候, 不能得到位置 i 上对应明文的任何信息. 然而, 当服务器获知该位置的密钥后, 可以自行选择关键词来判断该位置的密文是不是该关键词.

2. 支持密钥受控的改进方案

在支持密钥受控的改进方案中, 位置密钥不是随机生成, 而是由存储在该位置上的关键词通过伪随机函数生成, 解决了上述方案中后两个关于密钥的问题. 假设 $f : \mathcal{K}_\mathcal{F} \times \{0,1\}^* \to \mathcal{K}_\mathcal{F}$ 是伪随机函数, 其密钥独立于 F. 采用如下方式选取位置密钥: $k_i = f_{k'}(W_i)$, 这里 k' 是用户的密钥. 加密过程与基本方案类似, 只需替换位置密钥的生成算法, 如图 3.3 所示. 当用户检索关键词 W 时, 只需将 $f_{k'}(W)$ 和 W 发送给服务器, 减少了通信开销, 解决了上述方案中的第二个问题. 由于服务器只获得了检索关键词 W 对应位置的密钥, 无法获得其他位置的密钥, 从而不会泄露其他位置上关键词的内容, 解决了上述方案中的第三个问题. 然而, 用户检索时依然需要将检索关键词发送给服务器, 无法保护检索关键词的隐私性, 需要进一步改进.

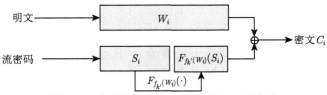

图 3.3　支持密钥受控改进方案的加密过程

3. 支持关键词隐藏查询的改进方案

为了解决上述方案存在的关键词隐私泄露问题, 一种简单的方法是用确定性加密算法 E 对明文中每个关键词进行加密 (图 3.4). 具体描述为:

(1) $X_i = E_{k''}(W_i)$;

(2) $C_i = X_i \oplus T_i$, 这里 $T_i = \langle S_i, F_{k_i}(S_i) \rangle$, $k_i = f_{k'}(E_{k''}(W_i))$.

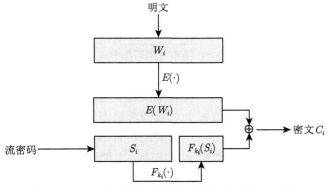

图 3.4　支持关键词隐藏查询改进方案的加密过程

用户搜索关键词 W 时, 计算 $X = E_{k''}(W)$ 和 $k = f_{k'}(X)$, 并发送 $\langle X, k \rangle$ 给服务器. 服务器检索后将包含 W 的文档返回给用户, 用户需要对文档中的每个密文 C_i 进行解密得到明文关键词 W_i. 然而, 该方案中, 用户无法解密 C_i 得到 W_i ($W_i \neq W$). 主要原因为: 用户要想解密得到 W_i, 必须先得到其密文 X_i, 要得知 X_i, 必须得知 T_i (即 $X_i = C_i \oplus T_i$). $T_i = \langle S_i, F_{k_i}(S_i) \rangle$ 由两部分组成, 第一部分的 S_i 由伪随机产生器生成; 然而, 由于用户无法得知 W_i, 从而无法计算 k_i, 因此无法得到第二部分的 $F_{k_i}(S_i)$, 从而无法解密 C_i.

4. 最终方案

要解决上述问题, 位置密钥不能由关键词 W_i 来生成, 需要改变其生成方法. 具体来讲, 将加密后的关键词 $X = E_{k''}(W)$ 分割成长度为 $n-m$ 比特和 m 比特的左右两部分, 记为 $\langle L_i, R_i \rangle$, 位置密钥的生成为 $k_i = f_{k'}(L_i)$, 其余步骤不变, 如图 3.5 所示.

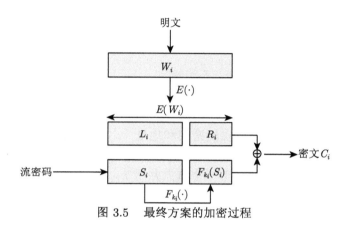

图 3.5 最终方案的加密过程

当用户检索关键词 W 时, 计算:

(1) $X = E_{k''}(W) = \langle L, R \rangle$;

(2) $k = f_{k'}(L)$.

然后将 (X, k) 发送给服务器, 服务器执行搜索, 将包含 W 密文文档返回给用户. 用户对密文文档中的每个密文关键词 C_i 进行解密. 解密的主要思想为: 用户使用伪随机生成器产生 S_i, 然后将 S_i 与 C_i 的前 $n-m$ 比特进行异或操作, 如此便可以恢复出前 $n-m$ 位的 L_i; 随后, 用户可以通过 L_i 计算出位置密钥 k_i, 以此完成整个密文的解密. 具体解密过程如下:

(1) $C_i = \langle C_{i,l}, C_{i,r} \rangle$;

(2) $X_{i,l} = C_{i,l} \oplus S_i$;

(3) $k_i = f_{k'}(X_{i,l})$;

(4) $T_i = \langle S_i, F_{k_i}(S_i) \rangle$;

(5) $X_i = C_i \oplus T_i$;

(6) $W_i = D_{k''}(X_i)$.

该方案实现了密文中执行关键词检索, 但是依然存在两方面的缺点: ① 检索时, 用户需要扫描整个密文文档进行匹配, 检索效率较低; ② 关键词加密为确定性加密, 服务器可以统计某个关键词在文档中出现的次数, 容易受到统计攻击的威胁. 例如, 攻击者可通过统计关键词在文档中出现次数猜测该关键词是否为某些常用词汇.

3.2.3 基于倒排索引的对称可搜索加密方案

为了达到更高的检索效率, Curtomla 等 [4] 设计了基于倒排索引 (Inverted Index) 的检索方法. 在倒排索引中, 首先提取每个文档中的关键词, 然后记录关键词所在的文档集, 最后用户加密该倒排索引. 检索时, 用户提交检索关键词的陷门, 然后服务器根据陷门直接找到包含检索关键词的所有文档, 无需扫描每个密文文档.

如图 3.6 所示, 文档集中包含两个关键词 w_1, w_2, 包含 w_1 的文档为 id_1, id_2, id_3, 包含 w_2 的文档为 id_4, id_5. 索引中的每个节点加密一个三元组, 首先是文档标识, 其次是加密下一个节点的密钥, 最后为下一个节点的地址, 从而形成一条链. 若要检索 w_1, 将 w_1 对应第一个节点的密钥和地址 $[k_{11}, \mathrm{addr}_{11}]$ 发送给服务器, 服务器根据具体 addr_{11} 找到第一个节点, 用密钥 k_{11} 解密该节点, 得到 $[id_1 \parallel k_{12} \parallel \mathrm{addr}_{12}]$, 然后利用 addr_{12} 找到下一个节点并用 k_{12} 解密. 依此方式, 服务器找到所有的 id_1, id_2, id_3. 具体方案构造如下:

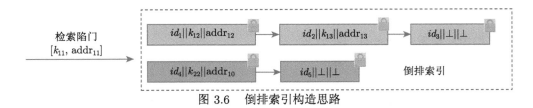

图 3.6   倒排索引构造思路

(1) KeyGen$(1^k, 1^l)$: 生成随机密钥 $s, y, z \xleftarrow{R} \{0,1\}^k$ 并且输出 $K = (s, y, z, 1^l)$.

(2) Enc$(K, \mathcal{D})$:

(a) 初始化: 扫描文档集 D 并建立关键词集 Δ', 对每个关键词 $w \in \Delta'$, 建立 $D(w)$ (包含 w 的所有文档); 此外, 初始化设置全局计算器 $\mathrm{ctr} = 1$.

(b) 建立数组 A: 对每个关键词 $w \in \Delta'$, 建立一个指向节点 $N_{i,j}$ 的链表 L_i 并存储在数组 A 中, 具体算法如下:

(i) 生成 $\kappa_{i,0} \xleftarrow{R} \{0,1\}^l$.

(ii) 对所有 j, $j \in (1, |D(w_i) - 1|)$: 首先, 生成 $\kappa_{i,j} \xleftarrow{R} \{0,1\}^l$ 并且设置节点 $N_{i,j} = \langle id(D_{i,j}) \parallel k_{i,j} \parallel \psi_s(\mathrm{ctr} + 1) \rangle$, 这里 $id(D_{i,j})$ 是文档 $D(w_i)$ 的第 j 个标识符; 其次, 计算 $\varepsilon_{\kappa_{i,j-1}}(N_{i,j})$ 并存储在 $A[\psi_s(\mathrm{ctr})]$ 中; 最后, 更新 $\mathrm{ctr} \leftarrow \mathrm{ctr}+1$.

(iii) 对 L_i 的最后一个节点, 在加密之前, 设置下一个节点的地址为 NULL: $N_{i,|D(w_i)|} = \langle id(D_{i,|D(w_i)|}) \parallel 0^k \parallel \mathrm{NULL} \rangle$; 其次, 计算 $\varepsilon_{\kappa_{i,|D(w_i)|-1}}(N_{i,|D(w_i)|})$ 并存储

在 $A[\psi_s(\mathrm{ctr})]$ 中.

最后, 令 $m' = \sum_{w_i \in \Delta'} |D(w_i)|$, 如果 $m' < m$, 那么设置数组 A 剩下的 $(m - m')$ 条记录为和现有的 m' 条记录的值长度相同的随机值.

(c) 创建速查表 T:

(i) 对每个 $w \in \Delta'$: 首先, 计算 value $= \langle \mathrm{addr}(A(N_{i,1}))||\kappa_{i,0}\rangle \bigoplus f_y(w_i)$; 其次, 令 $T[\pi_z(w_i)] = \mathrm{value}$.

(ii) 如果 $|\Delta'| < |\Delta|$, 那么设置速查表 T 中剩下的 $|\Delta| - |\Delta'|$ 条记录为随机值.

(d) 输出索引表 $\mathcal{T} = (A, T)$.

(3) Trapdoor(w): 输出 $T_w = (\pi_z(w), f_y(w))$.

(4) Search$(\mathcal{T}, T_w)$:

(a) 令 $(\gamma, \eta) = T_w$, $\theta = T[\gamma]$. 令 $\langle \alpha || \kappa \rangle = \theta \oplus \eta$.

(b) 从地址 α 的节点开始解密链表 L.

(c) 输出包含在 L 中的文档标识.

3.2.4 模糊关键词对称可搜索加密方案

Li 等[5] 首次提出了基于密文的模糊关键词搜索方案. 和精确关键词相比, 模糊关键词搜索允许用户输入中含有微小的错误和形式不一致存在, 极大地提高了系统可用性和用户搜索体验. 构造模糊关键词搜索方案的关键在于如何建立模糊关键词集, 在介绍模糊关键词集的构造前, 首先给出两个关键词编辑距离的定义.

定义 3.9 (编辑距离 (Edit Distance)) 对于给定的两个关键词 w_1 和 w_2, 它们之间的编辑距离 $ed(w_1, w_2)$ 是指从 w_1 变换到 w_2 所需要的最少编辑操作数. 这里的编辑操作指的是: ① 替换: 在一个单词中将一个字母改变为另一个字母; ② 删除: 从一个单词中删除掉一个字母; ③ 插入: 将一个字母插入到一个单词里.

接下来, 介绍两种模糊集的构造方法.

1. 基于通配符的模糊集构造

对于给定的关键词 w 和编辑距离 d, 建立模糊关键词集 $S_{w,d}$ 的一种简单方法是: 列举所有可能的关键词 $\{w'\}$ 满足 $ed(w, w') \leqslant d$. 然而, 这种全部列举的方法使得模糊关键词集很大. 由于编辑距离的定义中包含替换、删除和插入三种操作, 当编辑距离 $d = 1, 2, 3$ 时, 满足 $ed(w, w') \leqslant d$ 的所有相似关键词分别近似为 $2l \times 26$, $2l^2 \times 26^2$, $\frac{4}{3}l^2 \times 26^3$, 这里 l 代表关键词长度. 在基于通配符的构造中, 用通配符 $\star$ 代表一个位置的所有编辑操作, 会减少模糊集的大小. 设编辑距离为 d, 关键词 w 基于通配符的模糊集可以表示为 $S_{w,d} = \{S'_{w,0}, S'_{w,1}, \cdots, S'_{w,d}\}$,

这里 $S'_{w,\tau}$ 表示有 τ 个 $\star$ 的 w 的关键词集. 和简单列举相比, 采用基于通配符的构造可以把模糊集的数量从 $O(l^d \times 26^d)$ 降低到 $O(l^d)$.

2. 基于字符子串的模糊集构造

另一种有效的构造模糊集的技术是基于字符串子串的构造. 观察到: 任何一个编辑操作至多影响一个关键词中的一个特定字符, 其余字符保持不变. 也就是说, 其余字符的相对顺序在编辑操作后和之前没有变化. 基于这一点, 长度为 l 的关键词 w, 在编辑距离为 d 时, 模糊关键词集表示为 $S_{w,d} = \{S'_{w,\tau}\}_{0 \leqslant \tau \leqslant d}$, 这里 $S'_{w,\tau}$ 由所有 $(l-\tau)$ 个字符的字符子串组成. 例如, 对于关键词 castle, $S_{\text{castle},1}$ 可以构造为 {castle, cstle, catle, casle, caste, castl, astle}. 一般地, 对于含有 l 个字符的关键词 w_i, $S'_{w_i,\tau}$ 的大小为 $C_l^{l-\tau}$. $S_{w_i,d}$ 的大小为 $C_l^l + C_l^{l-1} + \cdots + C_l^{l-d}$. 和基于通配符的构造方法相比, 这种构造更加节省存储空间.

基于模糊关键词集构造方法, Li 等[5] 给出了两种模糊关键词搜索方案, 下面逐一进行介绍:

1) 基于索引列表的模糊关键词搜索方案

(1) KeyGen(κ): 输入安全参数 κ, 输出用户密钥 SK.

(2) Enc($SK, \mathcal{D}, d$): 数据拥有者对外包的文档进行加密和生成模糊关键词集的索引, 然后上传到服务器上. 对于每个关键词 w_i, 具体操作如下:

(i) 计算关键词陷门 $T_{w'_i} = f(SK, w'_i)$, 这里 $w'_i \in S_{w_i,d}$;

(ii) 加密文档地址 Enc($SK, \text{FID}_{w_i} \| w_i$), 其中 FID_{w_i} 标识包含 w_i 的所有文档标识;

(iii) 外包索引表 $\mathcal{I} = \{\{T_{w'_i}\}_{w'_i \in S_{w_i,d}}, \text{Enc}(SK, \text{FID}_{w_i} \| w_i)\}$ 和加密文档集到云服务器上.

(3) Trapdoor(SK, w, k): 用户输入要搜索的关键词 w, 在预设的编辑距离 k, $k \leqslant d$ 下, 生成模糊关键词集; 然后计算关键词陷门, 生成相应的陷门集, 并作为搜索请求发送给云服务器. 具体操作如下:

(i) 输入 (w, k), 生成模糊集 $S_{w,k}$;

(ii) 计算陷门 $T_{w'} = f(SK, w')$, 这里 $w' \in S_{w,k}$, 将陷门集 $\{T_{w'}\}_{w' \in S_{w,k}}$ 发送给云服务器.

(4) Search($\{T_{w'}\}_{w' \in S_{w,k}}, \mathcal{I}$): 云服务器收到用户的搜索请求后, 在索引上执行搜索, 并将相应的加密文档标识作为搜索结果返回给用户, 用户解密获得文档标识, 进而得到相应的密文文档, 下载到本地进行解密, 最终获得明文文档.

(i) 将 $\{T_{w'}\}_{w' \in S'_{w,0}}$ 和索引表中的条目进行比较, 如果匹配成功, 返回搜索结果 Enc($SK, \text{FID}_w \| w$) (精确查询);

(ii) 若精确匹配失败, 则将 $\{T_{w'}\}_{w' \in S'_{w,\tau}}(1 \leqslant \tau \leqslant k)$ 和索引表中条目进行比较, 返回所有匹配成功的结果 $\{\mathrm{Enc}(SK, \mathrm{FID}_{w_i} \| w_i)\}$;

(iii) 用户解密搜索结果 $\{\mathrm{Enc}(SK, \mathrm{FID}_{w_i} \| w_i)\}$, 获得 $\{\mathrm{FID}_{w_i} \| w_i\}$, 进而获得密文文档, 通过解密得到感兴趣的文档.

在该搜索方案中, 每次搜索服务器都要对索引表进行逐条匹配, 效率较低. 为了提高搜索效率, 作者提出了一种基于符号的遍历树搜索方案, 方案中在一个有限符号集上构造一棵多叉树用来存储模糊关键词集 $\{S_{w_i,d}\}_{w_i \in W}$. 这种构造的核心思想是: 所有具有相同前缀部分的陷门都被聚合到同一个节点上 (节点的前缀就是从根节点到当前节点的路径上所有字符组成的字符串). 根节点和一个空集相关联, 一个陷门中的符号能够从根节点到该陷门叶子节点的搜索中恢复出来. 通过执行深度优先的搜索, 所有的模糊关键词都可以被找到.

2) 基于符号遍历树的模糊关键词检索方案

假设预设符号集为 $\Delta = \{\alpha_i\}$, 这里 $|\Delta| = 2^n$, 每个符号由 n 比特二进制串组成. 基于符号遍历树的模糊关键词检索方案的具体构造如下:

(1) KeyGen(κ): 输入安全参数 κ, 输出用户密钥 SK.

(2) Enc($SK, \mathcal{D}, d$): 数据拥有者建立一个树形索引, 并将相应的文档地址集附加到索引上, 和加密文档集一同外包到云服务器上. 具体操作如下:

(i) 计算 $T_{w'_i} = f(SK, w'_i)$, 并将其平分成 l/n 部分, 每一部分用一个符号来表示, 即表示成 $\alpha_{i_1}, \alpha_{i_2}, \cdots, \alpha_{i_{l/n}}$, 这里 l 表示单向函数 $f(x)$ 的输出长度;

(ii) 建立索引树 G_W, 将文档地址 $\mathrm{Enc}(SK, \mathrm{FID}_{w_i} \| w_i)$ 附加到相应的叶子节点上, 然后外包到云服务器上.

(3) Trapdoor(SK, w, k): 当用户想要搜索自己感兴趣的文档时, 首先, 用户输入要搜索的关键词, 在预设的编辑距离下, 生成模糊关键词集; 然后计算关键词陷门, 生成相应的陷门集, 并作为搜索请求发送给云服务器. 具体操作如下:

(i) 输入 (w, k), 生成模糊集 $S_{w,k}$;

(ii) 计算陷门 $T_{w'} = f(SK, w')$, 这里 $w' \in S_{w,k}$, 将陷门集 $\{T_{w'}\}_{w' \in S_{w,k}}$ 发送给云服务器.

(4) Search($\{T_{w'}\}_{w' \in S_{w,k}}, \mathcal{I}$): 云服务器收到用户的搜索请求后, 将陷门信息转换成符号序列, 在索引树 G_W 上执行搜索, 并将相应的加密文档地址作为搜索结果返回给用户, 用户解密获得文档地址, 进而得到相应的密文文件, 下载到本地进行解密, 最终获得明文文档. 具体操作如下:

(i) 将关键词陷门集 $\{T_{w'}\}_{w' \in S_{w,k}}$ 划分成符号序列集;

(ii) 在 G_W 上执行搜索, 并返回 $\mathrm{Enc}(SK, \mathrm{FID}_{w_i} \| w_i)$ 给用户.

在索引构造过程中, 由于密钥 SK 是确定的, 所以对每个关键词来说, 陷门值是固定的, 进而输出的符号序列也是唯一的. 在搜索过程中, 由于不同关键词的陷门通过相同的前缀被聚合到相同的节点上, 也就是说, 索引树上的节点被多个关键词陷门共享, 进而可以实现更高的搜索效率. 通过返回存储在相应路径的叶子节点的文档地址, 用户可以获得感兴趣的文档. 与列表形式不同的是, 执行每个搜索过程, 服务器端的搜索开销仅仅是 $O(l/n)$, 而与文档数量和关键词长度无关. 图 3.7 给出了一个基于符号的遍历树的例子.

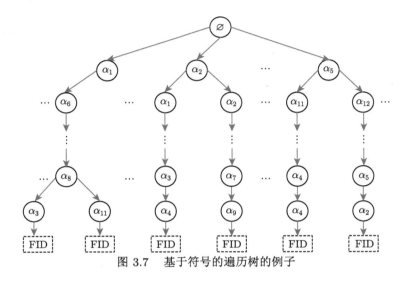

图 3.7   基于符号的遍历树的例子

3.2.5 可验证的对称可搜索加密方案

在半可信且好奇 (Semi-honest-but-curious) 模型中, 服务器会出于经济利益考虑、软硬件故障或者操作员失误, 导致搜索结果不正确或者不完整. Chai 等[12] 提出了可验证的对称可搜索加密方案, 用户可以对服务器的搜索的正确性和完整性进行验证. 该方法虽然实现了检索结果的验证, 但是用户需要对路径上每个节点进行验证, 导致用户的验证效率较低. 方案的具体描述如下:

(1) KeyGen(κ): 输入安全参数 κ, 输出密钥 K.

(2) Enc($K, \mathcal{D}$): 该算法由用户来创建外包文档集的索引 $\mathcal{I}$. 初始化为一棵满多叉树, 从根节点开始, 每个节点对应一个字符 (除根节点和叶子节点), 每条路径包含一个关键词, 叶子节点为包含该关键词的所有节点. 每个中间节点包含一个三元组 (r_0, r_1, r_2), 其中, r_0 存储的是节点的明文字符, r_1 用来检索, r_2 用来验证. 对于内部节点, r_1 存储节点的前缀签名值, 例如, 树上第 j 层节点 (T_{j,q_j}) 的 $r_1 = g_k(j, r_0, \text{parent}(T_{j,q_j})[r_0])$, 其中 g_k 是带密钥的哈希函数. r_2 代表当前节点的子节点信息, 以加密形式存在 $r_2 = s_k(r_1, \text{num})$, num 是向量, 孩子节点字符的对应位置为 1, s_k 为加密算法; 对于叶子节点, $r_1 = $ "♯"; r_2 存储相应的文档地址集. 当该树更新完后, 删除 r_0, 保证了明文数据的隐私性.

(3) Trapdoor(K, w): 该算法生成关键词 w 的检索陷门, 与索引生成中 r_1 的构造方法类似. 例如, $w = $ BIG, 那么 $T_w = (\pi[1], \pi[2], \pi[3], \pi[4])$,

$$\pi[1] = g_k(1, B, 0)$$

$$\pi[2] = g_k(2, I, \pi[1])$$

$$\pi[3] = g_k(3, G, \pi[2])$$

$$\pi[4] = g_k(4, \#, \pi[3])$$

(4) Search($T_w, \mathcal{I}$): 该算法由服务器执行, 返回给用户相应的文档集. 服务器根据 r_1 对 $t_w = (\pi[1], \cdots, \pi[m+1])$ 执行深度优先的遍历, 并将搜索过程中的每个节点的 r_2 作为证据 proof 和搜索结果 $D(w)$ 一起返回给用户.

(5) Verify($K, D(w), $ proof): 该算法由用户来对服务器的返回结果进行验证, 倒序逐个解密搜索证据对结果进行验证.

3.2.6 前/后向安全的对称可搜索加密方案

上述可搜索加密方案主要针对静态的数据集, 即用户一次性将文档和检索索引外包给云服务器. 然而, 在实际中, 可搜索加密方案往往需要支持动态的数据更新: 文档的添加和删除. Kamara 等[29] 首次提出了高效的动态可搜索加密方案, 其中搜索复杂度与匹配的文档数呈亚线性关系. Cash 等[30] 进一步考虑检索时的 I/O 开销, 使不同大小的数据集采用不同的方式存储. 然而, 这些动态可搜索加密方案会泄露更新的文档是否会包含已检索的关键词. 该泄露会导致动态可搜索加密方案受到毁灭性的自适应攻击——文档注入攻击[31], 敌手通过向用户数据集中注入文档来获取用户检索关键词的内容, 从而导致用户泄露检索关键词的隐私.

1. 文件注入攻击

文件注入攻击的主要思想是敌手注入 $d = \lceil \log K \rceil$ 个文档, 其中 K 是总关键词的数量, 并利用二进制的方式使每个文档中包含 $K/2$ 个关键词, 从而使攻击者高效精确地判断用户查询的关键词内容. 图 3.8 给出了关键词集合中关键词数量为 8 的文档注入攻击实例. 该实例中, 敌手注入 3 个文档, 每个文档中包含 4 个关键词, 如图阴影部分的关键词包含在文档内. 如果文档 2 被检索到, 文档 1 和 3 未被检索, 那么敌手可以准确地判断搜索的关键词为 w_2. 为了避免这种攻击, 必须对更新文档中的关键词进行隐藏, 该性质称为前向安全性.

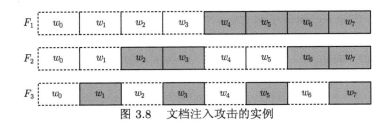

图 3.8　文档注入攻击的实例

2. 前向安全的对称可搜索加密方案

前向安全性的概念首次被 Stefanov 等[32] 提出, 并给出了基于 ORAM 结构的具体构造. 然而, 该方案需要大量的存储和计算开销. 为了降低通信和计算开销, Bost[10] 提出新的前向安全方案 $\Sigma_{o\phi o\varsigma}$, 更新数据时无需服务器与用户之间交互. 方案的具体设计思路如下: 在更新关键词-文档对 (w, id) 时, 利用单向陷门置换函数 π、私钥和前一个状态 ST_{c-1}, 产生新的状态 ST_c, 然后利用新的状态生成新的位置 UT_c, 将 id 加密后存放在该位置上. 检索时, 用户将最新的状态 ST_c 发送给服务器, 服务器使用公钥生成所有之前的状态 ST_i, $i < c$, 然后产生对应的位置取出相应的文档. 由于服务器没有私钥, 无法使用当前的状态 ST_c 生成下个状态 ST_{c+1}. 因此, 无法使用之前的检索陷门在新的文件中进行检索, 保证了前向安全性. 图 3.9 给出了单个关键词更新的链式结构, 用户使用陷门置换函数 π 和私钥产生新的状态, 服务器使用陷门置换函数 π 和公钥执行反向操作, 此方式保证了 SSE 方案的前向安全性. 方案的具体构造如下:

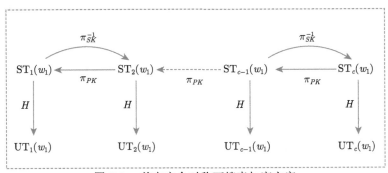

图 3.9　前向安全对称可搜索加密方案

(1) Setup(λ): 该算法主要生成参数, 具体为置换函数的私钥 SK 和公钥 PK; 伪随机函数 F 的密钥 K_S; key-value 存储结构 **W** 和 **T**, 其中 **W** 存储在客户端, **T** 存储在云服务端.

(2) Search(w, σ; EDB): 在该检索算法中, 用户根据检索关键词 w 生成检索陷门, 服务器利用检索陷门在存储结构 **T** 中执行检索.

(i) 用户在本地存储结构 **W** 中取出关于检索关键词 w 最新的状态 ST_c 和更新次数 c, 然后和 K_w 一起作为检索标签发送给服务器.

(ii) 服务器首先根据最新状态 ST_c 计算出最新存储地址 UT_c, 然后解密得到最近的更新文档 id_c; 其次根据最新的状态 ST_c 和公钥 PK 得到上一个状态 ST_{c-1}, 然后类似得到文档 id_{c-1}. 依照该检索方式, 服务器检索出所有更新的 c 个文档.

(3) Update(add, w, id, σ; EDB): 更新关键词-文档对 (w, id) 时, 需分别更新用户端和服务器端存储结构 **W**, **T**. 其中, 更新用户端存储结构 **W** 的关键为利用单向置换 π 生成更新状态值. 具体来讲, 用户使用上一个状态值 ST_c 和私钥 SK 生成新的状态 ST_{c+1}. 然后, 用户利用新状态 ST_{c+1} 生成新地址 UT_{c+1} 来存储文档的密文 e. 值得注意的是, 单向置换 π 保证了更新的前向安全性. 原因为: 只有拥有私钥 SK 的用户才可以生成新的状态, 服务器无法根据已经拥有的 ST_c 而生成 ST_{c+1}, 从而无法将新的地址 UT_{c+1} 和之前的检索关键词的标签 ST_c 产生关联.

算法 1 $\Sigma_{o\phi o\varsigma}$: 前向安全的 SSE 方案

Setup()

1: $K_S \xleftarrow{\$} \{0, 1\}^\lambda$
2: $(SK, PK) \leftarrow \mathrm{KeyGen}(1^\lambda)$
3: $\mathbf{W}, \mathbf{T} \leftarrow \varnothing$
4: **return** $((\mathbf{T}, PK), (K_S, SK), \mathbf{W})$

Search(w, σ; EDB)

1: $K_w \leftarrow F_{K_S}(w)$
2: $(\mathrm{ST}_c, c) \leftarrow \mathbf{W}[w]$
3: **if** $(\mathrm{ST}_c, c) =\perp$
4:     **return** $\varnothing$
5: Send (K_w, ST_c, c) to the server
6: **for** $i = c$ to 0 **do**
7:     $\mathrm{UT}_i \leftarrow H_1(K_w, \mathrm{ST}_i)$
8:     $e \leftarrow \mathbf{T}[\mathrm{UT}_i]$
9:     $id \leftarrow e \oplus H_2(K_w, \mathrm{ST}_i)$

10:     Output each id
11:     $\mathrm{ST}_{i-1} \leftarrow \pi_{PK}(\mathrm{ST}_i)$
12: **end for**

Update(add, w, id, σ; EDB)

1: $K_w \leftarrow F(K_S, w)$
2: $(\mathrm{ST}_c, c) \leftarrow \mathbf{W}[w]$
3: **if** $(\mathrm{ST}_c, c) =\perp$ **if**
4:     $\mathrm{ST}_0 \xleftarrow{\$} \mathcal{M}, c \leftarrow -1$
5: **else**
6:     $\mathrm{ST}_{c+1} \leftarrow \pi_{SK}^{-1}(\mathrm{ST}_c)$
7: **end if**
8: $\mathbf{W}[w] \leftarrow (\mathrm{ST}_{c+1}, c+1)$
9: $\mathrm{UT}_{c+1} \leftarrow H_1(K_w, \mathrm{ST}_{c+1})$
10: $e \leftarrow id \oplus H_2(K_w, \mathrm{ST}_{c+1})$
11: Send (UT_{c+1}, e) to the server
12: $\mathbf{T}[\mathrm{UT}_{c+1}] \leftarrow e$

在基于 ORAM 的前向安全方案中, 用户更新数据时, 需要从服务器中下载历史数据、解密后与更新数据一起重新加密上传给服务器, 导致用户通信和计算开销巨大. 与之不同的是, 本方案的更新过程无需用户与服务器之间交互, 用户仅需要将更新的数据发送给服务器, 从而减轻了用户的通信和存储负担.

3. 后向安全的对称可搜索加密方案

对称可搜索加密的后向安全性主要针对文件的删除, 保证了服务器无法检索已经被删除的文件. Stefanov 等[32] 首次给出后向安全 SSE 方案的概念, 但没有给出具体构造. Bost 等[11] 首次给出后向安全 SSE 方案的形式化定义和具体构造, 根据在删除过程中的泄露信息的不同, 后向安全性分为三个等级, 详细定义参见安全定义与模型章节.

Bost 等提出了无交互的后向安全可搜索加密方案 Janus. 在该方案中, 服务器能够直接解密得到检索结果 id, 从而可以一次性返回对应文档, 无需与用户交互后返回. 因此, 无交互后向安全可搜索加密方案降低了用户端的通信和计算开销. 该方案的构造基于可穿刺加密原语, 在该原语中, 每个消息都附加一个标签, 能够通过更新密钥来删除具有特定标签的密文. 可穿刺加密原语的定义如下.

定义 3.10 (可穿刺加密 (Puncturable Encryption: PE)) 可穿刺加密方案 PE 由 (KeyGen, Encrypt, Puncture, Decrypt) 四个算法组成, 具体为:

(1) PE.KeyGen(1^λ): 该密钥生成算法输出公钥 PK 和初始私钥 SK.

(2) PE.Encrypt(PK, M, t): 该加密算法输出消息 M 和其标签 t 元组 (M, t) 的密文 CT.

(3) PE.Puncture(SK_i, t): 该穿刺算法输出新的密钥 SK_{i+1}, 该密钥无法解密标签为 t 的密文, 除此之外可以解密 SK_i 能解密的所有密文.

(4) PE.Decrypt(SK_i, CT, t): 若正确解密, 该解密算法输出明文 M, 否则输出 $\perp$.

Janus 基于可穿刺加密技术实现了非交互式可搜索加密方案的构造, 即服务器可以执行解密操作得到 id, 根据 id 将实际文档返回给用户. 在 Janus 方案中, 服务器存储两个前向安全的数据集 $\mathrm{EDB_{add}}$ 和 $\mathrm{EDB_{del}}$, 其中 $\mathrm{EDB_{add}}$ 中存储更新的文档, $\mathrm{EDB_{del}}$ 中存储更新的密钥. 具体实现方法如下: 当添加数据 (w, id) 时, 通过伪随机函数生成标签 $t = F(w, id)$, 然后将数据和标签利用可穿刺加密技术来加密, 得到 (CT, t); 当删除数据 (w, id) 时, 用户同样通过伪随机函数生成标签 $t = F(w, id)$, 然后利用可穿刺加密更新密钥来删除具有标签 t 的密文. 具体方案参见算法 2.

(1) Setup(1^λ): 该算法除了生成参数外, 还生成了将来存储在云服务器端的三个数据集: $\mathrm{EDB_{add}}$, $\mathrm{EDB_{del}}$ 和 $\mathrm{EDB_{cache}}$. 其中, $\mathrm{EDB_{add}}$ 中主要存储添加 id 的密文 (ct, t), $\mathrm{EDB_{del}}$ 中主要存储更新密钥 (SK_t, t), $\mathrm{EDB_{cache}}$ 中存储服务器解密检索结果后得到的 id.

(2) Search(K_Σ, w, σ; EDB): 检索分为两个方面: ① 首先在 $\mathrm{EDB_{add}}$ 中检索出所有更新的密文和标签 $((CT_1, t_1^{\mathrm{add}}), \cdots, (CT_n, t_n^{\mathrm{add}}))$; 然后在 $\mathrm{EDB_{del}}$ 中检索

算法 2 Janus: 后向安全的 SSE 方案

$\text{Setup}(1^\lambda)$

1: $(\text{EDB}_{\text{add}}, K_{\text{add}}, \sigma_{\text{add}}) \leftarrow \Sigma_{\text{add}}.\text{Setup}()$
2: $(\text{EDB}_{\text{del}}, K_{\text{del}}, \sigma_{\text{del}}) \leftarrow \Sigma_{\text{del}}.\text{Setup}()$
3: $K_{\text{tag}}, K_S \leftarrow \{0,1\}^\lambda, \mathbf{PSK}, \mathbf{SC}, \text{EDB}_{\text{cache}} \leftarrow$ empty map
4: Return $((\text{EDB}_{\text{add}}, \text{EDB}_{\text{del}}, \text{EDB}_{\text{cache}}), (K_{\text{add}}, K_{\text{del}}, K_{\text{tag}}, K_S), (\sigma_{\text{add}}, \sigma_{\text{del}}, \mathbf{PSK}, \mathbf{SC}))$

$\text{Search}(K_\Sigma, w, \sigma; \text{EDB})$

1: $i \leftarrow \mathbf{SC}[w]$
2: **if** $i = \perp$
3:    Return $\varnothing$
4: Send $SK_0 = \mathbf{PSK}[w]$ to the server
5: $\mathbf{PSK}[w] \leftarrow \text{PE.KeyGen}(1^\lambda), \mathbf{SC}[w] \leftarrow i+1$
6: Send tkn $\leftarrow F(K_S, w)$ to the server Client and Server:
7: C and S run $\Sigma_{\text{add}}.\text{Search}(K_{\text{add}}, w\|i, \sigma_{\text{add}}; \text{EDB}_{\text{add}})$.
   The server gets a list $((CT_1, t_1^{\text{add}}), \cdots, (CT_n, t_n^{\text{add}}))$ of ciphertexts and tags
8: C and S run $\Sigma_{\text{del}}.\text{Search}(K_{\text{add}}, w\|i, \sigma_{\text{del}}; \text{EDB}_{\text{del}})$.
   The server gets a list $((SK_1, t_1^{\text{del}}), \cdots, (SK_m, t_m^{\text{del}}))$ of key elements
9: S decrypts the ciphertexts with $SK = (SK_0, SK_1, \cdots, SK_m)$, and obtains
   the list NewInd $= ((id_1, t_1), \cdots, (id_l, t_l))$ Server:
10: OldInd $\leftarrow \text{EDB}_{\text{cache}}[\text{tkn}]$
11: Remove from OldInd the indices whose tags are in $\{t_j^{\text{del}}\}$
12: Res $\leftarrow$ OldInd $\cup$ NewInd, $\text{EDB}_{\text{cache}}[\text{tkn}] \leftarrow$ Res
13: Return Res

$\text{Update}(K_\Sigma, \text{op}, w, id, \sigma; \text{EDB})$

1: $t \leftarrow F_{K_{\text{tag}}}(w, id)$
2: $SK_0 \leftarrow \mathbf{PSK}[w], i \leftarrow \mathbf{SC}[w]$
3: **if** $SK_0 = \perp$ **then**
4: $SK_0 \leftarrow \text{PE.KeyGen}(1^\lambda), \mathbf{PSK}[w] \leftarrow SK_0$
5: $i \leftarrow 0, \mathbf{SC}[w] \leftarrow i$
6: **end if**
7: **if** op $=$ add **then**
8: $CT \leftarrow \text{PE.Encrypt}(SK_0, id, t)$
9: $\text{Run}\Sigma_{\text{add}}.\text{Update}(K_{\text{add}}, \text{add}, w\|i, (CT, t), \sigma_{\text{add}}; \text{EDB}_{\text{add}})$
10: **else**
11: $(SK_0', SK_t) \leftarrow \text{PE.Puncture}(SK_0, t)$
12: $\text{Run}\Sigma_{\text{del}}.\text{Update}(K_{\text{del}}, \text{add}, w\|i, (SK_t, t), \sigma_{\text{del}}; \text{EDB}_{\text{del}})$
13: $\mathbf{PSK}[w] \leftarrow SK_0'$
14: **end if**

出所有更新的密钥 $((SK_1, t_1^{\text{del}}), \cdots, (SK_m, t_m^{\text{del}}))$; 最后服务器利用所有更新密钥和 SK_0' 解密密文. 由于可穿刺加密的性质, 若密文中的标签 t_i 被删除, 那么云服务器无法解密该密文, 保证了后向安全性. ② 服务器在 $\text{EDB}_{\text{cache}}$ 中检索出包含 w 的文档 (这些文件为之前的检索结果缓存在该集合中), 然后删除检索标签被删除的文档. 值得注意的是, 每次执行检索后, 用户必须更新可穿刺加密的密钥. 主要原因如下: 检索时, 用户必须将本地存储的最新的密钥 SK_0' 发送给服务器, 服务器利用所有更新的密钥进行解密. 若用户端不更新可穿刺加密的密钥, 服务器能够利用现有的密钥解密之后更新的所有密文, 从而无法达到后向安全性.

(3) $\text{Update}(K_\Sigma, \text{op}, w, id, \sigma; \text{EDB})$: 当添加文档时, 用户将密文和对应的标签 (ct, t) 存储在 EDB_{add} 中; 当删除文档时, 用户将更新的密钥和删除的标签 (SK_t, t) 存储在 EDB_{del} 中, 更新的另一个密钥 SK_0' 存储在本地. 当用户检索执行时, 用户会将本地最新的 SK_0' 发送给服务器来检索.

Janus 方案利用可穿刺加密技术实现了后向安全的动态密文检索, 用户巧妙地通过不断更新密钥删除 (w, id). 接下来, 我们从通信开销和安全性方面对该方案进行分析.

(1) 在 Janus 方案中, 服务器使用密钥直接解密未被删除的文档 id, 从而可以直接返回实际文档, 无需与服务器交互来得到文档, 实现了无交互的后向安全密文检索; 进一步地, 服务器可以直接删除被删除的文档 id, 无需返回给用户. 因此, Janus 方案降低了用户与服务器之间的通信开销.

(2) Janus 方案只能达到 III 型安全性, 即弱后向安全性. 主要原因是每个密文 CT 对应一个标签 t, 删除标签 t 时, 更新密钥 SK_i 和标签 t 发送给服务器, 从而服务器可以判断删除对应的是哪次更新. 因此, Janus 实现了无交互式检索, 但是降低了安全性等级.

3.3 非对称 (公钥) 可搜索加密技术

非对称可搜索加密 (公钥可搜索加密) 技术最初用于机密邮件的隐私保护. 考虑如下场景: 假设 Bob 为了保护发往 Alice 邮件的隐私性, 他将这些邮件利用 Alice 的公钥进行加密, 这样便可以有效确保邮件内容的机密性. 然而, 当 Alice 向服务器请求返回特定类型的邮件 (如包含关键词 "薪酬" 的邮件), 由于所有的标识信息都是密文下存储的, 服务器将无法判断哪些邮件是符合请求的邮件. 公钥可搜索加密是解决此类问题的有效方法. 在公钥可搜索加密方案中, 数据拥有者使用用户的公钥加密数据后外包给云服务器; 用户需要检索某个关键词时, 利用私钥生成该关键词的陷门信息并发送给服务器; 服务器根据陷门信息检索, 返回包含检索关键词的文档, 如图 3.10 所示. 本节主要介绍公钥可搜索加密方案的构造方法.

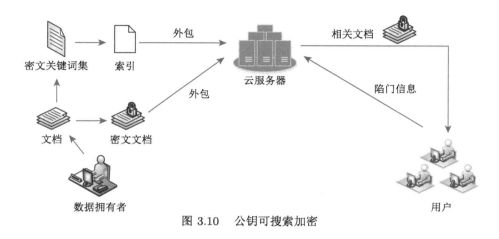

图 3.10 公钥可搜索加密

3.3.1 安全定义

定义 3.11 (公钥可搜索加密) 一个公钥可搜索加密方案可描述为四元组PEKS = (KeyGen, PEKS, Trapdoor, Test):

(1) KeyGen$(\kappa) \to (A_{\mathrm{pub}}, A_{\mathrm{priv}})$: 该算法输入安全参数 κ, 输出接收者的公私钥对 $(A_{\mathrm{pub}}, A_{\mathrm{priv}})$.

(2) PEKS$(A_{\mathrm{pub}}, w) \to S$: 该算法输入接收者的公钥 A_{pub} 以及一个明文关键词 w, 输出明文关键词 w 的可搜索密文 $S = $ PEKS(A_{pub}, w).

(3) Trapdoor$(A_{\mathrm{priv}}, w) \to T_w$: 该算法输入接收者的私钥 A_{priv} 以及检索关键词 w, 输出检索关键词 w 的陷门信息 $T_w = $ Trapdoor(A_{priv}, w), 该陷门信息用于用户对服务器的访问请求信息.

(4) Test$(A_{\mathrm{pub}}, S, T_w) \to \{0/1\}$: 该算法输入接收者的公钥 A_{pub}、可搜索密文 $S = $ PEKS(A_{pub}, w'), 以及陷门信息 $T_w = $ Trapdoor(A_{priv}, w), 如果 $w' = w$, 输出为 1; 否则, 输出 0.

公钥可搜索加密方案的安全性需保证在 T_w 未知的情况下, PEKS(A_{pub}, w) 不泄露关于关键词 w 的任意信息. 具体定义如下.

定义 3.12 (公钥可搜索加密方案安全性) 如果对于任何多项式时间敌手 $\mathcal{A}$ 在如下游戏中的优势 $\mathrm{Adv}_{\mathcal{A}}(\kappa)$ 是可以忽略的, 那么 PEKS 方案具有抗自适应选择关键字攻击安全性.

(1) 挑战者运行 KeyGen 算法, 生成公私钥对 $(A_{\mathrm{pub}}, A_{\mathrm{priv}})$, 将 A_{pub} 给敌手.

(2) 攻击者自适应地选取明文关键词 $w \in \{0, 1\}^*$, 向挑战者询问该关键词的陷门信息 T_w. 敌手可以执行多项式时间次询问.

(3) 攻击者将两个挑战关键词 w_0, w_1 发送给挑战者 (敌手未询问过 T_{w_0}, T_{w_1}). 挑战者随机选取 $b \in \{0, 1\}$, 将密文关键词 $C = \text{PEKS}(w_b)$ 发送给敌手.

(4) 敌手继续向挑战者询问关键词 w 的陷门信息, 只需保证 $w \neq w_0, w_1$. 敌手可以执行多项式时间次询问.

(5) 最终, 敌手输出猜测值 $b' \in \{0, 1\}$.

敌手在上述游戏中的优势定义为

$$\text{Adv}_{\mathcal{A}}(\kappa) = |\Pr[b = b'] - 1/2|$$

3.3.2   保密信道下的公钥可搜索加密方案

Boneh 等提出第一个公钥可搜索加密方案. 在该方案中, 若 Bob 发送关键词集为 $\{w_1, w_2, \cdots, w_n\}$ 的邮件 M 时, Bob 将利用 Alice 的公钥发送如下消息: $[E_{A_{\text{pub}}}(M) \parallel \text{PEKS}(A_{\text{pub}}, w_1) \parallel \cdots \parallel \text{PEKS}(A_{\text{pub}}, w_n)]$ 给邮件服务器, 其中, A_{pub} 是 Alice 的公钥, $\text{PEKS}(A_{\text{pub}}, w_i)$ 是生成的密文关键词. Alice 想要查询包含关键词 w 的邮件时, 生成该关键词的陷门 T_w 并发送给邮件服务器. 邮件服务器利用 T_w 以及 $[E_{A_{\text{pub}}}(M) \parallel \text{PEKS}(A_{\text{pub}}, w_1) \parallel \cdots \parallel \text{PEKS}(A_{\text{pub}}, w_n)]$ 检测密文关键词集中是否包含 w, 若是, 那么服务器将 $E_{A_{\text{pub}}}(M)$ 发送给 Alice, Alice 收到信息后, 利用自己的私钥进行解密; 若不是, 将返回 0. 该方案是基于双线性对 $\hat{e} : \mathbb{G}_1 \times \mathbb{G}_1 \to \mathbb{G}_2$ 构造的. 其中, $\mathbb{G}_1, \mathbb{G}_2$ 的阶均为 p. 在方案中需要两个哈希函数 $H_1 : \{0, 1\}^* \to \mathbb{G}_1$ 以及 $H_2 : \mathbb{G}_2 \to \{0, 1\}^{\log p}$. 具体方案构造如下:

(1) KeyGen(κ): 该算法以一个安全的公共参数 κ 作为输入信息, 随机选取 $\alpha \in \mathbb{Z}_p^*$ 以及群 $\mathbb{G}_1$ 的生成元 g, 输出接收者的公钥 $A_{\text{pub}} = (g, h = g^{\alpha})$, 私钥为 $A_{\text{priv}} = \alpha$.

(2) PEKS(A_{pub}, w): 该算法以接收者的公钥 A_{pub} 以及一个明文关键词 w 为输入信息, 首先计算 $t = \hat{e}(H_1(w), h^r) \in \mathbb{G}_2$, 其中 r 为随机数, 最后输出为明文关键词 w 的可搜索的密文关键词 $S = \text{PEKS}(A_{\text{pub}}, w) = (g^r, H_2(t))$.

(3) Trapdoor(A_{priv}, w): 输出陷门值 $T_w = H_1(w)^{\alpha} \in \mathbb{G}_1$.

(4) Test(A_{pub}, S, T_w): 令 $S = (A, B)$. 检测等式 $H_2(\hat{e}(T_w, A)) = B$ 是否成立. 若成立则输出 1, 否则输出 0.

正确性   在检测算法中, 等式左侧为

$$H_2(\hat{e}(T_w, A)) = H_2(\hat{e}(H_1(w)^{\alpha}, g^r)) \tag{3-1}$$

等式右侧为

$$B = H_2(t) = H_2(\hat{e}(H_1(w'), h^r)) = H_2(\hat{e}(H_1(w'), g^{\alpha r})) \tag{3-2}$$

若 $w = w'$, 根据双线性对的性质知, 等式两侧相等. 进而保证了搜索的正确性.

虽然 Boneh 创新性地提出了第一个公钥可搜索加密方案, 但是仍然遗留了很多值得思考的问题. 主要表现在如下三个方面.

(1) 该方案中, 检测算法 Test 无需私钥的参与, 参与运算的仅仅为陷门信息、密文关键词以及用户的公钥. 因此, 如果敌手 (外部敌手) 获得某个关键词的陷门, 便可以利用检测算法判断密文中包含的消息是否为陷门中的关键词. 因此, 为了保护陷门信息, 必须在数据拥有者与服务器之间搭建一条保密信道. 然而, 保密信道的建立是非常昂贵的, 这限制了该方案的应用.

(2) 服务器 (内部敌手) 可以保存用户检索关键词的陷门信息, 并且利用该陷门信息自动对密文进行检测. 比如用户的密文关键词为 "紧急邮件""一般邮件""广告邮件", 那么服务器一旦收集到了该三个关键词的陷门信息后, 服务器便在不需要用户 Alice 对服务器发送陷门信息的情况下, 对 Alice 的邮件进行自动分类. 为了解决该问题, 可以将关键词后面加入时间戳, 如将关键词 "w = 紧急邮件" 变为 "w = 紧急邮件 | 2013 | 01 | 01", 从而限制服务器仅仅对当天的邮件进行分类.

(3) 该方案的陷门信息是确定型加密, 明文信息确定后, 该明文信息的陷门信息就确定了 (无法满足陷门不可区分性). 攻击者如果经过长时间的大量观察, 便可以得知用户访问量最多的陷门信息, 从而进行针对性的猜测攻击.

3.3.3 公开信道下的公钥可搜索加密方案

为了解决上述方案中的第一个问题, Baek 等[23] 首次提出了公开信道下的公钥可搜索加密方案. 其主要思想是: 用户在创建密文关键词时, 同时需要接收者和服务器的公钥, 检测算法必须服务器私钥的参与. 这使得只有服务器可以执行检测算法, 尽管外部敌手从公开信道获得密文关键词以及相关的陷门信息, 也不能执行检测算法. 具体方案构造如下:

(1) $\text{KeyGen}_{PP}(\kappa)$: 该算法以安全参数 κ 作为输入, 选择素数阶为 $p \geqslant 2^\kappa$ 的群 $\mathbb{G}_1$ 和 $\mathbb{G}_2$, g 为 $\mathbb{G}_1$ 的生成元, 生成双线性对 $\hat{e}: \mathbb{G}_1 \times \mathbb{G}_1 \to \mathbb{G}_2$, 其中生成两个哈希函数 $H_1: \{0,1\}^* \to \mathbb{G}_1$ 以及 $H_2: \mathbb{G}_2 \to \{0,1\}^\kappa$. 输出公共参数 $PP = (\mathbb{G}_1, \mathbb{G}_2, \hat{e}, p, g, H_1, H_2, d_W)$, 其中, d_W 为明文关键词空间.

(2) $\text{KeyGen}_S(PP)$: 该算法以公共参数 PP 作为输入, 生成服务器的公私钥对 (SK_S, PK_S). 随机选取 $x \xleftarrow{R} \mathbb{Z}_p^*$, 计算 $X = g^x$. 随机选取 $\beta \xleftarrow{R} \mathbb{G}_1^*$, 服务器的公钥为 $PK_S = (\beta, X)$, 私钥为 $SK_S = x$.

(3) $\text{KeyGen}_R(PP)$: 该算法以公共参数 PP 作为输入, 生成接收者的公私钥对 (SK_R, PK_R). 随机选取 $y \xleftarrow{R} \mathbb{Z}_p^*$, 计算 $Y = g^y$, 接收者的公钥为 $PK_R = Y$,

私钥为 $SK_R = y$.

(4) PEKS(PP, PK_S, PK_R, w): 该算法以公共参数 PP、服务器的公钥 PK_S、接收者的公钥 PK_R, 以及一个明文关键词 w 作为输入信息, 输出 w 的密文 S. 具体来讲, 随机选取 $r \xleftarrow{R} \mathbb{Z}_p^*$, 计算 $S = (U, V) = (g^r, H_2(k))$, 其中, $k = (\hat{e}(\beta, X)\hat{e}(H_1(w), Y))^r$.

(5) Trapdoor(PP, SK_R, w): 该算法以公共参数 PP、接收者的私钥 SK_R, 以及明文关键词 w 作为输入信息, 输出明文信息 w 的陷门信息 $T_w = H_1(w)^y$.

(6) Test(PP, T_w, SK_S, S): 该算法以公共参数 PP、陷门信息 T_w、服务器的私钥 SK_S, 以及密文关键词 S 作为输入, 计算等式 $H_2(\hat{e}(\beta^x \cdot T_w, U)) = V$ 是否成立. 如果成立, 则输出 1; 否则输出 0.

方案正确性 我们将验证检测算法的正确性: 若 $w = w'$, 则有

$$
\begin{aligned}
H_2(\hat{e}(\beta^x \cdot T_w, U)) &= H_2(\hat{e}(\beta^x, U)\hat{e}(T_w, U)) = H_2(\hat{e}(\beta^x, g^r)\hat{e}(H_1(w)^y, g^r)) \\
&= H_2(\hat{e}(\beta, g^x)^r \hat{e}(H_1(w), g^y)^r) = H_2((\hat{e}(\beta, X)\hat{e}(H_1(w), Y))^r) \\
&= H_2(k) = V
\end{aligned}
\tag{3-3}
$$

因此, 服务器执行检测算法后, 可以利用用户的陷门信息成功地检索相匹配的密文.

3.3.4 公钥可搜索加密方案的离线关键词猜测攻击

离线的关键词猜测攻击是指攻击者在获取了一些访问信息后, 可以自己随意猜测一个关键词, 然后利用该攻击手段, 验证用户查询的信息是否与自己随意猜测的关键词相同. 若关键词集合包含元素较小时, 该攻击手段效率较高. 事实上最新的《韦氏词典》中仅仅包含 $22500 \approx 2^{18}$ 个关键词. 因此, 攻击者利用该攻击手段破获一个陷门信息中关键词的概率为 $\dfrac{1}{2^{18}}$. 本节将介绍如何对上面提到的公钥可搜索加密方案给出离线的关键词猜测攻击[19].

(1) 对 Boneh 等人方案的离线关键词猜测攻击. 攻击者将按照如下步骤进行有效的攻击:

(a) 攻击者 $\mathcal{A}$ 首先获取一个有效的陷门信息 $H_1(W)^\alpha$, 攻击者 $\mathcal{A}$ 猜测一个关键词 W', 并计算 $H_1(W')$.

(b) 攻击者 $\mathcal{A}$ 计算 $e(g^\alpha, H_1(W'))$, 并判断是否等于 $e(g, H_1(W)^\alpha)$. 如果相等, 则攻击者 $\mathcal{A}$ 猜测的关键词 W' 就是陷门信息中所含的明文关键词 W. 否则继续进行步骤 (a).

(2) 对 Baek 等人方案的离线的关键词猜测攻击. 攻击者将按照如下步骤进行有效的攻击:

(a) 攻击者 $\mathcal{A}$ 首先获取一个有效的陷门信息 $T_W = H_1(W)^y$.

(b) 攻击者 $\mathcal{A}$ 猜测一个关键词 W', 并计算 $H_1(W')$.

(c) 攻击者 $\mathcal{A}$ 利用接收者的公钥 $Y = g^y$, 以及计算得到的 $H_1(W')$, 计算 $\hat{e}(Y, H_1(W'))$, 并判断等式 $\hat{e}(Y, H_1(W')) = \hat{e}(g, T_W)$ 是否成立. 如果成立, 则证明攻击者 $\mathcal{A}$ 猜测的关键词 W' 就是陷门信息中所含的明文关键词 W (如果 $W = W'$, 则 $\hat{e}(Y, H_1(W')) = \hat{e}(g^y, H_1(W')) = \hat{e}(g, H_1(W)^y) = \hat{e}(P, T_W)$). 否则继续进行步骤 (b).

3.3.5 陷门信息不可区分的公钥可搜索加密方案

攻击者可以利用离线关键词猜测攻击, 获取陷门信息中关键词明文信息. 为了抵抗该攻击, 需设计陷门信息不可区分的公钥可搜索加密方案, 即设计概率性的陷门生成算法, 对于相同的检索关键词, 生成不同的检索陷门. Rhee 等[28] 首次提出陷门不可区分的公钥可搜索加密方案, 其主要思想是在陷门信息中加入随机值, 使得每次检索生成不同的陷门. 方案的具体构造如下:

(1) $\text{KeyGen}_{PP}(\kappa)$: $\mathbb{G}_1$ 和 $\mathbb{G}_2$ 是阶为 p 的双线性群, $\hat{e}$ 为双线性对运算, 随机选择 $\mathbb{G}_1$ 的生成元 g, 随机选取 $u, \tilde{u} \in \mathbb{G}_1$, 令 $H : \{0,1\}^* \to \mathbb{G}_1$, $H_1 : \{0,1\}^* \to \mathbb{G}_1$ 以及 $H_2 : \mathbb{G}_2 \to \{0,1\}$ 是标准模型下的哈希函数. 该算法生成系统公共参数 $PP = (\mathbb{G}_1, \mathbb{G}_2, \hat{e}, p, g, H, H_1, H_2, u, \tilde{u})$.

(2) $\text{KeyGen}_S(PP)$: 随机选取 $\alpha \xleftarrow{R} \mathbb{Z}_p^*$, 令服务器的私钥为 $SK_S = \alpha$, 服务器的公钥为 $PK_S = (PK_{S,1}, PK_{S,2}) = (g^\alpha, u^{\frac{1}{\alpha}})$.

(3) $\text{KeyGen}_R(PP)$: 随机选取 $\beta \xleftarrow{R} \mathbb{Z}_p^*$, 令接收者的私钥为 $SK_R = \beta$, 接收者的公钥为 $PK_R = (PK_{R,1}, PK_{R,2}) = (g^\beta, \tilde{u}^\beta)$.

(4) $\text{PEKS}(PP, PK_S, PK_R, w)$: 随机选取 $r \xleftarrow{R} \mathbb{Z}_p^*$, 令 $A = PK_{R,1}^r$, $B = H_2(\hat{e}(PK_{S,1}, H_1(w)^r))$. 输出密文关键词为 $C = (A, B) = (PK_{R,1}^r, H_2(\hat{e}(PK_{S,1}, H_1(w)^r)))$.

(5) $\text{Trapdoor}(PP, SK_R, PK_S, w)$: 随机选取 $r' \xleftarrow{R} \mathbb{Z}_p^*$, 计算 $T_1 = g^{r'}$, $T_2 = H_1(w)^{\frac{1}{\beta}} \cdot H(PK_{S,1}^{r'})$, 输出陷门信息 $T_w = (T_1, T_2) = (g^{r'}, H_1(w)^{\frac{1}{\beta}} \cdot H(PK_{S,1}^{r'}))$.

(6) $\text{Test}(PP, T_w, SK_S, C)$: 计算 $\tau = T_2/H(T_1^\alpha)$, 判断等式 $B = H_2(\hat{e}(A, \tau^\alpha))$ 是否成立. 如果成立, 则输出 1, 否则输出 0.

正确性 我们假设密文关键词 $(PK_{R,1}^r, H_2(\hat{e}(PK_{S,1}, H_1(w')^r)))$ 是一个有效的密文关键词, 消息 w 的陷门信息为 $(g^{r'}, H_1(w)^{\frac{1}{\beta}} \cdot H(PK_{S,1}^{r'}))$. 检测算法的正确性可以通过如下等式验证:

$$\tau = \frac{H_1(w)^{\frac{1}{\beta}} \cdot H(PK_{S,1}^{r'})}{H_1((g^{r'})^\alpha)} \tag{3-4}$$

$$= H_1(w)^{\frac{1}{\beta}} \tag{3-5}$$

$$H_2(\hat{e}(A,(\tau)^\alpha)) = H_2(\hat{e}(PK_{R,1}^r,(\tau)^{\alpha_1})) \tag{3-6}$$

$$= H_2(\hat{e}(g^{\beta \cdot r},(H_1(w)^{\frac{1}{\beta}})^\alpha)) \tag{3-7}$$

$$= H_2(\hat{e}(g^\alpha, H_1(w)^r)) \tag{3-8}$$

$$= H_2(\hat{e}(PK_{S,1}, H_1(w)^r)) \tag{3-9}$$

当且仅当 $w = w'$ 时, 检测算法输出 1.

3.3.6 基于授权的公钥可搜索加密方案

考虑如下场景: Alice 采用 Bob 的公钥加密邮件时, 自己的电脑受到了病毒的感染, 因此病毒信息会被植入该邮件中. 由于病毒信息是以密文形式存在于服务器中, 服务器将无法辨别该类信息, 病毒将以这样方式进行传播. 为了解决此类问题, 一种简单的方法是将 Bob 的私钥发送给服务器, 服务器解密邮件信息, 然后进行病毒检测. 然而, 这样的解决方案将直接泄露邮件的明文信息; 另一个方法是让 Bob 将密文解密后进行病毒检测, 这样的方式一方面加大了 Bob 的计算负荷, 另一方面, 有些病毒信息一旦解密即可执行, 从而给 Bob 的计算机带来严重的威胁.

Ibraimi 等[33] 首次提出基于授权的公钥可搜索加密方案, 服务器端在不需要对密文进行解密的情况下, 能够进行恶意信息检测. 在传统的公钥可搜索加密方案中, 用户向服务器提交关键词的陷门, 服务器判断密文关键词是否为用户查询的关键词. 在授权的公钥可搜索加密方案中, 用户不仅可以执行关键词检索, 而且将授权陷门发送给服务器, 服务器利用该授权陷门, 可以自行判断密文关键词是否为自己选择的任意关键词 (无需解密密文关键词的情况下). 方案的具体描述如下:

(1) KeyGen(κ): 算法输入安全参数 κ, 输出公共参数 PP. 设 $\langle \mathbb{G}_1, \mathbb{G}_2, \mathbb{G}_T \rangle$ 都是阶数为素数 p 的循环群, 映射 $\hat{e}: \mathbb{G}_1 \times \mathbb{G}_2 \to \mathbb{G}_T$ 为一双线性映射, g_1 和 g_2 分别是群 $\mathbb{G}_1$ 和 $\mathbb{G}_2$ 的生成元. 公开参数 $PP = (\mathbb{G}_1, \mathbb{G}_2, \mathbb{G}_T, \hat{e}, g_1, g_2)$.

(2) KeyGen$_S(PP)$: 该算法输入公共参数 PP, 随机选取 $x \xleftarrow{R} \mathbb{Z}_p^*$, 并输出服务器公私钥对:

$$(SK_S, PK_S) = (x, g_2^x) \tag{3-10}$$

(3) KeyGen$_R(PP)$: 该算法输入公共参数 PP, 随机选取 $\alpha, y \xleftarrow{R} \mathbb{Z}_p^*$, 输出接收者的公私钥对:

$$(SK_R, PK_R) = ((y, g_2^\alpha), g_1^y) \tag{3-11}$$

(4) PEKS(w, PK_R): 该算法输入关键词 $w \in \mathbb{G}_1$ 以及接收者的公钥 PK_R, 随机选取 $k \xleftarrow{R} \mathbb{Z}_p^*$ 并输出密文:

$$c_w = (c_1, c_2) = (w \cdot PK_R^k, g_1^k) \tag{3-12}$$

(5) Delegate(PK_S, SK_R): 该算法生成授权陷门, 服务器利用该授权陷门可以执行任意关键词检索. 该算法以服务器的公钥 PK_S 以及接收者的私钥 SK_R 为输入信息, 随机选取 $r_1, r_2 \xleftarrow{R} \mathbb{Z}_p^*$ 并输出授权陷门 t_*,

$$t_* = (t_1, t_2, t_3, t_4) = (g_2^\alpha \cdot PK_S^{r_1}, g_2^{r_1}, g_2^{y\alpha} \cdot PK_S^{r_2}, g_2^{r_2}) \tag{3-13}$$

(6) Trapdoor(w, PK_R, SK_R): 该算法生成关键词 w 陷门, 服务器利用该陷门判断密文中是否包含该关键词. 该算法以关键词 w、服务器的公钥 PK_S 以及接收者的私钥 SK_R 为输入信息, 随机选择 $\delta \xleftarrow{R} \mathbb{Z}_p^*$, 输出陷门

$$t_w = (t_5, t_6) = (\hat{e}(w, g_2^\alpha) \cdot \hat{e}(PK_R, PK_S^\delta), g_2^\delta)$$

(7) Test$_1(c_w, t_*, t_w, SK_S)$: 该算法的输入信息为密文信息 c_w、授权信息 t_*、陷门信息 t_w, 以及服务器的私钥 SK_S, 该算法计算:

$$t_7 = \frac{t_1}{t_2^x}, \quad t_8 = \frac{t_3}{t_4^x}, \quad \tilde{a} = \frac{\hat{e}(PK_R, t_6^x) \cdot \hat{e}(c_1, t_7)}{t_5}, \quad \tilde{b} = \hat{e}(c_2, t_8)$$

最后, 检测 $\tilde{a} \overset{?}{=} \tilde{b}$. 如果相等, 算法输出 1, 表示密文中包含陷门中的关键词; 否则, 输出 0.

(8) Test$_2(c_w, w, t_*, SK_S)$: 该算法以密文 c_w、关键词 w、授权信息 t_*, 以及服务器的私钥 SK_S 为输入信息, 服务器判断密文中是否包含关键词 w. 该算法计算:

$$t_7 = \frac{t_1}{t_2^x}, \quad t_8 = \frac{t_3}{t_4^x}, \quad \tilde{c} = \hat{e}(c_1, t_7), \quad \tilde{d} = \hat{e}(c_2, t_8)$$

最后, 该算法检测 $\dfrac{\tilde{c}}{\tilde{d}} \overset{?}{=} \hat{e}(w, t_7)$. 如果相等, 算法输出 1, 表示密文中包含关键词 w; 否则, 输出 0.

(9) Decrypt(c_w, SK_R): 该算法的输入信息为密文 c_w 以及接收者的私钥 SK_R, 该算法输出

$$w = \frac{c_1}{c_2^y}$$

正确性　我们首先验证 Test_1 的正确性.

$$t_7 = \frac{g_2^\alpha \cdot PK_S^{r_1}}{g_2^{x \cdot r_1}} = g_2^\alpha, \quad t_8 = \frac{g_2^{y\alpha} \cdot PK_S^{r_2}}{g_2^{x \cdot r_2}} = g_2^{y\alpha}$$

$$\tilde{a} = \frac{\hat{e}(PK_R, g_2^{x\delta}) \cdot \hat{e}(w \cdot PK_R^k, g_2^\alpha)}{\hat{e}(w, g_2^\alpha) \cdot \hat{e}(PK_R, PK_S^\delta)} = \hat{e}(PK_R^k, g_2^\alpha) = \hat{e}(g^k, g_2^{y\alpha}) = \hat{e}(w \cdot PK_R^k, g_2^\alpha) = \tilde{b}$$

其次, 我们验证检测算法 Test_2 的正确性.

$$t_7 = \frac{g_2^\alpha \cdot PK_S^{r_1}}{g_2^{x \cdot r_1}} = g_2^\alpha, \quad t_8 = \frac{g_2^{y\alpha} \cdot PK_S^{r_2}}{g_2^{x \cdot r_2}} = g_2^{y\alpha}$$

$$\tilde{c} = \hat{e}(w \cdot PK_R^k, g_2^\alpha), \quad \hat{e}(w, g_2^{y\alpha}), \quad \frac{\tilde{c}}{\tilde{d}} = \hat{e}(w, g_2^\alpha)$$

3.4　小　　结

可搜索加密技术通过建立以关键词为核心的数据索引来实现加密数据的高效检索, 在保护数据机密性的同时实现了基于关键词检索的功能, 得到了学术界和产业界的广泛关注. 本章分别介绍了对称可搜索加密和公钥可搜索加密中的代表性方案, 对各个方案在功能性、效率性和安全性等方面进行了详细阐述. 近年来, 对称可搜索加密在可验证的多关键词/动态密文检索[14,15]、保护检索模式和访问模式[9,34]、保护检索文档的数量[35] 等方面有新的进展, 感兴趣的读者可以关注相关的研究领域.

参 考 文 献

[1]　Brinkman R. Searching in encrypted data. Enschede: University of Twente, 2007.

[2]　Song D X, Wagner D, Perrig A. Practical techniques for searches on encrypted data. Proceedings of the 2000 IEEE Symposium on Security and Privacy-S&P 2000, 2000: 44-55.

[3]　Goh E J. Secure indexes. IACR Cryptology ePrint Archive, 2003: 216.

[4]　Curtmola R, Garay J, Kamara S, et al. Searchable symmetric encryption: Improved definitions and efficient constructions. Proceedings of the 13th ACM Conference on Computer and Communications Security-CCS 2006. ACM, 2006: 79-88.

[5]　Li J, Wang Q, Wang C, Cao N, Ren K, Lou W J. Fuzzy keyword search over encrypted data in cloud computing. Proceedings of the 29th IEEE International Conference on Computer Communications-INFOCOM 2010. IEEE, 2010: 441-445.

[6] Cash D, Jarecki S, Jutla C S, Krawczyk H, Rosu M C, Steiner M. Highly-scalable searchable symmetric encryption with support for Boolean queries. Proceedings of the 33rd Annual Cryptology Conference-CRYPTO 2013. Springer, 2013: 353-373.

[7] Sun S F, Liu J K, Sakzad A, Steinfeld R, Yuen T H. An efficient non-interactive multi-client searchable encryption with support for Boolean queries. Proceedings of the 21st European Symposium on Research in Computer Security-ESORICS 2016. Springer, 2016: 154-172.

[8] Wang Y L, Wang J F, Sun S F, Liu J K, Susilo W, Chen X F. Towards multi-user searchable encryption supporting Boolean query and fast decryption. Proceedings of the 11th International Conference on Provable Security-ProvSec 2017. Springer, 2017: 24-38.

[9] Wang Y L, Sun S F, Wang J F, Liu J K, Chen X F. Achieving searchable encryption scheme with search pattern hidden. IEEE Transactions on Services Computing, 2022, 15(2): 1012-1025.

[10] Bost R. $\sum o\varphi o\varsigma$: Forward secure searchable encryption. Proceedings of the 2016 ACM SIGSAC Conference on Computer and Communications Security-CCS 2016. ACM, 2016: 1143-1154.

[11] Bost R, Minaud B, Ohrimenko O. Forward and backward private searchable encryption from constrained cryptographic primitives. Proceedings of the 2017 ACM SIGSAC Conference on Computer and Communications Security-CCS 2017. ACM, 2017: 1465-1482.

[12] Chai Q, Gong G. Verifiable symmetric searchable encryption for semi-honest-but-curious cloud servers. Proceedings of the 2012 IEEE International Conference on Communications-ICC 2012, 2012: 917-922.

[13] Wang J F, Ma H, Tang Q, Li J, Zhu H, Ma S Q, Chen X F. Efficient verifiable fuzzy keyword search over encrypted data in cloud computing. Computer Science and Information Systems, 2013: 10(2): 667-684.

[14] Wang J F, Chen X F, Sun S F, Liu J K, Au M H, Zhan Z H. Towards efficient verifiable conjunctive keyword search for large encrypted database. Proceedings of the 23rd European Symposium on Research in Computer Security-ESORICS 2018. Springer, 2018: 83-100.

[15] Zhang Z J, Wang J F, Wang Y L, Su Y P, Chen X F. Towards efficient verifiable forward secure searchable symmetric encryption. Proceedings of the 24th European Symposium on Research in Computer Security-ESORICS 2019, volume 11736. Springer, 2019: 304-321.

[16] Boneh D, Crescenzo G D, Ostrovsky R, Persiano G. Public key encryption with keyword search. Advances in Cryptology-EUROCRYPT 2004. Springer, 2004: 506-522.

[17] Abdalla M, Bellare M, Catalano D, Kiltz E, Kohno T, Lange T, Malone-Lee J, Neven G, Paillier P, Shi H. Searchable encryption revisited: Consistency properties, relation to

anonymousibe, and extensions. Proceedings of 25th Annual International Cryptology Conference-CRYPTO 2005. Springer, 2005: 205-222.

[18]　Golle P, Staddon J, Waters B R. Secure conjunctive keyword search over encrypted data. Proceedings of the 2nd International Conference on Applied Cryptography and Network Security-ACNS 2004. Springer, 2004: 31-45.

[19]　Byun J W, Rhee H S, Park H A, Lee D H. Off-line keyword guessing attacks on recent keyword search schemes over encrypted data. Secure Data Management. Springer, 2006: 75-83.

[20]　Hwang Y H, Lee P J. Public key encryption with conjunctive keyword search and its extension to a multi-user system. Proceedings of the 1st International Conference Pairing-Based Cryptography-Pairing 2007. Springer, 2007: 2-22.

[21]　Boneh D, Waters B. Conjunctive, subset, and range queries on encrypted data. Proceedings of the 4th Theory of Cryptography Conference-TCC 2007. Springer, 2007: 535-554.

[22]　Zhang B, Zhang F G. An efficient public key encryption with conjunctive-subset keywords search. Journal of Network and Computer Applications, 2011, 34(1): 262-267.

[23]　Baek J, Safavi-Naini R, Susilo W. Public key encryption with keyword search revisited. Proceedings of the International Conference on Computational Science and Its Applications-ICCSA 2008. Springer, 2008: 1249-1259.

[24]　Fang L M, Wang J D, Ge C P, Ren Y J. Decryptable public key encryption with keyword search schemes. International Journal of Digital Content Technology and Its Applications, 2010, 4(9): 141-150.

[25]　Rhee H S, Susilo W, Kim H J. Secure searchable public key encryption scheme against keyword guessing attacks. IEICE Electronics Express, 2009, 6(5): 237-243.

[26]　Yau W C, Heng S H, Goi B M. Off-line keyword guessing attacks on recent public key encryption with keyword search schemes. Proceedings of the 5th International Conference on Autonomic and Trusted Computing-ATC 2008. Springer, 2008: 100-105.

[27]　Tang Q, Chen L Q. Public-key encryption with registered keyword search. Proceedings of the 6th European Conference on Public Key Infrastructures, Services and Applications-EuroPKI 2009. Springer-Verlag, 2009: 163-178.

[28]　Rhee H S, Park J H, Susilo W, Lee D H. Trapdoor security in a searchable public-key encryption scheme with a designated tester. Journal of Systems and Software, 2010, 83(5): 763-771.

[29]　Kamara S, Papamanthou C, Roeder T. Dynamic searchable symmetric encryption. Proceedings of the ACM Conference on Computer and Communications Security - CCS 2012, 2012: 965-976.

[30]　Cash D, Jaeger J, Jarecki S, Jutla C S, Krawczyk H, Rosu M C, Steiner M. Dynamic searchable encryption in very-large databases: Data structures and implementation.

Proceedings of the 21st Annual Network and Distributed System Security Symposium-NDSS 2014, 2014.

[31] Zhang Y P, Katz J, Papamanthou C. All your queries are belong to us: The power of file-injection attacks on searchable encryption. Proceedings of the 25th USENIX Security Symposium-USENIX Security 2016, 2016: 707-720.

[32] Stefanov E, Papamanthou C, Shi E. Practical dynamic searchable encryption with small leakage. Proceedings of the 21st Annual Network and Distributed System Security Symposium-NDSS 2014, 2014.

[33] Ibraimi L, Nikova S, Hartel P H, Jonker W. Public-key encryption with delegated search. Applied Cryptography and Network Security-ACNS 2011. Springer, 2011: 532-549.

[34] Shang Z W, Oya S, Peter A, Kerschbaum F. Obfuscated access and search patterns in searchable encryption. Proceedings of the 28th Annual Network and Distributed System Security Symposium-NDSS 2021, 2021.

[35] Patel S, Persiano G, Yeo K, Yung M. Mitigating leakage in secure cloud-hosted data structures: Volume-hiding for multi-maps via hashing. Proceedings of the 2019 ACM SIGSAC Conference on Computer and Communications Security-CCS 2019. ACM, 2019: 79-93.

第 4 章　基于属性的密码技术

传统的加密技术虽然可以实现数据的访问控制, 但仅支持一对一的保密通信, 在密钥管理、效率等方面存在瓶颈, 无法满足云计算环境下对数据细粒度访问控制和隐私保护的需求. 基于属性的密码体制可以提供更为灵活的加密策略和用户权限描述方式, 从而可以高效地实现一对多的保密通信. 目前, 基于属性的密码技术被认为是解决云计算中数据安全最为理想的途径之一.

4.1　问题阐述

ABE(Attribute-based Encryption) 的概念由 Sahai 和 Waters[1] 于 2005 年首次提出, 可看作是对基于身份的加密体制的扩展. 在他们给出的基本方案中, 用户私钥和密文均与属性相关, 并且只有当用户持有至少 k 个密文中的属性时, 才能正确解密密文, 其中 k 是一个预先给定的系统门限值. 随后, Goyal 等[2] 进一步将基于属性的加密体制的概念细分为两类: 密文策略基于属性加密 (Ciphertext-policy Attribute-based Encryption, CP-ABE) 体制和密钥策略基于属性加密 (Key-policy Attribute-based Encryption, KP-ABE) 体制. 如图 4.1 所示, 在 CP-ABE 体制中, 用户私钥与其所持有的属性相关, 而密文则与一个定义在系统属性域上的访问结构相关, 只有当用户所持有的属性满足内嵌在密文中的访问结构时, 该用户才能正确解密密文.

如图 4.2 所示, 在 KP-ABE 体制中, 情形则刚好相反, 用户私钥与一个定义在系统属性域上的访问结构相关, 而密文与一个属性集相关, 只有当密文中的属性集满足用户持有的访问结构时, 该用户才能正确解密密文. 这两类 ABE 体制性质的不同, 也决定了其应用场景的不同. 一般来说, CP-ABE 体制更多地适用于访问控制类应用, 如存储在云端服务器的共享数据的访问控制、社交网络的访问控制和基于角色的访问控制等, 而 KP-ABE 体制则更多地适用于查询类应用, 如审计日志、付费电视系统和密文检索等.

学术界对基于属性的加密体制从理论和应用两个角度已进行了大量而又深入的研究, 形成了相对完善的技术体系, 为其在具体应用中部署奠定了基础. 具体而言, ABE 的理论研究主要围绕三条主线进行:

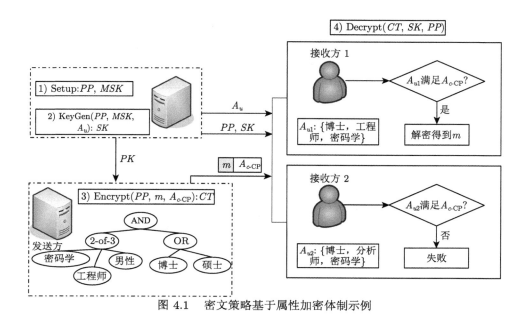

图 4.1　密文策略基于属性加密体制示例

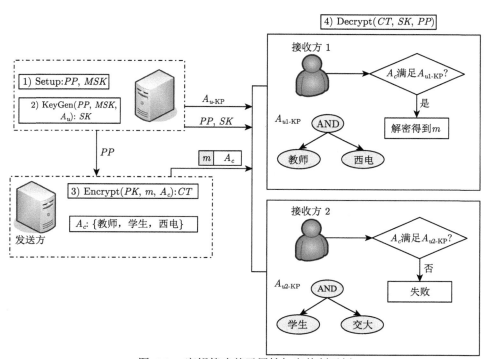

图 4.2　密钥策略基于属性加密体制示例

(1) **丰富访问结构**. 最早提出的 ABE 方案[1] 仅支持属性间的与操作, Goyal 等[2] 则进一步设计了支持属性间的与、或和门限操作的 KP-ABE 方案, 增强了访问结构的表达能力. 随后, Ostrovsky 等[3] 通过在属性域中加入每个属性的非值, 构造了支持属性间的与、或和非操作的 KP-ABE 方案, 进一步丰富了访问结构的表达能力. Bethencourt 等[4] 则将树形访问结构引入到 CP-ABE 体制中, 首次构造出了支持属性间的与、或和门限操作的 CP-ABE 方案. Waters[5] 利用线性秘密共性机制实现了支持属性间的与、或和门限操作的任意单调访问结构. Garg 等[6] 利用多线性映射构造了支持任意电路结构的 KP-ABE 方案. 由于任意访问结构都可以由一般电路实现, 因此这类访问结构的表达能力最为丰富. 然而, 多线性映射的引入导致该方案的计算复杂度较高. 此外, 如何构造安全的多线性映射仍然是一个公开问题.

(2) **增强安全性**. 由于在密文或密钥中嵌入了访问结构, ABE 体制的安全性证明一直以来都十分困难. 早期的 ABE 方案[1,5] 只实现了选择安全性 (Selective Security), 即攻击者要在开始安全性游戏之前提交挑战信息. 反之, 完全安全性 (Full Security) 则允许攻击者在看见公开参数之后再确定自己的挑战信息, 是一种更强的安全性定义. 2010 年, Lewko 等[7] 首次利用双系统加密技术构造出了合数阶群双线性群上支持任意单调访问结构的完全安全 KP-ABE 和 CP-ABE 方案. 与此同时, Okamoto 和 Takashima[8] 利用对偶对向量空间技术, 首次在素数阶双线性群上构造了支持任意非单调访问结构的完全安全 KP-ABE 和 CP-ABE 方案. 此后, Lewko 和 Waters[9] 又给出了一种将选择安全的 ABE 方案转化为完全安全的 ABE 方案的通用方法. Chen 等[10] 进一步给出了一个在素数阶群上构造高效、完全安全的 ABE 体制的模块化框架.

(3) **提高效率**. ABE 体制效率的提高主要集中在计算开销和通信/存储开销这两个方面. 在提高计算效率方面, Hohenberger 和 Waters[11] 以增加密钥长度为代价, 将 ABE 体制中的解密算法所需要的双线性对运算次数降到了常数, Green 等[12] 则采用外包计算的方法将 ABE 体制中的部分解密运算代理给了云端服务器, 以此来提高用户端的解密效率; 在提高通信/存储效率方面, Herranz 等[13] 提出了一个密文长度固定且支持门限访问结构的 CP-ABE 方案. Chen 等[14] 构造了一个密文长度固定且具有完全安全性的 KP-ABE 方案. Takashima[15] 则进一步给出了密文长度固定且支持任意非单调访问结构的 KP-ABE 方案. 此外, 还有一些工作研究了密钥长度固定的 ABE 体制[16].

围绕基于属性的密码技术在实际应用中所遇到的一些现实问题, 学者对其在应用场景和安全功能等方面进行了进一步的扩展, 主要包括以下几个方面.

(1) **多属性机构 ABE**. 考虑到现实应用中用户所持有的属性可能属于多个不同的属性机构, Chase[17] 将 ABE 体制中的属性授权机构由一个扩展到多个, 提出了多属性机构 ABE (Multi-Authority ABE, MA-ABE) 体制, 但该 MA-ABE 方案额外地引入了一个中央授权机构, 并且还需要所有的属性机构以协作的方式为用户生成私钥. 为此, Lewko 和 Waters[18] 提出了去中心化 ABE 体制的概念, 即每个用户都可成为一个属性授权机构, 并在合数阶和素数阶双线性群上分别构造了一个密文策略的 MA-ABE 方案.

(2) **可撤销的 ABE**. 云环境的动态性和开放性使得系统用户权限动态变化, 如何通过用户撤销机制阻止已离开系统的用户继续访问系统中的加密数据是提高 ABE 体制可用性的关键所在. 早期考虑撤销问题的 ABE 方案[4] 给每一个属性都绑定了一个期限, 并不能及时地反映用户权限的动态变化. Yu 等[19] 将代理重加密体制和 CP-ABE 体制结合, 提出了一种仅支持属性与操作的即时属性撤销方法. Attrapadung 和 Imai[20] 则首次提出了支持用户间接和直接撤销的 KP-ABE 方案. 但是, 这些方案均不能阻止被撤销用户访问那些在其被撤销之前生成的加密数据. 为此, Sahai 等[21] 在用户撤销的基础上引入了密文更新, 构造了存储可撤销的 ABE 方案, 能同时保证密文的前向安全性和后向安全性.

(3) **可追踪的 ABE**. ABE 体制中的用户私钥由其所持有的属性决定, 而多个用户可能会共享一组相同的属性. 在这种情形下, 某个恶意用户可能会故意将自己的私钥泄露给第三方以谋取利益, 同时又不用承担被追责的风险, 因为持有相同属性的这几个用户都有泄露私钥的可能. 因此, 在 ABE 的具体应用中必须要具有追踪恶意用户的功能. 早期的可追踪 CP-ABE 方案[22] 虽然能够抵抗恶意密钥代理, 但却在可扩展性和效率方面存在瓶颈. Li 等[23] 在无可信第三方的情形下构造了支持属性与操作的可追踪的密文策略 MA-ABE 方案. 针对上述方案在安全性和效率上存在的不足, Liu 等[24-26] 系统地研究了可追踪的 ABE 体制, 构造了一系列满足不同应用场景需求的可追踪 ABE 方案.

作为基于属性的密码技术的重要组成部分, 基于属性的签名 (Attribute-based Signature, ABS) 体制可类似地看作是对基于身份签名体制的泛化和扩展. 粗略来讲, 在这种签名体制中, 签名者持有一个属性集和相应的私钥; 对于给定的签名策略, 只有当签名者的属性满足该策略时, 才能利用自己的私钥生成正确的签名; 给定一个签名, 签名验证者能够确定签名者的属性确实满足该签名的签名策略, 但却得不到签名者用来生成该签名的属性信息. 可以看出, ABS 体制具有保护签名者身份隐私的功能, 因而能用来解决云环境中认证与隐私保护相冲突的问题. 下面通过一个例子来说明这种应用场景.

假定国家发布了一项关于云计算安全领域的新政策, 并就此政策征求相关学术界和工业界的意见. 为保证所搜集到意见的真实性和权威性, 要求所有相关人员对其所提交的意见进行签名. 使用传统的数字签名体制则会暴露意见提交者的真实身份信息, 从保护个人隐私的角度来讲, 意见提交者显然不希望这种情况发生. 不过, 利用 ABS 体制就可以很好地克服这种认证与隐私保护的冲突. 例如, 一个在 A 大学工作的人员可以在策略 (Affiliation = University A OR B) OR (Affiliation = Company X OR Y) 下对自己所提交的意见利用 ABS 签名. 在收到签名的意见之后, 数据分析人员可以确定该意见来自满足条件的相关人员, 但却不知道意见提交者是众多满足签名条件的相关人员中的哪一个.

类似于 ABE 体制, ABS 体制的理论研究也基本上是围绕签名策略的设计、安全性的增强和效率的提高这三个方面展开. 2008 年, Maji 等 [27] 首次提出了 ABS 体制的概念, 并构造了一个支持任意单调签名策略的 ABS 方案. 随后, Shahandashti 和 Safavi-Naini [28] 以基本的 ABE 方案 [1] 为基础, 在标准模型下构造了支持单一门限签名策略的 ABS 方案. Li 等 [29] 通过在系统中添加默认属性集, 进一步提出了支持灵活门限签名策略的 ABS 方案. 在前期工作的基础上, Maji 等 [30] 以非交互零知识证明和一般的数字签名体制为基本构件, 给出了构造 ABS 方案的一般框架. 上述早期的 ABS 方案都只实现了选择安全性, 为此, Okamoto 和 Takashima [31] 首次在素数阶双线性群上构造了标准模型下完全安全的 ABS 方案, 并且能支持任意非单调签名策略. 随后, 他们又将该方案扩展到多属性机构环境下, 提出了分散式的 ABS 方案 [32], 并在随机预言模型下给出了方案的安全性证明. 为降低 ABS 体制在实际应用中的通信开销, Herranz 等 [33] 构造了签名长度固定的门限 ABS 方案.

经过将近 20 年的研究和发展, 基于属性的密码技术已相对比较成熟, 并已在一些云计算场景中开始试用. 为更好地理解基于属性的密码方案的构造思想和方法, 以及其在具体应用中所面临的一些现实威胁, 本章首先给出基于属性的密码技术中涉及的一些形式化定义和安全模型, 然后按照基于属性的密码技术的发展历程, 介绍一些经典的且能反映其构造特点的 ABE 和 ABS 方案, 最后再总结基于属性的密码技术的发展方向.

4.2   基于属性的加密方案

ABE 体制的主要优势在于能支持加密数据的细粒度访问控制, 如何实现更为丰富的访问策略也就成了 ABE 研究中的重点和核心. 本节按照访问策略由简单到丰富的顺序介绍一些具有代表性的 ABE 方案, 揭示这类加密体制的构造思想和方法.

4.2.1   安全定义

访问结构与线性秘密共享机制是定义基于属性的密码体制安全性的两个基础工具. 直观上来讲, 访问结构抽象地描述了定义在属性域上的访问策略, 而线性秘

密共享机制则是依据所定义的访问结构实现秘密共享的具体方法. 下面首先给出访问结构的概念:

定义 4.1 (访问结构[34]) 令 $\mathcal{U}$ 是系统属性域, 一个定义在 $\mathcal{U}$ 上的访问结构 $\mathbb{A}$ 是指一个由非空属性子集构成的集合, 即 $\mathbb{A} \subseteq 2^{\mathcal{U}} \setminus \{\varnothing\}$. 访问结构中的属性子集称为授权子集, 而其他属性子集称为非授权子集. 此外, 对任意属性子集 B 和 C, 若当 $B \in \mathbb{A}$ 并且 $B \subseteq C$ 时, 总成立 $C \in \mathbb{A}$, 则称访问结构 $\mathbb{A}$ 是单调的. 对于一般的非单调访问结构, 如文献 [3] 所讨论, 可以通过在单调访问结构的基础上引入属性的非操作来实现.

一个秘密共享机制 Π 实现了一个访问结构 $\mathbb{A}$ 是指, 通过 Π 共享了一个秘密 s 之后, 集合 $\mathbb{A}$ 中的任何一个授权子集均能重构出该秘密 s, 而不在集合 $\mathbb{A}$ 中的任意一个非授权子集却得不到关于 s 的任何信息. 线性秘密共享机制 (Linear Secret Sharing Scheme, LSSS) 是一类特殊的秘密共享机制, 即授权子集重构共享秘密的过程是线性的, 具体定义如下.

定义 4.2 (线性秘密共享机制[34]) 令 $\mathcal{U}$ 是系统属性域, p 是一个素数, 一个实现了定义在 $\mathcal{U}$ 上的访问结构 $\mathbb{A}$ 的秘密共享机制 Π 在 $\mathbb{Z}_p$ 上是线性的是指:

(1) 共享秘密 s 的所有共享份额构成了 $\mathbb{Z}_p$ 上的一个向量;

(2) 存在一个 $l \times n$ 的 Π 的共享生成矩阵 $\boldsymbol{M}$ 和一个映射 $\rho : [l] \to \mathcal{U}$, 对于任何一个随机选取的向量 $\boldsymbol{v} = (s, v_2, \cdots, v_n) \in \mathbb{Z}_p^n$, 则 $\boldsymbol{M} \cdot \boldsymbol{v}$ 就是利用 Π 得到的关于 s 的 l 个共享份额组成的向量, 其中 $\lambda_i = \boldsymbol{M}_i \cdot \boldsymbol{v}$ 是属于属性 $\rho(i)$ 的共享份额, $\boldsymbol{M}_i$ 是共享生成矩阵 $\boldsymbol{M}$ 的第 i 行.

为方便描述, 一般直接用二元组 $(\boldsymbol{M}_{l \times n}, \rho)$ 表示实现了访问结构 $\mathbb{A}$ 的线性秘密共享机制. 按照上述方式定义的秘密共享机制具有线性可重构性: 若属性集 S 是访问结构 $\mathbb{A}$ 的一个授权属性子集 $(S \in \mathbb{A})$, 定义共享生成矩阵 $\boldsymbol{M}$ 的一个行标子集 $I = \{i \in [l] | \rho(i) \in S\} \subseteq [l]$, 则可在多项式时间内计算出一组常数 $\{w_i \in \mathbb{Z}_p\}$, 使得 $\sum_{i \in I} w_i \cdot \boldsymbol{M}_i = (1, 0, \cdots, 0)$, 进而可恢复出共享秘密 $s = \sum_{i \in I}(w_i \boldsymbol{M}_i) \cdot \boldsymbol{v}$; 若属性集 S 是一个非授权属性子集 $(S \notin \mathbb{A})$, 则存在向量 $\boldsymbol{w} \in \mathbb{Z}_p^n$ 使得 $\boldsymbol{w} \cdot (1, 0, \cdots, 0) = -1$, 并对任意 $i \in I$ 成立 $\boldsymbol{w} \cdot \boldsymbol{M}_i = 0$.

在文献 [34] 中, Beimel 证明了任意一个单调访问结构都可以用一个单调的布尔公式表示, 而任意一个单调的布尔公式又可以在多项式时间内转换为一个线性秘密共享机制. 下面以一类特殊的线性秘密共享机制——(t, n) 门限秘密共享机制为例, 来简单说明这种转换过程以及共享秘密的线性重构过程. 假定系统属性域为 $\mathcal{U} = \{A, B, C, D\}$, 定义在属性域 $\mathcal{U}$ 上的一个 $(3, 4)$ 门限访问结构即为 $\mathbb{A} = \{\{A, B, C\}, \{A, B, D\}, \{A, C, D\}, \{B, C, D\}\}$, 与其相对应的布尔公式为

$$F = (A \wedge B \wedge C) \vee (A \wedge C \wedge D) \vee (A \wedge B \wedge D) \vee (B \wedge C \wedge D)$$

给定一个共享秘密 $s \in \mathbb{Z}_p$, 依据基于 Lagrange 插值的 Shamir 门限秘密共享方案可实现上述访问结构. 首先, 随机选取整数 $a_1, a_2 \in \mathbb{Z}_p$, 定义一个 $\mathbb{Z}_p$ 上的 2 次多项式 $f(x) = a_2 x^2 + a_1 x + s$; 然后, 定义共享生成矩阵 M 和相应的映射 ρ:

$$M = \begin{pmatrix} 1^0 & 1^1 & 1^2 \\ 2^0 & 2^1 & 2^2 \\ 3^0 & 3^1 & 3^2 \\ 4^0 & 4^1 & 4^2 \end{pmatrix} \xrightarrow{\rho} \begin{pmatrix} A \\ B \\ C \\ D \end{pmatrix}$$

最后, 令向量 $v = (s, a_1, a_2)$, 则 $(M_{4 \times 3}, \rho)$ 就是访问结构 $\mathbb{A}$ 所对应的线性秘密共享机制. 容易验证, 属于属性 $\rho(i)$ 的共享份额即为 $\lambda_i = M_i \cdot v = f(i)$. 在共享秘密重构阶段, 对于一个授权属性集 $S = \{A, B, C\}$, 首先定义指标集 $I = \{i \in [4] | \rho(i) \in S\} = \{1, 2, 3\}$, 然后定义 Lagrange 系数和相应的 Lagrange 插值公式:

$$\Delta_i^I(x) = \prod_{j \in I, j \neq i} \frac{x - j}{i - j}, \quad f(x) = \sum_{i \in I} f(i) \Delta_i^I(x)$$

进而, 利用授权子集 S 的共享份额 $\{f(1), f(2), f(3)\}$ 就可以恢复出共享秘密:

$$s = f(0) = \sum_{i \in I} f(i) \cdot \prod_{j \in I, j \neq i} \frac{-j}{i - j}$$

基于属性的加密体制整体上可分为 CP-ABE 和 KP-ABE 两大类, 下面分别给出它们的形式化定义和相应的安全定义.

一个 CP-ABE = (Setup, KeyGen, Encrypt, Decrypt) 方案由下述四个多项式时间的算法构成:

(1) Setup$(\lambda, \mathcal{U})$: 系统建立算法用来初始化系统, 由属性授权机构运行. 该算法以系统安全参数 λ 和系统属性域 $\mathcal{U}$ 为输入, 输出系统公开参数 PP 和系统主密钥 MSK.

(2) KeyGen(PP, MSK, S): 私钥生成算法用来为系统内的用户生成相应的属性私钥, 同样由属性授权机构运行. 该算法以系统公开参数 PP、系统主密钥 MSK 和用户属性集 S 为输入, 输出用户属性集所对应的属性私钥 SK_S.

(3) Encrypt$(PP, \mathbb{A}, m)$: 加密算法以系统公开参数 PP、属性域 $\mathcal{U}$ 上的一个访问结构 $\mathbb{A}$、待加密明文 m 为输入, 输出密文 CT, 使得只有属性集满足访问结构 $\mathbb{A}$ 的用户才能正确解密 CT. 必须指出, 访问结构或者属性集默认为是密文或者私钥的一部分.

(4) Decrypt(PP, CT, SK_S): 解密算法以系统公开参数 PP、密文 CT 和用户私钥 SK_S 为输入, 在属性集 S 满足访问结构 $\mathbb{A}$ 的情况下输出明文 m, 否则输出一个解密失败符号 $\perp$.

CP-ABE 正确性 对于任意正确生成的系统公开参数和主密钥 (PP, MSK)、任意明文 m、任意访问结构 $\mathbb{A}$、所有满足访问结构 $\mathbb{A}$ 的属性集 S (即 $S \in \mathbb{A}$) 以及所有按正确方式生成的属性私钥 SK_S, 下式成立:

$$\Pr\left[\mathrm{Decrypt}\left(PP, \mathrm{Encrypt}(PP, m, \mathbb{A}), SK_S\right) = m\right] = 1$$

CP-ABE 安全性 CP-ABE 机制的安全性可通过一个挑战者 $\mathcal{C}$ 和一个敌手 $\mathcal{A}$ 之间的安全性游戏来刻画和定义, 主要包含以下几个阶段:

(1) 系统建立阶段: 在该阶段, 挑战者 $\mathcal{C}$ 运行系统建立算法 Setup$(\lambda, \mathcal{U}) \to (PP, MSK)$, 将系统公开参数 PP 发送给攻击者 $\mathcal{A}$.

(2) 询问阶段 1: 在该阶段, 攻击者 $\mathcal{A}$ 可以自适应地进行多项式次数的私钥提取询问, 挑战者 $\mathcal{C}$ 利用系统主密钥 MSK 进行响应. 具体而言, 对于所询问的属性集 S, 挑战者 $\mathcal{C}$ 调用算法 KeyGen$(PP, MSK, S) \to SK_S$, 然后将私钥 SK_S 返回给攻击者 $\mathcal{A}$.

(3) 挑战阶段: 在该阶段, 攻击者 $\mathcal{A}$ 向挑战者 $\mathcal{C}$ 提交两个等长的明文消息 (m_0, m_1) 和相应的挑战访问结构 $\mathbb{A}^*$, 并要求攻击者 $\mathcal{A}$ 在询问阶段 1 所进行的任意一次关于属性集 S 的私钥提取询问满足 $S \notin \mathbb{A}^*$. 挑战者 $\mathcal{C}$ 选择一个随机比特 $b \in \{0, 1\}$, 并利用 $\mathbb{A}^*$ 对明文消息 m_b 加密, 然后将生成的挑战密文 CT^* 发送给攻击者 $\mathcal{A}$.

(4) 询问阶段 2: 该阶段类似于询问阶段 1, 即攻击者 $\mathcal{A}$ 仍然可以自适应地进行多项式次数的私钥提取询问, 但是私钥提取询问输入的属性集 S 需满足条件 $S \notin \mathbb{A}^*$.

(5) 猜测阶段: 最后, 攻击者 $\mathcal{A}$ 输出一个比特 b' 作为对 b 的猜测.

如果攻击者 $\mathcal{A}$ 猜测正确, 即 $b' = b$, 则称攻击者 $\mathcal{A}$ 赢得了安全性游戏, 并定义其赢得上述安全性游戏的优势为

$$\mathrm{Adv}_{\mathcal{A}}^{\mathrm{CP\text{-}ABE}}(\lambda) = \left|\Pr[b' = b] - 1/2\right|$$

定义 4.3 (CP-ABE 完全安全性) 对于任意一个针对 CP-ABE 方案的概率多项式时间攻击者 $\mathcal{A}$, 若其赢得上述安全性游戏的优势是安全参数 λ 的一个可忽略函数, 则称该 CP-ABE 方案是完全安全的.

在上述安全性游戏中, 若要求攻击者 $\mathcal{A}$ 在看见系统公开参数之前就公布挑战

访问结构 $\mathbb{A}^*$, 即在系统建立阶段之前增加一个初始化阶段, 则称 CP-ABE 方案具有选择安全性.

KP-ABE 是一种与 CP-ABE 互补的基于属性的加密体制, 即密文与属性集相关, 而密钥与用户所持有的访问结构相关. 具体而言, 一个 KP-ABE = (Setup, KeyGen, Encrypt, Decrypt) 方案由如下四个多项式时间算法组成:

(1) Setup$(\lambda, \mathcal{U}) \rightarrow (PP, MSK)$: 系统建立算法用来初始化系统, 由属性授权机构运行. 该算法以系统安全参数 λ 和系统属性域 $\mathcal{U}$ 为输入, 输出系统公开参数 PP 和系统主密钥 MSK.

(2) KeyGen$(PP, MSK, \mathbb{A})$: 私钥生成算法以系统公开参数 PP、系统主密钥 MSK 和用户的访问结构 $\mathbb{A}$ 为输入, 输出 $\mathbb{A}$ 所对应的属性私钥 $SK_{\mathbb{A}}$.

(3) Encrypt(PP, S, m): 加密算法以系统公开参数 PP、一个属性集 S 和待加密明文 m 为输入, 输出密文 CT.

(4) Decrypt$(PP, CT, SK_{\mathbb{A}})$: 解密算法以系统公开参数 PP、密文 CT 和用户私钥 $SK_{\mathbb{A}}$ 为输入, 在属性集 S 满足访问结构 $\mathbb{A}$ 的情况下输出明文 m, 否则输出一个解密失败符号 $\perp$.

KP-ABE 正确性和安全性的定义与 CP-ABE 十分类似, 只需将 CP-ABE 相关定义中访问结构和属性集的位置互换即可, 此处不再赘述.

4.2.2　基于身份的加密方案

ABE 体制可看作是基于身份加密 (Identity-Based Encryption, IBE) 体制的扩展, 换言之, IBE 体制也是 ABE 体制的一种特例, 即用户只有一个身份属性, 所支持的访问策略也是最为简单的单个属性匹配, 也就是说, IBE 体制是访问策略最为简单的 ABE 体制.

IBE 的概念由 Shamir[35] 在 1984 年首次提出, 主要是为了解决公钥基础实施中证书难以管理和维护的问题. 在 IBE 体制中, 用户的公钥是具有唯一标识性的身份信息 (也可看作是用户属性), 如身份证号、电子邮件、电话号码等, 而私钥由一个可信任的密钥中心生成. 但是, 在 IBE 的概念提出之后, 如何有效地构造出具体的 IBE 方案成为一个非常具有挑战性的问题. 直到 2001 年, Boneh 和 Franklin[36] 才首次基于双线性映射构造了第一个完全满足 IBE 功能的具体方案. 该方案由以下四个多项式时间的算法组成:

(1) Setup(λ): 给定系统安全参数 λ, 首先生成双线性群 $(\mathbb{G}, \mathbb{G}_T, e, p, g)$, 选择随机整数 $\alpha \in \mathbb{Z}_p$, 并令 $A = g^{\alpha}$; 然后, 定义明文空间 $M = \{0, 1\}^n$, 选择两个哈希函数 $H_1 : \mathbb{G}_T \rightarrow M$ 和 $H_2 : \{0, 1\}^* \rightarrow \mathbb{G}$; 最后, 设置系统主密钥为 $MSK = \alpha$, 系统公开参数为 $PP = \{(\mathbb{G}, \mathbb{G}_T, e, p, g), H_1, H_2, A\}$.

(2) KeyGen(PP, MSK, ID): 给定系统公开参数 PP、系统主密钥 $MSK =$

α 和用户身份标识 $ID \in \{0,1\}^*$, 首先将 ID 映射到一个 $\mathbb{G}$ 中的群元素, 即 $Q_{ID} = H_2(ID)$; 然后, 直接计算用户私钥 $SK_{ID} = Q_{ID}^\alpha$.

(3) Encrypt(PP, ID, m): 给定系统公开参数 PP、用户身份 ID (也即用户公钥) 和待加密消息 $m \in M$, 首先令 $Q_{ID} = H_2(ID)$; 然后, 选择随机整数 $r \in \mathbb{Z}_p$, 并按照下述方式生成密文 $CT = \{c_1, c_2\}$:

$$c_1 = g^r, \quad c_2 = m \oplus H_1\big(e(A, Q_{ID})^r\big)$$

(4) Decrypt(PP, CT, SK_{ID}): 给定系统公开参数 PP、密文 $CT = \{c_1, c_2\}$ 和用户的身份私钥 $SK_{ID} = Q_{ID}^\alpha$, 按照下述方式恢复明文:

$$m = c_2 \oplus H_1\big(e(ct_1, SK_{ID})\big)$$

方案正确性 将具体的密文和密钥值代入上述等式右边, 即可得

$$c_2 \oplus H_1\big(e(ct_1, SK_{ID})\big) = m \oplus H_1\big(e(A, Q_{ID})^r\big) \oplus H_1\big(e(g^r, Q_{ID}^\alpha)\big)$$
$$= m \oplus H_1\big(e(A, Q_{ID})^r\big) \oplus H_1\big(e(g^\alpha, Q_{ID})^r\big)$$
$$= m$$

方案安全性 在 BDH 困难性问题假设下, 上述方案在随机预言模型下被证明具有完全安全性. 需要说明的是, 上述方案并不能抵抗自适应选择密文攻击, 但可通过一般的 Fujisaki-Okamoto[37] 框架将其转换成一个在自适应选择密文攻击下安全的 IBE 方案.

在利用双线性映射构造 IBE 的方法被提出后, 大量的具有不同安全性质和效率的 IBE 方案被提出. 特别地, Waters[38] 在 2005 年首次提出了在标准模型下具有完全安全性的高效 IBE 方案. 在 Waters 的 IBE 方案中, 用户的身份或公钥同样可以是任意的一个字符串 $ID \in \{0,1\}^*$, 但是需要一个抗碰撞的哈希函数 $H : \{0,1\}^* \to \{0,1\}^n$ 将其映射到长度为 n 的二进制序列 $\boldsymbol{v} = H(ID)$. 进一步, 利用一个可编程的哈希函数对身份信息 $\boldsymbol{v}$ 进行编码, 这是该方案在标准模型下具有可证明安全性且高效的关键所在. 具体的方案由以下四个多项式时间算法组成:

(1) Setup(λ): 给定系统安全参数 λ, 首先生成双线性群 $(\mathbb{G}, \mathbb{G}_T, e, p, g)$, 选择随机整数 $\alpha \in \mathbb{Z}_p$ 和随机群元素 $g_2 \in \mathbb{G}$, 并令 $g_1 = g^\alpha$, 设置系统主密钥为 $MSK = g_2^\alpha$; 然后, 随机选取 $n+1$ 个群元素 $u_0, u_1, \cdots, u_n \in \mathbb{G}$; 最后, 将系统公开参数设置为 $PP = \{(\mathbb{G}, \mathbb{G}_T, e, p, g), H(\cdot), g_1, g_2, u_0, \cdots, u_n\}$.

(2) KeyGen(PP, MSK, ID): 给定系统公开参数 PP、系统主密钥 $MSK = g_2^{\alpha}$ 和用户身份标识 $ID \in \{0,1\}^*$, 首先将 ID 映射到一个长度为 n 的二进制字符串, 即 $\boldsymbol{v} = H(ID)$, 并用 v_i 表示 $\boldsymbol{v}$ 的第 i 位; 然后, 选择随机整数 $r \in \mathbb{Z}_p$, 按照如下方式生成用户私钥 $SK_{ID} = \{k_1, k_2\}$:

$$k_1 = g_2^{\alpha} \cdot \left(u_0 \cdot \prod_{i=1}^{n} u_i^{v_i} \right)^r, \quad k_2 = g^r$$

(3) Encrypt(PP, ID, m): 给定系统公开参数 PP、用户身份 ID (也即用户公钥) 和待加密消息 $m \in \mathbb{G}_T$, 首先选择随机整数 $t \in \mathbb{Z}_p$, 并令 $\boldsymbol{v} = H(ID)$; 然后, 按照下述方式生成密文 $CT = \{c_1, c_2, c_3\}$:

$$c_1 = m \cdot e(g_1, g_2)^t, \quad c_2 = g^t, \quad c_3 = \left(u_0 \cdot \prod_{i=1}^{n} u_i^{v_i} \right)^t$$

(4) Decrypt(PP, CT, SK_{ID}): 给定系统公开参数 PP、密文 $CT = \{c_1, c_2, c_3\}$ 和用户的身份私钥 $SK_{ID} = (k_1, k_2)$, 按照下述方式恢复明文:

$$m = c_1 \cdot \frac{e(k_2, c_3)}{e(k_1, c_2)}.$$

方案正确性   将具体的密文和密钥值代入上述等式右边, 即可得

$$c_1 \cdot \frac{e(k_2, c_3)}{e(k_1, c_2)} = m \cdot e(g_1, g_2)^t \cdot \frac{e\left(g^r, \left(u_0 \cdot \prod_{i=1}^{n} u_i^{v_i} \right)^t \right)}{e\left(g_2^{\alpha} \cdot \left(u_0 \cdot \prod_{i=1}^{n} u_i^{v_i} \right)^r, g^t \right)}$$

$$= m \cdot e(g_1, g_2)^t \cdot \frac{e\left(g, \left(u_0 \cdot \prod_{i=1}^{n} u_i^{v_i} \right)^{rt} \right)}{e(g_1, g_2)^t \cdot e\left(\left(u_0 \cdot \prod_{i=1}^{n} u_i^{v_i} \right)^{rt}, g \right)}$$

$$= m$$

方案安全性 在 DBDH 困难性问题假设下, 上述方案可以被证明具有完全安全性. 此外, 由于使用可编程哈希函数对用户身份信息 $v = H(ID)$ 重新进行了编码, 上述方案的安全性证明不依赖于随机预言机, 实现了标准模型下的可证明安全性. 此后, Waters 可编程哈希函数也成为实现标准模型下可证明安全性的主要技术.

4.2.3 模糊身份加密方案

Sahai 和 Waters[1] 在 2005 年的欧密会上对 IBE 体制进行了扩展和泛化, 首次提出了模糊身份加密的概念, 这也是 ABE 的雏形. 在他们的方案中, 用户的身份由一个属性集 S 描述, 而不再是具有唯一标识性的身份信息 ID. 另一方面, 密文同样与一个属性集 S' 相关, 使得只有当用户属性集 S 和密文属性集 S' 中匹配的属性数目超过一个预先给定的门限值 d 时 (即 $|S \cap S'| \geqslant d$), 解密才能成功. 因此, 模糊的基于身份加密体制可看作是支持门限访问策略的 ABE 体制.

为了实现门限访问策略, Sahai 和 Waters 利用 Shamir 门限秘密共享机制将系统主密钥 α 进行分割, 即随机生成一个 $d-1$ 阶的多项式 $q(x)$ 且满足 $q(0) = \alpha$, 然后利用 $q(i)$ 给每一个属性 $i \in S$ 生成一个私钥构件 k_i, 使得满足门限条件的用户能够利用 $\{k_i\}_{i \in S}$ 在指数上重构出共享秘密 α. 同时, 这种方法也能抵抗合谋攻击, 即持有不同属性集的用户不能将他们的私钥合并到一起以得到超过其本来权限的私钥. 具体而言, 该方案由以下四个多项式时间的算法组成:

(1) Setup(λ, d): 给定系统安全参数 λ 和门限值 d, 首先生成双线性群 $(\mathbb{G}, \mathbb{G}_T, e, p, g)$, 并定义系统属性域为 $\mathcal{U} = \{1, \cdots, \ell\} \subseteq \mathbb{Z}_p$; 然后, 选取随机整数 $\alpha \in \mathbb{Z}_p$, 以及对任意 $i \in \mathcal{U}$, 相应地选取一个随机整数 $t_i \in \mathbb{Z}_p$, 并令系统主密钥为 $MSK = \{\alpha, t_1, \cdots, t_\ell\}$; 最后, 计算 $Z = e(g, g)^\alpha$, 以及对任意 $i \in \mathcal{U}$, 令 $T_i = g^{t_i}$, 并设置系统公开参数为 $PP = \{(\mathbb{G}, \mathbb{G}_T, e, p, g), d, Z, T_1, \cdots, T_\ell\}$.

(2) KeyGen(PP, MSK, S): 给定系统公开参数 PP、系统主密钥 MSK 和一个用户属性集 $S \subseteq \mathcal{U}$, 首先随机生成一个 $\mathbb{Z}_p$ 上的 $d-1$ 次多项式 $q(x)$ 且满足 $q(0) = \alpha$; 然后, 按照如下方式生成用户私钥 $SK_S = \{k_i\}_{i \in S}$:

$$k_i = g^{q(i)/t_i}$$

(3) Encrypt(PP, S', m): 给定系统公开参数 PP、属性集 $S' \subseteq \mathcal{U}$ 和待加密消息 $m \in \mathbb{G}_T$, 首先选取一个随机整数 $s \in \mathbb{Z}_p$; 然后, 按照下述方式生成密文 $CT = \{c', \{c_i\}_{i \in S'}\}$:

$$c' = m \cdot Z^s, \quad c_i = T_i^s$$

(4) Decryp(PP, CT, SK_S): 给定系统公开参数 PP、密文 CT 和用户私钥

SK_S, 若 $|S \cap S'| < d$, 则输出一个解密失败符号 $\perp$; 否则, 从 $S \cap S'$ 中任意选取 d 个元素构成属性子集 S^*, 然后按照下述方式恢复明文:

$$m = c' / \prod_{i \in S^*} e(k_i, c_i)^{\Delta_i^{S^*}(0)}$$

其中 $\Delta_i^{S^*}(0)$ 为 Lagrange 系数.

方案正确性　将属性密钥构件 k_i 和密文构件 c_i 的具体值代入上述等式右边, 即可得

$$\frac{c'}{\prod\limits_{i \in S^*} e(k_i, c_i)^{\Delta_i^{S^*}(0)}} = \frac{m \cdot Z^s}{\prod\limits_{i \in S^*} e(g^{q(i)/t_i}, g^{st_i})^{\Delta_i^{S^*}(0)}}$$

$$= \frac{m \cdot e(g,g)^{\alpha s}}{\prod\limits_{i \in S^*} (e(g,g)^{sq(i)})^{\Delta_i^{S^*}(0)}}$$

$$= \frac{m \cdot e(g,g)^{\alpha s}}{e(g,g)^{s \sum_{i \in S^*} q(i)\Delta_i^{S^*}(0)}}$$

$$= m$$

上述最后一个等式成立是因为通过 Lagrange 插值可得 $\sum_{i \in S^*} q(i)\Delta_i^{S^*}(0) = q(0) = \alpha$.

方案安全性　基于 DBDH 困难性问题假设的一个变体, 上述方案在标准模型下被证明是选择安全的, 即攻击者需要在安全性游戏开始之前就公布挑战属性集. 此外, 该方案的系统公开参数规模与其所支持的属性域规模线性相关, 也即仅支持小属性域.

4.2.4　支持一般访问结构的基于属性加密方案

在 ABE 的概念正式提出之后, Goyal 等[2] 进一步将其细化为 CP-ABE 和 KP-ABE 两大类. 随后, 学者将这两类 ABE 体制所能支持的访问结构从最简单的门限结构推广到了能支持属性间的与、或和门限操作的任意单调访问结构以及非单调访问结构. 本节分别介绍支持一般访问结构的 CP-ABE 方案和 KP-ABE 方案.

树形访问结构虽然也能支持属性间的与、或和门限操作, 但描述复杂且不易数值化. 为此, Waters[5] 提出利用 LSSS 实现任意单调访问结构, 通过共享生成矩阵更为简洁地描述和嵌入了密文中的访问结构. 在 Waters 给出的第一个 CP-ABE 方案中, 用来加密明文消息的秘密指数 s 的共享份额通过 LSSS 形式的访问

结构 $(\boldsymbol{M}_{l\times n},\rho)$ 分发给了相应的属性, 从而使得属性集满足该访问结构的用户能够利用其属性私钥在指数上线性重构出秘密 s, 最终成功解密. 此外, 为防止合谋攻击, 在生成用户私钥的时候, 利用一个随机数 t 将所有的私钥构件进行了绑定, 使得不同用户的私钥因为随机数不同而不能组合使用. 具体而言, 该方案由以下四个多项式时间算法组成:

(1) Setup(λ,ℓ): 给定安全参数 λ 和系统属性个数 ℓ, 首先生成双线性群 $(\mathbb{G},\mathbb{G}_T,e,p,g)$; 然后, 随机选取整数 $\alpha,a\in\mathbb{Z}_p$, 令 $Z=e(g,g)^\alpha$, 系统主密钥为 $MSK=g^\alpha$; 最后, 随机选取 ℓ 个群元素 $h_1,\cdots,h_\ell\in\mathbb{G}$ 分别对应于系统中的 ℓ 个属性, 并将系统公开参数设置为 $PP=\{(\mathbb{G},\mathbb{G}_T,e,p,g),Z,g^a,h_1,\cdots,h_\ell\}$.

(2) KeyGen(PP,MSK,S): 给定系统公开参数 PP、系统主密钥 MSK 和用户属性集 S, 首先选取随机整数 $t\in\mathbb{Z}_p$; 然后, 按照下述方式生成用户私钥 $SK_S=\{k,k',\{k_i\}_{i\in S}\}$:

$$k=g^\alpha g^{at},\quad k'=g^t,\quad k_i=h_i^t,\quad\forall i\in S$$

(3) Encrypt$(PP,(\boldsymbol{M}_{l\times n},\rho),m)$: 给定公开参数 PP、访问结构 $(\boldsymbol{M}_{l\times n},\rho)$ 和待加密消息 $m\in\mathbb{G}_T$, 首先选取随机向量 $\boldsymbol{v}=(s,v_2,\cdots,v_n)\in\mathbb{Z}_p^n$, 其中 s 是共享秘密; 然后, 对于任意 $j\in[l]$, 计算属性 $\rho(j)$ 所对应的共享份额 $\lambda_j=\boldsymbol{v}\cdot\boldsymbol{M}_j$, 其中 $\boldsymbol{M}_j$ 是共享矩阵 $\boldsymbol{M}$ 的第 j 行; 最后, 选取随机整数 $r_1,\cdots,r_l\in\mathbb{Z}_p$, 再按照下述方式生成密文 $CT=\{c_0,c_0',\{(c_j,d_j)\}_{j\in[l]}\}$:

$$c_0=m\cdot Z^s,\quad c_0'=g^s,\quad \big(c_j=g^{a\lambda_j}\cdot(h_{\rho(j)})^{-r_j},d_j=g^{r_j}\big),\quad\forall j\in[l]$$

(4) Decrypt(PP,CT,SK_S): 给定系统公开参数 PP、密文 CT 和用户属性私钥 SK_S, 若用户属性集 S 不满足访问结构 $(\boldsymbol{M}_{l\times n},\rho)$, 则输出错误符号 $\bot$; 否则, 令 $I=\{j\in[l]|\rho(j)\in S\}$, 并计算一组常数 $\{w_j\in\mathbb{Z}_p\}_{j\in I}$ 使得 $\sum_{j\in I}w_j\lambda_j=s$; 最后, 按照下述方式恢复出明文:

$$m=c_0\cdot\prod_{j\in I}\big(e(c_j,k')\cdot e(d_j,k_{\rho(j)})\big)^{w_j}/e(c_0',k)$$

方案正确性 将密钥构件和密文构件的具体值代入上述等式右边, 即可得

$$\frac{c_0\cdot\prod\limits_{j\in I}\big(e(c_j,k')\cdot e(d_j,k_{\rho(j)})\big)^{w_j}}{e(c_0',k)}=\frac{m\cdot Z^s\cdot\prod\limits_{j\in I}\big(e(g^{a\lambda_j}h_{\rho(j)}^{-r_j},g^t)\cdot e(g^{r_j},h_{\rho(j)}^t)\big)^{w_j}}{e(g^s,g^\alpha\cdot g^{at})}$$

$$=\frac{m\cdot e(g,g)^{\alpha s}\cdot\prod\limits_{j\in I}\big(e(g^{a\lambda_j},g^t)\big)^{w_j}}{e(g^s,g^\alpha\cdot g^{at})}$$

$$= \frac{m \cdot e(g,g)^{\alpha s} \cdot e(g,g)^{at \sum_{j \in I} w_j \lambda_j}}{e(g,g)^{\alpha s} \cdot e(g,g)^{ast}}$$

$$= m$$

方案安全性   在 ℓ-PDBDHE 困难性问题假设下, 上述方案在标准模型下被证明是选择安全的. 此外, 该方案虽然相对高效, 但其公开参数的规模仍然与系统属性域的规模线性相关. 为此, Rouselakis 和 Waters[39] 随后又将其扩展到了支持大属性域.

相比于 CP-ABE 体制, 构造支持丰富访问结构的 KP-ABE 方案要相对容易, 其主要原因在于 KP-ABE 的密文与属性集相关, 降低了安全性证明过程中将困难性问题实例嵌入系统公开参数和挑战密文的难度. 2011 年, Attrapadung 等 [40] 基于 Ostrovsky 等 [3] 给出的从单调访问结构到非单调访问结构的转换方法, 提出了一个支持任意非单调访问结构的 KP-ABE 方案. 为构造此方案, Attrapadung 等先给出了一种广播加密体制到支持单调访问结构的 KP-ABE 体制的转换方法, 然后再将其与基于身份的撤销机制相结合, 给出了支持非单调访问结构的 KP-ABE 方案的具体构造.

在具体描述该方案之前, 先简要回顾一下从单调访问结构到非单调访问结构的转换方法. 令 $\mathcal{AS}$ 为单调访问结构集合, $\{\Pi_{\mathbb{A}}\}_{\mathbb{A} \in \mathcal{AS}}$ 为实现了这些单调访问结构的 LSSS 族. 对于任意一个单调访问结构 $\mathbb{A} \in \mathcal{AS}$, 其支撑属性集 $\mathcal{P}$ 中的属性元素可以是正的 (表示为 x), 也可以是负的 (表示为 x'), 但须满足如下条件: 若 $x \in \mathcal{P}$, 则 $x' \in \mathcal{P}$, 反之亦然. 对于一个支撑属性集为 $\mathcal{P}$ 的单调访问结构 $\mathbb{A} \in \mathcal{AS}$, 令 $\tilde{\mathcal{P}}$ 为由 $\mathcal{P}$ 中所有正属性构成的属性子集, 则按如下方式可定义一个支撑属性集为 $\tilde{\mathcal{P}}$ 的非单调访问结构 $\tilde{\mathbb{A}}$: 首先, 对于任意子集 $\tilde{S} \subset \tilde{\mathcal{P}}$, 定义 $N(\tilde{S}) \subset \mathcal{P}$ 为由 $\tilde{S}$ 中所有属性 (即 $\tilde{S} \subset N(\tilde{S})$) 和所有满足 $x \in \tilde{\mathcal{P}}$ 且 $x \notin \tilde{S}$ 的属性 x 的负属性 x' 构成的属性子集; 其次, 令 $\tilde{S}$ 为 $\tilde{\mathbb{A}}$ 的授权属性子集当且仅当 $N(\tilde{S})$ 为 $\mathbb{A}$ 的授权子集. 在上述定义下, $\tilde{\mathbb{A}}$ 的授权集合中的属性都是正属性, 同时, 对于任意授权集合 $X \in \tilde{\mathbb{A}}$, 存在 $\mathbb{A}$ 的一个授权集合包含了 X 中的所有属性以及所有不在 X 中的属性的负属性.

下面给出 Attrapadung 等提出的支持非单调访问结构的 KP-ABE 方案的具体构造, 由以下四个多项式时间的算法组成.

(1) Setup(λ, n): 给定系统安全参数 λ 和密文属性集规模的上界 n, 首先生成相应的双线性群 $(\mathbb{G}, \mathbb{G}_T, e, p, g)$; 然后, 对任意 $1 \leqslant i \leqslant n$ 和 $0 \leqslant j \leqslant n$, 选择相应的随机整数 $\alpha_i \in \mathbb{Z}_p$ 和 $\beta_j \in \mathbb{Z}_p$, 并令 $h_i = g^{\alpha_i}$, $u_j = g^{\beta_j}$; 最后, 选取一个随机整数 $\alpha \in \mathbb{Z}_p$, 计算 $Z = e(g,g)^{\alpha}$, 并将系统主密钥设置为 $MSK = \alpha$, 而将系统公开参数设置为 $PP = \{(\mathbb{G}, \mathbb{G}_T, e, p, g), Z, h_1, \cdots, h_n, u_0, \cdots, u_n\}$.

(2) KeyGen($PP, MSK, \tilde{\mathbb{A}}$): 给定系统公开参数 PP、系统主密钥 MSK 和一个非单调访问结构 $\tilde{\mathbb{A}}$, 首先令 $\mathbb{A}$ 为与之相对应的支撑属性集为 $\mathcal{P}$ 的单调访问结构, 而 Π 为实现了 $\mathbb{A}$ 的 LSSS; 然后, 依据 Π 生成主密钥 α 的所有共享份额 $\{\lambda_i\}$, 这里下标 i 对应于 LSSS 共享生成矩阵的第 i 行. 令份额 λ_i 所对应的属性为 $\breve{x}_i \in \mathcal{P}$ ($\breve{x}$ 可以是正属性, 也可以是负属性), 而背后的属性值为 x_i; 进一步, 对每一个 i, 选取随机整数 $r_i \in \mathbb{Z}_p$, 并定义向量 $\boldsymbol{\rho}_i = (\rho_{i,1}, \cdots, \rho_{i,n}) = (1, x_i, x_i^2, \cdots, x_i^{n-1})$, 即 $\rho_{i,j} = x_i^{j-1}$; 最后, 按照下述方式生成私钥 $SK_{\tilde{\mathbb{A}}} = \{k_i\}_{\breve{x}_i \in \mathcal{P}}$:

(a) 若 $\breve{x}_i$ 是正属性, 则令 $\boldsymbol{k}_i = (k_{i,1}^{(1)}, k_{i,2}^{(1)}, \boldsymbol{k}_{\boldsymbol{\rho}_i,i}^{(1)})$, 并按如下方式计算:

$$k_{i,1}^{(1)} = g^{\lambda_i} \cdot u_0^{r_i}, \quad k_{i,2}^{(1)} = g^{r_i}$$

$$\boldsymbol{k}_{\boldsymbol{\rho}_i,i}^{(1)} = (d_{i,2}^{(1)}, \cdots, d_{i,n}^{(1)}) = \left(\left(u_1^{-\rho_{i,2}/\rho_{i,1}} \cdot u_2\right)^{r_i}, \cdots, \left(u_1^{-\rho_{i,n}/\rho_{i,1}} \cdot u_n\right)^{r_i} \right)$$

(b) 若 $\breve{x}_i$ 是负属性, 则令 $\boldsymbol{k}_i = (k_{i,1}^{(2)}, k_{i,2}^{(2)}, \boldsymbol{k}_{\boldsymbol{\rho}_i,i}^{(2)})$, 并按如下方式计算:

$$k_{i,1}^{(2)} = g^{\lambda_i} \cdot h_1^{r_i}, \quad k_{i,2}^{(2)} = g^{r_i}$$

$$\boldsymbol{k}_{\boldsymbol{\rho}_i,i}^{(2)} = (d_{i,2}^{(2)}, \cdots, d_{i,n}^{(2)}) = \left(\left(h_1^{-\rho_{i,2}/\rho_{i,1}} \cdot h_2\right)^{r_i}, \cdots, \left(h_1^{-\rho_{i,n}/\rho_{i,1}} \cdot h_n\right)^{r_i} \right)$$

(3) Encrypt(PP, S, m): 给定系统公开参数 PP、属性集 S (满足 $|S| = q < n$) 和待加密的消息 $m \in \mathbb{G}_T$, 首先定义一个多项式 $P_S(z) = \prod_{j \in S}(z - j) = \sum_{i=1}^{n} y_i z^{i-1}$, 其中当 $q + 2 \leqslant i \leqslant n$ 时令 $y_i = 0$, 并令 $\boldsymbol{y} = (y_1, \cdots, y_n)$; 然后, 选取随机整数 $s \in \mathbb{Z}_p$, 按照下述方式生成密文 $CT = \{c_0, c_1, c_2, c_3\}$:

$$c_0 = m \cdot Z^s, \quad c_1 = g^s, \quad c_2 = \left(u_0 \cdot \prod_{i=1}^{n} u_i^{y_i}\right)^s, \quad c_3 = \left(\prod_{i=1}^{n} h_i^{y_i}\right)^s$$

(4) Decrypt($PP, CT, SK_{\tilde{\mathbb{A}}}$): 给定系统公开参数 PP、密文 CT 和用户私钥 $SK_{\tilde{\mathbb{A}}}$, 若密文中的属性集 S 不满足访问结构 $\tilde{\mathbb{A}}$, 则输出解密失败符号 $\perp$; 否则, 令 $\mathbb{A}$ 为与 $\tilde{\mathbb{A}}$ 相对应的单调访问结构, 则 $\tilde{S} = N(S) \in \mathbb{A}$, 并令 $I = \{i | \breve{x}_i \in \tilde{S}\}$, 从而可计算出一组常数 $\{\mu_i\}_{i \in I}$ 使得 $\sum_{i \in I} \mu_i \lambda_i = \alpha$; 进一步, 重构 $P_S(z)$ 的系数向量 $\boldsymbol{y} = (y_1, \cdots, y_n)$, 分情况计算中间值 $c_{0,i}'$:

(a) 若 $\breve{x}_i \in \tilde{S}$ 是一个正属性 (即有 $x_i \in S$), 则先后计算

$$\tilde{k}_{i,1}^{(1)} = k_{i,1}^{(1)} \cdot \prod_{j=2}^{n} d_{i,j}^{(1)y_j}, \quad c_{0,i}' = e\left(c_1, \tilde{k}_{i,1}^{(1)}\right) / e\left(c_2, k_{i,2}^{(1)}\right)$$

(b) 若 $\breve{x}_i \in \tilde{S}$ 是负属性 (即有 $x_i \notin S$), 则令 $\boldsymbol{\rho}_i = (1, x_i, x_i^2, \cdots, x_i^{n-1})$, 再先后计算

$$d_i^{(2)} = \prod_{j=2}^{n} d_{i,j}^{(2)y_j}, \quad \tau_i = \left(\frac{e(d_i^{(2)}, c_1)}{e(c_3, k_{i,2}^{(2)})}\right)^{-\rho_{i,1}/(\boldsymbol{\rho}_i \cdot \boldsymbol{y})}, \quad c_{0,i}' = e(c_1, k_{i,q}^{(2)})^{-1} \cdot \tau^{-1}$$

最后, 按照下述方式恢复出明文:

$$m = c_0 \cdot \prod_{i \in I} (c_{0,i}')^{-\mu_i}$$

方案正确性　首先, 将用户私钥和密文的具体值代入到 $c_{0,i}'$ 的计算过程中, 当 $\breve{x}_i \in \tilde{S}$ 是一个正属性时可得到

$$\tilde{k}_{i,1}^{(1)} = k_{i,1}^{(1)} \cdot \prod_{j=2}^{n} d_{i,j}^{(1)y_j} = g^{\lambda_i} \cdot u_0^{r_i} \cdot \prod_{j=2}^{n} (u_1^{-x_i^{j-1}} u_j)^{r_i y_j} = g^{\lambda_i} \cdot (u_0 \cdot u_1^{y_1} \cdots u_n^{y_n})^{r_i}$$

$$c_{0,i}' = \frac{e(c_1, \tilde{k}_{i,1}^{(1)})}{e(c_2, k_{i,2}^{(1)})} = \frac{e\left(g^s, g^{\lambda_i} \cdot \left(u_0 \cdot \prod_{i=1}^{n} u_i^{y_i}\right)^{r_i}\right)}{e\left(\left(u_0 \cdot \prod_{i=1}^{n} u_i^{y_i}\right)^s, g^{r_i}\right)} = e(g,g)^{\lambda_i s}$$

上述第一个等式成立是因为 $\prod_{j=2}^{n} u_1^{-y_j x_i^{j-1}} = u_1^{-P_S(x_i)+y_1} = u_1^{y_1}$. 而当 $\breve{x}_i \in \tilde{S}$ 是一个负属性时同样可得到

$$d_i^{(2)} = \prod_{j=2}^{n} d_{i,j}^{(2)y_j} = \prod_{j=2}^{n} (h_1^{-\rho_{i,j}/\rho_{i,1}})^{r_i y_j} = (h_1^{-\boldsymbol{\rho}_i \cdot \boldsymbol{y}/\rho_{i,1}} \cdot h_1^{y_1} \cdots h_n^{y_n})^{r_i}$$

$$\tau_i = \left(\frac{e(d_i^{(2)}, c_1)}{e(c_3, k_{i,2}^{(2)})}\right)^{-\rho_{i,1}/(\boldsymbol{\rho}_i \cdot \boldsymbol{y})}$$

$$= \left(\frac{e\left(\left(h_1^{-\boldsymbol{\rho}_i \cdot \boldsymbol{y}/\rho_{i,1}} \cdot \prod_{i=1}^{n} h_i^{y_i}\right)^{r_i}, g^s\right)}{e\left(\left(\prod_{i=1}^{n} h_i^{y_i}\right)^s, g^{r_i}\right)}\right)^{-\rho_{i,1}/(\boldsymbol{\rho}_i \cdot \boldsymbol{y})} = e(g,g)^{r_i s}$$

$$c_{0,i}' = e(c_1, k_{i,1}^{(2)})^{-1} \cdot \tau^{-1} = e(g^s, g^{\lambda_i} \cdot h_1^{-r_i}) \cdot e(g,g)^{-r_i s} = e(g,g)^{\lambda_i s}$$

然后, 将所得到的中间值 $\{c'_{0,i}\}_{i \in I}$ 再代入恢复明文的式子中, 由 LSSS 的线性可重构性即可得

$$c_0 \cdot \prod_{i \in I} (c'_{0,i})^{-\mu_i} = m \cdot e(g,g)^{\alpha s} \cdot \prod_{i \in I} (e(g,g))^{-s\lambda_i \mu_i} = m \cdot e(g,g)^{\alpha s} \cdot e(g,g)^{-s \sum_{i \in I} \lambda_i \mu_i} = m$$

方案安全性 在 ℓ-BDHE 困难性问题假设下, 上述方案可以在标准模型下被证明是选择安全的. 除了支持非单调访问结构之外, 该方案的另外一个优势是密文长度固定, 通信开销较小.

4.3 基于属性的签名方案

基于属性的签名体制可视为基于身份的签名体制的扩展, 使得签名者能够在自定义的策略下生成相应消息的签名, 更为细粒度地反映了签名者权限, 同时还保护了签名者的属性隐私. 类似于 ABE 的研究, 如何支持更为丰富和一般化的签名策略同样是 ABS 体制研究的核心. ABS 的签名策略本质上就是 ABE 中的访问结构. 为了与 ABS 的语义环境保持一致, 在后续的描述中采用签名策略的表述方式. 由于存在从公钥加密体制到数字签名体制的通用转换框架, 关于 ABS 具体方案构造的研究相对较少. 本节分别介绍支持门限签名策略和任意单调签名策略的 ABS 方案.

4.3.1 安全定义

基于属性的签名体制除了能保证数据的完整性外, 还能保护签名者的身份隐私. 因此, ABS 机制除了要满足传统数字签名体制所需要的存在不可伪造性之外, 还需满足签名者属性隐私. 下面首先给出 ABS 的形式化定义, 然后在此基础上定义其安全性.

一个 ABS = (Setup, Extract, Sign, Verify) 方案由下述四个多项式时间算法构成:

(1) Setup$(\lambda, \mathcal{U})$: 系统建立算法由属性授权机构运行, 以系统安全参数 λ 和系统属性域 $\mathcal{U}$ 为输入, 输出系统公开参数 PP 和系统主密钥 MSK.

(2) Extract(PP, MSK, W): 私钥提取算法同样由属性授权机构执行, 以系统公开参数 PP、系统主密钥 MSK 和用户属性集 $W \subseteq \mathcal{U}$ 为输入, 输出用户的属性签名私钥 SK_W.

(3) Sign$(PP, SK_W, \Gamma(\cdot), m)$: 签名算法以系统公开参数 PP、用户私钥 SK_W、定义在属性域 $\mathcal{U}$ 上一个签名策略 $\Gamma(\cdot)$、待签名消息 m 为输入, 在属性集 W 满足 $\Gamma(\cdot)$ (即 $\Gamma(W) = 1$) 的情况下, 输出消息 m 关于策略 $\Gamma(\cdot)$ 的签名 σ. 签名策

略 $\Gamma(\cdot)$ 被默认为是签名的一部分.

(4) $\text{Verify}(PP, m, \sigma)$: 签名验证算法以系统公开参数 PP、签名消息 m 和相应的签名 σ 为输入. 若签名正确, 则输出 1, 否则输出 0.

ABS 正确性　对于任意正确生成的系统公开参数和主密钥 (PP, MSK)、任意消息 m、所有满足签名策略 $\Gamma(\cdot)$ 的属性集 W (即 $\Gamma(W) = 1$) 以及所有按正确方式生成的属性私钥 SK_W, 下式成立:

$$\text{Verify}(PP, m, \text{Sign}(PP, SK_W, \Gamma(\cdot), m)) = 1$$

ABS 安全性　ABS 体制的安全性不仅包含了一般数字签名体制的存在不可伪造性, 同时还包括了签名者的属性隐私. 下面首先通过一个挑战者 $\mathcal{C}$ 和攻击者 $\mathcal{A}$ 之间的安全性游戏来刻画 ABS 体制的存在不可伪造性. 该游戏包含以下三个阶段.

(1) 系统建立阶段: 在该阶段, 挑战者 $\mathcal{C}$ 首先运行系统建立算法 $\text{Setup}(\lambda, \mathcal{U}) \to (PP, MSK)$, 然后将系统公开参数 PP 发送给攻击者 $\mathcal{A}$, 自己持有系统主密钥 MSK.

(2) 询问阶段: 在该阶段, 攻击者 $\mathcal{A}$ 可以自适应地进行下面两种询问:

• 私钥提取询问: 攻击者 $\mathcal{A}$ 选取一个属性集 $W \subseteq \mathcal{U}$ 并将其提交给挑战者 $\mathcal{C}$. 在收到该询问后, 挑战者 $\mathcal{C}$ 运行算法 $\text{Extract}(PP, MSK, W) \to SK_W$, 将所得到的属性私钥 SK_W 返回给攻击者 $\mathcal{A}$.

• 签名询问: 攻击者 $\mathcal{A}$ 选择一个待签名消息 m 和一个签名策略 $\Gamma(\cdot)$, 并将 $(m, \Gamma(\cdot))$ 提交给挑战者 $\mathcal{C}$. 在收到该询问后, 挑战者 $\mathcal{C}$ 首先选择一个满足签名策略 $\Gamma(\cdot)$ 的属性集 W, 然后生成属性私钥 $SK_W \leftarrow \text{Extract}(PP, MSK, W)$, 再生成签名 $\sigma \leftarrow \text{Sign}(PP, SK_W, \Gamma(\cdot), m)$, 最后将 σ 返回给攻击者 $\mathcal{A}$.

(3) 伪造阶段: 在该阶段, 攻击者 $\mathcal{A}$ 选择一个挑战消息 m^* 和一个挑战签名策略 $\Gamma^*(\cdot)$, 并生成一个相应的签名 σ^*.

若下述条件同时成立, 则称攻击者 $\mathcal{A}$ 赢得了上述安全性游戏:

• 攻击者 $\mathcal{A}$ 所生成的签名是正确的, 即 $\text{Verify}(PP, m^*, \sigma^*) = 1$;

• 攻击者 $\mathcal{A}$ 没有对 W 进行过私钥提取询问, 其中 $\Gamma^*(W) = 1$;

• 攻击者 $\mathcal{A}$ 没有对 $(m^*, \Gamma^*(\cdot))$ 进行过签名询问.

定义 4.4 (ABS 存在不可伪造性)　一个 ABS 方案满足存在不可伪造性的是指, 对任意一个针对该方案的概率多项式时间攻击者 $\mathcal{A}$, 其赢得上述安全游戏的概率 $\text{Adv}_{\mathcal{A}}^{\text{ABS}}(\lambda)$ 是安全参数 λ 的一个可忽略函数.

类似于 ABE 的安全性定义, 若要求攻击者 $\mathcal{A}$ 在看见系统公开参数之前就提交其在伪造阶段所要用到的挑战签名策略, 则称 ABS 机制具有选择性的存在不可伪造性; 若攻击者 $\mathcal{A}$ 在挑战阶段才公布挑战签名策略, 则称 ABS 机制具有完全的存在不可伪造性, 是一个更强的安全性定义.

　　ABS 体制需要满足的另一个安全定义是签名者属性隐私. 粗略来讲, 签名者属性隐私要求签名的验证者只能确定所验证的签名是正确的, 但不能确定到底是签名者的哪些属性被用来生成了该签名. 签名者属性隐私的严格定义由一个在挑战者 $\mathcal{C}$ 和攻击者 $\mathcal{A}$ 之间执行的安全性游戏来刻画:

　　(1) 系统建立阶段: 在该阶段, 挑战者 $\mathcal{C}$ 运行系统建立算法 Setup$(\lambda, \mathcal{U}) \to (PP, MSK)$, 然后将系统主密钥 MSK 和系统公开参数 PP 均发送给攻击者 $\mathcal{A}$.

　　(2) 挑战阶段: 在该阶段, 攻击者 $\mathcal{A}$ 选择两个属性集 W_0 和 W_1、一个签名策略 $\Gamma^*(\cdot)$ 使得 $\Gamma^*(W_0) = \Gamma^*(W_1) = 1$, 并将它们提交给挑战者 $\mathcal{C}$. 然后, 挑战者 $\mathcal{C}$ 选择一个随机比特 $b \in \{0, 1\}$, 利用相应于属性集 W_b 的私钥和签名策略 $\Gamma^*(\cdot)$ 生成一个签名 σ^*, 并将其返回给攻击者 $\mathcal{A}$.

　　(3) 猜测阶段: 在该阶段, 攻击者 $\mathcal{A}$ 输出一个比特 $b' \in \{0, 1\}$, 作为对 b 的猜测.

　　若 $b' = b$, 则称攻击者 $\mathcal{A}$ 赢得了安全性游戏, 并定义其赢得安全性游戏的优势为

$$\text{Adv}_{\mathcal{A}}^{\text{ASP}}(\lambda) = \left| \Pr[b' = b] - 1/2 \right|$$

定义 4.5 (签名者属性隐私)　一个 ABS 方案具有签名者属性隐私是指, 对任意一个概率多项式时间的攻击者 $\mathcal{A}$, 其赢得上述安全性游戏的优势 $\text{Adv}_{\mathcal{A}}^{\text{ASP}}(\lambda)$ 是安全参数 λ 的一个可忽略函数.

　　需要说明的是, 在上述游戏中, 由于攻击者知道系统主密钥, 因而也就不用向挑战者 $\mathcal{C}$ 询问私钥. 此外, 若 $\text{Adv}_{\mathcal{A}}^{\text{ASP}}(\lambda) = 0$, 则称该 ABS 方案具有完善的签名者属性隐私.

4.3.2　支持门限签名策略的基于属性签名方案

　　在支持门限签名策略的 ABS 中, 签名者持有的属性集和签名策略中属性集交集的势要超过一个给定的门限值. 具体而言, 我们用 $\Gamma_{t,S}(\cdot)$ 表示门限签名策略, 其中 S 是一个属性集, $t \leqslant |S|$ 是一个门限值. 给定一个属性集 W, 若 $|W \cap S| \geqslant t$, 则称属性集 W 满足签名策略 $\Gamma_{t,S}(\cdot)$, 用 $\Gamma_{t,S}(W) = 1$ 表示; 若 $|W \cap S| < t$, 则称 W 不满足签名策略 $\Gamma_{t,S}(\cdot)$, 用 $\Gamma_{t,S}(W) = 0$ 表示.

　　2012 年, Herranz 等[33] 通过引入系统默认属性构造了一个支持门限签名策略的 ABS 方案, 并使签名达到了固定长度. 该 ABS 方案的构造基于一个同样支持门限访问结构的 KP-ABE 方案[13], 沿用了从公钥加密体制到数字签名体制的转换框架, 构造相对直观. 具体的方案由以下四个概率多项式时间算法组成:

　　(1) Setup$(\lambda, n, \mathcal{U})$: 给定系统安全参数 λ、系统门限最大值 n、系统属性域 $\mathcal{U}$,

首先生成双线性群 $(\mathbb{G}, \mathbb{G}_T, e, p, g)$, 选择随机整数 $\alpha \in \mathbb{Z}_p$, 并令 $Z = e(g,g)^{\alpha}$; 然后, 定义系统默认属性集 $\Omega = \{\kappa_1, \kappa_2, \cdots, \kappa_n\} \subset \mathbb{Z}_p$; 进一步, 选择随机群元素 $u_0, u_1, \cdots, u_{n_m}, f_0, f_1, \cdots, f_{\eta} \in \mathbb{G}$, 以及一个抗碰撞的哈希函数 $H(\cdot) : \{0,1\}^* \to \{0,1\}^{n_m}$, 其中 n_m 为待签名消息的长度, $\eta = 2n+1$, 并令向量 $\boldsymbol{u} = (u_1, \cdots, u_{n_m})$, $\boldsymbol{f} = (f_1, \cdots, f_{\eta})$; 最后, 设置系统主密钥为 $MSK = \alpha$, 系统公开参数为 $PP = \{(\mathbb{G}, \mathbb{G}_T, e, p, g), u_0, f_0, \boldsymbol{u}, \boldsymbol{f}, n, \mathcal{U}, \Omega, H(\cdot), Z\}$.

(2) Extract(PP, MSK, W): 给定系统公开参数 PP、系统主密钥 MSK 和用户属性集 $W \subseteq \mathcal{U}$, 首先随机生成一个 $\mathbb{Z}_p$ 上的 $n-1$ 次多项式 $q(x)$, 使得 $q(0) = \alpha$; 然后, 对任意属性 $\omega \in W \cup \Omega$, 选取随机整数 $r_{\omega} \in \mathbb{Z}_p$, 计算私钥构件 $k_{\omega} = \{k_{\omega,1}, k_{\omega,2}, \{d_{\omega,j}\}_{j=1}^{\eta-1}\}$:

$$k_{\omega,1} = g^{q(\omega)} \cdot f_0^{r_{\omega}}, \quad k_{\omega,2} = g^{r_{\omega}}, \quad d_{\omega,j} = (f_1^{-\omega^j} \cdot f_{j+1}^{r_{\omega}})$$

最后, 返回用户属性私钥 $SK_W = \{k_{\omega}\}_{\omega \in W \cup \Omega}$.

(3) Sign$(PP, SK_W, \Gamma_{t,S}(\cdot), M)$: 给定系统公开参数 PP、用户私钥 SK_W、一个属性集 W 能满足的签名策略 $\Gamma_{t,S}(\cdot)$ 和待签名消息 M, 首先选择属性集 W 的一个 t 元子集 $W' \subset W \cap S$ 和一个 $(n-t)$ 元默认属性子集 $\Omega' \subset \Omega$, 并令 $S' = W' \cup \Omega'$, 以及 $m = H(M, \Gamma_{t,S}(\cdot)) \in \{0,1\}^{n_m}$; 然后, 定义多项式 $P(z) = \prod_{\omega \in S \cup \Omega'}(z-\omega) = \sum_{i=1}^{\eta} y_i z^{i-1}$, 其中当 $|S| + n - t + 2 \leqslant i \leqslant \eta$ 时令 $y_i = 0$, 并令 $\boldsymbol{y} = (y_1, \cdots, y_{\eta})$; 进一步, 对任意属性 $\omega \in S'$, 计算

$$k'_{\omega,1} = k_{\omega,1} \cdot \prod_{j=1}^{\eta-1} d_{\omega,j}^{y_{j+1}} = g^{q(\omega)} \cdot \left(f_0 \cdot \prod_{j=1}^{\eta} f_j^{y_j}\right)^{r_{\omega}}$$

其中上述第二个等式成立是因为 $P(\omega) = 0$, 然后令

$$k_1 = \prod_{\omega \in S'} (k'_{\omega,1})^{\Delta_{\omega}^{S'}(0)} = g^{\alpha} \cdot \left(f_0 \cdot \prod_{i=1}^{\eta} f_i^{y_i}\right)^{r}, \quad k_2 = \prod_{\omega \in S'} (k_{\omega,2})^{\Delta_{\omega}^{S'}(0)} = g^{r}$$

其中 $r = \sum_{\omega \in S'} \Delta_{\omega}^{S'}(0) \cdot r_{\omega}$; 最后, 将 m 表示为 n_m 个比特 $m_1, \cdots, m_{n_m}$, 选择随机数 $s, z \in \mathbb{Z}_p$, 再按照下述方式生成签名 $\sigma = \{\sigma_1, \sigma_2, \sigma_3\}$:

$$\sigma_1 = k_1 \cdot \left(f_0 \cdot \prod_{i=1}^{\eta} f_i^{y_i}\right)^{s} \cdot \left(u_0 \cdot \prod_{j=1}^{n_m} u_j^{m_j}\right)^{z}, \quad \sigma_2 = k_2 \cdot g^{s}, \quad \sigma_3 = g^{z}$$

(4) Verify(PP, M, σ): 给定系统公开参数 PP、签名消息 M 和相应的签

名 σ (签名策略 $\Gamma_{t,S}(\cdot)$ 默认是签名的一部分), 首先确认 $(n-t)$ 元默认属性子集 $\Omega' \subset \Omega$, 并令 $m = H(M, \Gamma_{t,S}(\cdot))$; 然后, 通过多项式 $P(z) = \prod_{\omega \in S \cup \Omega'}(z - \omega) = \sum_{i=1}^{\eta} y_i z^{i-1}$ 定义系数向量 $\boldsymbol{y} = (y_1, \cdots, y_\eta)$; 最后, 验证下述等式:

$$Z = \frac{e(\sigma_1, g)}{e\left(\sigma_2, f_0 \cdot \prod_{i=1}^{\eta} f_i^{y_i}\right) \cdot e\left(\sigma_3, u_0 \cdot \prod_{j=1}^{n_m} u_j^{m_j}\right)}$$

若等式成立, 则输出 1, 否则输出 0.

方案正确性   首先, 由签名的生成过程可得

$$\sigma_1 = k_1 \cdot \left(f_0 \cdot \prod_{i=1}^{\eta} f_i^{y_i}\right)^s \cdot \left(u_0 \cdot \prod_{j=1}^{n_m} u_j^{m_j}\right)^z$$

$$= g^{\alpha} \cdot \left(f_0 \cdot \prod_{i=1}^{\eta} f_i^{y_i}\right)^{s+r} \cdot \left(u_0 \cdot \prod_{j=1}^{n_m} u_j^{m_j}\right)^z$$

$$\sigma_2 = k_2 \cdot g^s = g^{r+s}, \quad \sigma_3 = g^z$$

然后, 将上述值代入验证等式即可得

$$\frac{e(\sigma_1, g)}{e\left(\sigma_2, f_0 \cdot \prod_{i=1}^{\eta} f_i^{y_i}\right) \cdot e\left(\sigma_3, u_0 \cdot \prod_{j=1}^{n_m} u_j^{m_j}\right)}$$

$$= \frac{e\left(g^{\alpha}\left(f_0 \prod_{i=1}^{\eta} f_i^{y_i}\right)^{s+r} \cdot \left(u_0 \prod_{j=1}^{n_m} u_j^{m_j}\right)^z, g\right)}{e\left(g^{r+s}, f_0 \prod_{i=1}^{\eta} f_i^{y_i}\right) \cdot e\left(g^z, u_0 \prod_{j=1}^{n_m} u_j^{m_j}\right)}$$

$$= e(g, g)^{\alpha}$$

$$= Z$$

方案安全性   基于 ℓ-BDHE 困难性问题假设, 上述 ABS 方案在选择性安全模型下被证明具有存在不可伪造性, 同时还满足完善的签名者属性隐私. 此外, 上述 ABS 方案虽具有签名长度固定的优势, 但所需要的密钥存储空间扩张到了用

户属性集规模的平方级, 而一般 ABS 方案中的密钥规模与用户属性集大小呈线性关系.

4.3.3　支持一般签名策略的基于属性签名方案

Maji 等 [27,30] 最早提出的几个 ABS 方案虽然也支持任意单调签名策略, 但却要么由于使用了一般群模型导致在安全性方面存在不足, 要么就是因为使用了非交互零知识证明导致在效率方面存在瓶颈. 为此, Okamoto 和 Takashima[31] 提出了一个支持更为一般的非单调签名策略且具有完全安全性的 ABS 方案, 所使用的非单调签名策略的构造方式也与前面介绍的非单调 ABE 方案中一样. 在给出具体方案之前, 先简要介绍一下其核心构造工具对偶对向量空间 (Dual Pairing Vector Spaces, DPVS) 的概念以及一些相关的符号.

定义 4.6 (对偶对向量空间)　给定双线性群 $(\mathbb{G}, \mathbb{G}_T, e, p, g)$, 对偶对向量空间定义为其上的一个五元组 $\text{DPVS} = (\mathbb{V}, \mathbb{G}_T, \mathbb{C}, p, \hat{e})$, 其中 $\mathbb{V} = \mathbb{G} \times \cdots \times \mathbb{G}$ 是一个 n 维的向量空间, $\mathbb{C} = (\boldsymbol{c}_1, \cdots, \boldsymbol{c}_n)$ 是 $\mathbb{V}$ 的一组基, 其中 $\boldsymbol{c}_i = (0, \cdots, 0, g, 0, \cdots, 0)$ 为第 i 个分量是 g、其他分量均是 0 的向量, $\hat{e} : \mathbb{V} \times \mathbb{V} \to \mathbb{G}_T$ 被定义为向量空间 $\mathbb{V}$ 上的双线性映射, 即对任意 $\boldsymbol{u} = (u_1, \cdots, u_n)$ 和 $\boldsymbol{h} = (h_1, \cdots, h_n) \in \mathbb{V}$, 有 $\hat{e}(\boldsymbol{u}, \boldsymbol{h}) = \prod_{i=1}^n e(u_i, h_i)$.

对于给定的一组基 $\mathbb{B} = (\boldsymbol{b}_1, \cdots, \boldsymbol{b}_n)$ 和一个向量 $\boldsymbol{x} = (x_1, \cdots, x_n) \in \mathbb{Z}_p^n$, 定义 $(x_1, \cdots, x_n)_{\mathbb{B}} = \sum_{i=1}^n x_i \cdot \boldsymbol{b}_i$. 对于一个 LSSS 访问结构 $(\boldsymbol{M}_{\ell \times n}, \rho)$, 按如下方式定义映射函数 $\tilde{\rho} : \{1, \cdots, \ell\} \to \{1, \cdots, d\}$: 若 $\rho(i) = (t, v)$ 或 $\rho(i) = \neg(t, v)$, 则 $\tilde{\rho}(i) = t$. 文献 [31] 对于 LSSS 形式的访问结构进行了扩展, 将属性定义为一个由其二元组和相应值组成的二元组 (t, v), 而将 ρ 定义为从共享生成矩阵的行标到相应的二元组 (t, v) 的映射. 用 **1** 表示各分量均为 1 的向量, **0** 表示各分量均为 0 的向量, $\text{Span}\langle \boldsymbol{b}_1, \cdots, \boldsymbol{b}_d \rangle$ 表示由向量 $\{\boldsymbol{b}_1, \cdots, \boldsymbol{b}_d\}$ 张成的向量空间.

Okamoto 和 Takashima 提出的具体 ABS 方案由以下四个多项式时间的算法组成.

(1) $\text{Setup}(\lambda, d)$: 给定系统安全参数 λ 和属性子域数目 d, 首先生成双线性群 $(\mathbb{G}, \mathbb{G}_T, e, p, g)$, 选择一个抗碰撞的哈希函数 $H(\cdot) : \{0, 1\}^* \to \mathbb{Z}_p^*$ 和一个随机整数 $\psi \in \mathbb{Z}_p$, 分别生成一个向量空间维度为 4 的对偶对向量空间 DPVS_0 和另外 $d+1$ 个向量空间维度为 7 的对偶对向量空间 $\text{DPVS}_1, \cdots, \text{DPVS}_{d+1}$, 并令 $n_0 = 4$ 以及 $n_t = 7$ $(t \in \{1, \cdots, d+1\})$; 然后, 对任意 $t \in \{0, \cdots, d+1\}$, 生成随机矩阵 $\boldsymbol{X}_t = (\chi_{t,i,j})_{i,j} \in \mathbb{Z}_p^{n_t \times n_t}$, 令 $(\vartheta_{t,i,j})_{i,j} = \psi \cdot (\boldsymbol{X}_t^{-1})^{\mathrm{T}}$, 再设置下述参数:

$$\boldsymbol{b}_{t,i} = (\chi_{t,i,1}, \cdots, \chi_{t,i,n_t})_{\mathbb{C}_t}, \quad \mathbb{B}_t = (\boldsymbol{b}_{t,1}, \cdots, \boldsymbol{b}_{t,n_t})$$

$$\boldsymbol{b}_{t,i}^* = (\vartheta_{t,i,1}, \cdots, \vartheta_{t,i,n_t})_{\mathbb{C}_t}, \quad \mathbb{B}_t^* = (\boldsymbol{b}_{t,1}^*, \cdots, \boldsymbol{b}_{t,n_t}^*)$$

进一步, 令

$$\widehat{\mathbb{B}}_0 = (\boldsymbol{b}_{0,1}, \boldsymbol{b}_{0,4}), \quad \widehat{\mathbb{B}}_t = (\boldsymbol{b}_{t,1}, \boldsymbol{b}_{t,2}, \boldsymbol{b}_{t,7}), \quad \widehat{\mathbb{B}}_t^* = (\boldsymbol{b}_{t,1}^*, \boldsymbol{b}_{t,2}^*, \boldsymbol{b}_{t,5}^*, \boldsymbol{b}_{t,6}^*), \quad t = 1, \cdots, d+1$$

最后, 设置系统主密钥和系统公开参数如下:

$$MSK = \boldsymbol{b}_{0,1}^*, \quad PP = \left\{ Z = e(g,g)^\psi, H(\cdot), \{\mathrm{DPVS}_t\}_{t=0}^{d+1}, \{\widehat{\mathbb{B}}_t, \widehat{\mathbb{B}}_t^*\}_{t=1}^{d+1}, \widehat{\mathbb{B}}_0, \boldsymbol{b}_{0,3}^* \right\}.$$

(2) Extract(PP, MSK, S): 给定系统公开参数 PP、系统主密钥 MSK 和一个用户属性集 $S = \{(t, x_t)\}_{t=1}^d$, 首先对于任意整数 $t \in \{1, \cdots, d\}$ 和 $\iota \in \{1, 2\}$, 选择随机整数 $\varphi_{t,\iota}, \varphi_{d+1,1,t}, \varphi_{d+1,2,\iota} \in \mathbb{Z}_p$ 和另外两个随机整数 $\delta, \varphi_0 \in \mathbb{Z}_p$; 然后, 计算下述私钥构件:

$$\boldsymbol{k}_0^* = (\delta, 0, \varphi_0, 0)_{\mathbb{B}_0^*}$$

$$\boldsymbol{k}_t^* = (\delta(1, x_t), 0, 0, \varphi_{t,1}, \varphi_{t,2}, 0)_{\mathbb{B}_t^*}, \quad (t, x_t) \in S$$

$$\boldsymbol{k}_{d+1,1}^* = (\delta(1, 0), 0, 0, \varphi_{d+1,1,1}, \varphi_{d+1,1,2}, 0)_{\mathbb{B}_{d+1}^*}$$

$$\boldsymbol{k}_{d+1,2}^* = (\delta(0, 1), 0, 0, \varphi_{d+1,2,1}, \varphi_{d+1,2,2}, 0)_{\mathbb{B}_{d+1}^*}$$

最后, 令 $T = \{0, (d+1, 1), (d+1, 2)\} \cup \{t | 1 \leqslant t \leqslant d, (t, x_t) \in S\}$, 并返回用户属性私钥 $SK_S = \{\boldsymbol{k}_t^*\}_{t \in T}$.

(3) Sign($PP, SK_S, (\boldsymbol{M}_{\ell \times n}, \rho), m$): 给定系统公开参数 PP、用户私钥 SK_S、签名策略 $(\boldsymbol{M}_{\ell \times n}, \rho)$ 和待签名消息 m, 首先在 $S = \{(t, x_t)\}_{t=1}^d$ 满足策略 $(\boldsymbol{M}_{\ell \times n}, \rho)$ 的前提下计算指标集 I 和一组常数 $\{\alpha_i\}_{i \in I}$, 使得 $\sum_{i \in I} \alpha_i \boldsymbol{M}_i = \boldsymbol{1}$, 并且对于任意整数 $i \in I$, 若有 $\rho(i) = (t, v_i)$ 且 $(t, x_t) \in S$, 则 $v_i = x_t$, 若 $\rho(i) = \neg(t, v_i)$ 且 $(t, x_t) \in S$, 则 $v_i \neq x_t$; 然后, 选取随机整数 $\xi \in \mathbb{Z}_p$ 以及随机向量 $(\beta_i) \in \{(\beta_1, \cdots, \beta_\ell) | \sum_{i=1}^\ell \beta_i \boldsymbol{M}_i = \boldsymbol{0}\}$ 和 $\boldsymbol{r}_0^* \in \mathrm{Span}\langle b_{0,3}^* \rangle$, 并令 $\boldsymbol{s}_0^* = \xi \cdot \boldsymbol{k}_0^* + \boldsymbol{r}_0^*$, 以及对于任意行标 $i \in \{1, \cdots, \ell\}$, 选取随机向量 $\boldsymbol{r}_i^* \in \mathrm{Span}\langle \boldsymbol{b}_{t,5}^*, \boldsymbol{b}_{t,6}^* \rangle$, 并令 $\boldsymbol{s}_i^* = \gamma_i \cdot \xi \boldsymbol{k}_t^* + \sum_{\iota=1}^2 y_{i,\iota} \cdot \boldsymbol{b}_{t,\iota}^* + \boldsymbol{r}_i^*$, 其中 γ_i 和 $\boldsymbol{y}_i = (y_{i,1}, y_{i,2})$ 的计算方式如下:

(a) 若 $i \in I$ 且 $\rho(i) = (t, v_i)$, 则 $\gamma_i = \alpha_i$, $\boldsymbol{y}_i = \beta_i(1, v_i)$;

(b) 若 $i \in I$ 且 $\rho(i) = \neg(t, v_i)$, 则 $\gamma_i = \dfrac{\alpha_i}{v_i - x_t}$, $\boldsymbol{y}_i = \dfrac{\beta_i}{v_i - z_i}(1, z_i)$, 其中 $z_i \in \mathbb{Z}_p$ 是一个随机选取的整数;

(c) 若 $i \notin I$ 且 $\rho(i) = (t, v_i)$, 则 $\gamma_i = 0$, $\boldsymbol{y}_i = \beta_i(1, v_i)$;

(d) 若 $i \notin I$ 且 $\rho(i) = \neg(t, v_i)$, 则 $\gamma_i = 0$, $\boldsymbol{y}_i = \dfrac{\beta_i}{v_i - z_i}(1, z_i)$, 其中 $z_i \in \mathbb{Z}_p$ 是

一个随机选取的整数;

进一步, 选择随机向量 $r_{\ell+1}^* \in \mathrm{Span}\langle b_{d+1,5}^*, b_{d+1,6}^*\rangle$, 计算

$$s_{\ell+1}^* = \xi\big(k_{d+1,1}^* + H(m|(M_{\ell\times n}, \rho)) \cdot k_{d+1,2}^*\big) + r_{\ell+1}^*$$

最后, 返回签名 $\sigma = \{s_i^*\}_{i=0}^{\ell+1}$.

(4) $\mathrm{Verify}(PP, m, \sigma)$: 给定系统公开参数 PP、签名消息 m 和相应的签名 σ (包含签名策略 $(M_{\ell\times n}, \rho)$), 首先选取随机向量 $f \in \mathbb{Z}_p^n$, 令 $s^{\mathrm{T}} = (s_1, \cdots, s_\ell) = M \cdot f^{\mathrm{T}}$, 以及 $s_0 = 1 \cdot f^{\mathrm{T}}$. 然后, 选取随机整数 $\eta_0, \eta_{\ell+1}, \theta_{\ell+1}, s_{\ell+1} \in \mathbb{Z}_p$, 令 $c_0 = (-s_0 - s_{\ell+1}, 0, 0, \eta_0)_{\mathbb{B}_0}$. 进一步, 对于任意 $i \in \{1, \cdots, \ell\}$:

(a) 在 $\rho(i) = (t, v_i)$ 的情况下, 若 $s_i^* \notin \mathbb{V}_t$, 则输出 0, 否则选取随机整数 $\theta_i, \eta_i \in \mathbb{Z}_p$, 并令 $c_i = (s_i + \theta_i v_i, -\theta_i, 0, 0, 0, 0, \eta_i)_{\mathbb{B}_t}$;

(b) 在 $\rho(i) = \neg(t, v_i)$ 的情况下, 若 $s_i^* \notin \mathbb{V}_t$, 则输出 0, 否则选取随机整数 $\eta_i \in \mathbb{Z}_p$, 并令 $c_i = (s_i(v_i, -1), 0, 0, 0, 0, \eta_i)_{\mathbb{B}_t}$.

以及当 $i = \ell + 1$ 时, 令:

$$c_{\ell+1} = \big(s_{\ell+1} - \theta_{\ell+1} \cdot H(m|(M_{\ell\times n}, \rho)), \theta_{\ell+1}, 0, 0, 0, 0, \eta_{\ell+1}\big)_{\mathbb{B}_{d+1}}$$

最后, 若 $\hat{e}(b_{0,1}, s_0^*) = 1$, 则直接输出 0, 进一步, 若 $\prod_{i=0}^{\ell+1} \hat{e}(c_i, s_i^*) = 1$, 则输出 1, 否则输出 0.

方案正确性　将公开参数和签名的具体值代入最后的验证等式, 直接可得

$$\prod_{i=0}^{\ell+1} e(c_i, s_i^*) = \hat{e}(c_0, k_0^*)^\xi \cdot \prod_{i\in I} \hat{e}(c_i, k_t^*)^{\gamma_i\xi} \cdot \prod_{i=1}^{\ell}\prod_{\iota=1}^{2} \hat{e}(c_i, b_{t,\iota}^*)^{y_{i,t}} \cdot \hat{e}(c_{\ell+1}, s_{\ell+1}^*)$$

$$= Z^{\xi\delta(-s_0 - s_{\ell+1})} \cdot \prod_{i\in I} Z^{\xi\delta\alpha_i s_i} \cdot \prod_{i=1}^{\ell} Z^{\beta_i s_i} \cdot Z^{\xi\delta s_{\ell+1}}$$

$$= Z^{\xi\delta(-s_0 - s_{\ell+1})} \cdot Z^{\delta\delta s_0} \cdot Z^{\xi\delta s_{\ell+1}} = 1$$

方案安全性　基于 DLIN 困难性问题假设, 上述 ABS 方案在完全安全模型下被证明满足存在不可伪造性, 且具有完善的签名者属性隐私. 由于使用了 DPVS 技术来实现素数阶双线性群上 ABS 方案的完全安全性, 因此上述方案在描述上稍显复杂.

4.4 基于属性密码体制的扩展

基于属性的密码技术部署于具体应用场景时, 还需考虑应用环境本身的一些现实要求以及抵抗一些特殊场景下的攻击. 因此, 围绕各种不同的特殊应用需求和安全威胁, 学者对最初始的基于属性密码体制进行了相应的扩展, 提出了多种基于属性密码体制的变体, 如多属性机构的 ABE 体制、可撤销的 ABE 体制、可追踪的 ABE 体制等. 本节分别给出这三种 ABE 变体的具体构造方案.

4.4.1 多机构的基于属性加密方案

在最初始的 ABE 方案中, 系统中用户属性由单个授权机构管理, 不能满足云环境下大规模分布式应用对不同机构协作的需求, 同时, 对单个授权机构的完全可信也违背了分布式应用要求信任分散的安全需求. 将 ABE 体制从单属性机构扩展到多属性机构, 一种比较直观的方法就是由各个属性机构独立地为用户生成相应的属性私钥构件, 然后再由用户将所有的私钥构件合并到一起. 但是, 这种方法需要各个属性机构在为用户生成私钥的时候进行交互, 以绑定来自不同属性域的私钥构件, 防止合谋攻击. 早期的多机构 ABE 方案构造基本上都是围绕这种方法对方案的安全性和访问结构的丰富性进行优化, 均无法避免用户密钥生成阶段的交互.

2011 年, Lewko 和 Waters[18] 利用双加密系统在合数阶双线性群上构造出了支持任意单调访问结构且无需交互的多机构 CP-ABE 方案, 同时还达到了完全安全性. 在他们的构造中, 为了防止合谋攻击, 每个用户具有一个全局标识 GID, 并利用其将来自不同属性域的所有私钥构件绑定在了一起. 此外, 由于该方案不需要全局性的且完全可信的系统初始化阶段, 因此系统中任意一个用户也都可以成为一个属性机构, 实现了去中心化的目标. 具体而言, 该方案由以下五个概率多项式时间算法组成:

(1) Global.Setupt(λ): 给定系统安全参数 λ, 全局性系统建立算法首先生成合数阶双线性群 $(\mathbb{G}, \mathbb{G}_T, N, e, g_1)$, 其中 $\mathbb{G}$ 和 $\mathbb{G}_T$ 是阶为合数 $N = p_1 p_2 p_3$ 的乘法循环群, p_1, p_2, p_3 是依据安全参数选取的三个素数, g_1 是 $\mathbb{G}$ 的子群 $\mathbb{G}_{p_1}$ (阶为 p_1) 的一个随机生成元, $e : \mathbb{G} \times \mathbb{G} \to \mathbb{G}_T$ 是双线性映射; 然后, 选取哈希函数 $H(\cdot)$: $\{0,1\}^* \to \mathbb{G}$; 最后, 设置全局系统公开参数为 $GP = \{(\mathbb{G}, \mathbb{G}_T, N, e, g_1), H(\cdot)\}$.

(2) Authority.Setup($GP, \mathcal{U}$): 给定全局系统公开参数 GP 和属性域 $\mathcal{U}$, 属性机构系统建立算法对于任意属性 $i \in \mathcal{U}$, 选取两个随机整数 $\alpha_i, y_i \in \mathbb{Z}_N$, 然后令属性机构主密钥为 $MSK = \{\alpha_i, y_i\}_{i \in \mathcal{U}}$, 属性机构公开参数为 $PP = \{e(g_1, g_1)^{\alpha_i}, g_1^{y_i}\}_{i \in \mathcal{U}}$.

(3) KeyGen(GP, MSK, GID, i): 给定全局系统公开参数 GP、属性机构主密钥 MSK、用户全局标识 GID 和一个属于该属性机构的属性 i, 密钥生成算法如

下计算相应的属性私钥

$$k_{i,GID} = g_1^{\alpha_i} \cdot H(GID)^{y_i}$$

(4) Encrypt$(GP, \{PP\}, (\boldsymbol{M}_{\ell \times n}, \rho), m)$：给定全局系统公开参数 GP、相关的属性机构公开参数 $\{PP\}$、访问结构 $(\boldsymbol{M}_{\ell \times n}, \rho)$ 和待加密消息 m，加密算法首先选取一个随机整数 $s \in \mathbb{Z}_N$ 和一个随机向量 $\boldsymbol{v} \in \mathbb{Z}_N^n$，使得 $\boldsymbol{v}$ 的第一个分量为 s；然后，对任意 $j \in \{1, \cdots, \ell\}$，令 $\lambda_j = \boldsymbol{v} \cdot \boldsymbol{M}_j$，其中 $\boldsymbol{M}_j$ 是共享矩阵 $\boldsymbol{M}$ 的第 j 行，此外，选取一个第一个分量为 0 的随机向量 $\boldsymbol{w} \in \mathbb{Z}_N^n$，并令 $\omega_j = \boldsymbol{w} \cdot \boldsymbol{M}_j$；最后，对任意 $j \in \{1, \cdots, \ell\}$，选取一个随机整数 $r_j \in \mathbb{Z}_N$，按如下方式计算密文 $CT = \{c_0, \{c_{1,j}, c_{2,j}, c_{3,j}\}_{j=1}^{\ell}\}$：

$$c_0 = m \cdot e(g_1, g_1)^s, \quad c_{1,j} = e(g_1, g_1)^{\lambda_j} \cdot e(g_1, g_1)^{\alpha_{\rho(j)} r_j}, \quad c_{2,j} = g_1^{r_j}, \quad c_{3,j} = g_1^{y_{\rho(j)} r_j} \cdot g_1^{\omega_j}$$

(5) Decrypt$(GP, \{PP\}, SK_S, CT)$：给定全局系统公开参数 GP、相关的属性机构公开参数 $\{PP\}$、用户密钥 $SK_S = \{k_{i,GID}\}_{i \in S}$ 和密文 CT（包含访问结构 $(\boldsymbol{M}_{\ell \times n}, \rho)$），若 S 不满足访问结构 $(\boldsymbol{M}_{\ell \times n}, \rho)$，则输出解密失败符号 $\perp$；否则，计算一个指标集 $J \subseteq \{1, \cdots, \ell\}$ 和一组常数 $\{y_j\}_{j \in J}$ 使得 $\sum_{j \in J} y_j \cdot \boldsymbol{M}_j = (1, 0, \cdots, 0)$；最后，按照如下方式恢复密文：

$$c_0' = \prod_{j \in J} \left(c_{1,j} \cdot e\left(H(GID), c_{3,j}\right) / e\left(k_{\rho(j),GID}, c_{2,j}\right) \right)^{y_j}, \quad m = c_0/c_0'$$

方案正确性　将密钥和密文的具体值代入上式，即可得

$$c_0' = \prod_{j \in J} \left(c_{1,j} \cdot e\left(H(GID), c_{3,j}\right) / e\left(k_{\rho(j),GID}, c_{2,j}\right) \right)^{y_j}$$
$$= \prod_{j \in J} \frac{\left(e(g_1,g_1)^{\lambda_j} \cdot e(g_1,g_1)^{\alpha_{\rho(j)} r_j} \cdot e\left(H(GID), g_1^{y_{\rho(j)} r_j} \cdot g_1^{\omega_j}\right)\right)^{y_j}}{\left(e\left(g_1^{\alpha_{\rho(j)}} \cdot H(GID)^{y_{\rho(j)}}, g_1^{r_j}\right)\right)^{y_j}}$$
$$= \prod_{j \in J} \left(e(g_1,g_1)^{\lambda_j} e\left(H(GID), g_1\right)^{\omega_j} \right)^{y_j}$$
$$= e(g_1,g_1)^{\sum_{j \in J} \lambda_j y_j} \cdot e\left(H(GID), g_1\right)^{\sum_{j \in J} \omega_j y_j}$$
$$= e(g_1,g_1)^s$$

上述最后一个等式成立是因为可利用 LSSS 的线性可重构性分别恢复出在加密阶段嵌入的共享秘密 s 和 0. 因此有 $c_0/c_0' = m \cdot e(g_1,g_1)^s / e(g_1,g_1)^s = m$.

方案安全性　基于合数阶双线性群上的三个特殊困难性问题假设，上述方案

在随机预言模型下被证明是完全安全的. 另一方面, 在同等安全水平下, 由于合数阶双线性群上的对运算与模指数运算的速度要慢于素数阶群上的, 因此该方案的效率较低.

4.4.2 可撤销的基于属性加密方案

在开放云环境下, 系统用户会动态离开, 其权限也随之发生变化. 从增强系统安全性的角度来讲, 在用户离开系统之后, 应该及时撤销其权限. 具体到 ABE 的场景中, 当用户离开系统之后, 应当废止其私钥的权限, 使其不能再用来访问系统中的加密数据, 因此需要将最初始的 ABE 体制扩展到支持用户撤销, 也即可撤销的 ABE 体制. 用户撤销可以通过周期性地为系统用户生成新的密钥来实现, 但这种方法的计算和通信开销较高, 与系统用户规模呈线性关系. 如何高效地实现用户撤销是提高这类密码体制可用性的关键所在.

Attrapadung 和 Imai[20] 通过在密文中加入时间周期以及周期性地生成更新密钥, 提出了一个可撤销的 KP-ABE 方案, 同时, 由于采用了完全子树的方法, 该方案中的用户撤销复杂度达到了对数级. 具体而言, 主要是通过一个 KUNode 算法来实现用户的实时撤销. 为方便描述, 先给出几个后面将用到的符号: $\mathcal{BT}$ 表示一个具有 n 个叶子节点的完全二叉树, 并记为 $\mathcal{L} = \{1, \cdots, n\}$; $\mathcal{X}$ 表示二叉树 $\mathcal{BT}$ 的所有节点的名称集合; 对任意一个叶子节点 $i \in \mathcal{L}$, 用 Path(i) 表示从 i 到根节点 ε 的路径上的所有节点构成的集合; v_l 和 v_r 分别表示一个非叶子节点 v 的左子节点和右子节点; 撤销列表 RL 由一系列二元组构成, 即 $RL = \{(i, t_i)\}$, 其中二元组 (i, t_i) 表示叶子节点 i 在时间周期 t_i 被撤销.

KUNode 算法以一个二叉树 $\mathcal{BT}$、当前撤销列表 RL 和当前时间周期 t 为输入, 输出一个节点集合 Y 满足下述条件: 对于任意一个在 RL 中出现的叶子节点 i, 成立 Path$(i) \cap Y = \varnothing$; 对于任意一个没有在 RL 中出现的叶子节点 i, 存在一个节点 $\theta \in Y$ 使得 θ 是 i 的一个父节点. 此外, 集合 Y 是满足上述条件的最小集.

为便于更直观地理解 KUNode 算法, 图 4.3 给出了该算法的两个实例. 在第一个例子中, 当没有叶子节点被撤销时, 集合 $Y = \{\varepsilon\}$, 而根节点是所有叶子节点的父节点; 在第二个例子中, 当叶子节点 2 和 7 被撤销时, 集合 Y 包含 4 个节点, 分别是叶子节点 1 和 8, 以及叶子节点 3 和 4 的父节点与叶子节点 5 和 6 的父节点.

将上述撤销方法应用到 ABE 时, 给每个用户指定一个身份标识 ID, 并将其随机分配给一个二叉树的叶子节点 i, 然后对每一个节点 $x \in$ Path(i) 生成一个私钥构件; 属性授权机构负责生成在当前时间周期 t 的更新密钥 $UK_t = \{u_x\}_{x \in Y}$; 若用户在当前时间周期 t 没有被撤销, 则存在一个节点 $x' \in$ Path$(i) \cap Y$, 进而就可利用相应的私钥构件和更新密钥构件推导出一个在当前时间周期 t 内可用的正确密钥. 需要说明的是, 更新密钥可通过公开信道传输, 无需再在用户和属性授权机构之间建立安全信道.

算法 3　KUNode($\mathcal{BT}, RL, t$)

1: $X, Y \longleftarrow \varnothing$
2: **for** $(i, t_i) \in RL$ **do**
3: 　**if** $t_i \leqslant t$ **then**
4: 　　Add Path(i) to X
5: 　**end if**
6: **end for**
7: **for** $\theta \in X$ **do**
8: 　**if** $\theta_l \notin X$ **then**
9: 　　Add θ_l to Y
10: 　**end if**
11: 　**if** $\theta_r \notin X$ **then**
12: 　　Add θ_r to Y
13: 　**end if**
14: **end for**
15: **if** $Y = \varnothing$ **then**
16: 　Add ε to Y
17: **end if**
18: **return** Y

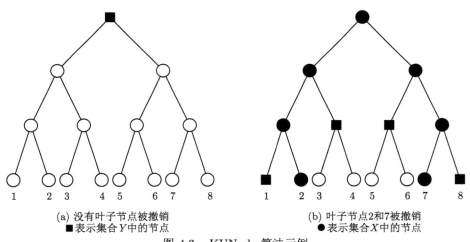

(a) 没有叶子节点被撤销
■表示集合 Y 中的节点

(b) 叶子节点2和7被撤销
●表示集合 X 中的节点

图 4.3　KUNode 算法示例

按照上述思路, Attrapadung 和 Imai 构造了一个可撤销的 KP-ABE 方案, 由以下五个多项式时间算法组成:

(1) Setup(λ, n, l, d): 给定系统安全参数 λ、二叉树叶子节点数 n、密文属性集规模上界 l 和 KUNode 算法输出集合规模的上界 d, 首先生成双线性群 $(\mathbb{G}, \mathbb{G}_T, e, p, g)$, 随机选择群元素 $f_0, \cdots, f_d, h_0, \cdots, h_l \in \mathbb{G}$ 以及整数 $\alpha \in \mathbb{Z}_p$; 然后, 对于二叉树上的任意节点 $x \in \mathcal{X} \subset \mathbb{Z}_p^*$, 选择一个随机整数 $a_x \in \mathbb{Z}_p$, 并定义一次多项式 $q_x(z) = a_x + \alpha$, 以及函数 $P(x) = \sum_{j=0}^{d} f_j^{x^j}$ 和 $F(x) = \prod_{j=1}^{l} f_j^{x^j}$; 最后, 令系统主密钥为 $MSK = \{\alpha, \{a_x\}_{x \in \mathcal{X}}\}$, 系统公开参数为 $PP = \{(\mathbb{G}, \mathbb{G}_T, e, p, g), Z = e(g, g)^\alpha, f_0, \cdots, f_d, h_0, \cdots, h_l\}$.

(2) KeyGen($PP, MSK, (\boldsymbol{M}_{\ell \times k}, \rho), ID$): 给定系统公开参数 PP、系统主密钥 MSK、LSSS 形式的访问结构 $(\boldsymbol{M}_{\ell \times k}, \rho)$ 和用户身份标识 $ID \in \mathcal{L}$, 首先对于任意节点 $x \in \text{Path}(ID)$, 利用访问结构中的共享生成矩阵 $\boldsymbol{M}_{\ell \times k}$ 计算 $q_x(1)$ 的共享份额, 即选择随机整数 $z_{x,2}, \cdots, z_{x,k} \in \mathbb{Z}_p$, 令 $\boldsymbol{v}_x = (q_x(1), z_{x,2}, \cdots, z_{x,k})$, 再对任意 $i \in [\ell]$, 计算共享份额 $\lambda_{x,i} = \boldsymbol{v}_x \cdot \boldsymbol{M}_i$; 然后, 选择随机整数 $r_{x,1}, \cdots, r_{x,\ell}, r_x \in \mathbb{Z}_p$, 按如下方式计算用户私钥 $SK_{ID} = \{\{k_{x,i}^{(1)}, k_{x,i}^{(2)}\}_{x \in \text{Path}(ID), i \in [\ell]}, \{k_x^{(3)}, k_x^{(4)}\}_{x \in \text{Path}(ID)}\}$:

$$k_{x,i}^{(1)} = g^{\lambda_{x,i}} F(\rho(i))^{r_{x,i}}, \quad k_{x,i}^{(2)} = g^{r_{x,i}}, \quad k_x^{(3)} = g^{f_x(x)} P(x)^{r_x}, \quad k_x^{(4)} = g^{r_x}$$

(3) KeyUpdate(PP, MSK, RL, t): 给定系统公开参数 PP、系统主密钥 MSK、当前撤销列表 RL 和时间周期 t, 首先生成节点集 $Y \leftarrow \text{KUNode}(\mathcal{BT}, RL, t)$; 然后, 对任意节点 $x \in Y$, 选择随机整数 $r_x \in \mathbb{Z}_p$, 按照如下方式计算更新密钥 $UK_t = \{u_x^{(1)}, u_x^{(2)}\}_{x \in Y}$:

$$u_x^{(1)} = g^{f_x(t)} P(t)^{r_x}, \quad u_x^{(2)} = g^{r_x}$$

(4) Encrypt(PP, S, m, t): 给定系统公开参数 PP、属性集 S、待加密明文消息 $m \in \mathbb{G}_T$ 和当前时间周期 t, 首先选择一个随机整数 $s \in \mathbb{Z}_p$, 然后按照下述方式生成相应的密文 $CT = \{c_0, c_1, \{c_{2,\omega}\}_{\omega \in S}, c_3\}$:

$$c_0 = m \cdot Z^s, \quad c_1 = g^s, \quad c_{2,\omega} = F(\omega)^s, \quad c_3 = P(t)^s$$

(5) Decrypt(PP, SK_{ID}, UK_t, CT): 给定系统公开参数 PP、用户私钥 SK_{ID} (对应着访问结构 $(\boldsymbol{M}_{\ell \times k}, \rho)$)、当前的更新密钥 UK_t (包含了节点集 Y) 和密文 CT (包含属性集 S 和时间周期 t), 若 S 不满足访问结构 $(\boldsymbol{M}_{\ell \times k}, \rho)$ 或 $ID \in RL$, 则直接输出解密失败符号 $\perp$; 否则, 计算一个指标集 I 和一组系数 $\{w_i\}_{i \in I}$, 使得 $\sum_{i \in I} w_i \cdot \boldsymbol{M}_i = (1, 0, \cdots, 0)$, 并找到一个节点 $x \in \text{Path}(ID) \cap Y$; 最后, 按照如下方式恢复明文:

$$k' = \prod_{i=1}^{\ell} \left(\frac{e\left(k_{x,i}^{(1)}, c_1\right)}{e\left(c_{2,\rho(i)}, k_{x,i}^{(2)}\right)} \right)^{w_i}, \quad k = (k')^{t/(t-1)} \cdot \left(\frac{e\left(u_x^{(1)}, c_1\right)}{e\left(c_3, u_x^{(2)}\right)} \right)^{1/(1-t)}, \quad m = c_0/k$$

方案正确性 将用户私钥、更新密钥和密文的具体值代入上述式子, 首先可得

$$k' = \prod_{i=1}^{\ell} \left(\frac{e\left(g^{\lambda_{x,i}} F(\rho(i))^{r_{x,i}}, g^s\right)}{e\left(F(\pi(i))^s, g^{r_{x,i}}\right)} \right)^{w_i} = \prod_{i=1}^{\ell} e(g, g)^{s\lambda_{x,i}w_i} = e(g, g)^{sq_x(1)}$$

其中最后一个等式成立是由于 LSSS 的线性可重构性; 其次, 将上述 k' 值再代入, 则可得

$$k = \left(e(g,g)^{sq_x(1)}\right)^{t/(t-1)} \cdot \left(e(g,g)^{sq_x(t)}\right)^{1/(1-t)} = e(g,g)^{s\alpha}$$

上述等式成立是因为在 $(1, q_x(1))$ 和 $(t, q_x(t))$ 这两个点的基础上, 可通过 Lagrange 插值方法在指数上求出 $q_x(0) = \alpha$, 从而有 $c_0/k = m \cdot e(g,g)^{\alpha s}/e(g,g)^{\alpha s} = m$.

方案安全性　基于 DBDH 困难性问题假设, 上述方案在标准模型下被证明具有选择安全性. 事实上, 上述方案仅实现了密文的后向安全性, 即当用户被撤销后, 其密钥不能解密之后所产生的密文, 但仍能解密之前的密文. 针对这个问题, Sahai 等[21] 提出了存储可撤销的 ABE 体制, 即通过引入密文更新, 使得那些之前的密文也不能被解密, 进一步实现了密文的前向安全性.

4.4.3　可追踪的基于属性加密方案

在一般的 ABE 体制中, 用户私钥的权限由其所持有的属性决定, 而多个用户可能会共享一组相同的属性. 在这种情形下, 其中的某个恶意用户可能会在利益驱使下故意将自己的私钥泄露或贩卖给第三方, 同时又不用承担被追责的风险, 因为持有相同权限私钥的这几个用户都有泄露私钥的可能. 因此, 将 ABE 体制应用到一些具有高价值、高敏感度的数据的访问控制时, 必须要解决恶意用户追踪和问责的问题, 也即需要将原有的 ABE 体制扩展到具有可追踪性. 整体上来说, ABE 体制中的可追踪性分为两个层次, 即白盒追踪和黑盒追踪. 在白盒可追踪的 ABE 体制中, 追踪算法能够从结构完整的解密密钥中提取出用户标识, 进而达到追踪用户的目的; 在黑盒可追踪的 ABE 体制, 追踪算法只能通过访问内嵌了解密密钥的解密装置来提取出里面的用户身份标识. 显然, 黑盒可追踪的 ABE 体制追踪能力更强一些, 也更契合实际应用场景.

2013 年, Liu 等[25] 将一般的 CP-ABE 机制和叛逆者追踪机制相结合, 先构造了一个增强的 CP-ABE (Augmented CP-ABE, AugCP-ABE) 方案, 然后将其转换为了一个黑盒可追踪的 CP-ABE (Blackbox Traceable CP-ABE, BT-CP-ABE) 方案, 并证明了该方案的完全安全性. 粗略来讲, 构造 BT-CP-ABE 的关键在于如何在用户密钥中嵌入用户身份的索引, 使得通过多次调用解密算法后能提取出用户索引, 同时还要使得密文和密钥规模的扩张是亚线性的. 在 Liu 等的 BT-CP-ABE 方案中, 系统中的 d^2 个用户和一个 $d \times d$ 矩阵的位置索引按照自然序一一对应起来, 即用二元组 (i,j) 标识一个用户, 并在加密的过程中只嵌入未撤销用户的索引, 然后通过进行多次解密操作来追踪隐藏在解密器中的用户索引. 相比于一般的 CP-ABE 方案, 该方案为实现黑盒可追踪性所带来的计算和通信开销是亚线性级的. 下面先给出 AugCP-ABE 的一般性定义, 然后介绍如何将其转换到支

持黑盒追踪, 最后再给出一个具体的 AugCP-ABE 方案, 以实例化 BT-CP-ABE.

一个 AugCP-ABE 方案由以下四个多项式时间的算法组成:

(1) $\mathrm{Setup}_A(\lambda, \mathcal{U}, \mathcal{K}) \rightarrow (PP, MSK)$: 系统建立算法以安全参数 λ、属性域 $\mathcal{U}$ 和系统用户数量 $\mathcal{K}$ 作为输入, 输出系统公开参数 PP 和主密钥 MSK.

(2) $\mathrm{KeyGen}_A(PP, MSK, S) \rightarrow SK_{k,S}$: 密钥生成算法以系统公开参数 PP、主密钥 MSK 和用户属性集 S 为输入, 分配具有唯一性的索引 $k \in \{1, \cdots, \mathcal{K}\}$ 给该用户, 然后输出用户私钥 $SK_{k,S}$.

(3) $\mathrm{Encrypt}_A(PP, \mathbb{A}, m, \bar{k}) \rightarrow CT$: 加密算法以公开参数 PP、访问结构 $\mathbb{A}$、待加密消息 m 和索引 $\bar{k} \in \{1, \cdots, \mathcal{K}+1\}$ 为输入, 输出一个密文 CT. 此处, 密文中默认包含访问结构 $\mathbb{A}$, 但不包含 $\bar{k}$.

(4) $\mathrm{Decrypt}_A(PP, CT, SK_{k,S}) \rightarrow m'$ 或 $\perp$: 解密算法以公开参数 PP、密文 CT 和用户私钥 $SK_{k,S}$ 为输入, 在 S 满足 CT 中访问结构的情况下输出一个消息 m', 否则输出一个解密失败标识 $\perp$.

从 AugCP-ABE 到 BT-CP-ABE 的转换. 在 AugCP-ABE 方案的解密过程中, 如果解密密钥所对应的属性 S 满足密文中的访问结构 $\mathbb{A}$, 则不管密钥中的用户索引 k 或者密文中的索引 $\bar{k}$ 的值如何, 解密算法都输出一个消息 m', 但 m' 是否等于原来的消息 m 是由 k 和 $\bar{k}$ 的值决定的. AugCP-ABE 方案的正确性则要求当且仅当 $S \in \mathbb{A}$ 且 $k \geqslant \bar{k}$ 时, 才有 $m' = m$. 将 AugCP-ABE 方案转换为 BT-CP-ABE 方案的思路就是在加密算法中固定 $\bar{k} = 1$, 同时使用 $\bar{k} \in \{1, \cdots, \mathcal{K}+1\}$ 生成用于追踪的密文. 具体而言, 在将加密算法中的 $\bar{k}$ 设置为 1 后, BT-CP-ABE 方案中的其他算法与上述 Aug-CP-ABE 算法完全一致, 只需按如下方式构造追踪算法.

• $\mathrm{Trace}(PP, \mathcal{D}, S_\mathcal{D}, \epsilon)$: 给定系统公开参数 PP、解密器 $\mathcal{D}$、与 $\mathcal{D}$ 相关联的属性集 $S_\mathcal{D}$ 和一个概率值 $\epsilon > 0$, 用户追踪流程如下.

(1) 对于 $k = 1, \cdots, \mathcal{K}+1$, 执行如下操作.

(a) 重复执行以下流程 $8\lambda(\mathcal{K}/\epsilon)^2$ 次:

(i) 从明文空间随机选取消息 m;

(ii) 令 $CT \leftarrow \mathrm{Encrypt}_A(PP, \mathbb{A}_{S_\mathcal{D}}, m, k)$, 其中 $\mathbb{A}_{S_\mathcal{D}} = \bigwedge_{x \in S_\mathcal{D}} x$;

(iii) 将 CT 输入到解密器 $\mathcal{D}$ 中进行查询, 并将解密结与 m 进行比较.

(b) 令 $\hat{p}_k$ 是上述流程中 $\mathcal{D}$ 正确解密密文的次数.

(2) 令 $\mathbb{K}_T \subseteq \{1, \cdots, \mathcal{K}\}$ 是所有满足 $\hat{p}_k - \hat{p}_{k+1} \geqslant \epsilon/(4\mathcal{K})$ 的索引构成的集合, 并输出 $\mathbb{K}_T$ 作为追踪到的用户索引集.

AugCP-ABE 方案的具体构造. Liu 等基于一个支持任意单调访问结构且具有完全安全性的 CP-ABE 方案[9] 和广播加密中的用户追踪技术[41], 构造了一个达到同样安全性的 AugCP-ABE 方案. 具体方案由以下四个多项式时间算法构成.

(1) $\text{Setup}_A(\lambda, \mathcal{U}, \mathcal{K} = d^2)$: 给定安全参数 λ、系统属性域 $\mathcal{U}$ 和系统用户数 $\mathcal{K} = d^2$, 首先生成合数阶双线性群 $(\mathbb{G}, \mathbb{G}_T, N, e, g)$, 其中 $\mathbb{G}$ 和 $\mathbb{G}_T$ 是阶为合数 $N = p_1 p_2 p_3$ 的乘法循环群, p_1, p_2, p_3 是依据安全参数选取的三个不同素数, 令 $\mathbb{G}_{p_i}$ 为 $\mathbb{G}$ 中阶为 p_i $(i = 1, 2, 3)$ 的子群, 且 $g, f, h \in \mathbb{G}_{p_1}, g_3 \in \mathbb{G}_{p_3}$ 是对应子群的生成元; 然后, 从 $\mathbb{Z}_N$ 中选取随机整数 $\{\alpha_i, r_i, z_i, c_i\}_{i \in [d]}$ 和 $\{a_x\}_{x \in \mathcal{U}}$, 并设置系统主密钥为 $MSK = \{\{\alpha_i, r_i, z_i, c_i\}_{i \in [d]}, g_3\}$, 其中隐含了一个初始化为 0 的计数器 $\text{ctr} = 0$; 最后, 对任意的 $i \in [d]$, 计算:

$$E_i = e(g, g)^{\alpha_i}, \quad G_i = g^{r_i}, \quad Z_i = g^{z_i}, \quad H_i = g^{c_i}$$

令公开参数 $PP = \{(\mathbb{G}, \mathbb{G}_T, N, e, g), f, h, \{E_i, G_i, Z_i, H_i\}_{i \in [d]}, \{U_x = g^{a_x}\}_{x \in \mathcal{U}}\}$.

(2) $\text{KeyGen}_A(PP, MSK, S)$: 给定系统公开参数 PP、主密钥 MSK 和用户属性集 S, 首先令 $\text{ctr} \leftarrow \text{ctr} + 1$, 计算相应的索引 (i, j) 使得 $1 \leqslant i, j \leqslant d$ 且 $(i - 1) * d + j = \text{ctr}$; 然后, 选择随机整数 $\sigma_{i,j}, \delta_{i,j} \in \mathbb{Z}_N$, 以及随机群元素 $R, R', R'', R''', R_x(x \in S) \in \mathbb{G}_{p_3}$, 再按照下述方式计算私钥 $SK_{(i,j),S} = \{K_{i,j}, K'_{i,j}, K''_{i,j}, K'''_{i,j}, \{K_{i,j,x}\}_{x \in S}\}$:

$$K_{i,j} = g^{\alpha_i} \cdot g^{r_i c_j} \cdot f^{\sigma_{i,j}} \cdot h^{\delta_{i,j}} \cdot R, \quad K'_{i,j} = g^{\sigma_{i,j}} \cdot R'$$

$$K''_{i,j} = g^{\delta_{i,j}} \cdot R'', \quad K'''_{i,j} = Z_i^{\sigma_{i,j}} \cdot R''', \quad K_{i,j,x} = U_x^{\sigma_{i,j}} \cdot R_x$$

(3) $\text{Encrypt}_A(PP, (\boldsymbol{M}_{\ell \times n}, \rho), m, (\bar{i}, \bar{j}))$: 给定公开参数 PP、访问结构 $(\boldsymbol{M}_{\ell \times n}, \rho)$、待加密消息 m 和索引 $(\bar{i}, \bar{j})$, 首先选择下述随机整数和随机向量:

$$\kappa, \tau, \xi_1, \cdots, \xi_\ell, s_1, \cdots, s_d, t_1, \cdots, t_d \in \mathbb{Z}_N$$

$$\boldsymbol{v}_c, \boldsymbol{w}_1, \cdots, \boldsymbol{w}_d \in \mathbb{Z}_N^3, \quad \boldsymbol{u} = (\pi, u_2, \cdots, u_n) \in \mathbb{Z}_N^n$$

然后, 选择另外三个随机整数 $r_x, r_y, r_z \in \mathbb{Z}_N$, 令

$$\boldsymbol{\chi}_1 = (r_x, 0, r_z), \quad \boldsymbol{\chi}_2 = (0, r_y, r_z), \quad \boldsymbol{\chi}_3 = (-r_y r_z, -r_x r_z, r_x r_y)$$

进一步, 对任意 $i \in \{1, \cdots, \bar{i}\}$, 选择随机向量 $\boldsymbol{v}_i \in \mathbb{Z}_N^3$, 而对任意 $i \in \{\bar{i}+1, \cdots, d\}$, 选择随机向量 $\boldsymbol{v}_i \in \text{Span}\langle \boldsymbol{\chi}_1, \boldsymbol{\chi}_2 \rangle$. 最后, 计算如下形式的密文

$$CT = \left\{ \left\{ \boldsymbol{R}_i, \boldsymbol{R}'_i, Q_i, Q'_i, Q''_i, Q'''_i, T_i \right\}_{i=1}^d, \left\{ \boldsymbol{C}_j, \boldsymbol{C}'_j \right\}_{j=1}^d, \left\{ P_k, P'_k \right\}_{k=1}^\ell \right\}$$

其中, 对于任意 $i \in [d]$:

(a) 若 $i < \bar{i}$, 则随机选择 $\hat{s}_i \in \mathbb{Z}_N$, 然后令

$$\boldsymbol{R}_i = g^{\boldsymbol{v}_i}, \quad \boldsymbol{R}'_i = g^{\kappa \boldsymbol{v}_i}, \quad Q_i = g^{s_i}$$

$$Q'_i = f^{s_i} Z_i^{t_i} f^{\pi}, \quad Q''_i = h^{s_i}, \quad Q'''_i = g^{t_i}, \quad T_i = E_i^{s_i}$$

(b) 若 $i \geqslant \bar{i}$, 则令

$$\boldsymbol{R}_i = G_i^{s_i \boldsymbol{v}_i}, \quad \boldsymbol{R}'_i = G_i^{\kappa s_i \boldsymbol{v}_i}, \quad Q_i = g^{\tau s_i (\boldsymbol{v}_i \cdot \boldsymbol{v}_c)}$$

$$Q'_i = f^{\tau s_i (\boldsymbol{v}_i \cdot \boldsymbol{v}_c)} Z_i^{t_i} f^{\pi}, \quad Q''_i = h^{\tau s_i (\boldsymbol{v}_i \cdot \boldsymbol{v}_c)}, \quad Q'''_i = g^{t_i}, \quad T_i = m \cdot E_i^{\tau s_i (\boldsymbol{v}_i \cdot \boldsymbol{v}_c)}$$

对于任意 $j \in [d]$:

(a) 若 $j < \bar{j}$, 则选择随机整数 $\mu_j \in \mathbb{Z}_N$, 然后令

$$\boldsymbol{C}_j = H_j^{\tau (\boldsymbol{v}_c + \mu_j \boldsymbol{\chi}_3)} \cdot g^{\kappa \boldsymbol{w}_j}, \quad \boldsymbol{C}'_j = g^{\boldsymbol{w}_j}$$

(b) 若 $j \geqslant \bar{j}$, 则令

$$\boldsymbol{C}_j = H_j^{\tau \boldsymbol{v}_c} \cdot g^{\kappa \boldsymbol{w}_j}, \quad \boldsymbol{C}'_j = g^{\boldsymbol{w}_j}$$

对于任意 $k \in [l]$:

$$P_k = f^{\boldsymbol{M}_k \cdot \boldsymbol{u}} \cdot U_{\rho(k)}^{-\xi_k}, \quad P'_k = g^{\xi_k}$$

(4) $\mathrm{Decrypt}_A(PP, CT, SK_{(i,j),S})$: 给定公开参数 PP、密文 CT 和用户私钥 $SK_{(i,j),S}$, 若 S 不满足密文中的访问结构 $(\boldsymbol{M}_{\ell \times n}, \rho)$, 则直接输出解密失败标识 $\perp$; 否则, 计算一组常量 $\{\omega_k \in \mathbb{Z}_N\}$ 使得 $\sum_{\rho(k) \in S} \omega_k \boldsymbol{M}_k = (1, 0, \cdots, 0)$, 进而计算出

$$D_P = \prod_{\rho(k) \in S} \left(e\left(K'_{i,j}, P_k \right) e\left(K_{i,j,\rho(k)}, P'_k \right) \right)^{\omega_k}$$

$$= \prod_{\rho(k) \in S} \left(e\left(g^{\sigma_{i,j}}, f^{\boldsymbol{M}_k \cdot \boldsymbol{u}} \right) \right)^{\omega_k} = e\left(g^{\sigma_{i,j}}, f \right)^{\pi}$$

$$D_I = \frac{e\left(K_{i,j}, Q_i \right) \cdot e\left(K'''_{i,j}, Q'''_i \right)}{e\left(K'_{i,j}, Q'_i \right) \cdot e\left(K''_{i,j}, Q''_i \right)} \cdot \frac{\hat{e}\left(\boldsymbol{R}'_i, \boldsymbol{C}'_j \right)}{\hat{e}\left(\boldsymbol{R}_i, \boldsymbol{C}_j \right)}$$

最后, 输出消息 $m' = T_i/e(D_P \cdot D_I)$.

方案正确性 由 LSSS 的线性可重构性可得, 当 S 满足访问结构 $(\boldsymbol{M}_{\ell \times n}, \rho)$ 时自然能恢复出一个消息 m'. 特别地, 在加密索引是 $(\bar{i}, \bar{j})$ 的情况下, 只有当 $(i > \bar{i})$ 或 $(i = \bar{i} \wedge j \geqslant \bar{j})$ 时, 才有 $m' = m$ 成立. 这是由于, 当 $i > \bar{i}$ 时, $\boldsymbol{v}_i \in \mathrm{Span}\langle \boldsymbol{\chi}_1, \boldsymbol{\chi}_2 \rangle$, 因而有 $\boldsymbol{v}_i \cdot \boldsymbol{\chi}_3 = 0$; 当 $i = \bar{i}$ 时, $\boldsymbol{v}_i$ 是从 $\mathbb{Z}_N^3$ 中随机选择的, 因而有 $\boldsymbol{v}_i \cdot \boldsymbol{\chi}_3 \neq 0$.

方案安全性 基于合数阶双线性群上的三个特殊的困难性问题假设, 上述 AugCP-ABE 方案被证明是完全安全的, 由其转换而来的 BT-CP-ABE 方案也被证明是完全安全且可追踪的.

4.5 小 结

得益于其在云计算领域的广阔应用前景, 基于属性的密码技术在近 20 年内得到了广泛的关注和研究, 已形成了相对完善的技术体系. 本章介绍了一些代表性的基于属性的加密方案、基于属性的数字签名方案以及它们在用户撤销、可追踪等方面的扩展. 限于篇幅, 还有一些具有其他特性的基于属性密码方案没有涉及, 如格上的基于属性密码方案[42,43]、支持无界属性域的基于属性密码方案[44,45]、支持电路结构的基于属性密码方案[46,47]、支持离线/在线计算的基于属性密码方案[48,49]、策略隐藏的基于属性密码方案[50,51] 等. 此外, 基于属性的加密体制已被抽象为更一般的函数加密[52] (Functional Encryption) 体制, 在此基础上又衍生出了一些特殊的变体, 如谓词加密体制[53]、内积加密体制[54] 等, 并被应用到了隐私保护的机器学习领域[55,56]. 感兴趣的读者可以进一步阅读相关论文.

参 考 文 献

[1] Sahai A, Waters B. Fuzzy identity-based encryption. Advances in Cryptology-EUROCRYPT 2005. Springer, 2005: 457-473.

[2] Goyal V, Pandey O, Sahai A, Waters B. Attribute-based encryption for fine-grained access control of encrypted data. Proceedings of the 13th ACM Conference on Computer and Communications Security. ACM, 2006: 89-98.

[3] Ostrovsky R, Sahai A, Waters B. Attribute-based encryption with non-monotonic access structures. Proceedings of the 2007 ACM Conference on Computer and Communications Security. ACM, 2007: 195-203.

[4] Bethencourt J, Sahai A, Waters B. Ciphertext-policy attribute-based encryption. 2007 IEEE Symposium on Security and Privacy. IEEE, 2007: 321-334.

[5] Waters B. Ciphertext-policy attribute-based encryption: An expressive, efficient, and provably secure realization. Public Key Cryptography-PKC 2011. Springer, 2011: 53-70.

[6] Garg S, Gentry C, Halevi S, Sahai A, Waters B. Attribute-based encryption for circuits from multilinear maps. Advances in Cryptology-CRYPTO 2013. Springer, 2013: 479-499.

[7] Lewko A B, Okamoto T, Sahai A, Takashima K, Waters B. Fully secure functional encryption: Attribute-based encryption and (hierarchical) inner product encryption. Advances in Cryptology-EUROCRYPT 2010. Springer, 2010: 62-91.

[8] Okamoto T, Takashima K. Fully secure functional encryption with general relations from the decisional linear assumption. Advances in Cryptology-CRYPTO 2010. Springer, 2010: 191-208.

[9] Lewko A B, Waters B. New proof methods for attribute-based encryption: Achieving full security through selective techniques. Advances in Cryptology-CRYPTO 2012. Springer, 2012: 180-198.

[10] Chen J, Gay R, Wee H. Improved dual system ABE in prime-order groups via predicate encodings. Advances in Cryptology-EUROCRYPT 2015. Springer, 2015: 595-624.

[11] Hohenberger S, Waters B. Attribute-based encryption with fast decryption. Public-Key Cryptography-PKC 2013. Springer, 2013: 162-179.

[12] Green M, Hohenberger S, Waters B. Outsourcing the decryption of ABE ciphertexts. 20th USENIX Security Symposium. USENIX, 2011.

[13] Herranz J, Laguillaumie F, Ràfols C. Constant size ciphertexts in threshold attribute-based encryption. Public Key Cryptography-PKC 2010. Springer, 2010: 19-34.

[14] Chen C, Chen J, Lim H W, Zhang Z F, Feng D G, Ling S, Wang H X. Fully secure attribute-based systems with short ciphertexts/signatures and threshold access structures. Topics in Cryptology-CT-RSA 2013. Springer, 2013: 50-67.

[15] Takashima K. Expressive attribute-based encryption with constant-size ciphertexts from the decisional linear assumption. 9th International Conference on Security and Cryptography for Networks. Springer, 2014: 298-317.

[16] Guo F C, Mu Y, Susilo W, Wong D S, Varadharajan V. CP-ABE with constant-size keys for lightweight devices. IEEE Transactions on Information Forensics and Security, 2014, 9(5): 763-771.

[17] Chase M. Multi-authority attribute based encryption. Theory of Cryptography-TCC 2007. Springer, 2007: 515-534.

[18] Lewko A B, Waters B. Decentralizing attribute-based encryption. Advances in Cryptology-EUROCRYPT 2011. Springer, 2011: 568-588.

[19] Yu S C, Wang C, Ren K, Lou W T. Attribute based data sharing with attribute revocation. Proceedings of the 5th ACM Symposium on Information, Computer and Communications Security. ACM, 2010: 261-270.

[20]　Attrapadung N, Imai H. Attribute-based encryption supporting direct/indirect re-vocation modes. 12th IMA International Conference on Cryptography and Coding. Springer, 2009: 278-300.

[21]　Sahai A, Seyalioglu H, Waters B. Dynamic credentials and ciphertext delegation for attribute-based encryption. Advances in Cryptology-CRYPTO 2012. Springer, 2012: 199-217.

[22]　Hinek M J, Jiang S Q, Safavi-Naini R, Shahandashti S F. Attribute-based encryption without key cloning. International Journal of Applied Cryptography, 2012, 2(3): 250-270.

[23]　Li J, Huang Q, Chen X F, Chow S S M, Wong D S, Xie D Q. Multi-authority ciphertext-policy attribute-based encryption with accountability. Proceedings of the 6th ACM Symposium on Information, Computer and Communications Security. ACM, 2011: 386-390.

[24]　Liu Z, Cao Z F, Wong D S. White-box traceable ciphertext-policy attribute-based encryption supporting any monotone access structures. IEEE Transactions on Infor-mation Forensics and Security, 2013, 8(1): 76-88.

[25]　Liu Z, Cao Z F, Wong D S. Blackbox traceable CP-ABE: How to catch people leaking their keys by selling decryption devices on ebay. 2013 ACM SIGSAC Conference on Computer and Communications Security. ACM, 2013: 475-486.

[26]　Liu Z, Cao Z F, Wong D S. Traceable CP-ABE: How to trace decryption devices found in the wild. IEEE Transactions on Information Forensics and Security, 2015, 10(1): 55-68.

[27]　Maji H K, Prabhakaran M, Rosulek M. Attribute-based signatures: Achieving attribute-privacy and collusion-resistance, 2008. https://eprint.iacr.org/2008/328.

[28]　Shahandashti S F, Safavi-Naini R. Threshold attribute-based signatures and their ap-plication to anonymous credential systems. Progress in Cryptology-AFRICACRYPT 2009. Springer, 2009: 198-216.

[29]　Li J, Au M H, Susilo W, Xie D Q, Ren K. Attribute-based signature and its ap-plications. Proceedings of the 5th ACM Symposium on Information, Computer and Communications Security. ACM, 2010: 60-69.

[30]　Maji H K, Prabhakaran M, Rosulek M. Attribute-based signatures. Topics in Cryptology-CT-RSA 2011. Springer, 2011.

[31]　Okamoto T, Takashima K. Efficient attribute-based signatures for non-monotone pred-icates in the standard model. Public Key Cryptography-PKC 2011. Springer, 2011: 35-52.

[32]　Okamoto T, Takashima K. Decentralized attribute-based signatures. Public-Key Cryptography-PKC 2013. Springer, 2013: 125-142.

[33]　Herranz J, Laguillaumie F, Libert B, Ràfols C. Short attribute-based signatures for threshold predicates. Topics in Cryptology-CT-RSA 2012. Springer, 2012: 51-67.

[34] Beimel A. Secure schemes for secret sharing and key distribution. PhD thesis, Technion-Israel Institute of Technology, 1996.

[35] Shamir A. Identity-based cryptosystems and signature schemes. Advances in Cryptology-CRYPTO 1984. Springer, 1984: 47-53.

[36] Boneh D, Franklin M K. Identity-based encryption from the Weil pairing. Advances in Cryptology-CRYPTO 2001. Springer, 2001: 213-229.

[37] Fujisaki E, Okamoto T. Secure integration of asymmetric and symmetric encryption schemes. Advances in Cryptology-CRYPTO 1999. Springer, 1999: 537-554.

[38] Waters B. Efficient identity-based encryption without random oracles. Advances in Cryptology-EUROCRYPT 2005. Springer, 2005: 114-127.

[39] Rouselakis Y, Waters B. Practical constructions and new proof methods for large universe attribute-based encryption. 2013 ACM SIGSAC Conference on Computer and Communications Security. ACM, 2013: 463-474.

[40] Attrapadung N, Libert B, de Panafieu E. Expressive key-policy attribute-based encryption with constant-size ciphertexts. Public Key Cryptography-PKC 2011. Springer, 2011: 90-108.

[41] Boneh D, Sahai A, Waters B. Fully collusion resistant traitor tracing with short ciphertexts and private keys. Advances in Cryptology-EUROCRYPT 2006. Springer, 2006: 573-592.

[42] Boyen X. Attribute-based functional encryption on lattices. Theory of Cryptography-TCC 2013. Springer, 2013: 122-142.

[43] El Kaafarani A, Katsumata S. Attribute-based signatures for unbounded circuits in the ROM and efficient instantiations from lattices. Public-Key Cryptography-PKC 2018. Springer, 2018: 89-119.

[44] Lewko A B, Waters B. Unbounded HIBE and attribute-based encryption. Advances in Cryptology-EUROCRYPT 2011. Springer, 2011: 547-567.

[45] Sakai Y, Katsumata S, Attrapadung N, Hanaoka G. Attribute-based signatures for unbounded languages from standard assumptions. Advances in Cryptology-ASIACRYPT 2018. Springer, 2018: 493-522.

[46] Gorbunov S, Vaikuntanathan V, Wee H. Attribute-based encryption for circuits. Journal of ACM, 2015, 62(6): 1-33.

[47] Tsabary R. Fully secure attribute-based encryption for t-cnf from LWE. Advances in Cryptology-CRYPTO 2019. Springer, 2019: 62-85.

[48] Hohenberger S, Waters B. Online/offline attribute-based encryption. Public-Key Cryptography-PKC 2014. Springer, 2014: 293-310.

[49] Ma H, Zhang R, Yang G M, Song Z H, Sun S Z, Xiao Y T. Concessive online/offline attribute based encryption with cryptographic reverse firewalls-secure and efficient fine-grained access control on corrupted machines. European Symposium on Research in Computer Security-ESORICS 2018. Springer, 2018: 507-526.

[50] Nishide T, Yoneyama K, Ohta K. Attribute-based encryption with partially hidden encryptor-specified access structures. Applied Cryptography and Network Security-ACNS 2008. Springer, 2008: 111-129.

[51] Phuong T V X, Yang G M, Susilo W. Hidden ciphertext policy attribute-based encryption under standard assumptions. IEEE Transactions on Information Forensics and Security, 2016, 11(1): 35-45.

[52] Waters B. Functional encryption for regular languages. In Advances in Cryptology-CRYPTO 2012. Springer, 2012: 218-235.

[53] Katz J, Sahai A, Waters B. Predicate encryption supporting disjunctions, polynomial equations, and inner products. Advances in Cryptology-EUROCRYPT 2008. Springer, 2008: 146-162.

[54] Okamoto T, Takashima K. Adaptively attribute-hiding (hierarchical) inner product encryption. Advances in Cryptology-EUROCRYPT 2012. Springer, 2012: 591-608.

[55] Ryffel T, Pointcheval D, Bach F R, Dufour-Sans E, Gay R. Partially encrypted deep learning using functional encryption. Advances in Neural Information Processing Systems-NeurIPS 2019. 2019: 4519-4530.

[56] Marc T, Stopar M, Hartman J, Bizjak M, Modic J. Privacy-enhanced machine learning with functional encryption. European Symposium on Research in Computer Security-ESORICS 2019. Springer, 2019: 3-21.

第 5 章　安全外包计算技术

在云计算环境下, 资源受限的用户可以通过按需付费的方式 (Pay-per-use Manner) 购买云计算平台所提供的无尽计算和存储资源, 享受高质量的数据存储和计算服务, 这称为云环境下的安全外包模式. 本章主要介绍云环境下的安全外包计算技术及其应用.

5.1　问题阐述

普通用户的计算和存储资源往往非常有限, 无法完成一些大规模的复杂科学计算或密码运算. 然而资源受限的用户可以将大规模的计算任务外包给云服务器, 并通过按需付费的方式享受云计算丰富的计算或存储服务. 目前, 国内外许多公司如华为、阿里巴巴、腾讯、IBM、Google、Amazon 等都在大力推动建设云计算平台并提供各种安全数据存储和计算服务.

外包计算在为人们带来诸多益处的同时, 也不可避免地面临一些新的安全挑战和问题. 首先, 云服务器并不完全可信, 而外包计算任务往往包含用户的一些敏感信息, 这就使得云外包计算必须保证计算任务的机密性. 也就是说, 在执行计算任务的过程中, 云服务器不能知道计算任务的输入和最终的计算结果, 甚至在有些情况下外包函数也必须保密. 然而, 常规的加密技术不能直接应用于外包数据的加密, 这是因为对密文进行有意义的操作或计算是非常困难且效率低下的. 其次, 云服务器也可能出于自身经济利益的驱动或者受软硬件故障的影响, 给用户返回不正确的计算结果. 因此, 如何验证计算结果的正确性也具有非常重要的意义. 最后, 验证算法必须高效, 即不能涉及更为复杂的运算或额外的存储开销. 因为, 如果验证运算与外包计算任务本身的复杂度和开销相当, 则外包计算就没有任何意义.

安全外包计算一直是学术界关注的研究热点之一. Abadi 等 [1] 从理论上证明了以多项式时间的复杂度开销来安全外包计算指数时间复杂度的函数是不可能的. 因此, 只需研究多项式时间复杂度的函数安全外包计算. 在科学计算领域, 研究者针对各种具体的科学运算安全外包方案进行了大量研究. 2001 年, Atallah 等 [2] 首次研究了大规模数值计算的安全外包问题, 并采用不同的伪装盲化技巧, 提出了适用于多种科学计算 (如矩阵乘法、不等式、线性方程组等) 的安全外包框架. Atallah 等 [3] 在序列编辑距离计算的基础上, 还提出了一种安全的序列比较外包方案. 2013 年, Wang 等[4] 基于迭代思想和 Paillier 加法同态加密技术, 提出了一个大规模线性方程组的安全外包方案. 该方案虽然保护了用户数据的隐私性, 但是需要用户和云服务器进行多轮交互, 造成很大通信开销. Chen 等[5] 对大规模线性方程组的安全外包进一步研究, 利用稀疏矩阵提出了一个高效的线性方程组安全外包方案. Benjamin 等[6] 提出了大规模矩阵乘法的安全外包方案, 该方案采用两个互不勾结的服务器模型. 随后, Atallah 等[7] 结合秘密分享技术, 提出了一个高效的基于单服务器模型的矩阵乘法安全外包方案. Lei 等[8] 针对矩阵求逆运算的安全外包进行研究, 提出了一种基于转换技术的矩阵求逆安全外包方案. Wang 等[9] 首次提出了大规模线性规划程序的安全外包问题, 并提出一个支持隐私保护和可验证性的线性规划程序安全外包方案. Fiore 和 Gennaro[10] 针对大规模的高次多项式求值问题, 提出了一个支持公开验证的高次多项式安全外包方案.

在理论计算机研究领域, Gennaro 等[11] 首次提出了非交互式可验证计算的概念, 并基于混淆电路和全同态加密技术[12] 给出了一个适用于任意运算可验证外包的框架. 它通过将待计算的函数 $F(\cdot)$ 转换成其对应的电路形式 $C(\cdot)$, 然后用混淆电路的构造方法构造出另外一个等价的电路, 最后利用混淆电路的解密即计算的方式和全同态加密的 Evaluate_E 函数逐标签地对特定输入 x 计算其解密的结果. 该结果最后经过标签-比特转换成真实的输出值, 即电路 $C(\cdot)$ 在 x 上的计算结果, 从而得到 $F(x)$ 的结果. 然而, 由于全同态操作的效率低下和巨大的电路规模使得该方法在实际应用中只具有理论上的价值.

在密码学研究领域, Chaum 等[13] 于 1992 年提出了 "Wallet Databases with Observers" 的概念, 它允许服务提供商 (如银行) 在用户的计算机中安装一个安全硬件, 帮助资源受限的用户完成复杂的密码运算, 这形成了外包密码运算的雏形. 随后, 密码学者对各种具体密码运算安全外包进行了大量研究. 2005 年, Hohenberger 等[14] 首次给出了外包计算的形式化安全定义, 并提出了第一个模指数运算安全外包方案. Chen 等[15,16] 基于盲化和分拆技术提出了一个新的模指数安全外包方案, 该方案在效率性和检测率两方面都优于以前最好的方案. 随后, Ren 等[17] 基于双服务器进一步提出了可验证的多模指数安全外包方案, 并且检测率达到 100%. Wang 等[18] 提出了基于单服务器的多模指数安全外包通用协议, 有效实现了单恶意服务器模型下可验证的安全多模指数外包. Chevallier-Mames 等[19] 首次提出了基于单不可信服务器模型的双线性对外包方案. 然而, 正如 Chen 等[20] 所指出的, 该算法中用户必须在本地进行昂贵的点乘和幂运算, 这些运算的计算开销在某些应用中与双线性对相当, 于是完全违背了外包计算最基本的要求. 此外, Chen 等[20] 提出了一个新的基于双线性对外包方案, 使得用户不需要进行任何复杂运算, 从而实现高效实用的双线性外包. Green 等[21] 提出了支持解密运算外包的基于属性加密方案, 然而该方案没有考虑返回结果的可验证性问题. 2013 年, Lai 等[22] 给出了一个支持外包计算结果可验证性的改进方案, 该方案采用增加密文冗余的办法来实现外包结果的正确性验证. 2014 年, Li 等[23] 提出了一个同时支持密钥生成和解密外包的属性加密方案, 该方案中属性中心和用户都只需要执行恒定的简单运算同时能够高效地达到外包计算结果的可验证性. 2014 年, Chen 等[24] 首次给出外包属性签名的形式化定义, 给出了两个具体的外包方案, 并将属性签名的外包技术运用于现有的属性签名算法中, 大大提高了属性签名的效率.

5.2　大规模科学计算的安全外包

大规模科学计算涉及现实中很多常见的数值模型, 并且涉及大量的敏感数据, 如大规模线性方程组的求解、线性规划程序的求解和序列比较等, 因此研究相应的安全外包技术具有非常重要的现实意义. 本节将介绍大规模序列比较、线性方程组求解、矩阵计算、线性规划程序和高次多项式求值的安全外包方案.

5.2.1　安全定义

考虑如图 5.1 的外包计算架构, 用户 C 欲向不完全可信的云服务器 S 外包一个计算任务 $F: D \to M$. 下面给出安全外包计算的形式化定义[11].

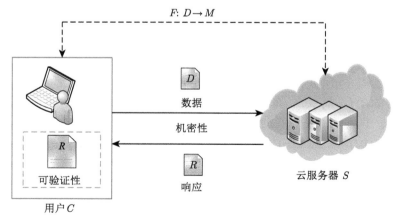

图 5.1　安全外包计算技术

定义 5.1　一个安全外包方案 VC = (KeyGen, ProbGen, Compute, Verify) 由下面四个算法组成:

(1) KeyGen$(F, \lambda) \to (PK, SK)$: 密钥生成算法输入安全参数 λ, 产生一个公钥 PK 用于加密目标函数 F, 同时产生一个对应的私钥 SK, 由用户保存.

(2) $\text{ProbGen}_{SK}(x) \rightarrow (\sigma_x, \tau_x)$: 问题生成算法用密钥 SK 将问题的输入 x 加密成一个公共值 σ_x 并把它发送给服务器执行计算, 秘密值 τ_x 由用户保存.

(3) $\text{Compute}_{PK}(\sigma_x) \rightarrow \sigma_y$: 服务器利用用户的公钥 PK 和加密后的输入值 σ_x 计算出目标函数结果 $y = F(x)$ 的一个盲化计算结果 σ_y.

(4) $\text{Verify}_{SK}(\tau_x, \sigma_y) \rightarrow y \cup \bot$: 验证算法输入私钥 SK 和 τ_x, 如果验证通过则该算法将用户盲化的结果 σ_y 解密为 y, 否则该算法输出 $\bot$ (σ_y 是无效值).

一个安全外包计算方案需要满足如下安全性质[11,14].

定义 5.2 (机密性) 给定安全参数 λ, 若方案对 (C, S) 满足机密性, 是指对任意多项式时间 (PPT) 的敌手 $\mathcal{A}$: $\text{Adv}_{\mathcal{A}}^{CS}(F, \lambda) \leqslant \text{negl}(\lambda)$ 成立, 其中, 挑战实验中敌手 $\mathcal{A}$ 的优势 $\text{Adv}_{\mathcal{A}}^{CS}(F, \lambda) = \left| \Pr[b = b'] - \dfrac{1}{2} \right|$ 定义为

$$(PK, SK) \xleftarrow{R} \text{KeyGen}(F, \lambda)$$

$$(x_0, x_1) \leftarrow \mathcal{A}^{\text{PubProbGen}_{SK}(\cdot)}(PK)$$

$$(\sigma_0, \tau_0) \leftarrow \text{ProGen}_{SK}(x_0)$$

$$(\sigma_1, \tau_1) \leftarrow \text{ProGen}_{SK}(x_1)$$

$$b \xleftarrow{R} \{0, 1\}$$

$$\hat{b} \leftarrow \mathcal{A}^{\text{PubProbGen}_{SK}(\cdot)}(PK, x_0, x_1, \sigma_b)$$

在上述实验中, 敌手 $\mathcal{A}$ 允许得知任意他想要的输入的加密形式. 预言机 (Oracle)$\text{PubProbGen}_{SK}(x)$ 会调用 $\text{ProGen}_{SK}(x)$ 来获取 (σ_x, τ_x), 但仅返回公共的部分 σ_x. 这里, $\text{PubProbGen}_{SK}(x)$ 的输出是随机的.

定义 5.3 (α-高效) 算法对 (C, S) 在执行计算任务 F 时是 α-高效是指对 $\forall x \in D$, C 执行该算法消耗的时间不多于直接计算 F 所消耗时间的 α 倍.

定义 5.4 (β-可验证性) 算法对 (C, S) 在执行计算任务 F 时是 β-可验证性是指:

(1) C^S 正确地执行了计算任务 F;

(2) 对 $\forall x \in D$, 如果 S' 错误地执行了计算任务 $C^{S'}(x)$, C 将以不低于 β 的概率检测出 S' 的作弊行为.

一般地, 对外包计算结果的验证主要有三种方法: ①直接验证, 这种方法适用于验证本身不包含任何复杂运算的场景. 如在单向函数求逆类计算的安全外包中, 用户可以直接验证结果的正确性, 因为验证过程等价于计算单向函数. ② 多个服务器协助验证, 即用户通过发送随机测试询问给多个服务器, 当所有服务器输出的结果一致时, 则用户接受计算结果. 这非常类似于博弈论中的囚徒困境, 即不勾

结敌手输出一个相同的错误结果的概率可忽略. 但这种方法仅能保证用户检测到错误的概率绝对小于 1. ③ 基于零知识证明的验证, 该方法适用于基于单个恶意服务器的安全外包计算. 即服务器在输出结果的同时还要输出相应知识证明来保证结果正确, 显然, 这种方法要求用户必须能够高效地验证证据的正确性.

5.2.2 序列比较的安全外包

序列比较 (Sequence Comparison Computation) 的安全外包问题如下: 用户 C 拥有两个序列 λ 和 μ, 想要比较这两个序列的相似性. 由于计算资源受限, 用户 C 无法在本地执行序列比较计算. 于是, 用户 C 将计算的任务外包给服务器 S. 本小节将介绍由 Atallah 等[3] 首次提出的序列比较安全外包方案, 该方案中用户 C 将序列比较任务外包给两个不合谋的服务器 S_1 和 S_2, 且两个服务器无法获取用户的输入序列和比较结果.

Atallah 等[3] 提出的基于双服务器序列比较安全外包方案中, 两个序列的相似性比较问题转化为两个序列的编辑距离 (Edit Distance) 计算问题. 编辑距离是指将一个字符串序列转换为另一个字符串序列所需要的最少的插入、删除和替换的编辑操作的集合. 下面形式化地描述基于编辑距离的序列比较安全外包方案.

令 λ 为长度为 n 的字符串序列 $\lambda = \lambda_1\lambda_2\cdots\lambda_n$, μ 为长度为 m 的字符串序列 $\mu = \mu_1\mu_2\cdots\mu_m$, 其中每个 λ_i 和 μ_i 均为某个字母表 Σ 中的字符. 用户 C 划分 λ 为 λ' 和 λ'' 使得 λ' 和 λ'' 都在相同的字母表 Σ 中, 并且它们的和为 λ, 即 $\lambda_i = \lambda_i' + \lambda_i'' \bmod \sigma$, 对所有的 $1 \leqslant i \leqslant n$. 同样地, 用户 C 划分 μ 为 μ' 和 μ'' 使得 $\mu_i = \mu_i' + \mu_i'' \bmod \sigma$ 对所有的 $1 \leqslant i \leqslant m$. 在编辑距离协议中, 用户 C 分别发送 λ' 和 μ' 给 S_1, 发送 λ'' 和 μ'' 给 S_2. 在字符串序列 λ 上可以执行三种类型的编辑操作: 插入一个字符, 删除一个字符和替换一个字符. 每种编辑操作都有其对应的操作代价: $I(a)$ 记为插入一个字符 a 的代价; $D(a)$ 记为删除一个字符 a 的代价; $S(a,b)$ 记为替换字符 a 为字符 b 的代价. 从而, 将字符串序列 λ 转换成 μ 的编辑操作都有对应的代价, 这些代价的总和就是字符串序列 λ 转换成 μ 的代价, 其中最小的编辑代价总和称为 λ 转换成 μ 的 "编辑距离". 本方案允许任意的 $I(a)$, $D(a)$ 和 $S(a,b)$ 值, 且对两类特殊情况给出了解决办法: ① $S(a,b) = |a - b|$; ② 单位插入或删除, 当 $a = b$ 时, $S(a,b) = 0$, 以及当 $a \neq b$ 时, $S(a,b) = +\infty$. S_1 和 S_2 分别维护一个矩阵 $\boldsymbol{M}'$ 和 $\boldsymbol{M}''$ 使得 $\boldsymbol{M} = \boldsymbol{M}' + \boldsymbol{M}''$. S_1 和 S_2 用一个加法的划分方式计算每个元素 $\boldsymbol{M}(i,j)$, 这是按照递归编辑距离的规定完成的, 由 S_1 和 S_2 分别更新它们的 $\boldsymbol{M}'$ 和 $\boldsymbol{M}''$. 然后, S_1 和 S_2 分别发送 $\boldsymbol{M}'(n,m)$ 和 $\boldsymbol{M}''(n,m)$ 给用户 C. 用户 C 最终获得编辑距离 $\boldsymbol{M}(n,m) = \boldsymbol{M}'(n,m) + \boldsymbol{M}''(n,m)$.

该序列比较安全外包方案分为三种情形: ①一般情况下任意的 $I(a)$, $D(b)$,

$S(a,b)$; ②任意的 $I(a)$ 和 $D(b)$, 但 $S(a,b) = |a-b|$; ③单位插入/删除的代价和禁止替换的实际情况, 即当 $a=b$ 时 $S(a,b) = 0$ 的情况和 $S(a,b) = +\infty$ 的情况.

- 情形 1: 任意 $I(a)$, $D(b)$, $S(a,b)$.

矩阵 $\boldsymbol{M}'$ 和 $\boldsymbol{M}''$ 初始化步骤具体描述如下:

(1) C 生成两个随机向量 $\boldsymbol{a} = (a_1, \cdots, a_n)$ 和 $\boldsymbol{b} = (b_1, \cdots, b_m)$. 然后, C 计算两个向量 $\boldsymbol{c} = (c_1, \cdots, c_n)$ 和 $\boldsymbol{d} = (d_1, \cdots, d_m)$, 其中

$c_i = \sum_{k=1}^{i} D(\lambda_k) - a_i$, 对于 $1 \leqslant i \leqslant n$;

$d_j = \sum_{k=1}^{j} I(\mu_k) - b_j$, 对于 $1 \leqslant i \leqslant m$.

用户 C 分别发送向量 $\boldsymbol{b}$ 和 $\boldsymbol{c}$ 给 S_1, 发送 $\boldsymbol{a}$ 和 $\boldsymbol{d}$ 给 S_2.

(2) S_1 设置 $\boldsymbol{M}'(0,j) = b_j$, 对于 $1 \leqslant i \leqslant m$, 并设置 $\boldsymbol{M}'(i,0) = c_i$, 对于 $1 \leqslant i \leqslant n$. 矩阵 $\boldsymbol{M}'$ 的其他剩余项设置为 0.

(3) S_2 设置 $\boldsymbol{M}''(i,0) = a_i$, 对于 $1 \leqslant i \leqslant n$, 并设置 $\boldsymbol{M}''(0,j) = d_j$, 对于 $1 \leqslant i \leqslant m$. 矩阵 $\boldsymbol{M}''$ 的其他剩余项设置为 0.

下面描述 S_1 和 S_2 如何计算 $\boldsymbol{M}(i,j)$, 即服务器如何分别修改它们的 $\boldsymbol{M}'(i,j)$ 和 $\boldsymbol{M}''(i,j)$, 从而在彼此不知道执行了哪个更新的情况下简单地计算最终的 $\boldsymbol{M}(i,j)$.

(1) S_1 和 S_2 执行安全的表查找协议, 其中 S_1 输入 λ_i' 和 μ_j', S_2 输入 λ_i'' 和 μ_j''. 最终, S_1 获得 γ', S_2 获得 γ'' 使得 $\gamma' + \gamma'' = S(\lambda_i' + \lambda_i'' \mod \sigma, \mu_j' + \mu_j'' \mod \sigma) = S(\lambda_i, \mu_j)$.

S_1 形式化 $u' = \boldsymbol{M}'(i-1, j-1) + \gamma'$, S_2 形式化 $u'' = \boldsymbol{M}''(i-1, j-1) + \gamma''$.

(2) S_1 计算 $v' = \boldsymbol{M}'(i-1, j) + \boldsymbol{M}'(i,0) - \boldsymbol{M}'(i-1,0) = \boldsymbol{M}'(i-1,0) + D(\lambda_i) - a_i + a_{i-1}$;

S_2 计算 $v'' = \boldsymbol{M}''(i-1, j) + \boldsymbol{M}''(i,0) - \boldsymbol{M}''(i-1,0) = \boldsymbol{M}''(i-1,j) + a_i - a_{i-1}$.

(3) S_1 计算 $\omega' = \boldsymbol{M}'(i, j-1) + \boldsymbol{M}'(0,j) - \boldsymbol{M}'(0, j-1) = \boldsymbol{M}'(i, j-1) + b_j - b_{j-1}$;

S_2 计算 $\omega'' = \boldsymbol{M}''(i, j-1) + \boldsymbol{M}''(0,j) - \boldsymbol{M}''(0, j-1) = \boldsymbol{M}''(i, j-1) + I(\mu_j) - b_j + b_{j-1}$.

(4) S_1 和 S_2 在各自的向量 (u', v', ω') 和 (u'', v'', ω'') 的划分数据上使用最小查找协议. 最终, S_1 得到 x', S_2 得到 x'', 其中 $x' + x''$ 的和为

$$x' + x'' = \min(u' + u'', v' + v'', \omega' + \omega'')$$

$$= \min \begin{pmatrix} \boldsymbol{M}(i-1, j-1) + S(\lambda_i, \mu_j) \\ \boldsymbol{M}(i-1, j) + D(\lambda_i) \\ \boldsymbol{M}(i, j-1) + I(\mu_j) \end{pmatrix}$$

(5) S_1 设置 $\boldsymbol{M}'(i,j)$ 等于 x', S_2 设置 $\boldsymbol{M}''(i,j)$ 等于 x''.

• 情形 2: $S(a,b) = |a-b|$.

在情形 2 中, 改进有效计算 $S(\lambda_i, \mu_i)$ 值的方法. λ 和 μ 中的每个字符被分成两个不是 σ 模的数, 实际上可以是任意整数 (也可能是负的). 情形 2 的协议与情形 1 类似, 主要的不同如下:

$$S(\lambda_i, \mu_j) = |\lambda_i - \mu_j| = \max(\lambda_i - \mu_j, \mu_j - \lambda_i)$$

$$= \max \begin{pmatrix} (\lambda_i' - \mu_j') + (\lambda_i'' - \mu_j'') \\ (\mu_j' - \lambda_i') + (\mu_j'' - \lambda_i'') \end{pmatrix}$$

$S(\lambda_i, \mu_j)$ 可以通过如下方法计算: S_1 形式化一个具有两个元素的向量 $\boldsymbol{v}' = (\lambda_i' - \mu_j', \mu_j' - \lambda_i')$, S_2 也形式化一个具有两个元素的向量 $\boldsymbol{v}'' = (\lambda_i'' - \mu_j'', \mu_j'' - \lambda_i'')$. 然后, S_1 和 S_2 使用分割最大查找协议获取 γ' 和 γ'' 使得 $\gamma' + \gamma'' = \max(\boldsymbol{v}' + \boldsymbol{v}'') = |\lambda_i - \mu_j| = S(\lambda_i, \mu_j)$. 于是, S_1 设置 $u' = \boldsymbol{M}'(i-1, j-1) + \gamma'$, S_2 设置 $u'' = \boldsymbol{M}''(i-1, j-1) + \gamma''$.

• 情形 3: 单位插入/删除和禁止替换.

禁止替换是指 $S(a,b) = +\infty$ (除了 $a = b$ 的情况, 因为此时 $S(a,b) = 0$, 意味着没有执行任何操作). 当然, 如果替换的代价是 2 或更多, 那么它是无用的 (因为在插入之后执行删除也可能达到同样的效果). 具体步骤如下:

(1) 对于 $i = \sigma, \cdots, 1$, 用户 C 用符号 $2i$ 替换每一个符号 i. 字母表变成了 $\{0, 2, 4, \cdots, 2\sigma - 2\}$.

(2) 用户 C 运行情形 2 中 $S(a,b) = |a-b|$ 的协议, 为每次插入和删除计算单位成本.

5.2.3 线性方程组的安全外包

线性方程组的安全外包定义如下: 用户 C 寻求大规模线性方程组 $\boldsymbol{Ax} = \boldsymbol{b}$ 的解 $\boldsymbol{x}$, 其中 $\boldsymbol{A} \in \mathbb{R}^{n \times n}$ 是 n 阶实系数矩阵, $\boldsymbol{b} \in \mathbb{R}^n$ 是系数向量. 但由于计算资源匮乏, 用户 C 无法承担 $\mathcal{O}(n^\rho)(2 < \rho < 3)$ 的昂贵计算开销. 因此, 用户 C 以按次付费的方式将计算的工作外包给服务器 S. 本小节将介绍三个不同的线性方程组安全外包方案.

1. 基于迭代法的线性方程组安全外包

Wang 等[4] 首次提出大规模线性方程组安全外包解决方案. 该方案基于迭代法使得大规模线性方程组的安全外包在实践中更容易实现, 用户 C 只需执行相对简单的矩阵运算即可. 具体地, 该方案使用户 C 能安全有效地利用云服务器以迭代的方法找到大规模线性方程组的连续近似值, 同时保护用户输入和输出的隐私性. 该方案还支持有效的结果验证, 使用户能够以较高的概率验证输出结果的正确性. 下面给出 Wang 等人方案的具体构造.

在全恶意服务器模型下大规模线性方程组安全外包方案的输入为 $F = (\boldsymbol{A}, \boldsymbol{b})$, 输出为解 $\boldsymbol{x}$. 该方案由三个阶段组成: ProbTransform, ProbSolve 和 ResultVerify. 具体描述如下.

(1) ProbTransform: 在此阶段, 用户初始化随机密钥生成算法, 并将线性方程组外包问题转换成加密形式 F'. 因为用户直接将系数矩阵 $\boldsymbol{A}$ 和向量 $\boldsymbol{b}$ 发送给云服务器可能会暴露输出结果 $\boldsymbol{x}$ 的隐私信息. 因此, 需要一种转换技术来允许用户适当地隐藏这些隐私信息.

在 ProbTransform 阶段, 用户选择随机向量 $\boldsymbol{r} \in \mathbb{R}^n$ 作为私钥, 然后将 $\boldsymbol{Ax} = \boldsymbol{b}$ 转化成新的线性方程组求解问题

$$\boldsymbol{Ay} = \boldsymbol{b}' \tag{5-1}$$

其中 $\boldsymbol{y} = \boldsymbol{x} + \boldsymbol{r}$ 且 $\boldsymbol{b}' = \boldsymbol{b} + \boldsymbol{Ar}$. 而且, 只要 $\boldsymbol{x} = \boldsymbol{y} - \boldsymbol{r}$ 成立, 则任意满足 $\boldsymbol{Ax} = \boldsymbol{b}$ 的解 $\boldsymbol{x}$, 就可以找到一个解 $\boldsymbol{y}$ 满足等式 (5-1), 反之亦然. 因此, $\boldsymbol{Ax} = \boldsymbol{b}$ 的解 $\boldsymbol{x}$ 可以通过解等式 (5-1) 来找到. 此时, 输出 $\boldsymbol{x}$ 和输入 $\boldsymbol{b}$ 已经通过随机向量 $\boldsymbol{r}$ 完全地被隐藏. 由于目标方程是通过云服务器迭代求解, 等式 (5-1) 可以重新表述为如下迭代形式:

$$\boldsymbol{y}^{(k+1)} = \boldsymbol{T} \cdot \boldsymbol{y}^{(k)} + \boldsymbol{c}' \tag{5-2}$$

其中 $\boldsymbol{A} = \boldsymbol{D} + \boldsymbol{R}$, $\boldsymbol{D}$ 是一个对角矩阵, 且 $\boldsymbol{T} = -\boldsymbol{D}^{-1} \cdot \boldsymbol{R}$, $\boldsymbol{c}' = \boldsymbol{D}^{-1} \cdot \boldsymbol{b}'$.

因此, 输入 $F = (\boldsymbol{A}, \boldsymbol{b})$ 转换为 $F' = (\boldsymbol{T}, \boldsymbol{c}')$, 其中 $\boldsymbol{T}$ 被加密为 $\text{Enc}(\boldsymbol{T})$ 并存储在云服务器上, 而且 $\boldsymbol{c}'$ 是 $\boldsymbol{b}$ 经过随机 $n \times 1$ 向量 $\boldsymbol{r}$ 进行随机掩码的版本. 从而, 输出 $\boldsymbol{x}$ 被掩码为 $\boldsymbol{y} = \boldsymbol{x} + \boldsymbol{r}$. 注意, $\text{Enc}(\cdot)$ 是一个高效且具有同态加法的语义安全加密方案, $\text{Enc}(\boldsymbol{T})$ 中每个元素为 $\text{Enc}(\boldsymbol{T})[i, j] = \text{Enc}(\boldsymbol{T}[i, j])$.

(2) ProbSolve: 在方程组求解阶段, 云服务器将利用线性方程组的加密形式 F' 执行线性方程组求解过程. 当迭代过程中所找到的线性方程的解在所需的精度范围内, 则 ProbSolve 阶段结束.

(a) 对于第一次迭代, 用户对向量 $\boldsymbol{y}^{(0)} = (y_1^{(0)}, y_2^{(0)}, \cdots, y_n^{(0)})^{\mathrm{T}}$ 进行初始猜测, 并发送给云服务器.

(b) 云服务器利用加密方案 $\text{Enc}(\cdot)$ 的同态性基于加密矩阵 $\text{Enc}(\boldsymbol{T})$ 计算 $\text{Enc}(\boldsymbol{T} \cdot \boldsymbol{y}^{(0)})$:

$$\text{Enc}(\boldsymbol{T} \cdot \boldsymbol{y}^{(0)})[i] = \text{Enc}\left(\sum_{j=1}^{n} \boldsymbol{T}[i, j] \cdot y_j^{(0)}\right) = \prod_{j=1}^{n} \text{Enc}\left(\sum_{j=1}^{n} \boldsymbol{T}[i, j]\right)^{y_j^{(0)}} \tag{5-3}$$

其中 $i = 1, 2, \cdots, n$, 并发送 $\mathrm{Enc}(\boldsymbol{T} \cdot \boldsymbol{y}^{(0)})$ 给用户.

(c) 当收到 $\mathrm{Enc}(\boldsymbol{T} \cdot \boldsymbol{y}^{(0)})$ 之后, 用户用私钥解密并得到 $\boldsymbol{T} \cdot \boldsymbol{y}^{(0)}$. 然后通过等式 (5-2) 更新下一个近似值 $\boldsymbol{y}^{(1)} = \boldsymbol{T} \cdot \boldsymbol{y}^{(0)} + \boldsymbol{c}'$.

(d) 以此类推, 对于第 k 次交互, 用户提供 k-th 近似 $\boldsymbol{y}^{(k)}$ 给云服务器, $k = 1, 2, \cdots, L$. 为了 $\boldsymbol{y}^{(k+1)}$ 的下一次更新, 云服务器计算 $\mathrm{Enc}(\boldsymbol{T} \cdot \boldsymbol{y}^{(k)})$ 给用户.

(3) ResultVerify: 在此阶段, 用户将使用随机化的密钥 K 验证从云服务器产生的密文结果. 通过解密输出, 可以最终输出 $\boldsymbol{x}$. 当验证失败时, 用户输出 $\perp$.

假设 $\mathcal{L} \leqslant L$, 意味着 ResultVerify 阶段在最多 $\mathcal{L}$ 次迭代中启动. 用户随机从 $B \subset \mathbb{Z}_N$ 选择 $\mathcal{L}$ 个数 $\alpha_1, \alpha_2, \cdots, \alpha_{\mathcal{L}}$, 其中每个 α_k 是 l 比特长且 $l < \log N$. 然后, 用户在 $\boldsymbol{y}^{(k)}$ 上计算线性组合 $\boldsymbol{\theta}$, 其中已经在之前的 k 次迭代 $k = 1, 2, \cdots, \mathcal{L}$, $\boldsymbol{\theta} = \sum_{k=1}^{\mathcal{L}} \alpha_k \cdot \boldsymbol{y}^{(k)}$ 中提供. 最后, 为了检测从云服务器收到的中间结果正确性 $\{\hat{\boldsymbol{z}}^{(k)} = \boldsymbol{T} \cdot \hat{\boldsymbol{y}}^{(k)}\}$, $k = 1, 2, \cdots, \mathcal{L}$, 用户验证下面等式是否成立:

$$\boldsymbol{T} \cdot \boldsymbol{\theta} \stackrel{?}{=} \sum_{k=1}^{\mathcal{L}} \alpha_k \cdot \hat{\boldsymbol{z}}^{(k)} \tag{5-4}$$

2. 基于稀疏矩阵的线性方程组安全外包

Chen 等[5] 基于稀疏矩阵提出一种新的大规模线性方程组安全外包方案. 该方案仅需用户 C 和服务器 S 进行一轮通信, 且用户 C 可以以 100% 概率和 $\mathcal{O}(n^2)$ 的计算复杂度检测出云服务器的恶意行为. 该方案为全恶意服务器模型下线性方程组的安全外包方案, 假设云服务器懒惰、好奇且不诚实. 该方案利用两个随机稀疏矩阵隐藏输入矩阵 $\boldsymbol{A}$, 即用户 C 选择两个稀疏矩阵 $\boldsymbol{M}, \boldsymbol{N} \in \mathbb{R}^{n \times n}$, 计算 $\boldsymbol{T} = \boldsymbol{MAN}$. 通过随机盲化技术可以保证输入 $\boldsymbol{A}, \boldsymbol{b}$ 和输出结果 $\boldsymbol{x}$ 的隐私性. 此外, 该方案不需要任何特殊的具有同态性质的加密技术.

该方案的输入是 n 阶实系数矩阵 $\boldsymbol{A} \in \mathbb{R}^{n \times n}$ 和系数向量 $\boldsymbol{b} \in \mathbb{R}^n$, 输出是满足 $\boldsymbol{Ax} = \boldsymbol{b}$ 的系数向量 $\boldsymbol{x} \in \mathbb{R}^n$. 具体描述如下:

(1) KeyGen: 用户 C 首先选出一个随机盲化系数向量 $\boldsymbol{r} \in \mathbb{R}^n$ 和两个随机稀疏矩阵 $\boldsymbol{M}, \boldsymbol{N} \in \mathbb{R}^{n \times n}$. 注意, $(\boldsymbol{M}, \boldsymbol{N}, \boldsymbol{r})$ 必须是保密的.

(2) ProbGen: 用户 C 首先计算 $\boldsymbol{c} = \boldsymbol{Ar} + \boldsymbol{b}$, 则原始的线性方程组转化为 $\boldsymbol{A}(\boldsymbol{x} + \boldsymbol{r}) = \boldsymbol{c}$. 用户 C 计算 $\boldsymbol{T} = \boldsymbol{MAN}$ 和 $\boldsymbol{d} = \boldsymbol{Mc}$. 不失一般性, 令 $\boldsymbol{y} = \boldsymbol{N}^{-1}(\boldsymbol{x} + \boldsymbol{r})$, 其中 $\boldsymbol{N}^{-1}$ 是矩阵 $\boldsymbol{N}$ 的逆, 但 $\boldsymbol{N}^{-1}$ 不需要被计算, 只仅仅用于 $\boldsymbol{y}$ 的表示. 注意到: $\boldsymbol{Ty} = \boldsymbol{MAN} \cdot \boldsymbol{N}^{-1}(\boldsymbol{x} + \boldsymbol{r}) = \boldsymbol{MA}(\boldsymbol{x} + \boldsymbol{r}) = \boldsymbol{Mc} = \boldsymbol{d}$.

(3) Compute: 用户 C 将 $\boldsymbol{T}$ 和 $\boldsymbol{d}$ 发送给服务器 S, 云服务器通过 $\boldsymbol{Ty} = \boldsymbol{d}$ 计算结果 $\boldsymbol{y}$.

(4) Verify: 用户 C 验证方程 $\boldsymbol{Ty} = \boldsymbol{d}$ 是否成立. 如果不成立, 用户 C 输出 0; 否则输出为 1.

(5) Solve: 当 Verify = 1, 用户 C 计算 $\boldsymbol{x} = \boldsymbol{Ny} - \boldsymbol{r}$.

注意, 在上述方案中, 任何一部分都无需计算 $\boldsymbol{N}^{-1}$. 首先, 尽管 $\boldsymbol{N}$ 是一个稀疏矩阵, 但它的逆矩阵 $\boldsymbol{N}^{-1}$ 极有可能是稠密的, 这将导致 $\boldsymbol{N}^{-1}$ 的计算和存储将会非常的昂贵. 其次, 如果使用高斯消去法或者高斯-若尔当消元法, 逆矩阵 $\boldsymbol{N}^{-1}$ 的计算复杂度为 $\mathcal{O}(n^3)$. 在某些场景中, 它的计算开销甚至与解原线性方程组相当. 这将与外包计算的初衷 (用户无法执行复杂度如 $\mathcal{O}(n^\rho)$ 的昂贵计算) 相矛盾.

注意到, 稀疏矩阵 $\boldsymbol{M}, \boldsymbol{N}$ 必须是可逆的 (也称为是非奇异的). 通过 Lévy-Desplanques 定理, 知道一个严格对角占优矩阵 $\boldsymbol{A} \in \mathbb{R}^{n \times n}$ 是非奇异的. 因此, 在实际应用中, 能够选择稀疏和行对角占优矩阵 $\boldsymbol{A}$, 如 $\sum_{j \neq i} |a_{ij}| < |a_{ii}|$, 其中 $1 \leqslant i \leqslant n$.

考虑到 $\boldsymbol{T}$ 和 $\boldsymbol{d}$, 服务器 S 能够在任何期望的方法中解出线性方程组 $\boldsymbol{Ty} = \boldsymbol{d}$, 如消去法、分解法、迭代法等. 该方案中不需要用户 C 和服务器 S 之间进行交互. 因此, 服务器 S 能够有效地利用迭代的方法计算 $\boldsymbol{y}$. 在该方案中, 稀疏矩阵 $\boldsymbol{M}, \boldsymbol{N}$ 以及随机系数向量 $\boldsymbol{r}$ 只能够被使用一次, 并且每一次都是由不同的线性方程组产生的. 此外, 为了阻止暴力攻击 (例如, 敌手 $\mathcal{A}$ 系统地列举问题的所有可能的答案, 并逐个检查其正确性, 直到出现正确答案为止), 矩阵 $\boldsymbol{M}$ 和 $\boldsymbol{N}$ 中的非零元素的大小至少为 80 比特. 为了长期的安全性考虑, 非零元素的大小考虑设置在 128 比特或者更大.

3. 基于伪装技术的线性方程组安全外包

Yu 等[25] 提出一种新的高效非迭代线性方程组安全外包方案, 利用一系列伪装技术安全地外包线性方程组. 该方案只需用户和云服务器之间进行两轮通信. 并且, 系数矩阵 $\boldsymbol{A}$ 中零元素的个数和位置可以以较低的计算复杂度对云服务器隐藏. 下面描述 Yu 等人方案的具体构造.

该线性方程组外包方案的输入是一个稀疏矩阵 $\boldsymbol{A} \in \mathbb{R}^{m \times n}$ 和一个向量 $\boldsymbol{b} \in \mathbb{R}^{m \times 1}$, 输出是一个使等式 $\boldsymbol{Ax} = \boldsymbol{b}$ 成立的向量 $\boldsymbol{x} \in \mathbb{R}^{n \times 1}$. 具体描述如下:

(1) KeyGen: 给定安全参数 λ, 用户 C 首先调用算法 4 生成三个随机可逆矩阵. 输入安全参数 λ, 算法 4 输出三个矩阵 $\boldsymbol{P}_1, \boldsymbol{P}_2$ 和 $\boldsymbol{P}_3$, 其中 $\boldsymbol{P}_k$ $(k = 1, 2, 3)$ 中的每行只有一个非零元素, 且 $\boldsymbol{P}_k$ 简称为 RSNE 矩阵. 给定矩阵 $\boldsymbol{P} \in \mathbb{R}^{n \times n}$, 令 $\boldsymbol{P}(i, j)$ 表示矩阵 $\boldsymbol{P}$ 的 i 行 j 列元素. 对于 $\boldsymbol{P}_1, \boldsymbol{P}_2$ 和 $\boldsymbol{P}_3$, 它们的逆矩阵可以计算如下:

$$\begin{cases} \boldsymbol{P}_1^{-1}(i, j) = (\alpha_j)^{-1} \delta_{\pi_1^{-1}(i), j} \\ \boldsymbol{P}_2^{-1}(i, j) = (\beta_j)^{-1} \delta_{\pi_2^{-1}(i), j} \\ \boldsymbol{P}_3^{-1}(i, j) = (\gamma_j)^{-1} \delta_{\pi_3^{-1}(i), j} \end{cases} \tag{5-5}$$

然后, 用户 C 选择一个随机向量 $\boldsymbol{r} \in \mathbb{R}^{n \times 1}$ 和一个随机的可逆矩阵 $\boldsymbol{Q} \in \mathbb{R}^{m \times m}$ 和

一个特别的随机矩阵 $\boldsymbol{Z}$,

$$\boldsymbol{Z} = (\boldsymbol{u}_1\ \boldsymbol{u}_2\ \cdots\ \boldsymbol{u}_c) \begin{pmatrix} \boldsymbol{v}_1^{\mathrm{T}} \\ \boldsymbol{v}_2^{\mathrm{T}} \\ \vdots \\ \boldsymbol{v}_c^{\mathrm{T}} \end{pmatrix} \qquad (2 \leqslant c \ll n) \tag{5-6}$$

其中 $\boldsymbol{u}_1, \boldsymbol{u}_2, \cdots, \boldsymbol{u}_c \in \mathbb{R}^{m \times 1}$ 是取值均匀分布在 -2^p 和 2^p $(p > 0)$ 之间的向量; $\boldsymbol{v}_1, \boldsymbol{v}_2, \cdots, \boldsymbol{v}_c \in \mathbb{R}^{n \times 1}$ 是范围在 2^l 和 2^{l+q} $(q > 0)$ 之间的任意正整数的向量.

算法 4 RSNE 矩阵生成

输入: 安全参数 λ

输出: 可逆矩阵 $\boldsymbol{P}_1$, $\boldsymbol{P}_2$, $\boldsymbol{P}_3$

1: 用户 C 生成三个随机置换, 其中 π_1, π_2 为作用于整数 $1, \cdots, m$ 的置换, π_3 为作用于整数 $1, \cdots, n$ 的置换

2: 输入安全参数 λ, 从而确定密钥空间 K_α, K_β 和 K_γ, 用户选择三组非零随机数: $\{\alpha_1, \alpha_2, \cdots, \alpha_m\} \leftarrow K_\alpha$, $\{\beta_1, \beta_2, \cdots, \beta_m\} \leftarrow K_\beta$, $\{\gamma_1, \gamma_2, \cdots, \gamma_m\} \leftarrow K_\gamma$

3: 用户生成可逆矩阵 $\boldsymbol{P}_1$, $\boldsymbol{P}_2$, $\boldsymbol{P}_3$, 其中 $\boldsymbol{P}_1(i,j) = \alpha_i \delta_{\pi_1(i),j}$, $\boldsymbol{P}_2(i,j) = \beta_i \delta_{\pi_2(i),j}$, $\boldsymbol{P}_3(i,j) = \gamma_i \delta_{\pi_3(i),j}$

---

(2) ProbTrans: 为了隐藏向量 $\boldsymbol{x}$, 用户 C 重写 $\boldsymbol{A}\boldsymbol{x} = \boldsymbol{b}$ 为 $\boldsymbol{A}(\boldsymbol{x}+\boldsymbol{r}) = \boldsymbol{b}+\boldsymbol{A}\boldsymbol{r}$. 令 $\boldsymbol{x}' = \boldsymbol{x} + \boldsymbol{r}$ 和 $\boldsymbol{b}'' = \boldsymbol{b} + \boldsymbol{A}\boldsymbol{r}$, 于是 $\boldsymbol{A}\boldsymbol{x} = \boldsymbol{b}$. 为了隐藏系数矩阵 $\boldsymbol{A}$, 首先计算 $\boldsymbol{Q}\boldsymbol{A}$, 用户 C 执行如下步骤:

(a) 用户计算 $\boldsymbol{X} = \boldsymbol{P}_1 \boldsymbol{Q} \boldsymbol{P}_2^{-1}$ 和 $\boldsymbol{Y} = \boldsymbol{P}_2 \boldsymbol{A} \boldsymbol{P}_3^{-1} + \boldsymbol{Z}$, 然后发送 $\boldsymbol{X}$ 和 $\boldsymbol{Y}$ 给云服务器.

(b) 给定 $\boldsymbol{X}$ 和 $\boldsymbol{Y}$, 云服务器计算 $\boldsymbol{X}\boldsymbol{Y}$ 并返回给用户.

(c) 用户计算

$$\boldsymbol{S} = \boldsymbol{X}\boldsymbol{Z} = (\boldsymbol{X}(\boldsymbol{u}_1\ \boldsymbol{u}_2\ \cdots\ \boldsymbol{u}_c)) \begin{pmatrix} \boldsymbol{v}_1^{\mathrm{T}} \\ \boldsymbol{v}_2^{\mathrm{T}} \\ \vdots \\ \boldsymbol{v}_c^{\mathrm{T}} \end{pmatrix} \tag{5-7}$$

然后计算 $\boldsymbol{R} = \boldsymbol{X}\boldsymbol{Y} - \boldsymbol{S}$. 最终, 用户计算 $\boldsymbol{Q}\boldsymbol{A} = \boldsymbol{P}_1^{-1} \boldsymbol{R} \boldsymbol{P}_3$.

(d) 用户给等式 $\boldsymbol{A}\boldsymbol{x}' = \boldsymbol{b}''$ 的两端乘以可逆随机矩阵 $\boldsymbol{Q}$ 得到 $\boldsymbol{Q}\boldsymbol{A}\boldsymbol{x}' = \boldsymbol{Q}\boldsymbol{b}''$.

注意, $\boldsymbol{S}$ 是通过矩阵向量乘法计算的, 复杂度为 $\mathcal{O}(cn^2)$. 令 $\boldsymbol{A}' = \boldsymbol{Q}\boldsymbol{A}$ 和 $\boldsymbol{b}' = \boldsymbol{Q}\boldsymbol{b}''$, 则线性方程组问题 F' 转化为 $\boldsymbol{A}'\boldsymbol{x}' = \boldsymbol{b}'$.

(3) ProbSolve: 用户发送 $\boldsymbol{A}'$ 和 $\boldsymbol{b}'$ 给云服务器. 云服务器计算 $\boldsymbol{A}'\boldsymbol{x}' = \boldsymbol{b}'$ 的解 $\boldsymbol{x}'$, 并将其发送回用户. 注意, 对于云服务器求解线性方程组所选择的方法没有限制.

(4) SolRetri: 给定 $\boldsymbol{A}'\boldsymbol{x}' = \boldsymbol{b}'$ 的解 $\boldsymbol{x}'$, 用户可以通过计算 $\boldsymbol{x} = \boldsymbol{x}' - \boldsymbol{r}$ 来获取原线性方程组问题 $\boldsymbol{A}\boldsymbol{x} = \boldsymbol{b}$ 的解 $\boldsymbol{x}$.

(5) ResultVerify: 用户验证 $|\boldsymbol{A}\boldsymbol{x} - \boldsymbol{b}| < \epsilon$ 是否成立, 其中 ϵ 是一个非常小的值. 如果不等式成立, 用户接受 $\boldsymbol{x}$ 作为正确的解; 否则, 拒绝并向云服务器声明结果错误.

5.2.4　矩阵乘法的安全外包

矩阵乘法的安全外包定义如下: 给定两个 $n \times n$ 矩阵 $\boldsymbol{M}_1$ 和 $\boldsymbol{M}_2$, 用户 C 的目标是计算两个矩阵的乘积 $\boldsymbol{M}_1\boldsymbol{M}_2$. 计算和存储资源受限的用户 C 无法进行类似于 $O(n^\rho)(2 < \rho < 3)$ 的昂贵计算. 因此, 用户 C 以按次付费的方式将矩阵乘法计算的任务外包给服务器 S, 并且计算任务的输入和输出不能泄露给服务器 S.

1. 基于随机置换的矩阵乘法安全外包

Atallah 等[2] 提出一个有效的矩阵乘法外包方案, 该方案通过随机置换可以有效隐藏稠密的系数矩阵实现矩阵乘法的安全外包. 下面给出 Atallah 等人方案的具体构造:

(1) C 产生整数集合 $\{1, 2, \cdots, n\}$ 的三个随机排列 π_1, π_2 和 π_3 以及三个非零的随机集合 $\{\alpha_1, \alpha_2, \cdots, \alpha_n\}, \{\beta_1, \beta_2, \cdots, \beta_n\}$ 和 $\{\gamma_1, \gamma_2, \cdots, \gamma_n\}$. 定义 $\boldsymbol{P}_1(i,j) = \alpha_i \delta_{\pi_1(i),j}$, $\boldsymbol{P}_2(i,j) = \alpha_i \delta_{\pi_2(i),j}$, $\boldsymbol{P}_3(i,j) = \alpha_i \delta_{\pi_3(i),j}$, 注意这些矩阵是可逆的, 例如 $\boldsymbol{P}_1^{-1}(i,j) = (\alpha_i)^{-1} \delta_{\pi_1^{-1}(i),j}$, 其中 $\delta_{x,y}$ 为 Kronecker delta 函数, 当 $x = y$ 时其值为 1, 当 $x \neq y$ 时其值为 0.

(2) C 计算矩阵 $\boldsymbol{X} = \boldsymbol{P}_1\boldsymbol{M}_1\boldsymbol{P}_2^{-1}$, $\boldsymbol{Y} = \boldsymbol{P}_2\boldsymbol{M}_2\boldsymbol{P}_3^{-1}$, 其中, $\boldsymbol{X}(i,j) = (\alpha_i/\beta_j) \cdot \boldsymbol{M}_1(\pi_1(i), \pi_2(j))$, $\boldsymbol{Y}(i,j) = (\beta_i/\gamma_j)\boldsymbol{M}_2(\pi_2(i), \pi_3(j))$.

(3) C 将 $\boldsymbol{X}$ 和 $\boldsymbol{Y}$ 发送给 S, 然后 S 计算它们的乘积:

$$\boldsymbol{Z} = \boldsymbol{X}\boldsymbol{Y} = (\boldsymbol{X} = \boldsymbol{P}_1\boldsymbol{M}_1\boldsymbol{P}_2^{-1})(\boldsymbol{P}_2\boldsymbol{M}_2\boldsymbol{P}_3^{-1}) = \boldsymbol{P}_1\boldsymbol{M}_1\boldsymbol{M}_2\boldsymbol{P}_3^{-1}$$

并将 $\boldsymbol{Z}$ 返回.

(4) C 在 $O(n^2)$ 时间内计算矩阵 $\boldsymbol{M}_1\boldsymbol{M}_2 = \boldsymbol{P}_1^{-1}\boldsymbol{Z}\boldsymbol{P}_3$.

为了确定 $\boldsymbol{M}_1$ (或 $\boldsymbol{M}_2$), S 必须猜出两个排列 (从 $(n!)^2$ 中可能的选择中) 和 $3n$ 个数字 $(\alpha_i, \beta_i, \gamma_i)$. 因此, 当 n 足够大时, 它在许多应用程序 (不是在密码学角度) 中是足够安全的. 并且, 伪装需要 $O(n^2)$ 本地计算, 外包计算需要 $O(n^3)$ 操作. 注意这种伪装技术不是一种完美的伪装, 因为矩阵中的数据并不是全盲的. 矩阵 $\boldsymbol{M}_1$ 可以由 $\boldsymbol{X} = \boldsymbol{P}_1\boldsymbol{M}_1\boldsymbol{P}_2^{-1}$ 转换为 $\boldsymbol{X}$, 其中 $\boldsymbol{X}(i,j) = (\alpha_i/\beta_j) \cdot$ $\boldsymbol{M}_1(\pi_1(i), \pi_2(j))$. $\boldsymbol{M}_1$ 中的非零数 a 将被转换为 $\alpha_i a/\beta_j$, 并且位置随着两种随机排列 $(\pi_1(i), \pi_2(j))$ 而改变. 然而, 即使位置改变, $\boldsymbol{M}_1$ 中的数字 0 依然为 0. 因此, 这种伪装技术无法保护 $\boldsymbol{M}_1$ 中的数字 0.

2. 基于稀疏矩阵的矩阵乘法安全外包

Atallah 等在文献 [2] 中提出另一个基于稀疏矩阵的矩阵乘法安全外包方案. 相较上一个方案, 该方案的安全性进一步提高, 但是性能有所降低. 下面给出 Atallah 等人方案的具体构造.

该方案包括两个核心步骤: 第一个是通过稀疏矩阵 $\boldsymbol{P}_i$ 或其逆 $\boldsymbol{P}_i^{-1}$ 来隐藏输入矩阵, 第二个是通过添加一个稠密随机矩阵来隐藏输出结果矩阵. 具体描述如下:

(1) C 计算矩阵 $\boldsymbol{X} = \boldsymbol{P}_1\boldsymbol{M}_1\boldsymbol{P}_2^{-1}$ 和 $\boldsymbol{Y} = \boldsymbol{P}_2\boldsymbol{M}_2\boldsymbol{P}_3^{-1}$.

(2) C 产生 4 个随机数, 分别为 $\beta, \gamma, \beta', \gamma'$, 并且 $(\beta+\gamma)(\beta'+\gamma')(\gamma'\beta-\gamma\beta') \neq 0$.

(3) C 选择两个随机的 $n \times n$ 矩阵 $\boldsymbol{S}_1$ 和 $\boldsymbol{S}_2$, 并且计算以下六个矩阵:

$$\boldsymbol{X} + \boldsymbol{S}_1, \quad \beta\boldsymbol{X} - \gamma\boldsymbol{S}_1, \quad \beta'\boldsymbol{X} - \gamma'\boldsymbol{S}_1$$

$$\boldsymbol{Y} + \boldsymbol{S}_2, \quad \beta\boldsymbol{Y} - \gamma\boldsymbol{S}_2, \quad \beta'\boldsymbol{Y} - \gamma'\boldsymbol{S}_2$$

然后, C 将以下三个矩阵乘式外包给 S:

$$\boldsymbol{W} = (\boldsymbol{X} + \boldsymbol{S}_1)(\boldsymbol{Y} + \boldsymbol{S}_2)$$

$$\boldsymbol{U} = (\beta\boldsymbol{X} - \gamma\boldsymbol{S}_1)(\beta\boldsymbol{Y} - \gamma\boldsymbol{S}_2)$$

$$\boldsymbol{U}' = (\beta'\boldsymbol{X} - \gamma'\boldsymbol{S}_1)(\beta'\boldsymbol{Y} - \gamma'\boldsymbol{S}_2)$$

S 计算并将结果返回.

(4) C 计算以下矩阵:

$$\boldsymbol{V} = (\beta + \gamma)^{-1}(\boldsymbol{U} + \beta\gamma\boldsymbol{W})$$

$$\boldsymbol{V}' = (\beta' + \gamma')^{-1}(\boldsymbol{U}' + \beta'\gamma'\boldsymbol{W})$$

其中 $\boldsymbol{V} = \beta\boldsymbol{X}\boldsymbol{Y} + \gamma\boldsymbol{S}_1\boldsymbol{S}_2$, $\boldsymbol{V}' = \beta'\boldsymbol{X}\boldsymbol{Y} + \gamma'\boldsymbol{S}_1\boldsymbol{S}_2$.

(5) C 计算 $\boldsymbol{X}\boldsymbol{Y} = (\gamma'\beta - \gamma\beta')^{-1}(\gamma'\boldsymbol{V} - \gamma\boldsymbol{V}')$.

(6) C 计算 $\boldsymbol{M}_1\boldsymbol{M}_2 = \boldsymbol{P}_1^{-1}\boldsymbol{X}\boldsymbol{Y}\boldsymbol{P}_3$.

3. 基于双服务器的矩阵乘法安全外包

Benjamin 等[6] 提出一个基于双服务器的矩阵乘法安全外包方案, 该方案无需用户对矩阵进行昂贵的加密处理, 且抵抗双服务器的合谋攻击. 下面给出 Benjamin 等人方案的具体构造.

在该方案中, E_C 和 D_C 分别表示同态密码算法的加密密钥和解密密钥. 具体地, $E(\cdot)$ 表示加密算法, 对于任意一对整数 m_1 和 m_2, $E(m_1) * E(m_2) = E(m_1 + m_2)$ 和 $E(m_1)^{m_2} = E(m_1 * m_2)$. 此外, 已知 $E(m_1)$ 和 $E(m_2)$, 无法确定是否 $m_1 = m_2$. 该方案中所有的矩阵都是 $n \times n$ 的整数矩阵. 如果 M' 和 M'' 是两个矩阵, 则 $M'M''$ 表示它们的矩阵乘积, $M' \odot M''$ 表示它们的 Schur 积 (即对应项的分量相乘). 注意, 计算 $M' \odot M''$ 需要耗费 $O(n^2)$ 的时间. 具体描述如下:

(1) C 产生一个随机矩阵 A' (B') 并且计算 $A'' = A - A'$ $(B'' = B - B')$. C 还产生两个随机矩阵 R' 和 R'', 计算它们的 Schur 积 $R = R' \odot R''$.

(2) 用 U_1 和 U_2 分别表示两个不可信服务器, C 将 A', B' 和 R' 都发送给 U_1, 并且将 A'', B'' 和 R'' 发送给 U_2. C 还将加密密钥 E_C 和解密密钥 D_C 发送给 U_1, 但不发送给 U_2.

(3) U_1 和 U_2 分别计算 $A'B'$ 和 $A''B''$ 并将其返回给 C. U_1 还计算矩阵 $E_C(A')$, $E_C(B')$ 和 $E_C(R')$ 并将其发送给 C, 这三个矩阵的项是矩阵 A', B' 和 R' 对应项的加密.

(4) C 将矩阵 $E_C(A')$, $E_C(B')$ 和 $E_C(R')$ 发送给 U_2.

(5) U_2 分别使用 $E_C(A')$, B'' 和 $E_C(B')$, A'' 通过利用同态加密的性质计算 $E_C(A'B'')$ 和 $E_C(A''B')$. 如

$$E_C(A'B'')[i,j] = E_C\left(\sum_{k=1}^{n} A'[i,k]B''[k,j]\right) = \prod_{k=1}^{n} E_C(A'[i,k])^{B''[k,j]}$$

(6) U_2 使用矩阵 $E_C(R')$ 和 R'' 计算 $E_C(R' \odot R'')$, 结果是 $E_C(R)$. 同样, 通过使用同态加密的特性很容易做到这一点:

$$E_C(R' \odot R'')[i,j] = E_C(R'[i,j]R''[i,j]) = E_C(R'[i,j])^{B''[i,j]}$$

(7) U_2 计算以下矩阵并将其发送给 C:

$$E_C(A'B'') \odot E_C(A''B') \odot E_C(R)$$

它等于 $E_C(A'B'' + A''B' + R)$, 因为根据同态性质有

$$E_C(A'B'')[i,j]E_C(A''B')[i,j]E_C(R)[i,j] = E_C((A'B'' + A''B' + R)[i,j])$$

(8) C 随后将接收到的矩阵 $E_C(A'B'' + A''B' + R)$ 发送给 U_1.

(9) U_1 解密得到 $A'B'' + A''B' + R$, 将其发送给 C.

(10) C 减去 R 得到 $A'B'' + A''B'$, 将其加到第三步得到的 $A'B'$ 和 $A''B''$, 从而得到所需的矩阵乘积 AB.

可验证性　若 U_1 或 U_2 返回不正确的结果, 上面的基础方案无法检测服务器返回结果是错误的. 通过添加以下算法到上述方案, 实现高概率检测服务器返回结果的正确性.

(1) C 运行以上与 U_1 和 U_2 的基础方案, 以得到矩阵 $C = AB$.

(2) C 产生一个随机的 $n \times 1$ 列向量 V.

(3) C 计算列向量 $X_1 = CV$ 和 $X_2 = A(BV)$.

(4) C 比较 X_1 和 X_2. 如果向量不相等, 则说明服务器返回的结果不正确.

4. 基于单服务器的矩阵乘法安全外包

Atallah 和 Frikken[7] 首次提出了基于单服务器的矩阵乘法安全外包方案, 该方案消除了多服务器模型中服务器共谋的可能性. 该方案利用秘密共享将原始矩阵分解成多个矩阵, 其中每个变换矩阵的元素只是原始矩阵中对应元素的秘密共享, 从而在保护输入隐私的同时, 将秘密共享矩阵上的多个矩阵乘法运算委托给云服务器. 用户随后可以使用秘密共享从其接收的份额中重组得到原始矩阵乘法的计算结果. 下面给出 Atallah 和 Frikken 方案的具体构造.

用户 C 有两个矩阵 A 和 B, 目标是获得矩阵的乘积 AB. 该方案支持任意大小的矩阵乘积, 但是为了便于描述, 方案中只考虑两个矩阵为 $n \times n$ 的情况. 令 $N = n^2$, 对于每个 $i, j \in [0, n-1]$, 将矩阵 M 中的单个条目表示为 $M_{i,j}$. 令一个 t 次多项式 $P_{M_{i,j}}^{(t)}$ 来隐藏值 $M_{i,j}$, 即 $P_{M_{i,j}}^{(t)}(x) = a_t x^t + \cdots + a_1 x + M_{i,j}$, 其中 $a_i \in \mathbb{Z}_p$. $P_M^{(t)}(x)$ 表示条目为 $P_{M_{i,j}}^{(t)}(x)$ 的矩阵. S 表示不可信的云服务器. 具体描述如下:

(1) C 选择两个多项式矩阵 $P_A^{(t)}$ 和 $P_B^{(t)}$, 同时从 $\mathbb{Z}_p^*$ 中均匀选出 $k_1, \cdots, k_{2t+1}$.

(2) C 选择两组分别有 $2t + 1$ 个 $n \times n$ 矩阵的矩阵组: $C_1, \cdots, C_{2t+1}$ 和 $D_1, \cdots, D_{2t+1}$, 其中矩阵中的每个元素取自 $\mathbb{Z}_p$. 创建 $2t + 1$ 个矩阵对

$$(P_A^{(t)}(k_1), P_B^{(t)}(k_1)), \cdots, (P_A^{(t)}(k_{2t+1}), P_B^{(t)}(k_{2t+1}))$$

和另一组 $2t + 1$ 个矩阵对

$$(C_1, D_1), \cdots, (C_{2t+1}, D_{2t+1})$$

C 随机置换这 $4t + 2$ 个元组并将它们发送给 S.

(3) S 计算它所接收的所有矩阵对的乘积, 并将结果发送回 C.

(4) C 从接收到矩阵中选取 "好" 矩阵 (即对应于 A 和 B 的矩阵) 并插值以找到结果.

5.2.5 矩阵求逆的安全外包

Lei 等[8] 提出了一种基于转换技术的矩阵求逆安全外包方案. 考虑一个非奇异的矩阵 A, 资源受限的用户想要安全地外包 A^{-1} 的计算给云服务器. 该方案的转换技术将原始矩阵 A 转换为 $P_1 A P_2^{-1}$, 其中 P_1 和 P_2 是随机排列的对角矩阵和随机系数的乘积. 因此, A 的每个元素的位置在变换后的矩阵中被随机重组, 并由多个随机值保护. 下面给出 Lei 等人方案的具体构造.

　　为了保护输入的隐私, 用户使用密钥 K 加密原始的矩阵, 得到一个新的矩阵求逆问题, 记作 MIC_K. 随后, MIC_K 被发送给云服务器以获取结果. 当云服务器接收到 MIC_K, 云服务器计算矩阵求逆并将结果返回. 此外, 云服务器还返回一个证明, 证明其返回结果的正确性. 在接收到返回的结果后, 用户使用密钥 K 解密返回的结果, 以得到原始矩阵求逆结果. 同时, 用户检查该结果是否正确: 正确则接收, 不正确则拒绝. 该方案具体包含以下五个算法, 分别是 KeyGen、MICEnc、MICSolve、MICDec 以及 ResultVerify. 具体描述如下:

　　(1) KeyGen(1^λ): 输入安全参数 λ, 则由安全参数确定的密钥空间为 K_α 和 K_β. 用户 C 选择两组随机数: $\{\alpha_1, \cdots, \alpha_n\} \leftarrow K_\alpha, \{\beta_1, \cdots, \beta_n\} \leftarrow K_\beta$, 且满足 $0 \notin K_\alpha \cup K_\beta$. 然后, 用户 C 生成整数 $1, \cdots, n$ 的两个随机排列 π_1 和 π_2. 最终密钥 $K: \{\alpha_1, \cdots, \alpha_n\}, \{\beta_1, \cdots, \beta_n\}, \pi_1, \pi_2$.

　　(2) MICEnc($\boldsymbol{A}, K$): 在输入原始矩阵 $\boldsymbol{A}$ 和密钥 K 后, 用户 C 通过 MIC 加密程序将原始矩阵 $\boldsymbol{A}$ 加密为矩阵 $\boldsymbol{Y}$, 以保护输入矩阵的隐私. 具体地, 用户 C 生成矩阵 $\boldsymbol{P}_1, \boldsymbol{P}_2$, 其中 $\boldsymbol{P}_1(i, j) = \alpha_i \delta_{\pi_1(i), j}$, $\boldsymbol{P}_2(i, j) = \beta_i \delta_{\pi_2(i), j}$; 然后, 计算 $\boldsymbol{Y} = \boldsymbol{P}_1 \boldsymbol{A} \boldsymbol{P}_2^{-1}$; 最后, 将加密矩阵 $\boldsymbol{Y}$ 外包发送给云服务器.

　　(3) MICSolve($\boldsymbol{Y}$): 在输入加密矩阵 $\boldsymbol{Y}$ 后, 云服务器进行矩阵求逆计算 $\boldsymbol{R}' = \boldsymbol{Y}^{-1}$; 然后, 云服务器将结果 $\boldsymbol{R}'$ 和证明 Γ 返回给用户.

　　(4) MICDec($\boldsymbol{R}', K$): 在输入返回的结果 $\boldsymbol{R}'$ 和密钥 K 后, 用户计算 $\boldsymbol{R} = \boldsymbol{P}_2^{-1} \boldsymbol{R}' \boldsymbol{P}_1$, 得到一个未检查的结果 $\boldsymbol{R}$.

　　(5) ResultVerify($\boldsymbol{R}, \Gamma$): 在输入未检查的结果 $\boldsymbol{R}$ 和证明 Γ 后, 用户调用结果验证算法 5, 来检查其正确性. 如果通过了检查, 则接受 $\boldsymbol{R}$ 作为原始矩阵 $\boldsymbol{A}$ 的逆; 否则, 拒绝.

算法 5　结果验证

输入: 未验证的密文计算结果 $\boldsymbol{R}$

输出: 接收 $\boldsymbol{R}$ 为正确的计算结果; 否则, 拒绝

1: **for** $i = 1 : l$ **do**
2: 　　用户随机选择一个 $n \times 1$ 的 0/1 向量 $\boldsymbol{r}$
3: 　　用户计算 $\boldsymbol{P} = \boldsymbol{R} \times (\boldsymbol{R}\boldsymbol{r}) - \boldsymbol{I} \times \boldsymbol{r}$
4: 　　**if** $\boldsymbol{P} \neq (0, \cdots, 0)^{\mathrm{T}}$ **then**
5: 　　　　输出 "验证失败", 终止算法
6: 　　**end if**
7: **end for**
8: 如果通过以上检查, 用户接受 $\boldsymbol{R}$ 为正确的计算结果; 否则, 拒绝

5.2.6 线性规划程序的安全外包

任何 LP (线性规划) 问题都能描述成以下标准形式:

$$\min \quad \boldsymbol{c}^{\mathrm{T}}\boldsymbol{x} \quad \text{s.t.} \quad \boldsymbol{A}\boldsymbol{x} \geqslant \boldsymbol{b}, \boldsymbol{x} \geqslant \boldsymbol{0}$$

其中, $\boldsymbol{x}$ 是 $n \times 1$ 维不确定变量, $\boldsymbol{c}$ 和 $\boldsymbol{b}$ 是 $n \times 1$ 的已知系数向量. $\boldsymbol{A}$ 是 $n \times m$ 的已知系数矩阵, $(\cdot)^{\mathrm{T}}$ 表示矩阵转置. 上述任意 LP 问题均可以通过添加一系列变量转化为如下标准形式的 LP 问题 (详见文献 [26]):

$$\min \quad \boldsymbol{c}^{\mathrm{T}}\boldsymbol{x} \quad \text{s.t.} \quad \boldsymbol{A}\boldsymbol{x} = \boldsymbol{b}, \boldsymbol{x} \geqslant \boldsymbol{0}$$

在本节中, 考虑线性规划问题的更一般形式:

$$\min \quad \boldsymbol{c}^{\mathrm{T}}\boldsymbol{x} \quad \text{s.t.} \quad \boldsymbol{A}\boldsymbol{x} = \boldsymbol{b}, \boldsymbol{B}\boldsymbol{x} \geqslant \boldsymbol{0}$$

这里, 假设矩阵 $\boldsymbol{A}$ 和 $\boldsymbol{B}$ 都是一般稠密矩阵. 线性规划程序的外包计算定义如下.

定义 5.5 假设 LP 方案是线性规划程序安全外包方案, 由以下四个算法 LP = (KeyGen, Transform, Solve, Verify) 组成:

(1) KeyGen: 概率多项式时间算法, 输入安全参数 k, 输出一次密钥 SK.

(2) Transform: 概率多项式时间算法, 输入密钥 SK 和 LP 问题 $F = (\boldsymbol{A}, \boldsymbol{B}, \boldsymbol{b}, \boldsymbol{c})$, 输出 LP 问题的转化形式和 $F' = (\boldsymbol{A}', \boldsymbol{B}', \boldsymbol{b}', \boldsymbol{c}')$.

(3) Solve: 确定多项式时间算法, 输入 LP 问题 F', 输出一个解 $\boldsymbol{y}$ 和证据 Π.

(4) Verify: 确定多项式时间算法, 输入一个解 $\boldsymbol{y}$ 和证据 Π, 输出 "Valid" 和 F 的解 $\boldsymbol{x}$ 当且仅当 Π 有效; 否则, 输出 "Error".

1. 基于随机矩阵的线性规划问题安全外包

Wang 等[9] 首次提出大规模线性规划问题 LP 的安全外包方案. 为了达到实用性能, 该方案设计了将外包 LP 计算明确分解为运行在云服务器的公共 LP 求解器和用户私有的 LP 参数. 由此产生的灵活性允许进一步探索适当的安全与效率的均衡. 尤其是, 通过将属于用户的私有数据形式化为一系列集合和向量. 该方案开发了一种有效的隐私保护转换技术, 允许用户将原始 LP 问题转换为随机问题, 同时保护敏感的输入/输出信息. 为了验证计算结果, 该方案进一步探讨了 LP 计算的基本对偶定理, 并推导出正确结果必须满足的充要条件. 这种结果验证机制非常高效, 云服务器和用户几乎不需要额外的开销.

1) 隐藏技术

用户拥有输入信息 $F = (\boldsymbol{A}, \boldsymbol{B}, \boldsymbol{b}, \boldsymbol{c})$, 但是不能将这些信息直接发送给云服务器 S, 因为这些信息会导致最终结果 $\boldsymbol{x}$ 的泄露. 因此, 需要转换技术保障用户输入和输出的隐私. 在详细介绍方案之前, 先介绍几种基本隐藏技术, 具体描述如下:

(1) 隐藏等式约束 $(\boldsymbol{A}, \boldsymbol{b})$.

首先, 随机生成的 $m \times m$ 非奇异矩阵 $\boldsymbol{Q}$ 作为密钥 SK 的一部分. 用户 C 可以将该矩阵应用到 $\boldsymbol{A}\boldsymbol{x} = \boldsymbol{b}$ 以进行以下约束变换:

$$\boldsymbol{A}\boldsymbol{x} = \boldsymbol{b} \quad \Rightarrow \quad \boldsymbol{A}'\boldsymbol{x} = \boldsymbol{b}'$$

其中, $\boldsymbol{A}' = \boldsymbol{Q}\boldsymbol{A}$, $\boldsymbol{b}' = \boldsymbol{Q}\boldsymbol{b}$. 因为 $\boldsymbol{A}$ 有满行秩, 所以 $\boldsymbol{A}'$ 也必须有满行秩. 在不知道 $\boldsymbol{Q}$ 的情况下, 不可能确定 $\boldsymbol{A}$ 的确切元素. 但是, $\boldsymbol{A}$ 和 $\boldsymbol{A}'$ 的零空间是相同的, 这可能会违反某些应用的安全要求. 向量 $\boldsymbol{b}$ 以一种完美的方式被加密, 因为可以选择一个适当的映射用 $\boldsymbol{Q}$ 来映射到任意的 $\boldsymbol{b}'$.

(2) 隐藏不等式约束 $(\boldsymbol{B})$.

用户不能像转换等式约束一样转换不等式约束, 因为对于任意可逆矩阵 $\boldsymbol{Q}$, $\boldsymbol{B}\boldsymbol{x} \geqslant 0$ 一般不等同于 $\boldsymbol{Q}\boldsymbol{B}\boldsymbol{x} \geqslant 0$. 为了隐藏 $\boldsymbol{B}$, 可以利用必须满足等式 $\boldsymbol{A}\boldsymbol{x} = \boldsymbol{b}$ 约束的事实. 具体来说, 以下两组约束所定义的可行域是相同的.

$$\begin{cases} \boldsymbol{A}\boldsymbol{x} = \boldsymbol{b} \\ \boldsymbol{B}\boldsymbol{x} \geqslant 0 \end{cases} \quad \Rightarrow \quad \begin{cases} \boldsymbol{A}\boldsymbol{x} = \boldsymbol{b} \\ (\boldsymbol{B} - \boldsymbol{\lambda}\boldsymbol{A})\boldsymbol{x} = \boldsymbol{B}'\boldsymbol{x} \geqslant 0 \end{cases}$$

其中, $\boldsymbol{\lambda}$ 是 SK 随机生成的 $n \times m$ 矩阵, 满足 $|\boldsymbol{B}'| = |\boldsymbol{B} - \boldsymbol{\lambda}\boldsymbol{A}| \neq 0$ 和 $\boldsymbol{\lambda}\boldsymbol{b} = 0$. 由于条件 $\boldsymbol{\lambda}\boldsymbol{b} = 0$ 在很大程度上是不确定的, 因此留下很大的灵活性来使 $\boldsymbol{\lambda}$ 满足以上条件.

(3) 隐藏目标函数 $\boldsymbol{c}^{\mathrm{T}}\boldsymbol{x}$.

考虑到 LP 的广泛应用, 如企业年收入的估算或个人投资持股组合等, 目标函数系数 $\boldsymbol{c}$ 和最优目标值 $\boldsymbol{c}^{\mathrm{T}}\boldsymbol{x}$ 所包含的信息可能与 $\boldsymbol{A}, \boldsymbol{B}, \boldsymbol{b}$ 的约束条件一样敏感. 因此, 它们也应当受到保护. 为此, 对目标函数应用常数标度, 即随机生成一个实正标量 γ 作为加密密钥 SK 的一部分, 将 $\boldsymbol{c}$ 替换为 $\gamma\boldsymbol{c}$. 如果不先知道 γ, 就不可能得到原始最优目标值 $\boldsymbol{c}^{\mathrm{T}}\boldsymbol{x}$, 因为它可以映射到具有相同符号的任何值. 该方法在很好地隐藏目标值的同时, 确实泄露了目标函数 $\boldsymbol{c}$ 的结构信息, 即不保护 $\boldsymbol{c}$ 中零元素的数量和位置. 此外, $\boldsymbol{c}$ 元素之间的比值也保持不变.

2) 通过仿射映射增强技术

为了增强 LP 外包的安全性, 结构必须能够改变初始 LP 的可行域, 同时在问题输入加密的同时隐藏输出向量 $\boldsymbol{x}$. 本节提出了通过应用一个仿射映射决策变量 $\boldsymbol{x}$ 来加密 F 的可行域. 这一设计原则基于以下观察: 理想情况下, 如果将问题 F 的可行域从一个向量空间任意变换到另一个向量空间, 并且保留这个映射函数作为密钥, 云服务器无法获取到原始的可行域信息. 此外, 这样的线性映射还用于进行隐藏输出的重要目的, 如下所示.

设 M 是一个随机的 $n \times n$ 非奇异矩阵, r 是一个 $n \times 1$ 的向量. M 和 r 定义的仿射映射将 x 转换为 $y = M^{-1}(x + r)$. 由于这种映射是一对一的映射, LP 问题 F 可以表示为以下决策变量 y 的 LP 问题:

$$
\begin{aligned}
\min \quad & c^{\mathrm{T}} M y - c^{\mathrm{T}} r \\
\text{s.t.} \quad & A M y = b + A r \\
& B M y \geqslant B r
\end{aligned}
$$

接下来, 通过使用基本技术为等式约束选择一个随机的非奇异 Q, 为非等式约束选择一个 λ, 为目标函数选择一个 γ, 这个 LP 问题可以进一步转换为

$$
\begin{aligned}
\min \quad & \gamma c^{\mathrm{T}} M y \\
\text{s.t.} \quad & Q A M y = Q(b + A r) \\
& B M y - \lambda Q A M y \geqslant B r - \lambda Q(b + A r)
\end{aligned}
$$

上述 LP 问题的约束可以由下式表示:

$$
\begin{cases}
A' = Q A M \\
B' = (B - \lambda Q A) M \\
b' = Q(b + A r) \\
c' = \gamma M^{\mathrm{T}} c
\end{cases}
$$

如果以下条件成立

$$
|B'| \neq 0, \quad \lambda b' = B r, \quad b + A r \neq 0 \tag{5-8}
$$

则 LP 问题 $F' = (A', B', b', c')$ 可以形式化为

$$
\begin{aligned}
\min \quad & c'^{\mathrm{T}} y \\
\text{s.t.} \quad & A' y = b', \quad B' y \geqslant 0
\end{aligned}
\tag{5-9}
$$

3) 验证技术

假设服务器诚实执行计算, 同时获取了原始 LP 问题的信息. 然而, 这种半诚实模型还不足以模拟现实世界中敌手行为. 在许多情况下, 特别是当云服务器需要大量的计算资源时, 云服务器强大的经济诱因而产生恶意行为. 它们可能不愿意提供商定的服务级别, 从而节省成本, 甚至恶意破坏用户的后续计算. 针对云服务提供的 LP 问题 $F' = (A', B', b', c')$ 的解, 本方案提出一种验证 F' 解 y 正确性的方法. 注意, 在该方案设计中, 用户在结果验证上所需的工作量比直接解决 LP 问题要少得多, 这为 LP 的安全外包节省了大量的计算开销.

LP 问题不一定有最优解, 有以下三种情况: ① 有可行解的情况, 即存在一个有限目标值的最优解; ② 无可行解的情况, 约束不能同时全部满足; ③ 无界的情

况, 目标函数可以任意小, 同时约束条件都满足. 因此, 结果验证方法不仅需要验证云服务器返回的结果, 还需要验证云服务器声称 LP 问题不可行或无界的情况. 该方案首先给出了云服务器提供的证明, 然后给出了另外两种情况的证明和方法, 每一种都是在前一种情况的基础上构建的.

(1) 有可行解的情况.

假设云服务器返回了最优解 $\boldsymbol{y}$. 为了在不实际解决 LP 问题的情况下验证 $\boldsymbol{y}$, 需要寻找一系列满足最优解的充分必要条件. 这些条件可以从 LP 问题的对偶理论中得到. 对于 LP 问题 F', 其对偶问题定义为

$$\min \quad \boldsymbol{b}'^{\mathrm{T}}\boldsymbol{s} \quad \text{s.t.} \quad \boldsymbol{A}'^{\mathrm{T}}\boldsymbol{s} + \boldsymbol{B}'^{\mathrm{T}}\boldsymbol{t} = \boldsymbol{c}', t \geqslant 0 \tag{5-10}$$

其中, $\boldsymbol{s}$ 和 $\boldsymbol{t}$ 分别为对偶决策变量的 $m \times 1$ 和 $n \times 1$ 向量. LP 问题的强对偶性表明, 如果原可行解 $\boldsymbol{y}$ 和对偶可行解 $(\boldsymbol{s}, \boldsymbol{t})$ 得到相同的原和对偶目标值, 则 $\boldsymbol{y}$ 和 $(\boldsymbol{s}, \boldsymbol{t})$ 分别是原问题和对偶问题的最优解. 因此, 云服务器应该提供对偶最优方案作为 Γ 证明的一部分. 那么, 可以根据以下条件来验证 $\boldsymbol{y}$ 的正确性:

$$\boldsymbol{c}'^{\mathrm{T}}\boldsymbol{y} = \boldsymbol{b}'^{\mathrm{T}}\boldsymbol{s}, \quad \boldsymbol{A}'\boldsymbol{y} = \boldsymbol{b}', \quad \boldsymbol{B}'\boldsymbol{y} \geqslant 0, \quad \boldsymbol{A}'^{\mathrm{T}}\boldsymbol{s} + \boldsymbol{B}'^{\mathrm{T}}\boldsymbol{t} = \boldsymbol{c}', \quad \boldsymbol{t} \geqslant 0$$

这里, $\boldsymbol{c}'^{\mathrm{T}}\boldsymbol{y} = \boldsymbol{b}'^{\mathrm{T}}\boldsymbol{s}$ 检验强对偶性的原始和对偶目标值的等价性. 所有剩余条件确保 $\boldsymbol{y}$ 和 $(\boldsymbol{s}, \boldsymbol{t})$ 分别是原问题和对偶问题的可行解. 需要注意的是, 由于计算中可能存在截断误差, 实际中可以检查 $||\boldsymbol{A}'\boldsymbol{y} - \boldsymbol{b}'||$ 是否足够小来实现对 $\boldsymbol{A}'\boldsymbol{y} = \boldsymbol{b}'$ 的测试.

(2) 无可行解的情况.

假设云服务器声称 F' 是不可行的. 在这种情况下, 利用这些方法来寻找 LP 问题的可行解. 这些方法构造辅助 LP 问题来确定原 LP 问题是否可行. 辅助问题如下:

$$\min \quad z$$
$$\text{s.t.} \quad -\mathbf{1}z \leqslant \boldsymbol{A}'\boldsymbol{y} - \boldsymbol{b}' \leqslant \mathbf{1}z, \boldsymbol{B}'\boldsymbol{y} \geqslant -\mathbf{1}z \tag{5-11}$$

显然, 这个辅助 LP 问题有一个最优解, 因为它至少有一个可行解, 而且它的目标函数是有界的. 当且仅当 F' 可行时, 可以证明式 (5-11) 的最优目标值为 0. 因此, 为了证明 F' 是不可行的, 云服务器必须证明式 (5-11) 有一个正的最优目标值. 这可以通过在 Γ 中包含这样一个最优解和一个最优性证明来实现, 这在一般情况下很容易从正常情况中获得.

(3) 无界的情况.

假设云服务器声称 F' 是无界的. 对偶理论表明, 这种情况等价于 F' 是可行的, 而 F' 的对偶问题即式 (5-10) 是不可行的. 因此, 云服务器应该提供证明, 证明这两个条件都成立. 它直接提供一个 F' 的可行方案并验证其实际可行. 基于不可行情况的方法, 云服务器通过构造 (5-10) 的辅助问题来证明其不可行:

$$\min \quad \boldsymbol{z}$$
$$\text{s.t.} \quad -\boldsymbol{1}z \leqslant A'^{\mathrm{T}}\boldsymbol{s} + \boldsymbol{B}'^{\mathrm{T}}\boldsymbol{t} - \boldsymbol{c}' \leqslant \boldsymbol{1}z \qquad (5\text{-}12)$$
$$\boldsymbol{t} \geqslant -\boldsymbol{1}z$$

表明该问题的最优目标值是 $\boldsymbol{0}$.

4) LP 方案构造

基于上述技术, 线性规划程序安全外包方案具体描述如下:

(1) KeyGen(1^k): 该算法是随机密钥生成算法, 输入系统安全参数 k, 返回一个密钥 SK, 用户将使用这个密钥对目标 LP 问题进行加密. 设 $SK = (\boldsymbol{Q}, \boldsymbol{M}, \boldsymbol{r}, \boldsymbol{\lambda}, \boldsymbol{\gamma})$, 在系统初始化时, 用户随机产生密钥 SK, 满足式 (5-8).

(2) ProbEnc(SK, F): 该算法使用密钥 SK 将元组 F 加密为 F'. 加密输出 F' 和 F 具有一样的形式. 输入密钥 SK 和初始 LP 问题 F, 用户计算加密 LP 问题 $F' = (\boldsymbol{A}', \boldsymbol{B}', \boldsymbol{b}', \boldsymbol{c}')$.

(3) ProofGen(F'): 该算法求解 F', 同时输出 $\boldsymbol{y}$ 和一个证明 Γ. 输出结果 $\boldsymbol{y}$ 可以被解密为 $\boldsymbol{x}$, 用户可以使用 Γ 来验证 $\boldsymbol{y}$ 或 $\boldsymbol{x}$ 的正确性. 云服务器试图在式 (5-9) 中求解 LP 问题 F' 来得到最优解 $\boldsymbol{y}$. 如果 LP 问题 F' 有一个最优解, Γ 应该体现出来并且包含对偶最优解 $(\boldsymbol{s}, \boldsymbol{t})$. 如果 LP 问题 F' 是不可行的, Γ 应该体现出来并包含式 (5-11) 中辅助问题的原最优解和对偶最优解. 如果 LP 问题 F' 是无界的, $\boldsymbol{y}$ 应该是它的一个可行解, Γ 应该体现出来并包含式 (5-12) 的原最优解和对偶最优解即 F' 对偶问题的辅助问题.

(4) ResultDec($SK, F, \boldsymbol{y}, \Gamma$): 该算法通过证明 Γ 来验证 $\boldsymbol{y}$ 或 $\boldsymbol{x}$. 当验证通过时, 使用密钥 SK 解密 $\boldsymbol{y}$ 都会产生正确的输出 $\boldsymbol{x}$. 当验证失败时, 该算法输出 $\bot$, 表明云服务器没有诚实地执行计算. 首先, 用户根据不同情况验证 $\boldsymbol{y}$ 和 Γ. 如果它们是正确的, 用户计算 $\boldsymbol{x} = \boldsymbol{M}\boldsymbol{y} - \boldsymbol{r}$, 如果存在最优解或 F 不可行或无界; 否则用户输出 $\bot$, 表明云服务器没有诚实地执行计算.

2. 基于稀疏矩阵的线性规划问题安全外包

Nie 等[27] 在全恶意服务器模型下提出了一种基于稀疏矩阵的线性规划问题安全外包方案 LP, 该方案输入为四元组 $F = (\boldsymbol{A}, \boldsymbol{B}, \boldsymbol{b}, \boldsymbol{c})$, 输出为解 $\boldsymbol{x}$.

1) 隐藏技术

用户拥有输入信息 $F = (\boldsymbol{A}, \boldsymbol{B}, \boldsymbol{b}, \boldsymbol{c})$, 但是不能把这些信息直接发送给云服务器 S, 因为这些信息会导致最终结果 $\boldsymbol{x}$ 的泄露. 因此, 需要一种转换技术能够保障用户安全地隐藏他们的私密输入. 主要使用两个随机稀疏矩阵 $\boldsymbol{M}$ 和 $\boldsymbol{N}$ 来隐藏约束条件 $\boldsymbol{A}$ 和 $\boldsymbol{B}$, 并使用一个随机向量 $\boldsymbol{r}$ 来隐藏计算结果 $\boldsymbol{x}$. 由于隐藏原 LP 问题意味着改变了原 LP 问题的可行域, 同时盲化问题的输出. 把这里的隐藏技术分为下面的三类:

(1) 隐藏目标函数 $c^{\mathrm{T}}x$.

最优解 x 和目标函数 $c^{\mathrm{T}}x$ 是最重要和最需要被保护的数据. 为了达到这个目的, 首先选择了一个随机的 $n \times n$ 非奇异的满秩矩阵 N 和一个 n 维向量 r, 使用下面的仿射变换来隐藏目标函数:

$$c^{\mathrm{T}}x \quad \Rightarrow \quad c^{\mathrm{T}}N \cdot N^{-1}(x+r)$$

为了得到更强的安全性, 可以使用一个随机数 α 来盲化向量 c:

$$c^{\mathrm{T}}x \quad \Rightarrow \quad \alpha \cdot c^{\mathrm{T}}N \cdot N^{-1}(x+r) \quad \Rightarrow \quad c'^{\mathrm{T}}y$$

其中, $c' = \alpha \cdot N^{\mathrm{T}}c$, $y = N^{-1}(x+r)$.

(2) 隐藏等式约束 $Ax = b$.

注意到, $x = Ny - r$, 因此有

$$Ax = b \quad \Rightarrow \quad A(Ny - r) = b \quad \Rightarrow \quad ANy = b + Ar$$

在等式的左右两边分别乘以另一个 $m \times m$ 随机非奇异矩阵 M, 将得到下面的形式:

$$Ax = b \quad \Rightarrow \quad MAN \cdot y = M(b + Ar) \quad \Rightarrow \quad A'y = b'$$

其中, $A' = MAN$, $b' = M(b + Ar)$. 因为 A, M, N 都是行满秩矩阵, 所以 A' 也是行满秩矩阵.

(3) 隐藏不等式约束 $Bx \geqslant 0$.

用户不能使用上述的方案去隐藏不等式约束, 因为对于任何满秩矩阵 M, $Bx \geqslant 0$ 成立的情况下一般不会有 $MBx \geqslant 0$ 也成立. 考虑到一个事实, 对于不等式 $Bx \geqslant 0$ 中的任何一个 x 都必须满足等式约束 $Ax = b$, 因此可以利用等式约束来隐藏 B. 具体操作步骤如下:

$$\begin{cases} Ax = b \\ Bx \geqslant 0 \\ x = Ny - r \end{cases} \quad \Rightarrow \quad \begin{cases} A'y = b' \\ (BN + A')y \geqslant b' + Br \end{cases}$$

但是, 转换后的不等式约束可能会泄露某些隐私信息. 为了解决这个问题, 在转换过程中引进一个新的矩阵变量 Q,

$$\begin{cases} A'y = b' \\ (BN + QA')y' \geqslant Qb' + Br \\ Qb' + Br = 0 \end{cases} \quad \Rightarrow \quad \begin{cases} A'y = b' \\ B'y \geqslant 0 \end{cases}$$

其中, $B' = (B + QMA)N \neq 0$.

通过上述的三个部分的隐藏, 最终得到了转换后的形式:

$$\min \quad c'^{\mathrm{T}}y \quad \text{s.t.} \quad A'y = b', B'y \geqslant 0$$

在隐藏目标函数和等式约束中, 其中出现了 N^{-1}, 即便 N 是一个极其稀疏的矩阵, 求解该矩阵的逆矩阵的复杂度是 $O(n^3)$. 因此, 方案中不需要求解 N^{-1}, 它只是一个中间变量.

在隐藏不等式技术中, 找到一个满足 $Qb' + d = 0$ (这里 $d = Br$) 的稀疏矩阵 Q 至关重要. 事实上, 当 b' 中所有的元素都不等于 0 时, 一个非常稀疏的对角矩阵能够很完美地满足等式 $Qb' + d = 0$. 即使向量 b' 中有一些零元素, 一个每行只有两个元素的稀疏矩阵依然能够满足上述等式. 算法 6 用于更好地寻找这样的矩阵 Q.

算法 6   求解稀疏矩阵 Q

输入: b', d, M, N, A, B
输出: Q

1: **for** $i = 1 : m$ **do**
2:     **for** $j = 1 : m$ **do**
3:         **if** $d_i = 0$ **then**
4:             let $q_{ij} = 0$;
5:         **else**
6:             选取一个随机数 γ, 令 $q_{ii} = \gamma$
7:             随机选取 b' 的一个元素 $b_k, i \neq k$
8:             计算 q_{ik} 满足 $q_{ik}b'_k + q_{ii}b'_i + d_i = 0$
9:             令 $b_{ij} = 0, j \neq i, j \neq k$
10:        **end if**
11:    **end for**
12: **end for**
13: **return** Q;
14: **if** $(B + QMA)N = 0$ **then**
15:    返回执行 step1;
16: **else**
17:    输出稀疏矩阵 Q;
18: **end if**

---

2) 验证技术

在全恶意模型下, 服务器 S 出于自身利益考虑可能会故意向用户 C 反馈一个错误的或计算上不可区分的计算结果. 为了避免这种行为的发生, 一个合理高效的验证算法是必不可少的. 我们知道, 一个线性规划的解的情况可分为: 有可行解、无可行解和无界三种情况. 因此一个完整的验证算法需要把上述三种情况都考虑在内, 下面将分情况讨论.

(1) 有可行解的情况.

假设初始 LP 问题有最优解. 用户首先选择两个随机的 n 维随机向量 r_0 和 r_1, 然后分别地生成相应的盲化问题 $F_0 = (A', B_0', b_0', c')$ 和 $F_1 = (A', B_1', b_1', c')$, 然后将它们发送给云服务器. 云服务器 S 计算 F_0 和 F_1 并返回相应的解 y_0 和 y_1. 用户 C 拿到两个计算结果后, 执行计算并验证是否有 $x = Ny_0 - r_0 = Ny_1 - r_1$ 成立, 如果等式成立, C 得到有效解 x; 否则, C 输出 "Error".

(2) 无可行解的情况.

假设初始 LP 问题无最优解, 这时诚实的服务器 S 不可能为用户返回任何值. 为了验证服务器是否诚实地执行了计算, 采取以下的验证方法. 用户可以通过构造初始 LP 问题的辅助问题来验证其是否有可行解, 初始 LP 问题的辅助问题可以表示为

$$\min \ w$$

$$\text{s.t.} -1w \leqslant A'y - b' \leqslant 1w, B'y \geqslant -1w$$

当且仅当辅助问题有最优解 $w = 0$ 时, 原 LP 问题才有可行解. 同时服务器 S 必须证明辅助问题有一个正的最优值. 为了验证辅助问题最优值的正确性, C 可以利用与有可行解相类似的验证方法.

(3) 无界的情况.

假设初始 LP 问题的目标函数值是无界的. 由弱对偶问题知, 如果线性规划的初始问题是无界的, 其对偶问题必定是无可行解的. 因此可以通过验证其对偶问题的可行性来判定该问题是否有界. 对偶问题可以表述为

$$\max \ b'^{\mathrm{T}}u \quad \text{s.t.} A'^{\mathrm{T}}u + B'^{\mathrm{T}}v = c', v \geqslant 0$$

其中 u 和 v 分别是 $m \times 1$ 和 $n \times 1$ 维对偶决策变量. 接下来, 利用与不可行类似的方法去验证该 LP 问题的对偶问题是否可行.

3) LP 方案

线性规划程序外包 LP 方案主要包括以下算法.

(1) KeyGen: 为了实现这个功能, 用户 C 首先选择两个随机盲化系数向量 r_0, $r_1 \in \mathbb{R}^n$, 一个随机数 $\alpha \in \mathbb{R}$ 和两个随机稀疏矩阵 M 和 N. 定义 $K = (M, N, r_0, r_1, \alpha)$ 为私钥.

(2) Transform: 运用私钥 K, 用户 C 将初始 LP 问题加密为 $F_0 = (A', B', b', c')$ 和 $F_1 = (A'', B'', b'', c'')$ 两个实例, 加密算法如下:

$$
\begin{cases}
\boldsymbol{A}' = \boldsymbol{MAN} \\
\boldsymbol{B}' = (\boldsymbol{B} + \boldsymbol{Q}_0 \boldsymbol{MA})\boldsymbol{N} \\
\boldsymbol{b}' = \boldsymbol{M}(\boldsymbol{Ar}_0 + \boldsymbol{b}) \\
\boldsymbol{c}' = \alpha \boldsymbol{N}^{\mathrm{T}} \boldsymbol{c}
\end{cases}
$$

和

$$
\begin{cases}
\boldsymbol{A}'' = \boldsymbol{MAN} \\
\boldsymbol{B}'' = (\boldsymbol{B} + \boldsymbol{Q}_1 \boldsymbol{MA})\boldsymbol{N} \\
\boldsymbol{b}'' = \boldsymbol{M}(\boldsymbol{Ar}_1 + \boldsymbol{b}) \\
\boldsymbol{c}'' = \alpha \boldsymbol{N}^{\mathrm{T}} \boldsymbol{c}
\end{cases}
$$

其中, $\boldsymbol{Q}_0$ 和 $\boldsymbol{Q}_1$ 分别满足 $\boldsymbol{Q}_0 \boldsymbol{b}' + \boldsymbol{Br}_0 = \boldsymbol{0}$ 和 $\boldsymbol{Q}_1 \boldsymbol{b}'' + \boldsymbol{Br}_1 = \boldsymbol{0}$.

(3) Solve: 用户 C 将 F_0 和 F_1 发送给云服务器 S, S 分下面三种情况求解它们:

(i) 有可行解: S 用现有的 LP 解法求解 F_0 和 F_1 并将结果 $\boldsymbol{y}_0$ 和 $\boldsymbol{y}_1$ 返回给用户;

(ii) 无可行解: S 返回 F_0 和 F_1 所对应的辅助问题的最优目标值 w_0, w_1, 以及相应的辅助问题的解 $\boldsymbol{y}_0, \boldsymbol{y}_1$.

(iii) 无界: S 返回 F_0 和 F_1 所对应的对偶问题的辅助问题的最优目标值 w_0, w_1, 以及相应的对偶问题的辅助问题的解 $\boldsymbol{y}_0, \boldsymbol{y}_1$.

(4) Verify: 根据解的情况不同, 验证算法也同样地分为以下三种情况:

(i) 有可行解: C 计算 $\boldsymbol{x}_0 = \boldsymbol{Ny}_0 - \boldsymbol{r}_0$ 和 $\boldsymbol{x}_1 = \boldsymbol{Ny}_1 - \boldsymbol{r}_1$, 如果 $\boldsymbol{x}_0 = \boldsymbol{x}_1$, 则 C 输出 $\boldsymbol{x} = \boldsymbol{x}_0 = \boldsymbol{x}_1$ 作为初始 LP 问题的最优解; 否则, C 输出 "Error" 终止协议.

(ii) 无可行解: C 首先验证是否有 $w_0 > 0$ 和 $w_1 > 0$ 成立. 如果不成立则输出 "Error" 终止协议; 否则, C 按照类似于有可行解的情况验证 $\boldsymbol{y}_0$ 和 $\boldsymbol{y}_1$ 的正确性, 如果成立则说明初始 LP 确实无可行解, 否则 C 输出 "Error" 终止协议.

(iii) 无界: 类似于无可行解的情况, C 要首先验证对偶问题的辅助问题的最优解的正确性, 然后验证其对应的解是否正确, 最后得出结论.

5.2.7 高次多项式求值的安全外包

Fiore 和 Gennaro[10] 提出一个支持公开验证的高次多项式求值安全外包方案 $\mathrm{VC}_{\mathrm{Poly}}$. 下面给出 Fiore 和 Gennaro 方案的具体构造.

令函数族 $\mathcal{F}$ 为一组多项式 $f(x_1, \cdots, x_m)$ 的集合, 其中每个多项式的系数在 $\mathbb{Z}_p$ 中且有 m 个变量, 每个变量的次数最多为 d. 这些多项式最多有 $l = (d + 1)^m$ 项, 用 $(i_1, \cdots, i_m)$ 来索引, $0 \leqslant i_j \leqslant d$. 为简单起见, 定义函数 $h: \mathbb{Z}_p^m \rightarrow$

$\mathbb{Z}_p^l$, 将输入 $\boldsymbol{x}$ 扩展为向量 $(h_1(\boldsymbol{x}), \cdots, h_l(\boldsymbol{x}))$: 对于所有的 $1 \leqslant j \leqslant l$, 记 $j = (i_1, \cdots, i_m)(0 \leqslant i_k \leqslant d)$, $h_j(\boldsymbol{x}) = (x_1^{i_1} \cdots x_m^{i_m})$. 因此, 可以将多项式写为: $f(\boldsymbol{x}) = \langle \boldsymbol{f}, h(\boldsymbol{x}) \rangle = \sum_{j=1}^l f_j \cdot h_j(\boldsymbol{x})$, 其中 f_j 是系数. 假设 $\mathbb{G}_1$, $\mathbb{G}_2$, $\mathbb{G}_T$ 是三个阶为大素数 p 的循环群, 有双线性映射 $e : \mathbb{G}_1 \times \mathbb{G}_2 \to \mathbb{G}_T$. 设 $\boldsymbol{R} \in \mathbb{G}_1^l$ 是一个随机群元素的 l 维向量. 定义 $\text{Poly}(\boldsymbol{R}, \boldsymbol{x}) = \prod_{j=1}^l R_j^{h_j(\boldsymbol{x})}$. 该方案 VC_{Poly} 一般适用于如上所述的任何函数族 $\mathcal{F}$, 其中存在一个 PRF, 相对于 $\text{Poly}(\boldsymbol{R}, \boldsymbol{x})$ 具有封闭式效率且范围 $\mathcal{Y} = \mathbb{G}_1$. 方案 VC_{Poly} 具体描述如下:

(1) $\text{KeyGen}(1^\lambda, f)$: 输入安全参数 λ, 生成双线性群 $(p, g_1, g_2, \mathbb{G}_1, \mathbb{G}_2, \mathbb{G}_T, e) \xleftarrow{\$} \mathcal{G}(1^\lambda)$ 和一个 PRF 的密钥 $K \xleftarrow{\$} \text{PRF.KG}(1^\lambda, \lceil \log d \rceil, m)$ 且 $K \in \mathbb{G}_1$. 选择一个随机的 $\alpha \xleftarrow{\$} \mathbb{Z}_p$, 计算 $W_i = g_1^{\alpha \cdot f_i} \cdot F_K(i), \forall i = 1, \cdots, l$, 设 $\boldsymbol{W} = (W_1, \cdots, W_l) \in \mathbb{G}_1^l$. 输出 $EK_f = (f, \boldsymbol{W}), PK_f = e(g_1, g_2)^\alpha, SK_f = K$.

(2) $\text{ProbGen}(PK_f, SK_f, \boldsymbol{x})$: 输出 $\sigma_x = \boldsymbol{x}$, $VK_x = e(\text{PRF.CFEval}_{\text{Poly}}(K, h(\boldsymbol{x})), g_2)$.

(3) $\text{Compute}(EK_f, \sigma_x)$: 设 $EK_f = (f, \boldsymbol{W})$, $\sigma_x = \boldsymbol{x}$. 计算 $y = f(\boldsymbol{x}) = \sum_{i=1}^l f_i \cdot h_i(\boldsymbol{x})$, $V = \prod_{i=1}^l W_i^{h_i(\boldsymbol{x})}$, 返回 $\sigma_y = (y, V)$.

(4) $\text{Verify}(PK_f, VK_x, \sigma_y)$: 设 σ_y 为 (y, V). 如果 $e(V, g_2) = (PK_f)^y \cdot VK_x$, 则输出 y; 否则, 输出 $\perp$.

5.3   密码基础运算的安全外包

模指数和双线性对等密码运算是基于离散对数的密码系统中的基本运算. 在某些计算资源受限的设备 (如智能卡、无线传感器等) 中, 这些基本运算的计算负荷极大地限制了相应密码方案的应用. 密码基础运算的安全外包技术的关键之处在于如何对相应的参数进行不同技巧的逻辑拆分和盲化, 以实现输入和输出结果的隐私性. 为了安全地将密码基础运算外包给云服务器, 首先要对计算的输入进行逻辑拆分和盲化, 使得要计算的模指数或双线性对可以表示成若干中间结果的乘积: 这些中间结果要么是云服务器的计算值, 要么是用户预计算并存储的值. 这样可以保证云服务器不能获得关于输入和输出的任何信息. 图 5.2 给出了密码基础运算的安全外包模型图, 这里考虑两个云服务器互相不勾结. 本章将详细介绍模指数和双线性对的安全外包方案.

5.3.1   安全定义

在密码基础运算的安全外包中, 假设密码算法为 Alg, 资源受限的用户 T 要将计算任务安全地外包给不可信的服务器 U. (T, U) 满足以下条件: ① T 和 U 共同完成算法 Alg, 如 $\text{Alg} = T^U$. ② 假设用一个恶意的 U' 代替 U, U' 为 T 供预言机询问. U' 能够记录在一段时间内的所有计算信息, 且每次它被调用时, 总是试图进行恶意的行为. 即使这样 U' 也无法获得任何它所感兴趣的关于 $\text{Alg} = T^U$ 的输入和输出信息, 则 (T, U) 实现密码基础运算 Alg 的安全外包.

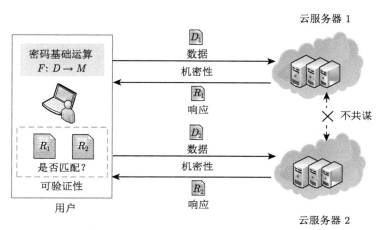

图 5.2　密码基础运算的安全外包模型

算法 Alg 的输入可划分三个逻辑分类: ① 保密的: 消息仅对 T 公开, 如一个密钥或一段明文, 对 E 和 U' 是保密的, 其中 E 是敌手提交选择的输入到算法 Alg 的敌手环境; ② 受保护的: 消息仅对 E 和 T 公开, 对 U' 是保密的; ③不受保护的: 消息对 T, E 和 U' 都是公开的 (如时间戳). 同时, Alg 的输出也有保密的、受保护和不受保护三类. 此外, 关于输入的分类还可以根据输入的生成是否合法或恶意来分类. 下面给出外包输入/输出的正式定义.

定义 5.6　带有外包输入/输出的算法 (Algorithm with Outsource-I/O)　假设算法 Alg 具有五个输入和三个输出, 其输入和输出满足: 前三个输入由可信方产生, 根据敌手 $\mathcal{A} = (E, U')$ 所拥有这些输入的信息量多少进行分类. 第一个为诚实、秘密的输入, E 和 U 都不知道; 第二个为诚实、受保护的输入, 这个输入 E 和 U 都知道; 第三个为诚实的但不受保护的输入. 此外, 还有由 E 产生的两个恶意选择的输入: 敌手、受保护的输入, 这个输入 E 知道, 但是 U' 是不知道的; 不受保护的输入, E 和 U 都知道. 类似, 第一个输出称为保密的, E 和 U' 都不知道; 第二个输出是受保护的, E 知道而 U' 不知道; 第三个输出是不受保护的, 敌手 $\mathcal{A}$ 的各个组成部分都知道. 则说算法 Alg 遵守外包输入/输出规则.

定义 5.7　外包安全 (Outsource-security)　假设 Alg 是带有外包输入/输出的算法. (T, U) 若满足以下条件, 则称它为算法 Alg 的一个安全外包实现.

(1) 正确性: T^U 是算法 Alg 的正确输出.

(2) 安全性: 对所有的概率多项式时间敌手 $\mathcal{A} = (E, U')$, 存在概率多项式时

间模拟 $\mathcal{A} = (S_1, S_2)$ 使得下面随机变量对是计算上不可区分.

(a) Pair One. $\mathrm{EVIEW_{real}} \sim \mathrm{EVIEW_{real}}$.

● 敌手环境 E 通过以下真实过程的模拟实现:

$$\mathrm{EVIEW^i_{real}} = \{(\mathrm{istate}^i, x^i_{hs}, x^i_{hp}, x^i_{hu}) \leftarrow I(1^k, \mathrm{istate}^{i-1});$$

$$(\mathrm{estate}^i, j^l, x^i_{ap}, x^i_{au}, \mathrm{stop}^i) \leftarrow E(1^k, \mathrm{EVIEW^{i-1}_{real}}, x^i_{hp}, x^i_{hu});$$

$$(\mathrm{tstate}^i, \mathrm{ustate}^i, y^i_s, y^i_p, y^i_u) \leftarrow$$

$$T^{U'(\mathrm{ustate}^{i-1})}(\mathrm{tstate}^{i-1}, x^{j^i}_{hs}, x^{j^i}_{hp}, x^{j^i}_{hu}, x^i_{ap}, x^i_{au}) : (\mathrm{estate}^i, y^i_p, y^i_u)\}$$

如果 $\mathrm{stop}^i = \mathrm{TRUE}$, $\mathrm{EVIEW_{real}} = \mathrm{EVIEW^i_{real}}$.

真实过程是逐轮运行的. 在第 i 轮中, 诚实的输入 $(x^i_{hs}, x^i_{hp}, x^i_{hu})$ 从一个诚实、稳定的过程 I 获得, 对敌手环境 E 是保密的. 对于 E, 它在最后一轮能够选择以下值: ① 变量 estate^i 记录它下次被调用时的值; ② 生成诚实输入 $(x^i_{hs}, x^i_{hp}, x^i_{hu})$ 给 $T^{U'}$; ③ 敌手、受保护的输入 x^i_{ap}; ④ 敌手、不受保护的输入 x^i_{au}; ⑤ 布尔变量 stop^i, 确定是否为最后一轮. 接下来算法 $T^{U'}$ 根据输入 $(\mathrm{tstate}^{i-1}, x^{j^i}_{hs}, x^{j^i}_{hp}, x^{j^i}_{hu}, x^i_{ap}, x^i_{au})$ 运行, 其中, tstate^{i-1} 是 T 前面所保存的输入. 并为 T 生成新的状态 tstate^i, 秘密值 y^i_s, 受保护值 y^i_p, 以及不受保护值 y^i_u. 给定预言机 U' 值 ustate^{i-1} 作为它的输入, U' 的状态保存在变量 ustate^i 中. 对于真实的过程, 第 i 轮由 $\mathrm{estate}^i, y^i_p, y^i_u$ 组成.

● 理想过程:

$$\mathrm{EVIEW^i_{ieal}} = \{(\mathrm{istate}^i, x^i_{hs}, x^i_{hp}, x^i_{hu}) \leftarrow I(1^k, \mathrm{istate}^{i-1});$$

$$(\mathrm{estate}^i, j^i, x^i_{ap}, x^i_{au}, \mathrm{stop}^i) \leftarrow E(1^k, \mathrm{EVIEW^{i-1}_{ieal}}, x^i_{hp}, x^i_{hu});$$

$$(\mathrm{astate}^i, \mathrm{ustate}^i, y^i_s, y^i_p, y^i_u) \leftarrow \mathrm{Alg}(\mathrm{astate}^{i-1}, x^{j^i}_{hs}, x^{j^i}_{hp}, x^{j^i}_{hu}, x^i_{ap}, x^i_{au});$$

$$(\mathrm{sstate}^i, \mathrm{ustate}^{i-1}, Y^i_p, Y^i_u, \mathrm{rep}^i) \leftarrow$$

$$S_1^{U'(\mathrm{ustate}^{i-1})}(\mathrm{sstate}^{i-1}, \cdots, x^{j^i}_{hp}, x^{j^i}_{hu}, x^i_{ap}, x^i_{au}, y^i_p, y^i_u); (z^i_p, z^i_u) =$$

$$\mathrm{rep}^i(Y^i_p, Y^i_u) + (1 - \mathrm{rep}^i)(y^i_p, y^i_u) : (\mathrm{estate}^i, z^i_p, z^i_u)\}$$

如果 $\mathrm{stop}^i = \mathrm{TRUE}$, $\mathrm{EVIEW_{ieal}} = \mathrm{EVIEW^i_{ieal}}$.

理想过程同样逐轮进行. 在理想过程中, 状态模拟器 S_1, 它不知道秘密输入 x^i_{hs}, 但是第 i 轮它运行所有的输入时, 给定它的是算法 Alg 的非秘密输出. S_1 确定输出 Alg 生成的值 (y^i_p, y^i_u) 或者是用其他的值 (Y^i_p, Y^i_u) 替代它们. 可知, 变量 rep^i 决定是否用 Y^i_p 替代 y^i_p.

(b) Pair two. $\mathrm{UVIEW_{real}} \sim \mathrm{UVIEW_{ieal}}$.

- 不可信 U' 可根据运行由上述 Pair one 描述的真实过程获得信息. $\mathrm{UVIEW}_{\mathrm{real}} = (\mathrm{ustate}^i, y_u^i)$, 如果 $\mathrm{stop}^i = \mathrm{TRUE}$.
  - 理想过程:

$$\mathrm{UVIEW}_{\mathrm{ieal}}^i = \{(\mathrm{istate}^i, x_{hs}^i, x_{hp}^i, x_{hu}^i) \leftarrow I(1^k, \mathrm{istate}^{i-1});$$

$$(\mathrm{estate}^i, j^i, x_{ap}^i, x_{au}^i, \mathrm{stop}^i) \leftarrow E(1^k, \mathrm{estate}^{i-1}, x_{hp}^i, x_{hu}^i, y_p^{i-1}, y_u^{i-1});$$

$$(\mathrm{astate}^i, y_s^i, y_p^i, y_u^i) \leftarrow \mathrm{Alg}(\mathrm{astate}^{i-1}, x_{hs}^{j^i}, x_{hp}^{j^i}, x_{hu}^{j^i}, x_{ap}^i, x_{au}^i);$$

$$(\mathrm{sstate}^i, \mathrm{ustate}^i) \leftarrow S_2^{U'(\mathrm{ustate}^{i-1})}(\mathrm{sstate}^{i-1}, x_{hu}^{j^i}, x_{au}^i, y_u^i) : (\mathrm{ustate}^i, y_u^i)\}$$

如果 $\mathrm{stop}^i = \mathrm{TRUE}$, $\mathrm{UVIEW}_{\mathrm{ieal}} = \mathrm{UVIEW}_{\mathrm{ieal}}^i$.

5.3.2 模指数的安全外包

模指数运算是现代密码学中最基本的核心运算, 目前仅有的两类安全实用的公钥密码体制 (基于整数分解密码体制和基于离散对数密码体制) 都必须使用模指数运算. 图灵奖得主 Shafi Goldwasser 和 Silvio Micali 指出: 模指数运算的效率决定了公钥密码体制的实用价值. 然而, 计算和存储资源受限设备通常无法承担大规模的模指数运算. 因此, 提出一种高效的方法来安全地将模指数运算外包给计算资源丰富的云服务器具有重要的实际意义.

1. 基于双服务器的模指数安全外包

Hohenberger 等[14] 提出了第一个安全的模指数外包方案, 用户需要对参数进行必要的逻辑拆分, 并分别发送给两个互不勾结的服务器进行运算. 根据两个服务器返回的数值, 用户能够以 1/2 的概率判断出结果的正确性. 下面给出 Hohenberger 等人方案的具体构造.

设素数 p, q 为全局参数. Exp 输入为 $a \in \mathbb{Z}_q$ 和 $u \in \mathbb{Z}_p^*$, 输出为 $u^a \bmod p$. Exp 的输入 a 可能是秘密的或受保护的; 它的输入 u 也受到保护; 它的输出总是保密的或受保护的. 所有 (秘密的/保护的) 输入在发送给 U_1 或 U_2 之前都是盲计算的.

(1) 为了使 (U_1, U_2) 实现这个功能, T 运行两次 Rand 1 来创建两个盲化密钥对 (α, g^α) 和 (β, g^β). 令 $v = g^\alpha \bmod p$ 和 $v^b = g^\beta \bmod p$, 其中 $b = \beta/\alpha$.

(2) 接下来的目标是将 u 和 a 进行逻辑拆分, 且可由 U_1 和 U_2 计算得出对应的部分. 第一个逻辑拆分如下:

$$u^a = (vw)^a = v^a w^a = v^b v^c w^a \bmod p$$

其中

$$w = u/v \bmod p \quad \text{和} \quad c = a - b \bmod p$$

这一步隐藏了 u, 并且 u^a 可以用随机数 v 和 w 表示. 接下来, T 必须隐藏指数 a. 为了实现这个目标, 随机选择两个盲因子 $d \in \mathbb{Z}_q$, $f \in G$. 第二个逻辑拆分是

$$v^b v^c w^a = v^b (fh)^c w^{d+e} = v^b f^c h^c w^d w^e \mod p$$

其中

$$h = v/f \mod p \text{ 和 } e = a - d \mod p$$

(3) 接下来, T 通过运行 Rand 1 得到 (t_1, g^{t_1}), (t_2, g^{t_2}), (r_1, g^{r_1}) 和 (r_2, g^{r_2}).

(4) T 以随机顺序查询 U_1:

$$U_1(d, w) \to w^d$$

$$U_1(c, f) \to f^c$$

$$U_1(t_1/r_1, g^{r_1}) \to g^{t_1}$$

$$U_1(t_2/r_2, g^{r_2}) \to g^{t_2}$$

并以随机顺序查询 U_2:

$$U_2(e, w) \to w^e$$

$$U_2(c, h) \to h^c$$

$$U_2(t_1/r_1, g^{r_1}) \to g^{t_1}$$

$$U_2(t_2/r_2, g^{r_2}) \to g^{t_2}$$

(5) 所有对 U_1 的查询都可以发生在对 U_2 的查询之前. 最后, T 检查对 U_1 和 U_2 的测试, 查询是否产生了正确的输出 (即 g^{t_1} 和 g^{t_2}). 如果不是, T 输出 "Error", 否则, 它将 U_1, U_2 的实际输出和 v^b 相乘来计算 u^a 如下:

$$v^b f^c h^c w^d w^e = v^{b+c} w^{d+e} = v^a w^a = (vw)^a = u^a \mod p$$

2. 高效的基于双服务器的模指数安全外包

Chen 等[15,16] 基于新的分拆技巧, 打破了已有方案中验证值与计算值之间的独立性, 将参与验证的数据部分作为计算的值, 实现了更加高效的双服务器模指数安全外包, 使得用户能以 2/3 的概率对计算结果进行正确性验证. 其本质的技巧是借助于囚徒困境的思想, 即两个不勾结的服务器输出相同的错误计算结果的概率是可忽略的. 下面给出 Chen 等人模指数外包方案的具体构造.

假设 Exp 是一个基于单不可信服务器模型 (One-malicious Model) 的安全外包模指数方案, 它将计算模一个素数的指数运算. 在 Exp 中, 用户 T 将通过调

用子程序 Rand[14] 把模指数运算外包给两个云服务器 U_1 和 U_2 分别进行计算. 对算法 Exp 的基本要求是敌手 $\mathcal{A}$ 不能从算法 Exp 的输入和输出中获得任何有用的信息. 类似于文献 [14], 服务器 U_i 的输入为 (x, y), 输出为 $y^x \mod p$, 记为 $U_i(x, y) \to y^x$, 其中 $i = 1, 2$. 假设 p, q 是两个大素数, 且 $q|p-1$. 方案 Exp 的输入是 $a \in \mathbb{Z}_q^*$ 和 $u \in \mathbb{Z}_p^*$, 使得 $u^q = 1 \mod p$, 输出是 $u^a \mod p$. 注意到 a 是保密的或者是被保护的, u 可能是被保护的. a 和 u 的计算相对于服务器 U_1, U_2 来说是保密的.

(1) T 首先运行两次子程序 Rand 生成两个盲化的对 (α, g^α) 和 (β, g^β). 令 $v = g^\alpha \mod p$, $u = g^\beta \mod p$.

(2) 将 u 和 a 逻辑划分成两个看似随机的部分, U_1, U_2 分别计算如下:

$$u^a = (vu)^a = g^{a\alpha}w^\alpha = g^\beta g^\gamma w^a, \quad \text{其中 } w = u/v, \gamma = a\alpha - \beta$$

$$u^a = g^\beta g^\gamma w^a = g^\beta g^\gamma w^{k+l} = g^\beta g^\gamma w^k w^l, \quad \text{其中 } l = a - k$$

(3) T 运行子程序 Rand 生成三个对 (t_1, g^{t_1}), (t_2, g^{t_2}) 和 (t_3, g^{t_3}).

(4) T 以随机的顺序向 U_1 询问如下:

$$U_1(t_2/t_1, g^{t_1}) \to g^{t_2}$$

$$U_1(\gamma/t_3, g^{t_3}) \to g^\gamma$$

$$U_1(l, w) \to w^l$$

类似地, T 以随机的顺序向 U_2 询问如下:

$$U_2(t_2/t_1, g^{t_1}) \to g^{t_2}$$

$$U_2(\gamma/t_3, g^{t_3}) \to g^\gamma$$

$$U_2(k, w) \to w^k$$

(5) T 检查 U_1 和 U_2 的输出是否正确, 即 $g^{t_2} = U_1(t_2/t_1, g^{t_1}) = U_2(t_2/t_1, g^{t_1})$, $U_1(\gamma/t_3, g^{t_3}) = U_2(\gamma/t_3, g^{t_3})$. 如果不正确, 输出 "Error"; 否则, T 计算 $u^a = \mu g^\gamma w^k w^l$.

3. 基于双服务器的双模指数安全外包

双模指数在很多的密码原语如变色龙哈希函数[28-33] 和陷门承诺[33-37] 中起着很重要的作用. 通常, 双模指数的运算可以通过调用两次模指数运算程序得到计算结果. 但是, 这将会有 $3n$ MM 的计算开销, 其中 MM 为乘法运算, n 为 a 和 b 的比特长度. 下面给出 Chen 等人基于双服务器的双模指数安全外包方案 SExp 的具体构造.

假设 p, q 是两个大素数, 且 $q|p-1$. 给定任意两个底数 $u_1, u_2 \in \mathbb{Z}_p^*$ 和两个任意指数 $a, b \in \mathbb{Z}_p^*$, 且 u_1, u_2 的阶数为 q. 方案 SExp 的输出结果为 $u_1^a u_2^b \mod p$.

(1) T 首先运行两次子程序 Rand 生成两个盲化对 (α, g^α) 和 (β, g^β). 令 $v = g^\alpha \mod p$, $u = g^\beta \mod p$.

(2) 对 $u_1^a u_2^b$ 进行两次逻辑分割, U_1, U_2 分别计算如下:

第一次逻辑分割:

$$u_1^a u_2^b = (vw_1)^a (vw_2)^b = g^\beta g^\gamma w_1^a w_2^b$$

其中, $w_1 = u_1/v$, $w_2 = u_2/v$, $\gamma = (a+b)\alpha - \beta$.

第二次逻辑分割:

$$u_1^a u_2^b = g^\beta g^\gamma w_1^a w_2^b = g^\beta g^\gamma w_1^k w_1^l w_2^t w_2^s$$

其中, $l = a - k$ 和 $s = b - t$.

(3) T 运行子程序 Rand 生成三个对 (t_1, g^{t_1}), (t_2, g^{t_2}) 和 (t_3, g^{t_3}).

(4) T 以随机的顺序向 U_1 询问如下:

$$U_1(t_2/t_1, g^{t_1}) \to g^{t_2}$$

$$U_1(\gamma/t_3, g^{t_3}) \to g^\gamma$$

$$U_1(k, w_1) \to w_1^k$$

$$U_1(t, w_2) \to w_2^t$$

类似地, T 以随机的顺序向 U_2 询问如下:

$$U_2(t_2/t_1, g^{t_1}) \to g^{t_2}$$

$$U_2(\gamma/t_3, g^{t_3}) \to g^\gamma$$

$$U_2(l, w_1) \to w_1^l$$

$$U_2(s, w_2) \to w_2^s$$

(5) 最后, T 检查 U_1 和 U_2 的输出是否正确, 即 $g^{t_2} = U_1(t_2/t_1, g^{t_1}) = U_2(t_2/t_1, g^{t_1})$, $U_1(\gamma/t_3, g^{t_3}) = U_2(\gamma/t_3, g^{t_3})$. 如果不正确, 输出 "Error"; 否则, T 计算 $u^a = \mu g^\gamma w_1^k w_1^l w_2^t w_2^s$.

4. 基于双服务器的多模指数安全外包

Ren 等[17] 提出的基于双服务器的多模指数安全外包, 支持多模指数 $u_1^{a_1} u_2^{a_2}$ $\cdots u_n^{a_n} \mod p \ (n \geqslant 2)$ 的可验证安全外包计算. 下面给出 Ren 等人方案 VM-Exp 的具体构造.

设 p, q 是两个大素数且 $q|p-1$. 给定 n 个任意底 $u_1, u_2, \cdots, u_n \in \mathbb{Z}_p^*$ 和 n 个指数 $a_1, a_2, \cdots, a_n \in \mathbb{Z}_p^*$ 使得 $u_1, u_2, \cdots, u_n$ 的阶是 q. VMExp 方案的具体描述如下.

(1) T 首先运行 Rand 创建 4 对盲化二元组 $(\alpha, g^\alpha), (\beta, g^\beta), (t_1, g^{t_1}), (t_2, g^{t_2})$, 然后运行 Rand 创建两个盲化三元组 $(b, b^{-1}, g^{-b}), (c, c^{-1}, g^{-c})$, 令 $v = g^\alpha \mod p$, $\mu = g^\beta \mod p$.

(2) T 作如下划分:

$$u_1^{a_1} u_2^{a_2} \cdots u_n^{a_n} = (vw_1)^{a_1} (vw_2)^{a_2} \cdots (vw_n)^{a_n}$$
$$= g^{\alpha(a_1 + \cdots + a_n)} w_1^{a_1} \cdots w_n^{a_n}$$
$$= g^\beta g^\gamma w_1^{a_1} w_2^{a_2} \cdots w_n^{a_n}$$

其中 $w_1 = v_1/v, w_2 = v_2/v, \cdots, w_n = v_n/v, \gamma = [(a_1 + \cdots + a_n)\alpha - \beta] \mod q$.

(3) T 随机选择 $i \in \{1, 2, \cdots, n\}$, 并按如下方式随机查询 U_1:

$$U_1(b/t_1, w_i g_1^t) \to D_{111} = w_i^{b/t_1} g^b$$

$$U_1\left(b/t_1, \left(\prod_n^{j=1, j \neq i} w_j\right) g_1^t\right) \to D_{112} = \left(\prod_n^{j=1, j \neq i} w_j\right)^{b/t_1} g^b$$

类似地, T 按随机顺序查询 U_2:

$$U_2\left(c/t_1, w_i g_1^t\right) \to D_{211} = w_i^{c/t_1} g^c$$

$$U_2\left(c/t_1, \left(\prod_n^{j=1, j \neq i} w_j\right) g_1^t\right) \to D_{212} = \left(\prod_n^{j=1, j \neq i} w_j\right)^{c/t_1} g^c$$

(4) T 分别从 U_1 和 U_2 接收 D_{111}, D_{112} 和 D_{211}, D_{212} 计算:

$$w_i^{b/t_1} g^b = D_{111} g^{-b}, \quad \left(\prod_{j=1, j \neq i}^n w_j\right)^{b/t_1} = D_{112} g^{-b}$$

$$w_i^{c/t_1} g^b = D_{211} g^{-c}, \quad \left(\prod_{j=1, j \neq i}^n w_j\right)^{c/t_1} = D_{212} g^{-c}$$

然后 T 以随机顺序查询 U_1:

$$U_1\left(\gamma/t_2, g^{t_2}\right) \rightarrow D_{12} = g^{\gamma}$$

$$U_1\left(a_1 - c/t_1, w_1\right) \rightarrow D_{131} = w_1^{a_1 - c/t_1}$$

$$\cdots\cdots$$

$$U_1\left(\frac{a_i t_1}{c}, w_i^{c/t_1}\right) \rightarrow D_{13i} = w_i^{a_i}$$

$$U_1\left(a_n - c/t_1, w_n\right) \rightarrow D_{13n} = w_n^{a_n - \frac{c}{t_1}}$$

类似地, T 按随机顺序查询 U_2 :

$$U_2\left(\gamma/t_2, g^{t_2}\right) \rightarrow D_{22} = g^{\gamma}$$

$$U_2\left(a_1 - b/t_1, w_1\right) \rightarrow D_{231} = w_1^{a_1 - c/t_1}$$

$$\cdots\cdots$$

$$U_2\left(\frac{a_i t_1}{b}, w_i^{b/t_1}\right) \rightarrow D_{23i} = w_i^{a_i}$$

$$U_2\left(a_n - b/t_1, w_n\right) \rightarrow D_{13n} = w_n^{a_n - b/t_1}$$

(5) T 计算:

$$D_{13} = D_{131} \cdots D_{13i} \cdots D_{13n} \left(\prod_{j=1, j\neq i}^{n} w_j\right)^{c/t_1}$$

$$= w_1^{a_1 - c/t_1} \cdots w_i^{a_i} \cdots w_n^{a_n - c/t_i} \left(\prod_{j=1, j\neq i}^{n} w_j\right)^{c/t_1}$$

$$= w_1^{a_1} w_2^{a_2} \cdots w_n^{a_n}$$

$$D_{23} = D_{231} \cdots D_{23i} \cdots D_{23n} \left(\prod_{j=1, j\neq i}^{n} w_j\right)^{b/t_1}$$

$$= w_1^{a_1 - b/t_1} \cdots w_i^{a_i} \cdots w_n^{a_n - b/t_i} \left(\prod_{j=1, j\neq i}^{n} w_j\right)^{b/t_1}$$

$$= w_1^{a_1} w_2^{a_2} \cdots w_n^{a_n}$$

然后, 验证 $D_{12} = D_{22}$, $D_{13i} = D_{23i}$, $D_{13} = D_{23}$. 如果不相等, T 输出 "Error"; 否则, T 计算

$$u_1^{a_1} u_2^{a_2} \cdots u_n^{a_n} = g^\beta g^\gamma w_1^{a_1} w_2^{a_2} \cdots w_n^{a_n} \mod p$$

事实上, 外包多模指数 $u_1^{a_1} u_2^{a_2} \cdots u_n^{a_n}$ 可以通过调用求 n 次单模指数 u^a 来执行, 这需要云服务器执行 $13n$ 个模乘操作和 $3n$ 个模逆操作, 其中 VMExp 方案仅需要 $4n + 13$ 个模乘操作和 3 个模逆操作. 因此, 在 $n \geqslant 2$ 的情况下, VMExp 方案比直接调用单模指数更高效.

5. 基于单服务器的多模指数安全外包

Wang 等[18] 提出基于单服务器的多模指数安全外包方案. 在文献 [15] 和 [16] 中, 子程序 Rand 用于生成随机对. 每次调用 Rand 时, 将素数 p, $g \in \mathbb{Z}_p^*$ 作为输入, 并为某个 $g \in_R \mathbb{Z}_p^*$ 输出一个随机的且独立的对 $(a, g^a \mod p)$. 为了安全起见, Rand 输出的分布在计算上应与真正随机的输出区分开. 有两种方法可以实现此子程序. 一种是使用受信任的服务器为 T 生成多个随机对和独立对, 另一种是让 T 通过使用 EBPV 生成器生成随机对[38].

该方案提供了两个生成随机对的预处理子程序, 分别是 BPV$^+$ 和 SMBL. 它们都将一个阶为素数 p 的循环群 $\mathbb{G} = \langle g \rangle$ 和一些其他值作为输入, 并输出一个随机且独立的对 (a, g^a). 此外, 这些子程序维护两个表, 即一个静态表 ST 和一个动态表 DT. 预处理子程序 BPV$^+$ 和 SMBL 具体描述如下:

(1) BPV$^+$ 程序: BPV$^+$ 源于 BPV 生成器[39], 即完全脱机运行 BPV 或 EBPV 生成器. BPV$^+$ 程序的具体描述如下:

• ST: T 选择 n 个随机数 $\beta_1, \cdots, \beta_n \in \mathbb{Z}_p^*$, 计算 $v_i = g^{\beta_i}$ 且 $i \in [1, n]$. T 存储 n 对 (β_i, v_i) 在静态表 ST 中.

• DT: T 维持一个动态表 DT, 其中每个元素 (α_j, μ_j) 产生如下. T 选择一个随机子集 $\mathbb{S} \subseteq \{1, \cdots, n\}$ 且 $|\mathbb{S}| = k$, 计算 $\alpha_j = \sum_{i \in \mathbb{S}} \beta_i \mod p$. 如果 $\alpha_j \neq 0 \mod p$, 然后计算 $\mu_i = \prod_{i \in \mathbb{S}} v_i$; 否则, 请重复此步骤, 每次调用 BPV$^+$ 时, T 只会选择一个对 (α, μ) 并将其从 DT 中删除, 然后在空闲时间补充一些新的随机对.

(2) SMBL 程序: 标准乘法基表 (SMBL) 可以产生随机对, 具体描述如下:

• ST: T 计算 $v_i = g^{2^i}$ 且 $i \in \{0, \cdots, \lceil \log p \rceil\}$. 在静态表 ST 中存储对 (i, v_i). 实际上, $v_i = v_{i-1} \cdot v_{i-1}$ 且 $i \in \{0, \cdots, \lceil \log p \rceil\}$.

• DT: T 维护一个动态表 DT, 其中每个元素 (α_j, μ_j) 产生如下. T 选择一个随机值 $\alpha_j \in \mathbb{Z}_p^*$, 用 $\alpha_{i,j}$ 表示第 i 个. 用 $\mathbb{A} \in \{0, \cdots, \lceil \log p \rceil\}$ 表示使得 $\alpha_{i,j} = 1$ 的 i 的集合. 计算 $\mu_j = \prod_{i \in \mathbb{A}} v_j$. 在每次调用 SMBL 时, T 只是选择一对 (α, μ) 并将其从 DT 中删除, 然后再补充一些新的随机对.

具体方案描述   设 $\mathbb{G}$ 是阶为素数 p 的循环群, g 是生成元. GExp 方案输入 $a_{i,j} \in_R \mathbb{Z}_p$ 和 $u_{i,j} \in_R \mathbb{G}_p (1 \leqslant i \leqslant r, 1 \leqslant j \leqslant s)$, 输出 $\left(\prod_{j=1}^s u_{1,j}^{a_{1,j}}, \cdots, \prod_{j=1}^s u_{r,j}^{a_{r,j}} \right)$, 即

$$\mathrm{GExp}\left((a_{1,1}, \cdots, a_{1,s}; u_{1,1}, \cdots, u_{1,s}), \cdots, (a_{r,1}, \cdots, a_{r,s}; u_{r,1}, \cdots, u_{r,s}) \right)$$

$$\rightarrow \left(\prod_{j=1}^s u_{1,j}^{a_{1,j}}, \cdots, \prod_{j=1}^s u_{r,j}^{a_{r,j}} \right)$$

其中, $\{a_{i,j} : 1 \leqslant i \leqslant r, 1 \leqslant j \leqslant s\}$ 可能是秘密的或受保护的, $\{u_{i,j} : 1 \leqslant i \leqslant r, 1 \leqslant j \leqslant s\}$ 是可能受到保护, 且 $(\prod_{j=1}^s u_{1,j}^{a_{1,j}} : 1 \leqslant i \leqslant r)$ 可能是秘密或受到保护的. 方案具体步骤如下:

(1) T 调用算法 BPV$^+$ 或 SMBL 生成四对 $(\alpha_1, \mu_1), \cdots, (\alpha_4, \mu_4)$, 其中 $\mu_i = g^{\alpha_i}$. 取一个随机值 χ 且 $\chi \geqslant 2^\lambda$, 其中 λ 是安全参数, 如 $\lambda = 64$. 对于每一对 (i,j), 使 $1 \leqslant i \leqslant r$ 且 $1 \leqslant j \leqslant s$, 取一个随机数 $b_{i,j} \in_R \mathbb{Z}_p^*$ 计算以下值:

$$- c_{i,j} = a_{i,j} - b_{i,j}\chi \mod p$$

$$- w_{i,j} = u_{i,j}/\mu_1$$

$$- h_{i,j} = u_{i,j}/\mu_3$$

$$- \theta_i = \left(\alpha_1 \sum_{j=1}^s b_{i,j} - \alpha_2 \right) \chi + \left(\alpha_3 \sum_{j=1}^s c_{i,j} - \alpha_4 \right) \mod p$$

(2) T 调用 BPV$^+$ 或 SMBL 获取 $(t_1, g^{t_1}), \cdots, (t_{r+2}, g^{t_{r+2}})$ 按随机顺序查询服务器 U:

$$U(\theta_i/t_i, g^{t_i}) \rightarrow B_i, \text{对于每个 } i \ (1 \leqslant i \leqslant r)$$

$$U(\theta/t_{r+1}, g^{t_{r+1}}) \rightarrow A, \text{其中 } \theta = t_{r+2} - \sum_{i=1}^r \theta_i \mod p$$

$$U(b_{i,j}, w_{i,j}) \rightarrow C_{i,j}, \text{对于每个 } i,j \ (1 \leqslant i \leqslant r, 1 \leqslant j \leqslant s)$$

$$U(c_{i,j}, h_{i,j}) \rightarrow D_{i,j}, \text{对于每个 } i,j \ (1 \leqslant i \leqslant r, 1 \leqslant j \leqslant s)$$

(3) T 检查 $A \cdot \prod_r^{i=1} \stackrel{?}{=} g^{t_{t+2}}$. 如果成立, 计算结果如下:

$$\prod_{j=1}^s u_{i,j}^{a_{i,j}} = \left(\mu_2 \prod_{j=1}^s C_{i,j} \right)^\chi B_i \mu_4 \prod_{j=1}^s D_{i,j}, \quad 1 \leqslant i \leqslant r$$

否则, 表示 U 产生了错误的响应, T 输出 "Error".

5.3.3 双线性对的安全外包

假设 $\mathbb{G}_1$, $\mathbb{G}_2$ 和 $\mathbb{G}_T$ 分别是阶为素数 p 的循环群, 其中 g_1 和 g_2 分别是循环群 $\mathbb{G}_1$, $\mathbb{G}_2$ 的生成元, 双线性映射为 $e: \mathbb{G}_1 \times \mathbb{G}_2 \to \mathbb{G}_T$. 一个资源有限的可信实体用户 T 目标将双线性对 $e(A, B)$ 计算任务安全地外包给一个计算和存储资源更丰富的不可信实体云服务器 U, 同时满足: ①云服务器对 A 和 B 一无所知; ②当云服务器计算作弊时, 用户能够以高概率检测出来.

1. 基于单服务器的双线性对安全外包

Chevallier-Mames 等[19] 首次研究了双线性对安全外包问题, 并提出了一个简单的椭圆曲线双线性对安全外包方案, 该方案是第一个基于单不可信服务器模型 (one-malicious model) 的双线性对外包方案, 且该方案中用户能够以 100% 的概率检测出云服务器的作弊行为. 虽然在该方案中资源受限的用户必须在本地执行计算量较大的点乘和幂运算, 无法达到性能最优的安全外包, 但该方案对设计新的双线性对安全外包方案仍具有较高的参考价值. 下面给出 Chevallier-Mames 等人方案的具体构造.

(1) T 随机生成 $h_1 \in \mathbb{Z}_p$, $h_2 \in \mathbb{Z}_p$, 并向 U 查询以下式子:

$$\alpha_1 = e(A + h_1 \cdot g_1, g_2), \quad \alpha_2 = e(g_1, B + h_2 \cdot g_2)$$

$$\alpha_3 = e(A + h_1 \cdot g_1, B + h_2 \cdot g_2)$$

(2) T 检查 $\alpha_1, \alpha_2, \alpha_3 \in \mathbb{G}_T$, 在 $i = 1, 2, 3$ 时, 检查 $(\alpha_i)^p = 1$. 如果不是, T 输出 $\perp$ 并中止.

(3) T 计算 $e(A, B)$ 的值:

$$e_{AB} = \alpha_1^{-h_2} \cdot \alpha_2^{-h_1} \cdot \alpha_3 \cdot e(g_1, g_2)^{h_1 h_2}$$

(4) T 生成随机值 $a_1, r_1, a_2, r_2 \in \mathbb{Z}_p$ 并查询以下对:

$$\alpha_4 = e(a_1 \cdot A + r_1 \cdot g_1, a_2 \cdot B + r_2 \cdot g_2)$$

(5) T 计算:

$$\alpha_4' = (e_{AB})^{a_1 a_2} \cdot (\alpha_1)^{a_1 r_2} \cdot (\alpha_2)^{a_2 r_1} \cdot e(g_1, g_2)^{r_1 r_2 - a_1 h_1 r_2 - a_2 h_2 r_1}$$

检查 $\alpha_4' = \alpha_4$. 如果上式成立, T 输出 e_{AB}; 否则, 输出 $\perp$.

2. 基于双服务器的双线性对安全外包

Chen 等[20] 提出了一个新的双线性对外包方案, 用户端不需要进行任何复杂运算, 从而实现高效的双线性对安全外包. 下面给出 Chen 等人的双线性对安全外包方案 Pair.

该方案中调用了 Rand 子程序用于加速计算. 其中, Rand 的输入阶为素数 p 的群 $\mathbb{G}_1$ 和 $\mathbb{G}_2$ 的元素、双线性对 e 和一些可能的随机值; 每次调用后的输入为随机的六元组 $(V_1, V_2, v_1V_1, v_2V_1, v_2V_2, e(v_1V_1, v_2V_2))$, 其中, $v_1, v_2 \in_R \mathbb{Z}_q^*$, $V_1 \in_R \mathbb{G}_1$, $V_2 \in_R \mathbb{G}_2$. 在方案中, 用户 T 通过调用子程序 Rand 外包双线性对运算给 U_1, U_2. 而敌手不能从 Pair 中获得任何有效的信息. Pair 的输入是两个随机的点 $A \in \mathbb{G}_1$, $B \in \mathbb{G}_2$, Pair 的输出是 $e(A, B)$. 注意到 A 和 B 是保密的或受保护的且 $e(A, B)$ 也是保密的或受保护的. A 和 B 的计算对 U_1 和 U_2 是盲化的. 用 $U_i(\Lambda_1, \Lambda_2) \to e(\Lambda_1, \Lambda_2)$ 表示 U_i 的输入为 (Λ_1, Λ_2), 输出为 $e(\Lambda_1, \Lambda_2)$, 其中 $i = 1, 2$. Pair 方案描述如下:

(1) T 首先运行 Rand 生成一个盲化的六元组 $(V_1, V_2, v_1V_1, v_2V_1, v_2V_2, e(v_1V_1, v_2V_2))$, 令 $\lambda = e(v_1V_1, v_2V_2)$.

(2) Pair 的主要目标是将 A 和 B 分割成看似随机的两个部分, 让服务器 U_1, U_2 进行计算. 不失一般性, 令 $\alpha_1 = e(A + v_1V_1, B + v_2V_2)$, $\alpha_2 = e(A + V_1, v_2V_2)$, $\alpha_3 = e(v_1V_1, B + V_2)$. 注意到

$$\alpha_1 = e(A, B)e(A, v_2V_2)e(v_1V_1, B)e(v_1V_1, v_2V_2)$$

$$\alpha_2 = e(A, v_2V_2)e(V_1, v_2V_2)$$

$$\alpha_3 = e(v_1V_1, B)e(v_1V_1, V_2)$$

因此, $e(A, B) = \alpha_1 \alpha_2^{-1} \alpha_3^{-1} \lambda^{-1} e(V_1, V_2)^{V_1 + V_2}$.

(3) T 运行 Rand 获得两个新的六元组:

$$(X_1, X_2, x_1X_1, x_2X_1, x_2X_2, e(x_1X_1, x_2X_2))$$

和

$$(Y_1, Y_2, y_1Y_1, y_2Y_1, y_2Y_2, e(y_1Y_1, y_2Y_2))$$

(4) T 以随机的顺序向 U_1 询问如下:

$$U_1(A + v_1V_1, B + v_2V_2) \to e(A + v_1V_1, B + v_2V_2) = \alpha_1$$

$$U_1(v_1V_1 + v_2V_1, V_2) \to e(V_1, V_2)^{V_1 + V_2}$$

$$U_1(x_1X_1, x_2X_2) \to e(x_1X_1, x_2X_2)$$

$$U_1(y_1Y_1, y_2Y_2) \to e(y_1Y_1, y_2Y_2)$$

类似地, T 以随机的顺序向 U_2 询问如下:

$$U_2(A + V_1, v_2V_2) \to e(A + V_1, v_2V_2) = \alpha_2$$

$$U_2(v_1V_1, B + V_2) \to e(v_1V_1, B + V_2) = \alpha_3$$

$$U_2(x_1X_1, x_2X_2) \to e(x_1X_1, x_2X_2)$$

$$U_2(y_1Y_1, y_2Y_2) \to e(y_1Y_1, y_2Y_2)$$

(5) 最后, T 检查 U_1 和 U_2 是否正确输出. 即 $e(x_1X_1, x_2X_2)$, $e(y_1Y_1, y_2Y_2)$ 为测试询问. 如果不是正确输出, 则 T 输出 "Error"; 否则, T 计算 $e(A, B) = \alpha_1\alpha_2^{-1}\alpha_3^{-1}\lambda^{-1}e(V_1, V_2)^{V_1+V_2}$.

3. 高效的基于双服务器的双线性对安全外包

Tian 等[40] 进一步提出了两个双线性对安全外包方案. 第一个方案在双服务器的单恶意模型假设下实现更有效的具有 1/2 校验率的安全外包; 第二个方案实现在双不可信模型下更灵活和更高可校验性的安全外包.

方案一 $U_i(R, Q) \to e(R, Q), i \in \{1, 2\}$ 表示 U_i 将 (R, Q) 作为输入并输出 $e(R, Q)$. T 表示计算资源受限的用户. 系统参数包括 $(\mathbb{G}_1, \mathbb{G}_2, \mathbb{G}_T, e, q, P_1, P_2)$. 方案一的输入 $A \in \mathbb{G}_1, B \in \mathbb{G}_2$. 方案一的输出预计为 $e(A, B)$, 方案执行如下:

(1) Init: T 调用 Rand A 来获取随机值

$$(x_1P_1, x_3P_1, x_1x_2^{-1}x_5P_1, x_7P_1, x_1^{-1}x_2P_2, x_4P_2, x_1^{-1}x_6P_2, x_8P_2, e(P_1, P_2)^{x_3+x_4-x_2})$$

(2) Computation: T 以随机顺序查询 U_1:

$$U_1(A + x_1P_1, B + x_1^{-1}x_2P_2) \to \alpha_1$$

$$U_1(x_3P_1, x_4P_2) \to \alpha_2$$

类似地, T 以随机顺序查询 U_2:

$$U_2(A + x_1x_2^{-1}x_5P_1, -x_1^{-1}x_2P_2) \to {\alpha_1}'$$

$$U_2(-x_1P_1, B + x_1^{-1}x_6P_2) \to {\alpha_2}'$$

$$U_2(x_3P_1, x_4P_2) \to {\alpha_3}'$$

$$U_2(x_7P_1, x_8P_2) \to {\alpha_4}'$$

(3) Recover: T 检查等式 $\alpha_2 = \alpha_3'$ 和 $e(P_1, P_2)^{x_7 x_8} = \alpha_4'$. 如果等式成立, 计算 $e(A, B) = \alpha_1 \alpha_1' \alpha_2' e(P_1, P_2)^{x_5 + x_6 - x_2}$; 否则, T 输出 "Error".

方案二　方案二实现在双不可信模型下更灵活和更高可校验性的双线性对安全外包, 具体描述如下:

(1) Init: T 两次调用 Rand B 来获取值

$$(x_1 P_1, x_1 x_2^{-1} x_3 P_1, x_1^{-1} x_2 P_2, x_1^{-1} x_4 P_2, e(P_1, P_2)^{x_3 + x_4 - x_2})$$

$$(x_1' P_1, x_1' x_2'^{-1} x_3' P_1, x_1'^{-1} x_2' P_2, x_1'^{-1} x_4' P_2, e(P_1, P_2)^{x_3' + x_4' - x_2'})$$

(2) Computation: T 以随机顺序查询 U_1:

$$U_1(A + x_1 P_1, B + x_1^{-1} x_2 P_2) \to \alpha_1$$
$$U_1(tA + x_1' x_2'^{-1} x_3' P_1, -x_1'^{-1} x_2' P_2) \to \alpha_2$$
$$U_1(-x_1' P_1, B + x_1^{-1} x_4' P_2) \to \alpha_3$$

类似地, T 以随机顺序查询 U_2:

$$U_2(tA + x_1' P_1, B + x_1^{-1} x_2' P_2) \to \alpha_1'$$
$$U_2(A + x_1 x_2'^{-1} x_3 P_1, -x_1'^{-1} x_2 P_2) \to \alpha_2'$$
$$U_2(-x_1 P_1, B + x_1^{-1} x_4 P_2) \to \alpha_3'$$

(3) Recover: T 检查:

$$\Lambda = \alpha_1 \alpha_2' \alpha_3' e(P_1, P_2)^{x_3 + x_4 - x_2}$$
$$\Lambda' = \alpha_1' \alpha_2 \alpha_3 e(P_1, P_2)^{x_3' + x_4' - x_2'}$$

如果 $\Lambda^t = \Lambda'$ 且 $\Lambda \in \mathbb{G}_T$ 成立, T 输出 Λ; 否则, 拒绝并输出 "Error".

5.4　基于属性密码体制的安全外包

基于属性的密码方案中, 密文/签名的长度和解密/签名的开销都随着访问结构的规模线性增长, 严重制约了这类密码体制在计算资源有限的轻量级终端中的应用. 如何将繁重的解密/签名过程安全地外包给云端服务器对于提升这类密码体制的可用性具有重要意义.

5.4.1 基于属性加密体制的解密外包

2011 年, Green 等[21] 提出了一个支持解密运算外包的 CP-ABE 方案, 极大地降低了客户端的解密运算开销. 粗略来讲, 其核心思想在于将用户密钥拆分成两部分: 一部分是短的 ElGammal 类型的密钥, 由用户自己保管; 另一部分是转换密钥, 由服务器持有. 当服务器收到用户密文后, 利用其持有的转换密钥将 CP-ABE 形式的密文转换为 Elgammal 形式的密文, 从而使得用户只需要一次模指数操作就能恢复出明文. 具体而言, 该方案由五个概率多项式时间的算法 (Setup, KeyGen, Encrypt, Transform, Decrypt) 构成, 具体描述如下:

(1) $\text{Setup}(\lambda, \mathcal{U})$: 给定安全参数 λ 和系统属性域 $\mathcal{U}$, 系统建立算法首先生成双线性群 $(\mathbb{G}, \mathbb{G}_T, e, p, g)$, 令 $\mathcal{U} = \{0, 1\}^*$, 并选择一个哈希函数 $H(\cdot) : \{0, 1\}^* \to \mathbb{G}$; 然后, 选择随机整数 $\alpha, a \in \mathbb{Z}_p$, 设置系统主密钥为 $MSK = g^\alpha$, 并将系统公开参数设置为 $PP = \{(\mathbb{G}, \mathbb{G}_T, e, p, g), e(g, g)^\alpha, g^a, H(\cdot)\}$.

(2) $\text{KeyGen}(PP, MSK, S)$: 给定系统公开参数 PP、系统主密钥 MSK 和用户属性集 S, 密钥生成算法首先选择随机整数 $t' \in \mathbb{Z}_p^*$, 计算

$$K' = g^\alpha g^{at'}, \quad L' = g^{t'}, \quad \{K'_x = H(x)^{t'}\}_{x \in S}$$

然后, 选择随机整数 $z \in \mathbb{Z}_p^*$, 按如下方式计算转换密钥 $TK = \{K, L, \{K_x\}_{x \in S}\}$:

$$K = K'^{1/z} = g^{(\alpha/z)} g^{a(t'/z)} = g^{(\alpha/z)} g^{at}, \quad L = L'^{1/z} = g^{(t'/z)} = g^t, \quad K_x = K'^{1/z}_X$$

最后, 将用户私钥设置为 $SK_S = \{z, TK\}$.

(3) $\text{Encrypt}(PP, (\boldsymbol{M}_{\ell \times n}, \rho), m)$: 给定系统公开参数 PP、访问结构 $(\boldsymbol{M}_{l \times n}, \rho)$ 和待加密消息 $m \in \mathbb{G}_T$, 加密算法首先选择一个向量 $\boldsymbol{v} = (s, y_2, \cdots, y_n) \in \mathbb{Z}_p^n$, 对任意 $i \in [\ell]$, 计算 $\lambda_i = \boldsymbol{v} \cdot \boldsymbol{M}_i$; 然后, 选择随机整数 $r_1, \cdots, r_\ell \in \mathbb{Z}_p$, 按照如下方式计算密文 $CT = \{c_0, c'_0, \{c_i, c'_i\}_{i \in [\ell]}\}$:

$$c_0 = m \cdot e(g, g)^{\alpha s}, \quad c'_0 = g^s, \quad c_i = g^{a\lambda_i} \cdot H(\rho(i))^{-r_i}, \quad c'_i = g^{r_i}$$

(4) $\text{Transform}(PP, TK, CT)$: 给定公开参数 PP、转换密钥 TK 和密文 CT, 在用户属性集 S 满足密文中的访问结构 $(\boldsymbol{M}_{\ell \times n}, \rho)$ 的前提下, 密文转换算法首先定义指标集 $I = \{i | \rho(i) \in S\}$, 并计算一组常量 $\{\omega_i \in \mathbb{Z}_p\}_{i \in I}$ 使得 $\sum_{i \in I} \omega_i \lambda_i = s$; 然后, 计算

$$c = \frac{e(c'_0, K)}{e\left(\prod_{i \in I} c_i^{\omega_i}, L\right) \cdot \prod_{i \in I} e((c'_i)^{\omega_i}, K_{\rho(i)})} = \frac{e(g, g)^{s\alpha/z} e(g, g)^{ast}}{\prod_{i \in I} e(g, g)^{ta\lambda_i \omega_i}} = e(g, g)^{s\alpha/z}$$

最后, 输出部分解密的 ElGamal 形式的密文 $CT' = (c_0, c)$.

(5) Decrypt(SK, CT'): 给定用户密钥 SK 和部分解密的密文 CT', 解密算法直接恢复出明文 $m = c_0/c$.

方案正确性 上述支持外包解密的 CP-ABE 方案是基于 Waters[41] 提出的一个一般的 CP-ABE 方案构造的, 密文转换的正确性由 LSSS 的线性可重构性保证, 而最终解密的正确性由 ElGamal 密码体制的正确性保证.

方案安全性 在随机预言模型下, 上述方案的选择安全性可归约到其所基于的 Waters 的 CP-ABE 方案的安全性. 此外, 利用同样的安全外包技术, Green 等人还提出了一个支持外包解密的 KP-ABE 方案, Li 等[23] 则进一步提出了外包计算结果可验证的 ABE 方案.

5.4.2 基于属性签名体制的签名外包

针对基于属性的签名体制中签名开销随签名策略规模线性增长的问题, Chen 等[24] 提出了外包的基于属性的签名体制 (Outoursourced Attribute-based Signature, OABS), 通过将签名算法中的大量运算外包给云端服务器, 显著降低了用户端的计算开销. Chen 等人构造的 OABS 方案支持门限签名策略, 由五个概率多项式时间算法 (Setup, Extract, Sign$_{out}$, Sign, Verify) 组成, 具体描述如下:

(1) Setup($\lambda, d, \mathcal{U}$): 给定系统安全参数 λ、系统门限最大值 d、系统属性域 $\mathcal{U}$, 首先生成双线性群 $(\mathbb{G}, \mathbb{G}_T, e, p, g)$, 令 $\mathcal{U} = \{1, \cdots, n\} \subset \mathbb{Z}_p$, 选取一个包含 $d-1$ 个元素的默认属性集 $\Omega \subset \mathbb{Z}_p$ 和一个特殊的默认属性 $\theta \in \mathbb{Z}_p$; 然后, 选择随机整数 $x \in \mathbb{Z}_p$ 和随机群元素 $g_2 \in \mathbb{G}$, 并令 $g_1 = g^x$, 以及 $Z = e(g_1, g_2)$; 最后, 选取两个哈希函数 $H_1, H_2: \{0,1\}^* \to \mathbb{G}$, 令系统主密钥为 $MK = x$, 将系统公开参数设置为 $PP = \{(\mathbb{G}, \mathbb{G}_T, e, p, g), g_1, g_2, d, Z, H_1, H_2\}$.

(2) Extract(PP, MSK, W): 给定系统公开参数 PP、系统主密钥 MSK 和用户属性集 $W \subseteq \mathcal{U}$, 首先选择一个随机整数 $x_1 \in \mathbb{Z}_p$, 并令 $x_2 = x - x_1$; 然后, 随机生成 $\mathbb{Z}_p$ 上的一个 $(d-1)$ 次多项式 $q(\cdot)$ 使得 $q(0) = x_1$, 对任意属性 $i \in W \cup \Omega$, 选择随机整数 $r_i \in \mathbb{Z}_p$ 并计算 $d_{i,0} = g_2^{q(i)} H_1(i)^{r_i}$ 和 $d_{i,1} = g^{r_i}$; 进一步, 选择随机整数 $r_\theta \in \mathbb{Z}_p$, 计算 $d_{\theta,0} = g_2^{x_2} H_1(\theta)^{r_\theta}$ 和 $d_{\theta,1} = g^{r_\theta}$; 最后, 令外包密钥为 $OK = \{\{d_{i,0}, d_{i,1}\}_{i \in W \cup \Omega}\}$, 用户私钥设置为 $SK_W = \{d_{\theta,0}, d_{\theta,1}, OK\}$.

(3) Sign$_{out}$($PP, OK, \Gamma_{t,S}(\cdot)$): 给定系统公开参数 PP、外包密钥 OK、一个属性集 W 能满足的签名策略 $\Gamma_{t,S}(\cdot)$, 外包签名算法首先选择一个 t 元属性子集 $\Omega' \subseteq W \cap S$, 以及另外一个 $(d-t)$ 元默认属性子集 $\hat{\Omega}' \subseteq \Omega$, 并令 $S' = \Omega' \cup \hat{\Omega}'$; 然后, 对任意属性 $i \in S \cup \hat{\Omega}'$, 选择随机整数 $s_i \in \mathbb{Z}_p$, 并计算

$$\sigma_i' = \begin{cases} (d_{i,1})^{\Delta_i^{S'}(0)} \cdot g^{s_i}, & i \in S', \\ g^{s_i}, & i \in S \setminus S'. \end{cases} \qquad \sigma_0' = \prod_{i \in S'} (d_{i,0})^{\Delta_i^{S'}(0)} \cdot \prod_{i \in S \cup \hat{\Omega}'} H_1(i)^{s_i}$$

最后, 输出部分签名 $\sigma_{\text{part}} = \{\sigma_0', \{\sigma_i'\}_{i\in S\cup\hat{\Omega}'}\}$.

(4) $\text{Sign}(PP, SK_S, \Gamma_{t,S}(\cdot), \sigma_{\text{part}}, m)$: 给定系统公开参数 PP、用户密钥 SK_S、签名策略 $\Gamma_{t,S}(\cdot)$、部分签名 σ_{part} 和待签名消息 m, 签名算法首先选取两个随机整数 $s, s_\theta \in \mathbb{Z}_p$, 计算

$$\sigma_0 = d_{\theta,0} \cdot H_1(\theta)^{s_\theta} \cdot \sigma_0' \cdot H_2(m\|\Gamma_{t,S}(\cdot))^s, \quad \sigma_\theta = d_{\theta,1} \cdot g^{s_\theta}, \quad \sigma_\eta = g^s$$

然后, 输出最终签名 $\sigma = \{\sigma_0, \sigma_\eta, \{\sigma_i\}_{i\in S\cup\hat{\Omega}'\cup\{\theta\}}\}$, 其中对于 $i \in S \cup \Omega'$ 有 $\sigma_i = \sigma_i'$.

(5) $\text{Verify}(PP, m, \sigma)$: 给定系统公开参数 PP、签名消息 m 和相应的签名 σ (签名策略 $\Gamma_{t,S}(\cdot)$ 默认是签名的一部分), 验证下述等式是否成立:

$$\frac{e(g, \sigma_0)}{\prod_{i\in S\cup\hat{\Omega}'\cup\{\theta\}} e(\sigma_i, H_1(i)) \cdot e(\sigma_\eta, H_2(m\|\Gamma_{t,S}(\cdot)))} \stackrel{?}{=} Z$$

若成立则输出 1 并接受签名, 否则输出 0 并拒绝签名.

方案正确性 将签名中的各个值和相关的公开参数代入上述等式左边, 即可得

$$\frac{e(g, \sigma_0)}{\prod_{i\in S\cup\hat{\Omega}'\cup\{\theta\}} e(\sigma_i, H_1(i)) \cdot e(\sigma_\eta, H_2(m\|\Gamma_{t,S}(\cdot)))} = e(g, g_2)^{x_2} e(g, g_2)^{\sum_{i\in S'} q(i)\Delta_i^{S'}(0)}$$

$$= e(g, g_2)^{x_1+x_2} = Z$$

方案安全性 基于计算性 Diffie-Helmman 困难性问题假设, 上述 OABS 方案在选择性安全模型下被证明具有存在不可伪造性质, 同时还具有完善签名者属性隐私. 可以看出, 通过将签名过程外包, 用户端在签名过程中的计算开销只有 4 次模指数运算, 与签名策略的规模无关.

5.5 小 结

随着云计算技术的快速发展与成熟, 企业和个人用户可以将自己的敏感数据外包到云服务器上, 随时随地享受高质量的数据存储和计算服务. 近年来, 安全外包各种大规模计算的问题引起学术界的广泛关注. 本章主要讨论了云环境下安全外包计算的最新技术和应用, 特别介绍了云环境下安全外包计算相关的定义及安全模型, 同时给出了一些具体计算或操作的安全外包方案实例, 包括大规模科学计算、密码基础操作、密码体制等. 通过这些安全外包的方案实例, 对云环境下保护用户数据隐私的经典安全外包计算方案进行全面的总结, 并详细介绍了相关的隐藏技术和各类结果验证算法. 希望能为读者对云计算环境下的安全外包进行深入的学习和研究提供一些帮助.

参 考 文 献

[1]   Abadi M, Feigenbaum J, Kilian J. On hiding information from an oracle. The 19th Annual ACM Symposium on Theory of computing-STOC 1987. ACM, 1987: 195-203.

[2]   Atallah M J, Pantazopoulos K N, Rice J R, Spafford E H. Secure outsourcing of scientific computations. Advances in Computers, 2001, 54: 215-272.

[3]   Atallah M J, Li J T. Secure outsourcing of sequence comparisons. International Journal of Information Security, 2005, 4(4): 277-287.

[4]   Wang C, Ren K, Wang J, Urs K M R. Harnessing the cloud for securely solving large-scale systems of linear equations. The 31st International Conference on Distributed Computing Systems-ICDCS 2011, 2011: 549-558.

[5]   Chen X F, Huang X Y, Li J, Ma J F, Lou W J, Wong D S. New algorithms for secure outsourcing of large-scale systems of linear equations. IEEE Transactions on Information Forensics and Security, 2015, 10(1): 69-78.

[6]   Benjamin D, Atallah M J. Private and cheating-free outsourcing of algebraic computations. The 6th Annual Conference on Privacy, Security and Trust-PST 2008. IEEE, 2008: 240-245.

[7]   Atallah M J, Frikken K B. Securely outsourcing linear algebra computations. The 5th ACM Symposium on Information, Computer and Communications Security-AsiaCCS 2010. ACM, 2010: 48-59.

[8]   Lei X Y, Liao X F, Huang T W, Li H Q, Hu C Q. Outsourcing large matrix inversion computation to a public cloud. IEEE Transactions on Cloud Computing, 2013, 1(1): 1.

[9]   Wang C, Ren K, Wang J. Secure and practical outsourcing of linear programming in cloud computing. The 30th IEEE International Conference on Computer Communications-IEEE INFOCOM 2011. IEEE, 2011: 820-828.

[10] Fiore D, Gennaro R. Publicly verifiable delegation of large polynomials and matrix computations, with applications. The 2012 ACM Conference on Computer and Communications Security-CCS 2012. ACM, 2012: 501-512.

[11] Gennaro R, Gentry C, Parno B. Non-interactive verifiable computing: Outsourcing computation to untrusted workers. The Proceedings of Advances in Cryptology-CRYPTO 2010. Springer, 2010: 465-482.

[12] Gentry C. Fully homomorphic encryption using ideal lattices. The 41st Annual ACM Symposium on Theory of Computing-STOC 2009, volume 9, 2009: 169-178.

[13] Chaum D, Pedersen T P. Wallet databases with observers. The Proceedings of Advances in Cryptology-CRYPTO 1992. Springer, 1993: 89-105.

[14] Hohenberger S, Lysyanskaya A. How to securely outsource cryptographic computations. The Proceedings of Theory of Cryptography-TCC 2005. Springer, 2005: 264-282.

[15] Chen X F, Li J, Ma J F, Tang Q, Lou W J. New algorithms for secure outsourcing of modular exponentiations. IEEE Transactions on Parallel and Distributed Systems, 2014, 25(9): 2386-2396.

[16] Chen X F, Li J, Ma J F, Tang Q, Lou W J. New algorithms for secure outsourcing of modular exponentiations. The 17th European Symposium on Research in Computer Security-ESORICS 2012. Springer, 2012: 541-556.

[17] Ren Y L, Ding N, Zhang X P, Lu H N, Gu D W. Verifiable outsourcing algorithms for modular exponentiations with improved checkability. The 11th ACM on Asia Conference on Computer and Communications Security - AsiaCCS 2016. ACM, 2016: 293-303.

[18] Wang Y J, Wu Q H, Wong D S, Qin B, Chow S S M, Liu Z, Tan X. Securely outsourcing exponentiations with single untrusted program for cloud storage. The 19th European Symposium on Research in Computer Security-ESORICS 2014. Springer, 2014: 326-343.

[19] Chevallier-Mames B, Coron J S, McCullagh N, Naccache D, Scott M. Secure delegation of elliptic-curve pairing. The 9th International Conference of Smart Card Research and Advanced Application-IFIP 2010. Springer, 2010: 24-35.

[20] Chen X F, Susilo W, Li J, Wong D S, Ma J F, Tang S H, Tang Q. Efficient algorithms for secure outsourcing of bilinear pairings. Theoretical Computer Science, 2015, 562: 112-121.

[21] Green M, Hohenberger S, Waters B. Outsourcing the decryption of ABE ciphertexts. The 20th USENIX Security Symposium-USENIX Security 2011. USENIX Association, 2011: 521-538.

[22] Lai J Z, Deng R H, Guan C W, Weng J. Attribute-based encryption with verifiable outsourced decryption. IEEE Transactions on Information Forensics and Security, 2013, 8(8): 1343-1354.

[23] Li J, Huang X Y, Li J W, Chen X F, Xiang Y. Securely outsourcing attribute-based encryption with checkability. IEEE Transactions on Parallel and Distributed Systems, 2014, 25(8): 2201-2210.

[24] Chen X F, Li J, Huang X Y, Li J W, Xiang Y, Wong D S. Secure outsourced attribute-based signatures. IEEE Transactions on Parallel and Distributed Systems, 2014, 25(12): 3285-3294.

[25] Yu Y P, Luo Y C, Wang D S, Fu S J, Xu M. Efficient, secure and non-iterative outsourcing of large-scale systems of linear equations. The 2016 IEEE International Conference on Communications-ICC 2016. IEEE, 2016: 1-6.

[26] Atallah M J. Algorithms and Theory of Computation Handbook. Chapman & Hall/CRC Applied Algorithms and Data Structures Series. CRC Press, 1999.

[27] Nie H X, Chen X F, Li J, Liu J, Lou W J. Efficient and verifiable algorithm for secure outsourcing of large-scale linear programming. The 28th IEEE International Conference on Advanced Information Networking and Applications-AINA 2014. IEEE, 2014: 591-596.

[28] Goyal V, Pandey O, Sahai A, Waters B. Attribute-based encryption for fine-grained access control of encrypted data. The 13th ACM Conference on Computer and communications security-CCS 2006. ACM, 2006: 89-98.

[29] Ateniese G, de Medeiros B. Identity-based chameleon hash and applications. The 8th International Conference Financial Cryptography-FC 2004. Springer, 2004: 164-180.

[30] Ateniese G, de Medeiros B. On the key exposure problem in chameleon hashes. The 4th International Conference Security in Communication Networks-SCN 2004. Springer, 2004: 165-179.

[31] Chen X F, Zhang F G, Kim K. Chameleon hashing without key exposure. The 7th International Conference Information Security-ISN 2004. Springer, 2014: 87-98.

[32] Chen X F, Zhang F G, Susilo W, Mu Y. Efficient generic on-line/off-line signatures without key exposure. The 5th International Conference Applied Cryptography and Network Security-ACNS 2007. Springer, 2007: 18-30.

[33] Krawczyk H, Rabin T. Chameleon hashing and signatures. IACR Cryptology ePrint Archive, 1998: 10.

[34] Shamir A, Tauman Y. Improved online/offline signature schemes. The Proceedings of Advances in Cryptology-CRYPTO 2001. Springer, 2001: 355-367.

[35] Di Crescenzo G, Ostrovsky R. On concurrent zero-knowledge with pre-processing. The Proceedings of Advances in Cryptology-CRYPTO 1999. Springer, 1999: 485-502.

[36] Gennaro R. Multi-trapdoor commitments and their applications to proofs of knowledge secure under concurrent man-in-the-middle attacks. The Proceedings of Advances in Cryptology-CRYPTO 2004. Springer, 2004: 220-236.

[37] Garay J A, MacKenzie P, Yang K. Strengthening zero-knowledge protocols using signatures. The Proceedings of Advances in Cryptology-EUROCRYPT 2003. Springer, 2003: 177-194.

[38] Nguyen P Q, Shparlinski I E, Stern J. Distribution of modular sums and the security of the server aided exponentiation. Cryptography and Computational Number Theory. Springer, 2001: 331-342.

[39] Boyko V, Peinado M, Venkatesan R. Speeding up discrete log and factoring based schemes via precomputations. The Proceedings of Advances in Cryptology-EUROCRYPT 1998. Springer, 1998: 221-235.

[40] Tian H, Zhang F G, Ren K. Secure bilinear pairing outsourcing made more efficient and flexible. The 10th ACM Symposium on Information, Computer and Communications Security-AsiaCCS 2015. ACM, 2015: 417-426.

[41] Waters B. Ciphertext-policy attribute-based encryption: An expressive, efficient, and provably secure realization. The Proceedings of Public Key Cryptography-PKC 2011. Springer, 2011: 53-70.

第 6 章　云数据完整性审计技术

云存储服务中, 用户失去了对外包数据的直接控制, 使得恶意云服务器可能会篡改、删除云中数据, 这严重破坏了用户数据的完整性和可用性. 云数据完整性审计技术可以在无需下载整个外包数据的情况下, 实现远程的数据完整性验证, 从而有效缓解了数据外包导致的管属分离问题, 确保了云存储服务的安全性和实用性. 本章主要介绍云数据完整性审计技术, 包括数据持有性证明技术和数据可恢复性证明技术.

6.1　问　题　阐　述

云存储通过整合存储设备、优化资源配置等方式, 解决了数据用户存储能力不足、成本开销过大等问题. 然而, 这种存储即服务 (Storage as a Service) 的外包服务模式不可避免地导致了数据管属分离的问题: 用户上传数据后, 失去了对云服务器中数据副本的物理 (直接) 控制, 无法及时获知数据的完整性和可用性. 一方面, 恶意的云服务提供商可能由于利益驱使、被胁迫等原因篡改、删除外包数据. 另一方面, 云服务提供商可能在遭受地震等不可抗因素导致的服务器故障后, 丢失外包数据. 因此, 云存储服务的安全性和实用性受到了广泛的质疑和挑战.

为了保证外包数据的安全性, 用户需要定期检查外包数据的完整性和可用性, 才能及时发现和限制云服务提供商的恶意行为. 一种原始的解决方案是用户在上传数据前生成必要的验证数据 (如数据哈希值), 然后定期下载整个文件来验证其完整性. 尽管这种方法简单且有效, 但其通信开销和计算成本与目标数据的大小呈线性相关, 并且高频次的审计势必导致极高的服务成本和严重的资源浪费. 2003 年, Deswarte 等[1] 首次提出了一种 "挑战-响应" 的检验模式: 用户在上传数据前预先计算一些验证数据, 然后在上传数据后定期发起数据审计挑战, 并要求云服务器返回相应证据作为响应, 从而在不需要下载整个数据的情况下验证数据完整性. 随后, Ateniese 等[2] 于 2007 年首次提出了数据持有性证明 (Provable Data Possession, PDP) 的概念, 并基于 RSA 密码体制给出了两个具体的方案. PDP 要求用户在上传数据前, 首先将文件分成数据块, 然后分别为每个数据块计算同态验证标签 (Homomorphic Verifiable Tag, HVT), 即审计标签. 最终, 用户将外包文件和审计标签一同上传至云服务器. 之后, 用户可以定期随机选取文件的部分数据块发起审计挑战, 并利用公开密钥验证服务器返回证据的有效性, 从而判断外包数据的完整性. 值得注意的是, PDP 方案的验证算法无需私钥, 支持公开审计模式: 任意实体均可挑战并验证服务器中数据的完整性. 因此, 用户可以将审计任务委托给完全可信的第三方审计者 (Third Party Auditor, TPA), 从而减轻自身负担. 此外, 审计标签的同态性赋予了 PDP 方案支持批量验证的属性, 可以提高审计方案的工作效率. 因此, 同态验证标签和随机抽样挑战的方法广泛应用于云数据公开审计方案.

　　考虑到动态数据存储场景中的数据完整性验证, Ateniese 等[3] 提出了第一个动态数据持有性证明方案 (Dynamic Provable Data Possession, DPDP), 但该方案需要在系统建立阶段预先计算一定数量的元数据, 这限制了数据查询和动态更新的次数. 此外, 该方案不支持全动态的数据操作, 尤其是任意位置的数据插入操作 (仅支持尾部添加类型的数据插入). 随后, Erway 等[4] 利用认证跳表 (Skip List, SL) 提出一个支持全动态数据更新操作的云审计方案 (DPDP-SL), 通过结合动态数据结构与验证算法给出了构造动态数据审计方案的一般方法, 但该方案中服务器面临沉重的计算负担. Wang 等[5] 提出了另一种典型的动态公开审计方案 (DPDP-MHT), 该方案利用 Merkle 哈希树 (Merkle Hash Tree, MHT) 支持全动态数据操作, 但在审计挑战阶段, 服务器需要向 TPA 返回被挑战数据块对应的线性组合作为证据. 若 TPA 重复挑战相同的数据块, 并获得足够多的不同线性组合值, 则可以通过线性方程组求解出被挑战的数据块, 从而获得敏感信息. 为解决该问题, Wang 等[6] 通过将同态审计标签和随机掩码技术结合的方式来实现数据隐私的保护, 该方法可以确保 TPA 不能获得用户存储在云服务器中的外包数据的任何内容. 但是, 这两个方案在更新和验证过程中都会产生非常高的通信开销和计算开销. Zhu 等[7] 提出了基于索引哈希表 (Index Hash Table, IHT) 的动态公开云审计方案 (IHT-PA), 并将索引哈希表存储在可信第三方审计者处, 而不是云存储服务提供商. 与之前的方案相比, 该方法降低了计算成本和通信开销. 然而, 由于索引哈希表是序列结构, 插入和删除的更新操作将会导致表中大多数元素的改变, 且块序列号的更改也将导致数据块认证器的重新计算, 这使得插入和删除操作非常低效. Yang 等[8] 对文献 [7] 的审计方案进行改进, 提出了一个安全高效的动态审计方案 (DAP), 使审计方案在不使用随机掩码技术的情况下还能保证数据的机密性, 但是方案中使用的索引表 (Index Table, ITable) 结构还是同索引哈希表一样会导致数据块认证器的重新计算, 最终增加不必要的通信和计算开销. Tian 等[9] 设计了一种基于动态哈希表 (Dynamic Hash Table, DHT) 的动态公开云审计方案 (DHT-PA), 该方案在实现高效数据更新的同时, 支持数据的隐私保护和批量更新, 且该方案用于动态哈希表更新的时间比索引哈希表更新的时间更少. Shen 等[10] 提出了一种支持动态数据更新的公开审计方案 (DLIT-LA), 构造了一种由双链信息表 (Doubly Linked Info Table, DLIT) 和位置阵 (Location

Array, LA) 组成的新动态结构. 虽然该方案优化了基于 DHT 的公开云审计方案的数据结构, 但没有保障用户数据的隐私性.

2007 年, Juels 等[11] 提出了数据可恢复性证明 (Proof of Retrievability, PoR) 的概念, 旨在帮助用户验证外包数据完整性的同时, 保证数据的可用性. 在具体方案构造中, 该方案利用纠删码技术保证外包数据可恢复性, 同时利用哨兵技术和随机的 "挑战-响应" 策略检查外包数据的完整性和可恢复性. 2008 年, Shacham 等[12] 提出了一个基于 BLS 短签名的 PoR 方案, 通过将审计标签组合为一个验证值来实现高效的数据审计. 在此基础上, Zhu 等[13] 考虑了多个云服务提供商协同存储和维护客户数据的情况, 利用同态可验证响应以及哈希索引层次结构设计了一个支持可扩展性和数据迁移的审计方案. Shen 等[14] 在上述基础上通过引入哈希索引表, 实现了数据库操作的动态可验证性. 在现有的公开审计方案中, 用户可以授权完全可信的 TPA 完成审计任务, 但在实际场景找到一个完全可信的 TPA 是十分困难的, 同时集中化的审计机制势必导致 TPA 工作效率的降低. 因此, 这些问题严重限制了已有公开审计方案的实用性.

区块链[15] 是一种分布式的共享账本和数据库, 其去中心化、去信任化、不可篡改等特点为解决传统审计场景中的信任问题提供了思路. Zhang 等[16] 提出了一种基于区块链的审计方案, 要求 TPA 在区块链上发布审计结果, 利用区块链的时间戳检验 TPA 是否在规定时间内进行了数据审计, 以便数据用户可以发现恶意的 TPA. 此外, Xu 等[17] 提出了一种基于区块链的公开审计方案, 采用一个不完全可信的 TPA 来实现数据审计, 所有的审计流程均通过区块链完成, 从而保证审计结果的可验证性和可追责性. 此外, Xu 等[18] 基于区块链进一步提出了无需 TPA 的 PDP 方案, 该方案通过智能合约对服务器和用户提供的验证信息进行一致性验证, 同时完整的审计过程将被记录在区块链上, 以实现对审计过程的监督和基于智能合约的公平仲裁. Yuan 等[19] 提出了一种支持公平仲裁的自动化数据审计方案, 该方案利用智能合约不仅代替审计者完成用户委托的审计任务, 还在数据遭到破坏时实现了对恶意服务器的自动惩罚和对受害用户的自动补偿.

6.2　数据持有性证明技术

2007 年, Ateniese 等[2] 给出了数据持有性证明 PDP 的概念及形式化定义, 并基于 RSA 构造同态验证标签, 实现了高效的远程数据完整性证明. PDP 同样采用了 "挑战-响应" 的完整性验证模式, 但相对 Deswarte 等[1] 的方案具备更多的优势. 首先, PDP 要求用户预先生成数据的同态验证标签 HVT, 而不是用于直接验证的验证值, 这使得 PDP 具备无状态的完整性验证属性, 即可验证次数不受验证值数量的限制; 同时, 同态验证标签支持批量的验证操作, 赋予了 PDP 批量验证的属性, 使其可以实现更高效的完整性验证; 其次, PDP 采用了概率抽样的完整性检测模式, 即通过随机检验部分数据块完整性的方式, 以较高的概率验证整个数据的完整性, 具备低验证成本的属性; 最后, PDP 基于非对称的密码体制实现了完整性校验, 所以任何实体都可以检验外包数据的完整性, 这使得 PDP 具备了公开验证的属性, 允许用户授权 TPA 完成数据完整性验证的任务.

PDP 原语的出现在云计算安全领域中开辟了一个全新的研究方向, 研究者围绕其展开了广泛而深入的研究, 取得了许多重要成果[3-10,20,21], 本节将系统性地介绍几个 PDP 相关的经典方案.

6.2.1 安全定义

定义 6.1 一个 PDP 方案 PDP = (KeyGen, TagBlock, GenProof, CheckProof) 包含以下 4 个概率多项式时间算法:

(1) KeyGen(1^k) → (PK, SK) 是一个由客户端执行的密钥生成算法, 输入一个安全参数 1^k, 输出一对相匹配的公私钥对 (PK, SK).

(2) TagBlock(PK, SK, m) → T_m 是一个由客户端执行的审计标签生成算法. 该算法输入一个公钥 PK, 一个私钥 SK 和一个文件数据块 m, 返回验证标签 T_m.

(3) GenProof(PK, F, Chal, Σ) → $\mathcal{V}$ 是一个由服务器端执行的证据生成算法, 用于计算数据持有性证明. 根据完整性验证挑战 Chal, 该算法输入公钥 PK, 被挑战的有序数据块集合 F, 以及相应的验证标签集合 Σ, 输出一个关于文件 F 的持有性证明 $\mathcal{V}$.

(4) CheckProof(PK, SK, Chal, $\mathcal{V}$) → {success, failure} 是一个由客户端执行的证据验证算法. 该算法输入一个公钥 PK, 一个私钥 SK, 一个挑战 Chal 和一个数据持有性证明 $\mathcal{V}$. 如果 $\mathcal{V}$ 是文件 F 的正确证明, 该算法返回 success, 否则, 该算法返回 failure.

一般地, 一个 PDP 系统可以通过调用 PDP 方案中的算法, 分系统建立 **System setup** 和审计挑战 **Challenge** 两个阶段建立. 如图 6.1 所示, 用户在系统建立阶段完成数据预处理并上传至服务器, 然后定期挑战服务器以检查外包数据的完整性, 具体如下:

(1) System setup: 对于待上传的文件 F, 客户端 C 首先运行密钥生成算法 KeyGen(1^k) 生成公私钥对 (PK, SK), 然后将文件 F 分为 n 个数据块 $F = m_1||m_2||\cdots||m_n$, 并运行验证标签生成算法 TagBlock($PK$, SK, m_i) 为每个数据块 $m_i(1 \leqslant i \leqslant n)$ 生成验证标签 T_{m_i}. 最后, C 将 PK, F 和 $\Sigma = (T_{m_1}, \cdots, T_{m_n})$ 上传至云服务器 CS, 删除本地的 F 和 Σ, 仅保留密钥对 (PK, SK).

(2) Challenge: C 随机选择外包数据的部分数据块来生成挑战 Chal, 并发送给 CS. 然后, CS 运行证据生成算法 GenProof(PK, F, Chal, Σ) 生成完整性证

据 $\mathcal{V}$ 并返回. 最后, C 调用 CheckProof$(PK, SK, \mathrm{Chal}, \mathcal{V})$ 验证 $\mathcal{V}$ 的正确性, 进而确定文件 F 的完整性和可用性.

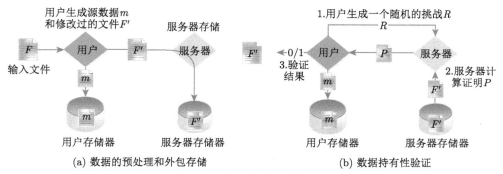

图 6.1 数据持有性证明协议

PDP 旨在验证云存储服务器中外包数据的完整性, 同时确保只有真正持有数据的人才能通过完整性验证的挑战. 为了更好地评估 PDP 系统的安全性, 本小节采用游戏的方式给出相应的安全模型: 对于一个未持有给定挑战数据块的敌手 $\mathcal{A}$, 除非 $\mathcal{A}$ 猜出了所有缺失的数据块, 否则无法成功地构建一个有效的证明以通过完整性挑战. 具体如下:

定义 6.2 一个完整的数据完整验证游戏主要由以下四个阶段构成:

(1) Setup: 挑战者 C 运行密钥生成算法计算公私钥对 $(PK, SK) \leftarrow$ KeyGen (1^k), 然后保留私钥 SK, 并将公钥 PK 发送给敌手 $\mathcal{A}$.

(2) Query: $\mathcal{A}$ 对数据块的验证标签进行自适应的查询: 选择一个数据块 m_1 并发送给 C, C 计算并返回该数据块对应的验证标签 $T_{m_1} \leftarrow$ TagBlock(PK, SK, m_1). 然后, $\mathcal{A}$ 以相同的方法继续查询数据块 $m_2, \cdots, m_n$ 的验证标签 $T_{m_2}, \cdots, T_{m_n}$. 一般情况下, C 均会为每个被挑战的数据块 m_j $(1 \leqslant j \leqslant n)$ 生成验证标签 $T_{m_j} \leftarrow$ TagBlock(PK, SK, m_j). 最后, $\mathcal{A}$ 将所有的数据块根据其验证标签 $T_{m_1}, \cdots, T_{m_n}$ 存储为一个有序的集合 $F = (m_1, \cdots, m_n)$.

(3) Challenge: C 生成一个挑战 Chal, 并要求 $\mathcal{A}$ 提供一个由 Chal 确定的数据块 $m_{i_1}, \cdots, m_{i_c}$ 的持有性证明 $\mathcal{V} \leftarrow$ GenProof$(PK, F, \mathrm{Chal}, \Sigma)$, 其中 $1 \leqslant i_j \leqslant n, 1 \leqslant j \leqslant c, 1 \leqslant c \leqslant n$.

(4) Forge: $\mathcal{A}$ 由 Chal 确定的数据块计算一个持有性证据 $\mathcal{V}$, 并返回给 C.

如果证据验证算法 CheckProof$(PK, SK, \mathrm{Chal}, \mathcal{V}) =$ "success", 则敌手 $\mathcal{A}$ 赢得了该数据持有性证明游戏, 否则说明 $\mathcal{A}$ 丢失了完整的数据, 无法伪造有效的数据持有性证明.

定义 6.3 在一个以 PDP 方案 {KeyGen, TagBlock, GenProof, CheckProof}

为基础的 PDP 系统中, 如果对于任何多项式时间敌手 $\mathcal{A}$ 而言, 其赢得针对一个数据块集合的数据持有性证明游戏的概率 (与其通过消息提取器 $\mathcal{E}$ 成功提取那些数据块的概率接近) 是可以忽略的, 则该 PDP 系统可以保证数据持有性证明的有效性.

6.2.2 数据持有性证明方案

基于上述安全定义, Ateniese 等[2] 进一步给出了一个基于 RSA 体制的数据持有性证明方案, 兼顾了数据完整性验证过程中所需的效率性和安全性. 下面介绍具体的方案构造.

(1) KeyGen(1^k): 输入安全参数 1^k, 该密钥生成算法随机选取两个安全的大素数 $p = 2p' + 1$ 和 $q = 2q' + 1$, 然后计算 RSA 的模数 $N = pq$. 其次, 令 g 表示 $\mathbb{Z}_N^*$ 循环子群 QR_N 的生成元, 其中 QR_N 是模 N 二次剩余集合, 阶为 $p'q'$. 此外, 选取参数 l, λ, 定义一个伪随机函数 $f : \{0,1\}^k \times \{0,1\}^{\log_2(n)} \to \{0,1\}^l$ 和伪随机置换 $\pi : \{0,1\}^k \times \{0,1\}^{\log_2(n)} \to \{0,1\}^{\log_2(n)}$, 同时选取一个哈希函数 H. 最终, 该算法输出 $PK = (N, g)$ 和 $SK = (e, d, v)$, 其中 $ed \equiv 1 (\bmod\ p'q')$, e 是一个秘密的大素数 (私有验证时需保密, 公开验证时需公开), 并且 $e > \lambda$, $d > \lambda$, $v \xleftarrow{R} \{0,1\}^k$.

(2) TagBlock(PK, SK, m, i): 对于文件 $F = (m_1, \cdots, m_n)$ 的第 i 个数据块 m_i, 该块标签生成算法执行如下步骤:

(a) 生成 $W_i = v \parallel i$, 计算 $T_{i,m_i} = (h(W_i) \cdot g^{m_i})^d \mod N$;

(b) 输出 (T_{i,m_i}, W_i).

(3) GenProof($PK, F = (m_1, \cdots, m_n), \text{Chal}, \Sigma = (T_{1,m_1}, \cdots, T_{n,m_n})$): 对于挑战 Chal, 文件 F 及其数据块标签集合 Σ, 该证据生成算法执行如下步骤:

(a) 令 $(c, k_1, k_2, g_s) = \text{Chal}$, 其中 $c \in [1, n]$ 表示被挑战数据块的个数, $k_1, k_2 \xleftarrow{R} \{0,1\}^k$ 分别为 π 和 f 的密钥, $s \xleftarrow{R} \mathbb{Z}_N^*$, $g_s = g^s \mod N$. 对于 $1 \leqslant j \leqslant c$:

(i) 计算被挑战数据块的下标: $i_j = \pi_{k_1}(j)$;

(ii) 计算被挑战数据块的系数: $a_j = f_{k_2}(j)$.

(b) 计算 $T = T_{i_1,m_{i_1}}^{a_1} \cdot \cdots \cdot T_{i_c,m_{i_c}}^{a_c} = (h(W_{i_1})^{a_1} \cdot \cdots \cdot h(W_{i_c})^{a_c} \cdot g^{a_1 m_{i_1} + \cdots + a_c m_{i_c}})^d \mod N$;

(c) 计算 $\rho = H(g_s^{a_1 m_{i_1} + \cdots + a_c m_{i_c}} \mod N)$;

(d) 输出证据 $\mathcal{V} = (T, \rho)$.

(4) CheckProof($PK, SK, \text{Chal}, \mathcal{V}$): 对于挑战 Chal 和证据 $\mathcal{V}$, 该证据验证算法执行如下步骤:

(a) 令 $(c, k_1, k_2, s) = \text{Chal}$, $(T, \rho) = \mathcal{V}$;

(b) 令 $\tau = T^e$, 对于所有的 $1 \leqslant j \leqslant c$, 计算 $i_j = \pi_{k_1}(j)$, $W_{i_j} = v \| i_j$, $a_j = f_{k_2}(j)$, $\tau = \dfrac{\tau}{h(W_{i_j})^{a_j}} \mod N$, 最终获得 $\tau = g^{a_1 m_{i_1} + \cdots + a_c m_{i_c}} \mod N$;

(c) 如果 $H(\tau^s \mod N) = \rho$ 输出 "success", 否则输出 "failure".

在此基础上, 相应的 PDP 系统构造如下:

(1) System setup: 客户端 C 调用密钥生成算法 KeyGen(1^k) 生成公私密钥对 (PK, SK), 私有验证场景中 $PK = (N, g)$, $SK = (e, d, v)$, 公开验证场景中 $PK = (N, g, e, v)$, $SK = (d)$. 此外, 调用数据块标签生成算法 TagBlock(PK, SK, m_i) 为文件 $F = (m_1, \cdots, m_n)$ 的每个数据块生成标签 $(T_{i,m_i}, W_i), 1 \leqslant i \leqslant n$. 最后, C 发送 PK, F 和 $\Sigma = (T_{1,m_1}, \cdots, T_{n,m_n})$ 至云服务器 CS, 并且从本地存储中删除 F 和 Σ.

(2) Challenge: C 请求 CS 返回文件 F 的 $c \in [1, n]$ 个数据块的持有性证明:

(a) C 生成挑战 Chal $= (c, k_1, k_2, g_s)$, 其中 $k_1 \xleftarrow{R} \{0,1\}^k$, $k_2 \xleftarrow{R} \{0,1\}^k$, $g_s = g^s \mod N$, $s \xleftarrow{R} \mathbb{Z}_N^*$, 然后发送 Chal 给 CS;

(b) CS 调用证据生成算法 GenProof(PK, F, Chal, $\Sigma = (T_{1,m_1}, \cdots, T_{n,m_n})$) 生成证据 $\mathcal{V}$, 并返回给 C;

(c) C 根据 Chal $= (c, k_1, k_2, s)$ 调用证据验证算法 CheckProof($PK, (e, v)$, Chal, $\mathcal{V}$), 检查证据 $\mathcal{V}$ 的有效性.

6.2.3 动态的数据持有性证明方案

最初的 PDP 方案[2,22-24] 只支持静态数据的数据持有性证明, 然而在实际应用中[23,25-27], 人们对支持更新的动态数据持有性证明 (Dynamic PDP, DPDP) 技术的需求日益增长. 为此, 文献 [4,5] 分别提出了云存储环境下的 DPDP 方案, 本小节主要介绍文献 [4] 中给出的 DPDP 方案.

基于秩的跳表 该方案主要借助基于秩的分级跳表来实现, 该数据结构如图 6.2 所示: 令 F 表示一个包含 n 个数据块 $m_1, m_2, \cdots, m_n$ 的文件, 并在跳表底层的第 i 节点存储 m_i 的代表符号 T_i, 而数据块可以存储在服务器的任何位置. 跳表顶部最左边的节点 w_7 被称为跳表的开始节点, 同时每个节点 v 存储可以从 v 到跳表底层的节点个数, 称为秩 $r(v)$. 此外, v 存储着用于搜索的向右指针 rgt(v) 和向下指针 dwn(v), 以及用哈希函数计算的标签 $f(v)$. 最后, 分别用 low(v) 和 high(v) 表示可以从 v 到达跳表最底层的最左节点和最右节点的索引. 例如, 对于跳表的开始节点 s, $r(s) = n$, low(s) = 1 和 high(s) = n. 利用存储在节点上的秩, 可以通过遍历从开始节点的路径, 到达最底层的第 i 个节点.

对于当前节点 v, 假设已知 low(v) 和 high(v), 令 $w = $ rgt(v), $z = $ dwn(v), 则有

$$\text{high}(w) = \text{high}(v)$$

$$\text{low}(w) = \text{high}(v) - r(w) + 1$$
$$\text{high}(z) = \text{low}(v) + r(z) - 1 \tag{6-1}$$
$$\text{low}(z) = \text{low}(v)$$

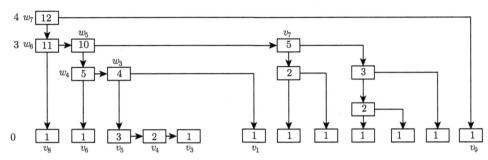

图 6.2　基于秩的跳表实例

　　如果 $i \in [\text{low}(w), \text{high}(w)]$, 跟随右指针并设置 $v = w$, 否则跟随下指针并设置 $v = z$. 继续该操作, 则可以到达跳表底层的第 i 个节点.

　　为了认证带有秩的跳表, 需要假设跳表将数据的元数据存储在了底层节点: 与第 i 个数据块 m_i 相关联的节点 v 存储数据项 $x(v) = T(m_i)$, 同时令 $l(v)$ 表示节点 v 在跳表中的高度 ($l(v) = 0$ 表示跳表的底层节点), 将密码学哈希函数 h 拓展为多输入的哈希函数:

$$h(x_1, x_2, \cdots, x_k) = h(h(x_1)||\cdots||h(x_k)) \tag{6-2}$$

　　定义 6.4　带秩的哈希函数　给定一个抗碰撞的哈希函数 h, 则基于秩的认证跳表中节点 v 的标签可以定义如下:

$$f(v) = \begin{cases} 0, & v = \text{null} \\ h(l(v), r(v), f(\text{dwn}(v)), f(\text{rgt}(v))), & l(v) > 0 \\ h(l(v), r(v), x(v), f(\text{rgt}(v))), & l(v) = 0 \end{cases} \tag{6-3}$$

　　DPDP 方案　在 DPDP 方案中, 服务器主要维护文件和元数据, 其中包含一个存储对应数据块的秩的认证跳表. 因此, 在预备构造中存在每个数据块 b 的元数据 $T(b) = b$. 客户端维护一个哈希值, 称之为基, 表示跳表开始节点的标签. 具体的 DPDP 算法如下:

　　(1) KeyGen(1^k) $\to (PK, SK)$: 该方案中无需公私密钥对. 因此, 该算法输出为空. 在其他算法中也不会使用到此算法生成的公私密钥对.

　　(2) PrepareUpdate($SK, PK, F, \text{info}, M_c$) $\to \{e(F), e(\text{info}), e(M)\}$: 该算法是一个虚假的过程, 将输入的文件 F 和信息 info 当作输出. 其中, M_c 和 $e(M)$ 为空 (未使用).

(3) PerformUpdate($PK, F_{i-1}, M_{i-1}, e(F), e(\text{info}), e(M)$)→($F_i, M_i, M_c', P_{M_c'}$): 该算法的输入 F_{i-1}, M_{i-1} 分别为之前存储在服务器上的文件和元数据 (如果是第一次上传, 则为空). $e(F)$, $e(\text{info})$ 和 $e(M)$ 是由客户端发送的 PrepareUpdate 算法的输入 ($e(M)$ 为空). 该过程根据 $e(\text{info})$ 更新文件, 并输出 F_i. 通过对之前的跳表 M_{i-1} 调用更新程序 (如果是第一次调用, 则生成新的跳表), 输出最终的跳表 M_i、新的基 M_c' 和跳表更新证据 $P_{M_c'}$. 这与如下的**更新算法**的调用过程一致: 输入块索引 j, 新的数据 T (在插入或修改的情况下) 和更新过程的类型 upd (所有的信息都包含在 $e(\text{info})$). 值得注意的是, 索引 j 和更新的类型 upd 都是从 $e(\text{info})$ 中获得的, 而新数据 T 是 $e(F)$. 最终, **更新算法**输出 M_c' 和 $P_{M_c'} = \Pi(j)$.

算法 7 更新算法: $(T', \Pi') = \text{Update}(i, T, \text{upd})$

1: **If** upd 一个删除命令 **then**
2:     设置 $j = i - 1$;
3: **else** {upd 是一个插入或修改命令}
4:     设置 $j = i$;
5: **end if**
6: 设置 $(T', \Pi') = \text{atRank}(j)$;
7: **if** upd 是一个插入命令 **then**
8:     跳过第 i 个元素后插入元素 T;
9: **else if** upd 是一个修改命令 **then**
10:     用跳表中的第 i 个元素替换 T;
11:     **else** {upd 是一个删除命令}
12:     删除跳表中的第 i 个元素;
13: **end if**
14: 更新那些被影响节点的标签, 层数和排序;
15: 返回 (T', Π').
---

(4) VerifyUpdate($SK, PK, F, \text{info}, M_c, M_c', P_{M_c'}$) → (accept, reject): 客户端元数据 M_c 是之前跳表开始节点的标签 (在第一次验证时为空), 而 M_c' 为空. 客户端调用**更新验证算法**, 如果返回 accept, 客户端设置 $M_c = M_c'$. 随后, 客户端可以从本地存储中删除新的数据块.

算法 8 更新验证算法 {accept, reject} = $\text{Verify}(i, M_c, T, \text{upd}, T', \Pi')$

1: **If** upd 是一个删除命令 **then**
2:     设置 $j = i - 1$;
3: **else** {upd 是一个插入命令或者修改命令}

4:　　　设置 $j = i$;

5: **end if**

6: **if** verify(j, M_c, T', Π') = reject **then**

7:　　　返回 reject;

8: **else** {verify(j, M_c, T', Π') = accept}

9:　　　通过 i, T, T', 和 Π', 计算并存储更新后开始节点的标签 M_c' ;

10:　　　返回 accept;

11: **end if**

---

(5) Challenge(SK, PK, M_c): 除了文件包含数据块的个数 n, 被挑战数据块个数 C 之外, 该算法无需任何输入. 通过在 $1, \cdots, n$ 中生成 C 个随机数据块 id_s, 生成被挑战数据块集合 c, 并发送给服务器.

(6) Prove$(PK, F_i, M_i, c) \to \{P\}$: 输入最新版本的文件 F_i, 跳表 M_i 和挑战 c, 该算法调用跳表证明算法针对被挑战的数据块生成一个证据. 换言之, 使 i_1, $i_2, \cdots, i_C$ 成为被挑战数据块的索引, 通过调用 C **次求秩算法**, 服务器可以输出证据 P.

算法 9　求秩算法:$\{T, \Pi\} = \text{atRank}(i)$

1: 令 $v_1, v_2, \cdots, v_k$ 表示第 i 个数据块的验证路径;

2: 返回第 i 个数据块的代表符号 T, 以及相应的证据 $\Pi = (A(v_1), A(v_2), \cdots, A(v_k))$. 其中, $A(v) = (l(v), q(v), d(v), g(v))$:

$$d(v_j) = \begin{cases} \text{rgt}, & j = 1 \text{ 或 } j > 1, v_{j-1} = \text{rgt}(v_j) \\ \text{dwn}, & j > 1, v_{j-1} = \text{dwn}(v_j) \end{cases} \tag{6-4}$$

$$q(v_j) = \begin{cases} r(\text{rgt}(v_j)), & j = 1 \\ 1, & j > 1, l(v_j) = 0 \\ r(\text{dwn}(v_j)), & j > 1 \ \ l(v_j) > 0, d(v_j) = \text{rgt} \\ r(\text{rgt}(v_j)), & j > 1 \ \ l(v_j) > 0, d(v_j) = \text{dwn} \end{cases} \tag{6-5}$$

$$g(v_j) = \begin{cases} f(\text{rgt}(v_j)), & j = 1 \\ x(v_j), & j > 1, l(v_j) = 0 \\ f(\text{dwn}(v_j)), & j > 1, \ l(v_j) > 0, \ d(v_j) = \text{rgt} \\ f(\text{rgt}(v_j)), & j > 1, \ l(v_j) > 0, d(v_j) = \text{dwn} \end{cases} \tag{6-6}$$

(7) Verify(SK, PK, M_c, c, P): 输入客户端最新的基 M_c, 挑战 c 和证明 P, 该过程调用**数据验证算法**计算出一个新基, 如果新的基与 M_c 相匹配, 则客户端接受并存储新基.

算法 10 数据验证算法:$(\text{accept}, \text{reject}) = \text{verify}(i, M_c, T, \Pi)$

1: 令 $\Pi = (A_1, \cdots, A_k)$, 其中 $A_j = (l_j, q_j, d_j, g_j)$, $j = 1, \cdots, k$;
2: $\lambda_0 = 0, \rho_0 = 1, \gamma_0 = T, \xi_0 = 0$;
3: **for** $j = 1, \cdots, k$ **do**
4:      $\lambda_j = l_j, \rho_j = \rho_{j-1} + q_j, \delta_j = d_j$;
5:      **if** $\delta_j = \text{rgt}$ **then**
6:          $\gamma_j = h(\lambda_j, \rho_j, \gamma_{j-1}, g_j)$;
7:          $\xi_j = \xi_{j-1}$;
8:      **else** $\{\delta_j = \text{dwn}\}$
9:          $\gamma_j = h(\lambda_j, \rho_j, g_j, \gamma_{j-1})$;
10:         $\xi_j = \xi_{j-1} + q_j$;
11:      **end if**
12: **end for**
13: **if** $\gamma_k \neq M_c$ **then**
14:      返回 reject;
15: **else if** $\rho_k - \xi_k \neq i$ **then**
16:      返回 reject;
17: **else** $\{\gamma_k = M_c, \rho_k - \xi_k = i\}$
18:      返回 accept;
19: **end if**

6.2.4 数据存储位置验证方案

随着云存储技术的发展, 将数据的存储和处理迁移到云端带来了更多关于管辖权问题的关注. 从法律层面来看, 在选择数据库的物理位置时, 应审查数据的实际内容、目标存储地点的法律互助条约、数据资料的传输模式、存储的数据与访问位置等四个重要的因素. 此外, 从云存储服务提供商利益考虑, 为了优化数据存储, 例如数据转储、数据去重、数据压缩和数据备份等操作也可能导致数据存储位置的变化. 2013 年, Gondree 等[28] 提出了基于地理位置传输时间延迟的可证明数据存储位置的方法. 该方法利用不同地理位置间数据传输时间延迟来测量云数据的存储位置. 但是该方案难于解决地理位置较近的不同云存储服务提供商间的数据转储问题. 2014 年, Jiang 等[29] 提出了一种基于 PDP 的数据转储验证方案,该方案在验证用户数据完整性的同时, 能够验证当前云存储服务提供商是否将数据二次外包到其他服务器.

基于 PDP 的数据存储位置验证方案: 选取两个安全素数 $p = 2p' + 1$ 和 $q = 2q' + 1$, 计算 RSA 模数 $N = pq$; 令 QR_N 表示群 $\mathbb{Z}_N^*$ 的唯一循环子群, 其生成元为 g, 阶为 $p'q'$, 由此生成 $g = a^2$, 其中 $a \xleftarrow{R} \mathbb{Z}_N^*$ 使得 $\gcd(a \pm 1, N) = 1$; 令 $h : \{0,1\}^* \to QR_N$ 表示一个安全的哈希函数, 可以将任意长度的字符串随机映射到 QR_N; 设 k, l, λ 是安全参数 (λ 是一个正整数), $H : \{0,1\}^k \to \mathbb{Z}_N^*$ 是一个密码学哈希函数; 定义一个伪随机函数 $f : \{0,1\}^k \times \{0,1\}^{\log_2(n)} \to \{0,1\}^l$ 和一个伪随机置换 $\pi : \{0,1\}^k \times \{0,1\}^{\log_2(n)} \to \{0,1\}^{\log_2(n)}$; 令 $f_k(x)$ 表示函数 f 以 k 为密钥, 以 x 为输入的伪随机函数值.

(1) $\mathrm{Gen}_C(1^k)$: 生成 $PK_C = (N, g)$, $SK_C = (e_C, d_C, v)$, 使得 $e_C d_C \equiv 1 (\mathrm{mod}\ p_C' q_C')$. 其中, $e_C > \lambda$ 是一个私密的大素数, $d_C > \lambda$, $v \xleftarrow{R} \{0,1\}^k$. 最终, 输出 (PK_C, SK_C).

(2) $\mathrm{Gen}_S(1^k)$: 生成 $PK_S = (N, e_S)$ 和 $SK_S = (N, d_S)$, 使得 $ed \equiv 1 (\mathrm{mod} p_S' q_S')$. 其中, $e_S > \lambda$ 是一个私密的大素数, $d_S > \lambda$. 最终, 输出 (PK_S, SK_S).

(3) $\mathrm{Tag}(PK_C = (N, g), SK_C = (d_C, v), b, i)$: 生成 $W_i = v||i$, 计算 $T_{i,b} = (h(W_i) \cdot g^b)^{d_C} \mod N$. 输出 (T_i, b, W_i).

(4) $\mathrm{Prof}(PK_C = (N, g), SK_S = d_S, F = (b_1, \cdots, b_n), \mathrm{Chal} = (r, k_0, k', g_s, u, t), \mathrm{TAG} = (T_{1,b_1}, \cdots, T_{n,b_n}))$:

(a) 设 $c = ut$.

1: **for** $0 \leqslant l \leqslant t - 1$ **do**

2:     **for** $1 \leqslant j \leqslant u$ **do**

3:         计算被挑战数据块的系数: $a_{l,j} = f_{k'}(ul + j)$;

4:         计算被挑战数据块的索引: $i_{l,j} = \pi_{k_0}(ul + j)$;

5:     **end for**

6:     计算 $T_l = (h(W_{i_{l,1}})^{a_{l,1}} \cdot \ldots \cdot h(W_{i_{l,u}})^{a_{l,u}} \cdot g^{a_{l,1}b_{i_{l,1}} + \cdots + a_{l,u}b_{i_{l,u}}})^{d_C}$;

7:     计算 $\rho_l = (H(T_l || r))^{d_S}$, 令 $k_{l+1} = \rho_l$.

8: **end for**

(b) 计算 $\rho = H(\prod_{l=0}^{t-1} g_s^{a_{l,1}b_{i_{l,1}} + \cdots + a_{l,u}b_{i_{l,u}}} \mod N)$;

(c) 输出 $\mathcal{V} = (\rho, T_0, \cdots, T_{t-1}, \rho_0, \cdots, \rho_{t-1})$.

(5) $\mathrm{Verify}(PK_S = e_S, PK_C = (N, g), SK_C = (e_C, v), \mathrm{Chal} = (r, k_0, k', u, t, s, CT_1, CT_2, \Delta t), \mathcal{V} = (\rho, T_0, \cdots, T_{t-1}, \rho_0, \cdots, \rho_{t-1}))$:

设 $c = ut$.

1: **if** $CT_2 - CT_1 < \Delta t$ **then**

2:       计算 $T = T_0 \cdots \cdot T_{t-1} = (\prod_{l=0}^{t-1} h(W_{i_{l,1}})^{a_{l,1}} \cdots \cdot h(W_{i_{l,u}})^{a_{l,u}}$ $g^{a_{l,1}b_{i_{l,1}}+\cdots+a_{l,u}b_{i_{l,u}}})$;

3:       **for** $0 \leqslant l \leqslant t-1$ **do**

4:         计算 $H(T_l \parallel r) = \theta_l$, 令 $k_{l+1} = \rho_l$, $\tau = T^{ec}$.

5:         **for** $1 \leqslant j \leqslant u$ **do**

6:            计算被挑战数据块的系数: $a_{l,j} = f_{k'}(ul+j)$;

7:            计算被挑战数据块的索引: $i_{l,j} = \pi_{k_0}(ul+j)$ 及中间变量 $W_{i_{l,j}} = v \parallel i_{l,j}$.

8:         **end for**

9:       **end for**

10:      **if** $\theta_l = (\rho_l)^{es} (0 \leqslant l \leqslant t-1)$, $H(\tau^s \bmod N) = \rho$ **then**

11:         输出 "接受".

12: **else** 输出 "拒绝".

此外, 可以通过 System setup 和 Challenge 两个阶段, 创建基于 PDP 的数据存储位置验证系统:

• System setup: 客户端 C 调用 $\text{Gen}_C(1^k) \to (PK_C, SK_C)$, 存储 (SK_C, PK_C), 并设置 $(N_C, g) = PK_C$, $(e_C, d_C, v) = SK_C$. 对于所有的 $1 \leqslant i \leqslant n$, C 调用 $\text{Tag}(PK_C, SK_C, b_i, i) \to (T_{i,b_i}, W_i)$, 并发送 PK_C, F 和 $\text{TAG} = (T_{1,b_1}, \cdots, T_{n,b_n})$ 给云服务器 CS, 最后从本地存储器删除 F 和 TAG.

• Challenge: 对于文件 F 的 $c = ut \ (1 \leqslant c \leqslant n)$ 个不同的数据块, C 请求数据持有证明:

(1) C 生成挑战 $\text{Chal} = (r, k_0, k', g^s, u, t)$, 其中, $k_0 \xleftarrow{R} \{0,1\}^k, k' \xleftarrow{R} \{0,1\}^k$, $g_s = g^s \bmod N, s \xleftarrow{R} \mathbb{Z}_N^*$. CT_1 是 C 发送挑战的机器时间, u 和 t 决定数据块数量. 通信次数的时间限定了 CS 签名次数, 定义为 Δt. C 向 CS 发送 Chal 并存储当前系统时间 CT_1.

(2) CS 调用 $\text{Gen}_S(1^k) \to (PK_S, SK_S)$ 和 $\text{Prof}(PK_C, SK_S, F, \text{Chal}, TAG) \to \mathcal{V}$, 返回证明 $\mathcal{V}$.

(3) C 收到 CS 的响应后, 存储系统当前时间 CT_2, 设 $\text{Chal} = (k_1, k', u, t, s, CT_1, CT_2, \Delta t)$, 并调用算法 $\text{Verify}(PK_S, PK_C, SK_C, \text{Chal}, \mathcal{V})$ 来检测证明的有效性.

6.3 数据可恢复性证明技术

2007 年, Juels 等[11] 提出了数据可恢复性证明 (Proof of Retrievability, PoR) 的概念, 不仅可以在无需下载全部文件的情况下实现类似 PDP 的完整性验证, 还可以通过纠删码技术确保外包数据在部分损毁情况下的可恢复性. 本节主要介绍数据可恢复性证明方案, PoR 需要类似 PDP 的数据预处理阶段. 不同的是, PDP 只需生成完整性验证标签, 而 PoR 需要利用纠删码技术拓展外包数据, 然后采用加密算法保护数据隐私, 同时嵌入随机哨兵以实现高效的完整性验证, 最终获得拓展文件 F^*, 并存储到服务器中. 之后, 验证者可以通过 "挑战-响应" 协议与证明者进行交互 (类似 PDP 的验证过程), 从而验证外包文件 F 的完整性和可恢复性.

6.3.1　安全定义

定义 6.5　一个安全的 PoR 方案 PoR = {KeyGen, Encode, Extract, Challenge, Respond, Verify} 包含以下 6 个算法:

(1) KeyGen$[\pi] \to \mathcal{K}$: 输入系统参数集合 π (后续算法的默认输入), 验证者 $\mathcal{V}$ 调用该算法生成一个私钥 $\mathcal{K}$. 特别地, 在公钥设置 (即公开验证方案) 中, $\mathcal{K}$ 是一个公私钥对 (PK, SK).

(2) Encode$(F; \mathcal{K}, \alpha) \to (F^*_\eta, \eta)$: 输入文件 F、密钥 $\mathcal{K}$ 和状态参数 α, 验证者 $\mathcal{V}$ 调用该文件编码算法输出编码后的扩展文件 F^*_η 和一个对于给定验证请求唯一的文件句柄 η.

(3) Extract$(\eta; \mathcal{K}, \alpha) \to F$: 这是一个由验证者 $\mathcal{V}$ 执行的交互式文件提取算法, 可以从一个证明者 $\mathcal{P}$ 提供的扩展文件中提取出原始文件 F, Extract 决定着 $\mathcal{V}$ 发送给 $\mathcal{P}$ 的挑战序列, 同时可以处理 $\mathcal{P}$ 产生的响应. 如果成功, 该算法将恢复并输出文件 F.

(4) Challenge$(\eta; \mathcal{K}, \alpha) \to c$: 输入文件句柄 η, 私钥 $\mathcal{K}$ 和状态参数 α, 验证者 $\mathcal{V}$ 调用该挑战生成算法输出一个针对文件句柄 η 的挑战值 c.

(5) Respond$(c, \eta) \to r$: 输入挑战信息 c 和文件句柄 η, 证明者 $\mathcal{P}$ 调用该算法输出一个针对挑战 c 的证据 r 作为回应. 在 PoR 系统中, 挑战 c 要么由 Challenge 产生, 要么由 Extract 产生.

(6) Verify$((r, \eta); \mathcal{K}, \alpha) \to b \in \{0, 1\}$: 输入证据 (r, η), 私钥 $\mathcal{K}$ 和状态参数 α, 验证者 $\mathcal{V}$ 调用该验证算法检验证据 r 是否为挑战 c 的有效回应. 若验证成功, 则输出 $b = 1$, 否则输出 $b = 0$.

6.3.2　数据可恢复性证明方案

基于上述安全定义, Juels 等[11] 进一步给出了一个基于哨兵技术的数据可恢复性证明方案, 本小节介绍该方案的详细构造:

假设方案存储数据的基本单位为 l-bit 的数据块, 选取一个可以处理 l-bit 数据块和哨兵的密码算法和一个高效的 (n, k, d) 纠删码, 其中 d 为偶数, 表示该纠删码至多可以纠正 $d/2$ 个错误. 此外, 假设文件 F 包含 b 个数据块 $F_1 \cdots F_b$, 其

中 b 是编码参数 k 的倍数. 实际中, 可以在必要时将文件 F 拓展. 同时, 可以在 F 中加入消息验证码 (MAC), 允许验证者在检索数据后验证其正确性.

(1) KeyGen$[\pi] \to \mathcal{K}$: 输入系统参数集合 π (默认为后续算法固定输入), 验证者 $\mathcal{V}$ 调用对称密码算法中的密钥生成算法, 输出密钥 $\mathcal{K}$.

(2) Encode$(F; \mathcal{K}, \alpha) \to (F_\eta^*, \eta)$: 输入文件 F、密钥 $\mathcal{K}$ 和状态参数 α, 验证者 $\mathcal{V}$ 进行如下步骤:

(a) Error correction : 将文件 F 分为 b/k 个文件块, 其中每个文件块包含 k 个数据块, 然后利用 (n, k, d) 纠删码对于每个文件块进行编码, 将其拓展至 n 个数据块, 从而生成一个拓展文件 $F' = F_1' \cdots F_{b'}'$, 其中 $b' = bn/k$.

(b) Encryption : 使用密钥 $\mathcal{K}$ 和对称加密算法 E, 加密编码文件 F', 生成加密文件 F''. 为了保证即使在文件部分数据块被删除或破坏的情况下, 验证者仍可以利用剩余数据块恢复出文件 F, 加密文件 F' 时应对其每个数据块分别进行加密, 以保证数据块的独立解密能力. 一种方法是直接使用一个 l-bit 的分组密码算法, 但由于重用了密钥 $\mathcal{K}$, 这种方法无法保证选择明文攻击下的不可区分性; 另一种方法是采用流密码算法, 但在解密阶段, 与丢失的数据块对应的部分密钥流可能被简单地丢弃.

(c) Sentinel creation : 令 $f : \{0,1\}^j \times \{0,1\}^* \to \{0,1\}^l$ 表示一个单向函数, 然后计算一个包含 s 个哨兵的集合 $\{a_w\}_{w=1}^s$, 其中 $a_w = f(\mathcal{K}, w)$. 最后, 将这些哨兵追加在加密文件 F'' 上, 从而得到 F''' (至多可以生成 $\lfloor s/q \rfloor$ 个挑战, 每次挑战包含 q 个被问询的哨兵).

(d) Permutation : 令 $g : \{0,1\}^j \times \{1, \cdots, b'+s\} \to \{1, \cdots, b'+s\}$ 表示一个伪随机置换, 利用 g 对文件 F''' 的数据块进行重新排序, 可以得到文件 (F_η^*, η), 其中 $F_i^* = F'''_{[g(\mathcal{K}, i)]}$.

(3) Extract$(\eta; \mathcal{K}, \alpha) \to F$: 该算法要求输入尽可能多的文件 F^* 的数据块, 才能以较高的成功率恢复出原始文件 F. 首先, 利用逆向伪随机置换 g^{-1} 恢复数据块在文件 F''' 中序号, 然后根据文件句柄 η 剔除哨兵, 并对剩余数据块进行解密 (使用 $\mathcal{K}$)、纠删操作, 最终获得文件 F.

(4) Challenge$(\eta; \mathcal{K}, \alpha) \to c$: 输入 η, $\mathcal{K}$ 和 α, 验证者 $\mathcal{V}$ 设置计数器 $\sigma = q\alpha$, 然后调用 g 计算出第 σ 个被挑战哨兵块在文件 F''' 中的位置 $p = g(b'+\sigma), \sigma = \sigma + 1$. 重复调用 q 次, 即可获得包含 q 个不同哨兵的挑战信息 $c = \{p_i\}_{1 \leqslant i \leqslant q}$. 最终, 令 $\alpha = \alpha + 1$, $\mathcal{V}$ 发送 c 给 $\mathcal{P}$.

(5) Respond$(c, \eta) \to r$: 输入挑战信息 c, 证明者 $\mathcal{P}$ 根据文件句柄 η 输出 c 中包含的 q 个位置的数据块 (即被挑战的哨兵块), 并返回 $r = \{a_{p_i}\}_{1 \leqslant i \leqslant q}$.

(6) Verify$((r, \eta); \mathcal{K}, \alpha) \to b \in \{0,1\}$: 输入 (r, η), $\mathcal{K}$ 和 α, 验证者 $\mathcal{V}$ 重构 c 对应的被挑战哨兵 $a'_{p_i} = f(\mathcal{K}, g^{-1}(p_i) - b')$, 并与证明者 $\mathcal{P}$ 返回的证据进行一一对

比 $a'_{p_i} \overset{?}{=} a_{p_i}$, 若全部验证成功, 则输出 $b = 1$, 否则输出 $b = 0$.

6.3.3 紧凑的数据可恢复性证明方案

2008 年, Shacham 和 Waters[12] 提出了一个紧凑的数据可恢复性证明机制, 并分别给出了适用于私有验证场景和公开验证场景的 PoR 方案. 本小节主要介绍这两个方案的详细构造.

1. 支持私有验证的数据可恢复性证明方案

令 $f : \{0,1\}^* \times \mathcal{K}_{\mathrm{prf}} \to \mathbb{Z}_p$ 表示一个伪随机函数, 私有验证方案 Priv 的具体构造如下:

(1) Priv.Kg(): 选取一个随机的对称加密密钥 $k_{\mathrm{enc}} \overset{R}{\leftarrow} K_{\mathrm{enc}}$ 和一个随机 MAC 密钥 $k_{\mathrm{mac}} \overset{R}{\leftarrow} K_{\mathrm{mac}}$. 即私钥为 $SK = (k_{\mathrm{enc}}, k_{\mathrm{mac}})$, 没有公钥.

(2) Priv.St(SK, M): 给定文件 M, 首先利用纠删码来处理 M 得到 M', 然后将 M' 分割成 n 个数据块, 每个数据块 m_i 分为 s 个扇区, 即 $\{m_{ij}\}_{1 \leqslant i \leqslant n, 1 \leqslant j \leqslant s}$. 此外, 选取伪随机函数密钥 $k_{\mathrm{prf}} \overset{R}{\leftarrow} K_{\mathrm{prf}}$ 和 s 个随机数 $\alpha_1, \cdots, \alpha_s \overset{R}{\leftarrow} \mathbb{Z}_p$. 令 t_0 表示 $n \parallel \mathrm{Enc}_{k_{\mathrm{enc}}}(k_{\mathrm{prf}} \| \alpha_1 \| \cdots \| \alpha_s)$; 文件的标签为 $t = t_0 \| \mathrm{MAC}_{k_{\mathrm{mac}}}(t_0)$. 对于每一个 i, $1 \leqslant i \leqslant n$, 计算

$$\sigma_i \leftarrow f_{k_{\mathrm{prf}}}(i) + \sum_{j=1}^{s} \alpha_j m_{ij} \tag{6-7}$$

经过处理的文件 M^* 包括 $\{m_{ij}\}$ 及 $\{\sigma_i\}$, $1 \leqslant i \leqslant n$, $1 \leqslant j \leqslant s$.

(3) Priv.$\mathcal{V}(SK, t)$: 挑战生成阶段, 首先将 SK 解析为 $(k_{\mathrm{enc}}, k_{\mathrm{mac}})$, 并使用 k_{mac} 验证 t 中的 MAC. 如果 MAC 无效, 则输出 0 拒绝并且终止协议, 否则解析 t 并使用 k_{enc} 来解密 t_0 中加密的部分, 恢复 n, k_{prf} 和 $\alpha_1, \cdots, \alpha_s$. 然后, 从集合 $[1, n]$ 中随机选择一个包含 l 个元素的子集 I, 并为每个 $i \in I$ 生成系数 $v_i \overset{R}{\leftarrow} B$, $(B \subseteq \mathbb{Z}_p)$. 最终, 将挑战 $Q = \{(i, v_i)\}$ 发送给证明者.

证据验证阶段, 解析证明者的响应可以获得 $\mu_1, \cdots, \mu_s$ 和 σ. 如果解析失败, 输出 0 并终止协议. 否则, 检验下面等式是否成立

$$\sigma \overset{?}{=} \sum_{(i, v_i) \in Q} v_i f_{k_{\mathrm{prf}}}(i) + \sum_{j=1}^{s} \alpha_j \mu_j \tag{6-8}$$

若等式成立, 则输出 1; 否则, 输出 0.

(4) Priv.$\mathcal{P}(t, M^*)$: 将文件 M^* 解析为 $\{m_{ij}\}$, $1 \leqslant i \leqslant n$, $1 \leqslant j \leqslant s$, 以及 $\{\sigma_i\}$, $1 \leqslant i \leqslant n$. 将验证者发送的信息解析为 $Q = \{(i, v_i)\}$, 其中每个 $i \in [1, n]$, 每个 $v_i \in B$, 计算

$$\mu_j \leftarrow \sum_{(i, v_i) \in Q} v_i m_{ij}, \quad 1 \leqslant j \leqslant s \tag{6-9}$$

$$\sigma \leftarrow \sum_{(i,v_i) \in Q} v_i \sigma_i \tag{6-10}$$

最终, 证明者将 $\mu_1, \cdots, \mu_s$ 和 σ 作为响应发送给证明者.

2. 支持公开验证的数据可恢复性证明方案

选取两个乘法循环群 $\mathbb{G}$ 和 $\mathbb{G}_T$ 构成一个双线性映射 $e : \mathbb{G} \times \mathbb{G} \rightarrow \mathbb{G}_T$, 其中 g 是群 $\mathbb{G}$ 的一个生成元. 此外, 选取一个 BLS 哈希函数 $H : \{0,1\}^* \rightarrow \mathbb{G}$. 公开验证方案 Pub 的具体构造如下:

(1) Pub.Kg(): 该算法生成一个随机的签名密钥对 $(spk, ssk) \xleftarrow{R} SK_g$ (签名密钥生成算法), 选择一个随机数 $\alpha \xleftarrow{R} \mathbb{Z}_p$ 并计算 $v \leftarrow g^\alpha$. 最终, 获得私钥 $SK = (\alpha, ssk)$, 公钥 $PK = (v, spk)$.

(2) Pub.St(SK, M): 给定文件 M, 首先利用纠删码处理 M 得到 M', 然后将 M' 分割成 n 块, 每个数据块 m_i 分为 s 个扇区, 即 $\{m_{ij}\}_{1 \leqslant i \leqslant n, 1 \leqslant j \leqslant s}$. 此外, 将 sk 解析为 (α, ssk), 从 $\mathbb{Z}_p$ 随机选取一个文件名 name, 同时从 $\mathbb{G}$ 中随机选取 s 个随机元素 $u_1, \cdots, u_s \xleftarrow{R} \mathbb{G}$. 令 t_0 表示 name$||n||u_1||\cdots||u_s$, 生成文件标签 $t \leftarrow t_0 || \text{SSig}_{ssk}(t_0)$. 对每个 i, $1 \leqslant i \leqslant n$ 计算:

$$\sigma_i \leftarrow \left(H(\text{name}||i) \cdot \prod_{j=1}^{s} u_j^{m_{ij}} \right)^\alpha \tag{6-11}$$

经过处理的文件 M^* 包括 $\{m_{ij}\}$ 和 $\{\sigma_i\}$, $1 \leqslant i \leqslant n$, $1 \leqslant j \leqslant s$.

(3) Pub.$\mathcal{V}$(PK, SK, t): 挑战生成阶段, 首先将 PK 解析为 (v, spk), 然后使用 spk 验证 t 的签名, 如果签名无效, 则输出 0 拒绝并终止协议, 否则解析 t, 恢复文件名 name, n 和 $u_1, \cdots, u_s$. 然后, 从集合 $[1, n]$ 中随机选择一个包含 l 个元素的子集 I. 对于每个 $i \in I$, 随机选取系数 $v_i \xleftarrow{R} B$ ($B \subseteq \mathbb{Z}_p$). 最终, 验证者将挑战信息 $Q = \{(i, v_i)\}$ 发送给证明者.

在证据验证阶段, 首先将证明者的响应解析并获得 $(\mu_1, \cdots, \mu_s) \in \mathbb{Z}_p^*$ 和 $\sigma \in \mathbb{G}$. 如果解析失败, 返回 0 并终止协议, 否则检测下列等式是否成立:

$$e(\sigma, g) \overset{?}{=} e\left(\prod_{(i,v_i) \in Q} H(\text{name}||i)^{v_i} \cdot \prod_{j=i}^{s} u_j^{\mu_j}, v \right) \tag{6-12}$$

如果成立, 输出 1; 否则, 输出 0.

(4) Pub.$\mathcal{P}$(PK, t, M^*): 首先, 将文件 M^* 解析为 $\{m_{ij}\}$ 和 $\{\sigma_i\}$, $1 \leqslant i \leqslant n$, $1 \leqslant j \leqslant s$, 将挑战信息解析为 $Q = \{(i, v_i)\}$, 其中每个不同的 $i \in [1, n]$, 每个 $v_i \in B$. 然后, 计算证据:

$$\mu_j \leftarrow \sum_{(i,v_i)\in Q} v_i m_{ij} \in \mathbb{Z}_p, \quad 1 \leqslant j \leqslant s \tag{6-13}$$

$$\sigma \leftarrow \prod_{(i,v_i)\in Q} \sigma_i{}^{\nu_i} \in \mathbb{G} \tag{6-14}$$

最终, 证明者将 $\mu_1, \cdots, \mu_s$ 和 σ 作为响应发送给证明者.

6.3.4　基于身份的远程数据完整性验证方案

2017 年, Yu 与 Ateniese 等[30] 提出了一种基于身份 (ID) 的远程数据完整性验证方案 (Remote Data Integrity Checking, RDIC), 在实现公开完整性验证的同时, 保证了数据对验证者的完美隐私性. 如图 6.3 所示, 该系统架构主要涉及四类实体: 密钥生成中心 (KGC)、云数据用户、云服务器和第三方审计者 (Third Party Auditor, TPA).

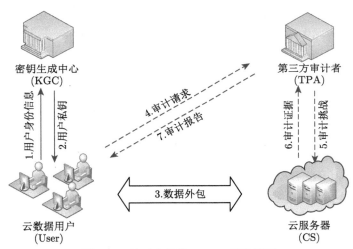

图 6.3　基于身份的 RDIC 系统模型

定义 6.6　一个基于 ID 的 RDIC 系统 ID-RDIC = (Setup, Extract, TagGen, Challenge, ProofGen, ProofCheck) 主要包括以下 6 种算法:

(1) Setup(1^k): 一个由 KGC 运行的概率性算法, 以安全参数 k 作为输入, 输出系统参数 P 和主私钥 MSK.

(2) Extract(P, MSK, ID): 一个由 KGC 运行的概率性算法, 以系统参数 P、主私钥 MSK 和用户身份 $ID \in \{0,1\}^*$ 作为输入, 输出与身份 ID 对应的密钥 SK_{ID}.

(3) TagGen(P, F, SK_{ID}): 一个由身份为 ID 的用户运行的概率性算法, 以系统参数 P、用户密钥 SK_{ID} 和待存储文件 $F \in \{0,1\}^*$ 作为输入, 输出文件每个数据

块 m_i 的标签 $\sigma=(\sigma_1,\cdots,\sigma_n)$, 这些标签将与文件 F 一起被外包存储至云服务器.

(4) Challenge(P, Fn, ID)：一个由 TPA 运行的概率性算法, 以系统参数 P、用户身份 ID 和唯一的文件名 Fn 作为输入, 代表该用户对文件 Fn 输出一个挑战 Chal.

(5) ProofGen$(P, ID, \text{Chal}, F, \sigma)$：一个由云服务器运行的概率性算法, 以系统参数 P、挑战 Chal、用户身份 ID、标签 σ、文件 F 及其名称 Fn 为输入, 输出数据完整性证明 $\mathcal{V}$.

(6) ProofCheck$(P, ID, \text{Chal}, \mathcal{V}, Fn)$：一个由 TPA 运行的确定性算法, 以系统参数 P、挑战 Chal、用户身份 ID、文件名 Fn 和数据完整性证明 $\mathcal{V}$ 作为输入, 验证证据的有效性. 若证据有效, 输出 1 表示文件是完整的, 否则输出 0.

定义 6.7　针对服务器的安全性　如果一个敌手 $\mathcal{A}$ 未拥有某项挑战相关的所有数据块, 则除非它猜中了所有被挑战的数据块, 否则无法成功地生成有效的证明, 该游戏包括以下几个阶段.

(1) Setup：挑战者 $\mathcal{C}$ 运行 Setup 算法获取系统参数 P 和主私钥 MSK, 并将 P 发送给敌手 $\mathcal{A}$, 同时秘密保存 MSK.

(2) Queries：$\mathcal{A}$ 向 $\mathcal{C}$ 进行一些自适应的数据提取查询和标签查询:

(a) Extract Queries：$\mathcal{A}$ 可以查询任何身份 ID_i 的私钥, $\mathcal{C}$ 调用 Extract 算法计算出私钥 sk_i, 并将其转发给 $\mathcal{A}$;

(b) TagGen Queries：$\mathcal{A}$ 可以查询身份 ID_i 对应的任何文件 F 的标签, $\mathcal{C}$ 调用 Extract 算法获得私钥 SK_i, 然后调用 TagGen 算法生成文件 F 的标签, 并返回给 $\mathcal{A}$.

(3) ProofGen：对于已被 TagGen 查询的文件 F, $\mathcal{A}$ 可以指定用户的身份 ID 和文件名 F_n, 然后执行 ProofGen 算法. 在证明生成过程中, $\mathcal{C}$ 扮演 TPA 的角色, 而 $\mathcal{A}$ 则扮演证明者的角色. 最后, 当一个协议执行完成后, $\mathcal{A}$ 可以从 $\mathcal{C}$ 的响应中获得相关信息 $\mathcal{P}$.

(4) Output：$\mathcal{A}$ 选择一个文件名 Fn^* 和用户身份 ID^*. 其中, ID^* 必须还未进行密钥提取查询, 但已存在输入为 Fn^* 和 ID^* 的 TagGen 查询. $\mathcal{A}$ 输出证据 $\mathcal{P}^*$ 的描述, 其中 $\mathcal{P}^*$ 是 ϵ-可接受的, 定义如下:

如果一个欺骗性的证据 $\mathcal{P}^*$ 能够令人信服地回答 ϵ 部分的完整性挑战, 则称其为 ϵ-可接受的. 换言之, $\Pr\left[(\mathcal{V}(\mathrm{P}, ID^*, Fn^*) \rightleftharpoons \mathcal{P}^*) = 1\right] \geqslant \epsilon$, 这里的概率超过了验证者和证明者掷硬币的概率. 如果 $\mathcal{A}$ 能够成功输出 ϵ-可接受的证据 $\mathcal{P}^*$, 则其赢得游戏.

如果一个 ID-RDIC 方案被称为 "ϵ-稳健的", 则存在一个提取算法 Extract, 使得对于每一个敌手 $\mathcal{A}$, 无论 $\mathcal{A}$ 何时进行稳健性游戏, 并对文件名 Fn^* 和用户 ID^* 输出一个 ϵ-可接受的证明 $\mathcal{P}^*$, 而 Extract 可以从 $\mathcal{P}^*$ 恢复出 F, 即 Extract

$(P, ID^*, Fn^*, \mathcal{P}^*) = F.$

定义 6.8　针对 TPA 的完善保密　"完美的数据隐私保护"是指 TPA 无法获得外包数据的任何信息. 换言之, 无论 TPA 学习了什么, 都可以自己学习而无需与云服务器进行任何交互. 此处, 使用一个模拟器 S 刻画该安全模型:

如果一个基于身份的远程数据完整性检查协议实现了完美的数据隐私, 则对于每个作弊验证者 TPA^* 都存在一个多项式时间的非交互式模拟器 S, 使得对于每个有效的公共输入 $(ID, \text{Chal}, \text{Tag})$ 和私有输入 F, 以下两个随机变量在计算上是不可区分的:

(1) $\text{view}_{TPA^*}(\text{Server}_{R,\text{Chal},F,ID,\text{Tag},TPA^*})$, 其中 R 表示协议使用的随机硬币;

(2) $S(\text{Chal}, ID)$. 换言之, 模拟器 S 只获得公共输入的信息, 与服务器没有任何交互, 但仍设法输出与 TPA^* 在交互过程中学习到的任何信息无法区分的响应.

ID-RDIC 方案的具体构造如下:

(1) System setup: 输入安全参数 $\mathcal{K}$, KGC 选择两个阶为素数 q 的循环乘法群 $\mathbb{G}_1$ 和 $\mathbb{G}_2$, 其中 g 是 $\mathbb{G}_1$ 的生成元, 定义一个双线性映射 $e: \mathbb{G}_1 \times \mathbb{G}_1 \to \mathbb{G}_2$. 其次, KGC 随机选取一个 $\alpha \in \mathbb{Z}_q^*$ 作为主私钥, 并计算相应的公钥 $P_{\text{pub}} = g^\alpha$. 此外, KGC 选择三个哈希函数 $H_1, H_2 : \{0,1\}^* \to \mathbb{G}_1$ 和 $H_3 : \mathbb{G}_2 \to \{0,1\}^l$. 最终, KGC 公开系统参数 $(\mathbb{G}_1, \mathbb{G}_2, e, g, P_{\text{pub}}, H_1, H_2, H_3, l)$.

(2) Extract: 输入主私钥 α 和用户身份 $ID \in \{0,1\}^*$, 输出该用户的私钥 $s = H_1(ID)^\alpha$.

(3) TagGen: 给定一个名为 fname 的文件 M, 用户首先将其划分为 n 个数据块 $m_1, \cdots, m_n$, 其中 $m_i \in \mathbb{Z}_q$. 然后, 选取一个随机参数 $\eta \in \mathbb{Z}_q^*$, 并计算 $r = g^\eta$. 此外, 对于每个数据块 m_i, $1 \leqslant i \leqslant n$, 用户计算 m_i 的标签 σ_i:

$$\sigma_i = s^{m_i} H_2(\text{fname}||i)^\eta \tag{6-15}$$

用户将文件 M 和 $(r, \{\sigma_i\}, IDS(r||\text{fname}))$ 一起存储到云中, 其中 $IDS(r||\text{fname})$ 是数据用户对 $r||\text{fname}$ 的身份签名[31,32]. 完成数据上传后, 数据所有者定期执行如图 6.4 所示的完整性验证协议, 具体算法如下.

(4) Challenge: 为了检查文件 M 的完整性, 验证者从 $[1,n]$ 随机选取一个含 c 个元素的子集 I, 并为每个 $i \in I$ 随机选择一个系数 $v_i \in \mathbb{Z}_q^*$, 获得集合 $Q = \{(i, v_i)\}$. 为产生一个挑战, 验证者随机选取 $\rho \in \mathbb{Z}_q^*$, 计算 $Z = e(H_1(ID), P_{\text{pub}})$, $c_1 = g^\rho$ 和 $c_2 = Z^\rho$, 并生成知识证明:

$$pf = POK\{(\rho) : c_1 = g^\rho \wedge c_2 = Z^\rho\} \tag{6-16}$$

最后, 验证者向服务器发送挑战 $\text{Chal} = (c_1, c_2, Q, pf)$.

(5) GenProof: 收到挑战 $\text{Chal} = (c_1, c_2, Q, pf)$ 后, 服务器首先计算 $Z = e(H_1(ID), P_{\text{pub}})$. 然后, 验证证明 pf. 如果无效, 则审计中止. 否则, 服务器计

算 $\mu = \sum_{i \in I} v_i m_i$, $\sigma = \prod_{i \in I} \sigma_i{}^{v_i}$ 和 $m' = H_3(e(\sigma, c_1) \cdot c_2{}^{-\mu})$, 并且返回 $(m', r, IDS(r||\text{fname}))$ 作为响应.

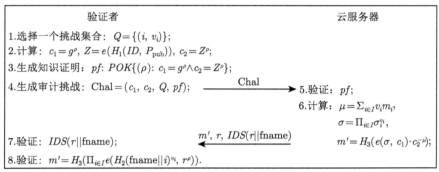

图 6.4　基于身份的远程数据完整性检查协议

(6) **CheckProof**: 验证者从服务器收到 $(m', r, IDS(r||\text{fname}))$ 后, 检查 IDS $(r||\text{fname})$ 是否是数据用户对消息 $r||\text{fname}$ 的有效身份签名. 如果不是, 则表示证据无效. 否则, 验证者将检查下列公式是否成立:

$$m' = H_3 \left(\prod e \left(H_2(\text{fname}||i)^{v_i}, r^\rho \right) \right) \tag{6-17}$$

如果等式成立, 验证者接受证明, 否则表示证据无效.

6.4　小　　结

随着云存储服务的快速发展和不断普及, 用户对数据外包存储服务的安全性需求也日渐多元化, 数据完整性审计技术的目标也不再局限于数据完整性的验证, 诸如支持动态数据审计、数据存储位置审计、数据可恢复性等功能的审计方案不断完善了云存储数据审计技术体系, 提高了人们对数据外包服务的信任度, 间接推动了云存储服务的进一步发展. 本章首先介绍了数据完整性审计技术的起源和已有的研究进展, 然后分别从数据持有性证明和数据可恢复性证明两个分支对已有经典方案进行介绍. 整体而言, 本章基本上涵盖了云数据审计领域的全部研究热点, 感兴趣的读者可深入阅读相关文献.

参 考 文 献

[1] Deswarte Y, Quisquater J J, Saïdane A. Remote integrity checking. Working Conference on Integrity and Internal Control in Information Systems. Springer, 2003: 1-11.

[2] Ateniese G, Burns R, Curtmola R, Herring J, Kissner L, Peterson Z, Song D. Provable data possession at untrusted stores. Proceedings of the 14th ACM Conference on Computer and Communications Security, 2007: 598-609.

[3] Ateniese G, Di Pietro R, Mancini L V, Tsudik G. Scalable and efficient provable data possession. Proceedings of the 4th International Conference on Security and Privacy in Communication Networks, 2008: 1-10.

[4] Erway C, Kupcu A, Papamanthou C, Tamassia R. Dynamic provable data posses-sion. Proceedings of the 2009 ACM Conference on Computer and Communications Security, IL, USA, November 2009: 213-222.

[5] Wang Q, Wang C, Ren K, Lou W J, Li J. Enabling public auditability and data dynamics for storage security in cloud computing. IEEE Transactions on Parallel and Distributed Systems, 2010, 22(5): 847-859.

[6] Wang C, Wang Q, Ren K, Lou W J. Privacy-preserving public auditing for data storage security in cloud computing. 2010 Proceedings IEEE Infocom. IEEE, 2010: 1-9.

[7] Zhu Y, Ahn G J, Hu H X, Yau S S, An H G, Hu C J. Dynamic audit services for outsourced storages in clouds. IEEE Transactions on Services Computing, 2011, 6(2): 227-238.

[8] Yang K, Jia X H. An efficient and secure dynamic auditing protocol for data storage in cloud computing. IEEE Transactions on Parallel and Distributed Systems, 2012, 24(9): 1717-1726.

[9] Tian H, Chen Y X, Chang C C, Jiang H, Huang Y F, Chen Y H, Liu J. Dynamic-hash-table based public auditing for secure cloud storage. IEEE Transactions on Services Computing, 2015, 10(5): 701-714.

[10] Shen J, Shen J, Chen X F, Huang X Y, Susilo W. An efficient public auditing protocol with novel dynamic structure for cloud data. IEEE Transactions on Information Forensics and Security, 2017, 12(10): 2402-2415.

[11] Juels A, Kaliski B S, Jr. Pors: Proofs of retrievability for large files. Proceedings of the 14th ACM Conference on Computer and Communications Security. 2007: 584-597.

[12] Shacham H, Waters B. Compact proofs of retrievability. International Conference on the Theory and Application of Cryptology and Information Security. Springer, 2008: 90-107.

[13] Zhu Y, Hu H X, Ahn G J, Yu M Y. Cooperative provable data possession for integrity verification in multicloud storage. IEEE Transactions on Parallel and Distributed Systems, 2012, 23(12): 2231-2244.

[14] Shen J, Liu D Z, Bhuiyan M Z A, Shen J, Sun X M, Castiglione A. Secure veri-fiable database supporting efficient dynamic operations in cloud computing. IEEE Transactions on Emerging Topics in Computing, 2017, 8(2): 280-290.

[15] Nakamoto S. Bitcoin: A peer-to-peer electronic cash system. Decentralized Business Review. 2008: 21260.

[16]   Zhang Y, Xu C X, Lin X D, Shen X S. Blockchain-based public integrity verifica-
       tion for cloud storage against procrastinating auditors. IEEE Transactions on Cloud
       Computing, 2021, 9(3): 923-937.

[17]   Xu Y, Zhang C, Wang G J, Qin Z, Zeng Q R. A blockchain-enabled deduplicat-
       able data auditing mechanism for network storage services. IEEE Transactions on
       Emerging Topics in Computing, 2021, 9(3): 1421-1423.

[18]   Xu Y, Ren J, Zhang Y, Zhang C, Shen B, Zhang Y X. Blockchain empowered
       arbitrable data auditing scheme for network storage as a service. IEEE Transactions
       on Services Computing, 2019, 13(2): 289-300.

[19]   Yuan H, Chen X F, Wang J F, Yuan J M, Yan H Y, Susilo W. Blockchain-based
       public auditing and secure deduplication with fair arbitration. Information Sciences,
       2020, 541: 409-425.

[20]   Hao Z, Zhong S, Yu N H. A privacy-preserving remote data integrity checking protocol
       with data dynamics and public verifiability. IEEE transactions on Knowledge and
       Data Engineering, 2011, 23(9): 1432-1437.

[21]   Zeng K. Publicly verifiable remote data integrity. Information and Communications
       Security, Birmingham UK, October 2008: 419-434.

[22]   Dodis Y, Vadhan S, Wichs D. Proofs of retrievability via hardness amplification.
       Theory of Cryptography Conference. Springer, 2009: 109-127.

[23]   Kallahalla M, Swaminathan E R R, Wang Q, Fu K. Plutus: Scalable secure file
       sharing on untrusted storage. Proceedings of the FAST '03 Conference on File and
       Storage Technologies, CA USA, April 2003: 29-42.

[24]   Li F F, Hadjieleftheriou M, Kollios G, Reyzin L. Dynamic authenticated index struc-
       tures for outsourced databases. Proceedings of the ACM SIGMOD International
       Conference on Management of Data, IL USA, June 2006: 121-132.

[25]   Li J Y, Krohn M, Mazieres D, Shasha D. Secure untrusted data repository (sundr).
       6th Symposium on Operating System Design and Implementation (OSDI 2004), CA
       USA, December 2004: 121-136.

[26]   Maheshwari U, Vingralek R, Shapiro W. How to build a trusted database system on
       untrusted storage. 4th Symposium on Operating System Design and Implementation
       (OSDI 2000), CA USA, October 2000: 10-26.

[27]   Muthitacharoen A, Morris R, Gil T M, Chen B J. Ivy: A read/write peer-to-peer
       file system. 5th Symposium on Operating System Design and Implementation (OSDI
       2002), MA, USA, December 2002: 31-44.

[28]   Gondree M, Peterson Z N J. Geolocation of data in the cloud. Third ACM Conference
       on Data and Application Security and Privacy (CODASPY'13), TX, USA, February
       2013: 25-36.

[29]   Jiang T, Chen X F, Li J, Wong D S, Ma J F, Liu J K. Timer: Secure and reliable cloud
       storage against data re-outsourcing. Information Security Practice and Experience,
       Fuzhou, China, May 2014: 346-358.

[30]　Yu Y, Au M H, Ateniese G, Huang X Y, Susilo W, Dai Y S, Min G Y. Identity-based remote data integrity checking with perfect data privacy preserving for cloud storage. IEEE Transactions on Information Forensics and Security, 2016, 12(4): 767-778.

[31]　Choon J C, Cheon J H. An identity-based signature from gap Diffie-Hellman groups. International Workshop on Public Key Cryptography. Springer, 2003: 18-30.

[32]　Hess F. Efficient identity based signature schemes based on pairings. International Workshop on Selected Areas in Cryptography. Springer, 2002: 310-324.

第 7 章 数据库的可验证更新技术

数据库外包允许资源受限的用户将大型数据库安全外包给云服务器, 在减轻用户存储负担的同时, 支持数据的可验证检索和更新. 本章主要介绍云计算环境下密文数据库可验证检索和更新技术.

7.1 问 题 阐 述

数据库外包作为外包计算的一个重要分支, 允许用户委托其数据库管理权给云服务器并由云服务器来向数据库用户提供各种数据库服务. 当一个资源受限的用户外包一个大型的数据库给云服务器之后, 该用户可以随时取回或更新任意一条数据记录. 数据库外包为人们带来诸多益处的同时, 也不可避免地面临着一些安全和效率的挑战. 首先, 由于云服务器是不完全可信的, 数据外包之前需要进行加密操作, 这就使得如何完成数据高效检索变得困难. 其次, 出于自身利益的驱动或者受软硬件故障等因素影响, 云服务器可能返回给用户不正确/不完整的检索结果. 外包数据库应支持数据库检索和更新的可验证性, 使得用户在云服务器篡改数据库记录时能以高概率检测出云服务器的恶意行为. 除此之外, 数据库用户的计算和存储开销应与数据库大小无关 (初始化阶段除外), 这保证了数据库外包方案的效率.

对于静态数据库来说, 通过一些简单的方法 (如消息认证码或数字签名) 便可以实现数据库的可验证性, 即用户在上传数据之前先对数据库中的每条数据记录进行消息认证编码或签名. 但对于动态数据库来说, 这种方法并不可行. 因为用户必须有一种有效的机制来撤销以前的签名. 否则, 恶意云服务器可以利用旧的数据库记录和相应的签名来响应用户的查询并通过验证. 为了解决这个问题, 用户必须在本地跟踪每一个数据的更新记录. 然而, 这完全违背了外包的目标, 因为用户可能需要远远大于本地直接存储原数据库的存储资源来存储所有的更新记录.

早期关于动态数据库外包的研究主要基于动态累加器和数据认证技术, 然而这些技术往往依赖于一些非常强的数学假设 (如强 Diffie-Hellman 假设) 或者需要代价昂贵的操作 (如系统重新洗牌等操作). Benabbas, Gennaro 和 Vahlis [1] 首次提出可验证数据库 (VDB) 的原语, 并基于高次多项式外包提出第一个有效的 VDB 方案, 但该方案只支持私有验证. 随后, Catalano 和 Fiore [2] 提出一个新密码原语"向量承诺"并基于该原语提出高效的 VDB 通用框架, 然后分别基于双线性群中的 CDH 假设和 RSA 假设构造了公开可验证数据库方案. Chen 等[3] 指出 Catalano-Fiore 方案[2] 容易受到前向自动更新 (FAU) 攻击, 然后利用承诺绑定的思想提出了一种新的公开可验证数据库方案来抵御 FAU 攻击. 此外, Chen 等[4] 提出了一个支持增量更新的可验证数据库方案, 该方案在数据库经历相当微小的修改时, 可以减少用户的计算成本. Miao 等[5] 指出这些 VDB 方案只支持替换更新操作, 不支持数据的插入和删除操作, 并提出了第一个新的支持全更新操作的 VDB 方案. 该方案结合了承诺绑定技术和分层承诺技术, 支持数据的插入、删除和修改三种更新操作. 然而, 当用户不断将数据插入到数据库的相同索引位置中时, 该方案的分层承诺关于分层的数量呈线性增加, 造成较高的存储和计算开销. 随后, Miao 等[6] 提出了 Merkle 求和哈希树的概念, 并基于此提出了一个高效的 VDB 方案, 但该方案仅支持私有验证. 随后, Chen 等[7] 利用承诺翻转布隆过滤器 (Committed Invertible Bloom Filter, CIBF) 构造了一个高效的支持公开可验证的数据库方案, 该方案支持所有的数据动态更新操作.

可验证数据流 (VDS) 是可验证数据库 (VDB) 的一种推广. 一般来说, VDS 和 VDB 之间的主要区别是: ① 在 VDB 模型中, 数据库的大小在建立阶段就已经定义, 而在 VDS 模型下数据库的大小可能是无界的; ② VDB 中的数据没有明确的顺序, 而 VDS 中的数据是严格有序的. Schröder 等[8] 首先提出了 VDS 的新原语, 并提出了一种基于变色龙认证树 (Chameleon Authentication Tree, CAT) 的 VDS 方案. 该方案中数据库有固定的上界 m, 即数据库允许最多有 m 条数据记录, 其中数据的添加、更新和验证操作的计算成本和证明的大小关于上界 m 呈对数关系. Schröder 和 Simkin[9] 随后提出了一个新的 VDS 方案, 该方案解决了数据库记录上界的问题, 但该方案仅在随机预言模型下被证明是安全的. Krupp 等[10] 提出了两个 VDS 方案. 第一个 VDS 方案是基于树形结构和新原语"变色龙向量承诺 (CVC)"构造, 其中数据库大小是无界的且该方案在标准模型下是可证明安全的. 第二个方案是基于签名方案和双线性映射累加器构造, 其中证明大小是常量的, 但服务器更新操作的计算成本关于数据库大小呈线性增长. Papa-manthou 等[11] 也考虑了流式数据上数据的查询和验证, 并提出了一种基于广义哈希树 (GHT) 的可验证数据流的方案. 然而, 由于该方案涉及基于格上的复杂向量运算, 所以效率较低而不实用. 近来, Campanelli 等[12] 提出分布式网络模式下可验证存储模型, 该模型以分布式的方式检查分布式网络节点中所存储数据的正确性, 该模型的实现依赖于最新的向量承诺技术 ——支持子向量打开的向量承诺 (SVC).

7.2 动态数据库的可验证更新技术

7.2.1 安全定义

考虑如图 7.1 所示的可验证数据库模型, 用户 C 将数据库 DB 外包存储至不可信的云服务器之后, 可随时对数据记录进行检索和审计.

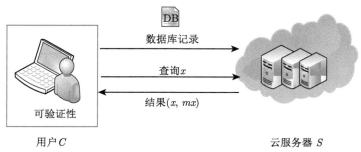

图 7.1 可验证数据库模型

假设数据库 DB 是关于 (x, m_x) 的集合, 其中 x 是索引, m_x 是数据记录. 一个 VDB 方案允许资源受限的用户将存储空间需求较大的数据库外包给服务器, 且能够从服务器中恢复和更新数据记录. 用户询问数据库时, 不诚实服务器任何篡改数据的行为都将以不可忽略的概率被用户检测出来. 为了保证数据记录 m_x 的机密性, 用户可以采用对称加密方案如 AES 对每个 m_x 加密, 即给定密文 v_x, 只有用户能够计算出 m_x. 因此, 在这里我们仅需要考虑加密数据库 (x, v_x) 的情况. 可更新的 VDB 定义[1,2] 如下.

定义 7.1 一个可更新的 VDB 方案由四个算法 (Setup, Query, Verify, Update) 构成, 定义如下:

(1) Setup$(1^k, \mathrm{DB})$: 初始化算法. 输入安全参数 k, 用户运行 Setup 算法生成密钥 SK, 并将数据库编码给服务器 S, 以及公钥 PK 分配给所有用户用于验证.

(2) Query(PK, S, x): 询问算法. 输入索引 x, 由服务器运行 Query 算法, 返回 $\tau = (v, \pi)$.

(3) Verify(PK, SK, x, τ): 验证算法. 当 τ 关于 x 是正确的, 公开可验证算法输出值 v. 否则, 输出 $\perp$.

(4) Update(SK, x, v'): 更新算法. 用户首先使用密钥 SK 生成标签 t'_x, 将 t'_x, v' 发送给服务器. 服务器用 v' 更新索引 x 所对应的数据记录, 用 t'_x 更新公钥.

定义 7.2 (正确性) 如果对于任意数据库 DB $\in [q] \times \{0,1\}^*$ 和一个诚实服务器生成的任意有效对 (v, π), 其中 $q = \mathrm{poly}(k)$, 一个 VDB 方案中验证算法的输

出总是 v, 则该 VDB 方案是正确的.

定义 7.3 (高效性)　如果对于任意数据库 $\mathrm{DB} \in [q] \times \{0,1\}^*$, 其中 $q = \mathrm{poly}(k)$, 一个 VDB 方案中用户的计算和存储开销与数据库大小 q 无关, 则该 VDB 方案是高效的.

定义 7.4 (可审计性)　如果对于任何的数据库 $\mathrm{DB} \in [q] \times \{0,1\}^*$, 其中 $q = \mathrm{poly}(k)$, 不诚实服务器一旦篡改数据库, 一个用户都能够提供相应的证据证明服务器的恶意行为, 则该 VDB 方案是可审计的.

定义 7.5 (安全性)　如果对于任何的数据库 $\mathrm{DB} \in [q] \times \{0,1\}^*$, $q = \mathrm{poly}(k)$, 以及任意多项式时间敌手 $\mathcal{A}$, 满足

$$\mathrm{Adv}_{\mathcal{A}}(\mathrm{VDB}, \mathrm{DB}, k) \leqslant \mathrm{negl}(k),$$

则 VDB 方案是安全的. 其中 $\mathrm{Adv}_{\mathcal{A}}(\mathrm{VDB}, \mathrm{DB}, k) = \Pr[\mathrm{Exp}_{\mathcal{A}}^{\mathrm{VDB}}(\mathrm{DB}, k) = 1]$ 定义为敌手 $\mathcal{A}$ 在以下试验中的优势. 实验 $\mathrm{Exp}_{\mathcal{A}}^{\mathrm{VDB}}(\mathrm{DB}, k)$ 如下:

> $(PK, SK) \leftarrow \mathrm{Setup}(\mathrm{DB}, k)$;
> 对于 $i = 1, \cdots, l = \mathrm{poly}(k)$;
> **Verify** query:
> $(x_i, \tau_i) \leftarrow \mathcal{A}(PK, t_1', \cdots, t_{i-1}')$;
> $v_i \leftarrow \mathrm{Verify}(PK, SK, x_i, \tau_i)$;
> **Update** query:
> $(x_i, v_{x_i}^{(i)}) \leftarrow \mathcal{A}(PK, t_1', \cdots, t_{i-1}')$
> $t_i' \leftarrow \mathrm{Update}(SK, x_i, v_{x_i}^{(i)})$;
> $(\hat{x}, \hat{\tau}) \leftarrow \mathcal{A}(PK, t_1', \cdots, t_l')$;
> $\hat{v} = \mathrm{Verify}(PK, SK, \hat{x}, \hat{\tau})$
> 如果 $\hat{v} \neq \perp$ 且 $\hat{v} \neq v_{\hat{v}}^{(l)}$, 则输出 1.
> 否则, 输出 0.

针对动态数据库的应用场景, 可验证数据库 VDB 方案有以下两种攻击模型:

(1) 前向自动更新攻击: 在这类攻击中, 敌手 $\mathcal{A}$ (如恶意服务器) 能够跟用户一样以同样的方式进行更新. 这样的话, 敌手　$\mathcal{A}(C^*, U) \leftarrow \mathrm{VC.Update}_{PP}(C, v_x, x, v_x^*)$ 并输出 $PK^* = (PP, C^*)$ 和 $t_x^* = (PK^*, v_x^*, U)$. 注意到, 所有的计算都不需要用户的秘密知识. 最后, 服务器用 v_x^* 更新的相应数据记录, 用 PK^* 更新公钥. 一般地, 服务器能够对任何基于 PK^* 的询问产生有效的证明. 此外, 这个前向更新的公钥 PK^* 和真实的公钥 PK' 从任何第三方看来几乎是不可区分的. 因此, 当争论发生时, 仲裁机构无法推断服务器是否诚实. 我们将这类敌手定义为前向自动更新 (FAU) 攻击者.

(2) 后向替换更新攻击: 在这类攻击中, 不诚实服务器可利用前面有效的公钥和相应的数据库替换当前的公钥和数据库 (这可以被看作更新). 这里我们假设 VDB 服务器拥有自动更新公钥的能力. 如果这种情况发生, 后面由用户所做的更新就没有意义. 进一步说, 如果用户本地没有存储公钥, 他将很难区分过去的公钥和最新的公钥. 另外一方面, 尽管用户存储最新的公钥, 也很难证明所存储的公钥就是最新的.

7.2.2 基于高次多项式外包的可验证数据库方案

Benabbas 等 [1] 提出的基于高次多项式外包的 VDB 方案是第一个高效的 VDB 构造. 本节将具体介绍该 VDB 方案, 由四个算法 (Setup, Query, Verify, Update) 构成, 具体描述如下:

(1) Setup: 将安全参数 k 和数据库 DB (由索引值对 $(i, v_i) \in [q] \times \mathbb{Z}_{n-1}$ 构成) 作为输入. 接下来生成一对阶为 $N = p_1 p_2$ 的双线性群 $\mathbb{G}$ 和 $\mathbb{G}_T$, 其中 p_1 和 p_2 为 $[2^{n-1}, 2^n - 1]$ 中的大素数, 且满足映射 $e : \mathbb{G} \times \mathbb{G} \to \mathbb{G}_T$. 设 $\mathbb{G}_1$ 和 $\mathbb{G}_2$ 是 $\mathbb{G}$ 的两个阶分别为 p 和 q 的子群. 由 k_1, k_2 随机选择两个 PRF, 并随机选择:

$$g_1, h_1 \in_R \mathbb{G}_1, \quad g_2, h_2, u_2 \in_R \mathbb{G}_2, \quad a, b \in_R \mathbb{Z}_N$$

对于每个 $i \in \{0, \cdots, q\}$, 令 $r_i = F_{k_1}(i)$, $w_i = F_{k_2}(i, 1)$, 且 $s_i = 1$. 令

$$t_i = g_1^{r_i + av_i + bs_i} g_2^{w_i}, \quad w = \sum_{i=0}^{q} w_i, \quad T_w \leftarrow e(g_2, u_2)^w$$

令 $\hat{t}_0 = u_2$, $\hat{t}_1 = h_1 h_2$. 公钥 $PK = ((\hat{t}_0, \hat{t}_1, s_1, t_1, \cdots, s_q, t_q), \text{DB})$, 私钥 $SK = (a, T_w, k_1, k_2)$.

(2) Query: 公钥 PK 和查询 $x \in \{1, \cdots, q\}$ 作为输入, 计算

$$T \leftarrow e(t_x, \hat{t}_1) \cdot e\left(\prod_{i=0, i \neq x}^{q} t_i, \hat{t}_0 \right)$$

输出 $(T, y = v_x, s_x)$.

(3) Verify: 私钥 SK, 查询索引 x 和服务器输出的 (T, y, s_x) 作为输入. 用户计算 $r_x = F_{k_1}(x)$, $w_x = F_{k_2}(x, s_x)$ 并检查

$$T \overset{?}{=} T_w \cdot e(g_1^{r_x + a \cdot y + b \cdot s_x} g_2, h_1 u_2^{-w_x} h_2^{w_x})$$

如果等式成立, 用户输出 1; 否则, 输出 $\perp$.

(4) Update: $(x, y') \in [m] \times \mathbb{Z}_{n-1}$ 作为输入. C 先向 S 提交查询 x, 并验证返回的 (T, y, s_x) 的有效性. 然后, 令

$$w'_x = F_{k_2}(x, s_x + 1) - F_{k_2}(x, s_x), \quad T_w \leftarrow T_w \cdot e(g_2^{w'_x}, u_2), \quad t'_x \leftarrow g_1^{a(y'-y)} g_2^{w'_x}$$

将 t'_x 给 S, 通过 $t_x \leftarrow t_x \cdot t'_x$ 和 $s_x \leftarrow s_x + 1$ 更新公钥.

方案正确性　将验证等式中的各个值和相关的公开参数代入, 即可得

$$T = e(t_x, \hat{t}_1)e\left(\prod_{i \neq x} t_i, \hat{t}_0\right) = e(g_1^{r_x + av_x + bs_x} g_2^{w_x}, h_1 h_2) \prod_{i \neq x} e(g_1^{r_i + av_i + bs_i} g_2^{w_i}, u_2)$$

$$= e(g_1^{r_x + av_x + bs_x} g_2, h_1 u_2^{-w_x} h_2^{w_x}) \prod_i e(g_1^{r_i + av_i + bs_i} g_2^{w_i}, u_2)$$

$$= e(g_1^{r_x + av_x + bs_x} g_2, h_1 u_2^{-w_x} h_2^{w_x}) \cdot T_w$$

7.2.3　基于向量承诺的可验证数据库方案

Catalano 等[2] 提出基于向量承诺的可验证数据库 VDB 的通用框架, 并分别基于 CDH 假设和 RSA 假设构造了公开可验证数据库方案. 下面给出向量承诺和基于向量承诺的可验证数据库构造.

向量承诺　承诺是密码学的基本原理, 在很多安全协议中起着很重要的作用, 如投票、认证、零知识证明等. 一个承诺方案可等价于一个密封的电子信封. 发送者将消息密封于信封内发送给接收者. 如果只有发送者可以打开信封知道里面的消息, 称为隐藏. 如果发送者不能再修改消息, 称为绑定. 向量承诺允许承诺者对有序序列 $(m_1, \cdots, m_q)$ 进行承诺, 即承诺者最后在一个特殊的位置打开承诺. 更进一步说, 如果任何一个人都不能在同一个位置对不同的值打开承诺, 称为位置绑定. 此外, 向量需要被隐藏, 即敌手在可看到某些位置的承诺时, 仍无法区分这个承诺是对 $(m_1, \cdots, m_q)$ 或是对 $(m'_1, \cdots, m'_q)$ 的承诺. 下面将给出向量承诺的形式化定义.

定义 7.6　向量承诺方案由五个算法构成 VC = (VC.KeyGen, VC.Com, VC.Open, VC.Ver, VC.Update, VC.ProofUpdate), 具体描述如下:

(1) VC.KeyGen $(1^k, q)$: 输入安全参数 k 和向量规模 $q = \text{poly}(k)$, 密钥生成算法输出公共参数 PP, 并定义消息空间 $\mathcal{M}$.

(2) VC.Com$_{PP}(m_1, \cdots, m_q)$: 输入 q 维消息 $(m_1, \cdots, m_q) \in \mathcal{M}^q$, 公共参数 PP, 承诺算法输出承诺值 C 和辅助信息 aux.

(3) VC.Open$_{PP}(m, i, \text{aux})$: 由承诺者运行算法生成证据 π_i, 证明 m 是第 i 个被承诺的消息.

(4) VC.Ver$_{PP}(C,m,i,\pi_i)$: 验证算法输出 1, 当且仅当 π_i 是个有效的证据证明 C 是关于序列 $(m_1,\cdots,m_q)$ 使得 $m=m_i$ 的承诺.

(5) VC.Update$_{PP}(C,m,i,m')$: 这个算法由原始承诺者运行, 它要通过将第 i 个消息改变为 m' 来更新 C. 输入第 i 个旧消息 m, 新消息 m', 输出新的承诺 C' 以及更新信息 U.

(6) VC.ProofUpdate$_{PP}(C,U,m,i,\pi_i)$: 这个算法可由拥有证据 π_i 的用户运行, 这个证据是关于 C 的第 j 个位置的某些消息. 它允许用户计算一个更新证据 π_i' (和更新承诺 C'), 使得 π_i' 是关于 C' 有效的, C' 包含第 i 个位置的新消息 m'. 主要是值 U 包含计算该值所需要的更新信息.

具体方案描述 基于向量承诺的可验证数据库方案由四个算法 (Setup, Query, Verify, Update) 构成, 具体描述如下:

(1) Setup$(1^k,\mathrm{DB})$: 设数据库 $\mathrm{DB}=(i,v_i)$, 其中 $1\leqslant i\leqslant q$. 运行向量承诺的密钥生成算法计算公共参数 $PP\leftarrow$ VC.KeyGen$(1^k,q)$. 运行承诺算法计算承诺和辅助信息 $(C,\mathrm{aux})\leftarrow$ VC.Com$_{PP}(v_1,\cdots,v_q)$. 定义 $PK=(PP,C)$ 作为 VDB 方案的公钥, $S=(PP,\mathrm{aux},\mathrm{DB})$ 作为数据库编码和 $SK=\bot$ 作为用户的私钥.

(2) Query(PK,S,x): 输入索引 x, 服务器首先运行 VC.Open 算法计算 $\pi_x=$ VC.Open$_{PP}(v_x,x,\mathrm{aux})$ 并返回 $\tau=(v_x,\pi_x)$.

(3) Verify(PK,x,τ): 输入证据 $\tau=(v_x,\pi_x)$. 如果 VC.Ver$_{PP}(C,x,v_x,\pi_x)=1$, 那么返回 v_x. 否则, 返回 $\bot$.

(4) Update(SK,x,v'): 更新索引 x 的记录, 用户首先从服务器获得当前记录 v_x. 即用户从服务器获得 $\tau\leftarrow$ Query(PK,S,x) 并检验 Verify$(PK,x,\tau)=v_x\neq\bot$. 同样, 用户计算 $(C',U)\leftarrow$ VC.Update$_{PP}(C,v_x,x,v_x')$, 输出 $PK'=(PP,C')$ 和 $t_x'=(PK',v_x',U)$. 那么, 服务器用 v_x' 更新索引 x 的数据库记录, PK' 更新公钥, 用 U 更新辅助信息.

该方案易遭受 FAU 攻击, 主要原因在于其密钥被假设为空值, 即 $SK=\bot$. 在上述方案中, $SK=\bot$, 则任何人都可以验证输出 τ 的有效性, 因此, 该方案是支持公开可验证性. 但是, 由于在更新算法中, 不需要任何的秘密信息, 这将允许敌手能够和用户一样以不可区分的方法更新数据库. 而第三方要检测 FAU 攻击比用户困难多了. 支持公开可验证 VDB 方案在现实应用中对于 FAU 攻击是很脆弱的. 关于 Catanlano 的 VDB 通用框架不满足 VDB 的安全性定义的正式证明, 文献 [13] 中完整给出, 感兴趣的读者可参考文献.

7.2.4 基于承诺绑定的可验证数据库方案

Chen 等[3] 的可验证数据库方案仍然基于向量承诺的可验证数据库 VDB 通用框架构造. 该方案不仅支持公开可验证, 而且可以防止前向自动更新 FAU 攻击.

下面给出 Chen 等人方案的具体构造.

该方案基于 CDH 假设构造, 包含 (Setup, Query, Verify, Update) 四个算法, 具体描述如下:

(1) Setup$(1^k, \mathrm{DB})$: 设数据库 $\mathrm{DB} = (x, v_x)$, 其中 $1 \leqslant x \leqslant q$. 设 $\mathbb{G}_1, \mathbb{G}_2$ 是阶为 p 的两个乘法群, 双线性映射 $e : \mathbb{G}_1 \times \mathbb{G}_1 \to \mathbb{G}_2$, g 为 $\mathbb{G}_2$ 的生成元. 令 $\mathcal{H} : \mathbb{G}_1 \times \mathbb{G}_1 \times \{0,,1\}^* \to \mathbb{G}_1$ 为密码哈希函数. 随机选择 q 个元素 $z_i \in_R \mathbb{Z}_p$ 并计算 $h_i = g^{z_i}, h_{i,j} = g^{z_i z_j}$. 其中 $1 \leqslant i, j \leqslant q$ 和 $i \neq j$. 令 $PP = (p, q, \mathbb{G}_1, \mathbb{G}_2, \mathcal{H}, \{h_i\}_{1 \leqslant i \leqslant q}, \{h_{i,j}\}_{1 \leqslant i,j \leqslant q, i \neq j})$ 和消息空间 $\mathcal{M} = \mathbb{Z}_p$. 用户随机选择 $y \in_R \mathbb{Z}_P$, 计算 $Y = g^y$.

令 $C_R = \prod_i^q h_i^{v_i}$ 为数据库向量 $(v_1, \cdots, v_q)$ 的承诺根. T 为计数器, 初始值为 0. $C^{(T)}$ 为数据库 DB 更新 T 次后最新向量的承诺. VC 是任意一个安全的向量承诺方案. 运行向量承诺的密钥生成算法计算公共参数 $PP \leftarrow$ VC.KeyGen$(1^k, q)$. 运行承诺算法计算承诺和辅助信息 $(C_R, \mathrm{aux}) \leftarrow$ VC.Com$_{PP}$ $(v_1, \cdots, v_q)$. 令 SIGN 为一个安全的数字签名方案, 其中 (pk, sk) 为用户的签名公私钥对. 令 T 为计数器且初值为 0. 令 $C^{(R)} \leftarrow$ VC.Com$_{PP}(v_1^{(R)}, \cdots, v_q^{(R)})$ 是对最新数据库向量的承诺, 这里的数据库是原始数据库 DB 更新 T 次后的最新数据库. 一般地, $C^{(0)} = C_R$, 并令 $C_{-1} = C_R$. 用户计算签名 $H_0 = (\mathrm{SIGN})_{sk}(C_{-1}, C^{(0)}, 0)$ 给服务器. 如果 H_0, 服务器计算 $C_0 = H_0 C^{(0)}$, 同时, 增加消息 $\sum_0 = (H_0, C_{-1}, C^{(0)}, 0)$ 到 aux. 令 $PK = (PP, pk, C_R, C_0)$, $S = (PP, \mathrm{aux}, \mathrm{DB})$ 和 $SK = sk$ 作为用户的私钥.

(2) Query(PK, S, x): 假设当前公钥 $PK = (PP, Y, C_R, C_T)$. 输入索引 x, 服务器首先运行 VC.Open$_{PP}$ 算法, 计算 $\pi_x^{(T)} = \prod_{1 \leqslant j \leqslant q, j \neq x} h_{x,j}^{v_j^{(T)}}$ 并返回 $\tau = (v_x^{(T)}, \pi_x^{(T)}, H_T, C_{T-1}, C^{(T)}, T)$.

(3) Verify(PK, x, τ): 输入证据 $\tau = (v_x^{(T)}, \pi_x^{(T)}, H_T, C_{T-1}, C^{(T)}, T)$. 那么任何一个人包括用户都可以验证 τ 的有效性. 通过以下两个等式是否成立:

$$e(H_T, g) = e(\mathcal{H}(C_{T-1}, C^{(T)}, T), Y)$$

$$e(C_T / H_T h_x^{v_x^{(T)}}, h_x) = e(\pi_x^{(T)}, g)$$

如果 τ 是有效的, 验证者接受并返回 v_x. 否则, 返回 $\perp$.

(4) Update(SK, x, v_x'): 更新索引 x 的记录, 用户首先从服务器获得当前记录 v_x. 即用户从服务器获得 $\tau \leftarrow$ Query(PK, S, x) 并检验 Verify$(PK, x, \tau) = v_x \neq \perp$. 令 $T \leftarrow T + 1$, 用户计算 $C^{(T)} = \dfrac{C_{T-1}}{H_{T-1}} h_x^{v_x' - v_x}$ 和 $t_x' = H_T = \mathcal{H}(C_{T-1}, C^{(T)}, T)^y$, 发送 t_x', v_x' 给服务器. 如果 t_x' 有效, 那么服务器计算 $C_T = H_T C^{(T)}$ 并

更新公钥 $PK = (PP, pk, C_R, C_T)$. 同时, 服务器用 v'_x 更新索引 x 的数据库记录, 如 $\mathrm{DB}(x) \leftarrow v'_x$. 最后, 服务器在 S 的 aux 中增加信息记录 $t'_x = (H_T, C_{T-1}, C^{(T)}, T)$.

7.2.5 支持增量更新的可验证数据库方案

Chen 等[4] 首次提出了支持增量更新的 VDB (简称为 Inc-VDB) 原语, 并给出了一个具体的构造方案. 该方案中对密文的重新计算和更新都是增量的, 用户可以使用之前的值来执行这两种操作, 而不是需要重新计算. 对于一个大型数据库, 每次重新计算的成本是昂贵的, 因此增量更新更适用于数据库需要微小更新操作的场景. 下面介绍支持增量更新的可验证数据库方案.

Inc-VDB Inc-VDB 将向量承诺的原语和加密后增量的 MAC 加密模型相结合, 主要依赖于以下两个特性:

(1) 该模型使用增量加密生成更新后的密文 v'_x, 定义 $v'_x = (v_x, P_x)$, 其中 $P_x = (P_1, \cdots, P_\omega)$ 表示明文 m 和 m' 的值不相等的比特位置, 也就是在 $1 \leqslant i \leqslant \omega$ 时, $m'_x[p_i] \neq m_x[p_i]$. 用户可以快速地解密 v_x 得到 m_x, 然后在位置集 P_x 上执行比特翻转操作, 从而得到 m'_x.

(2) 该模型应用加密后增量的 MAC 加密模型, 即增量加密和增量 MAC, 生成更新令牌 t'_x. 并且使用了 BLS 签名模型代替了增量 MAC. 对于每次更新, 用户首先验证承诺 C_r 上的当前 BLS 签名, 以及记录的 v_x 当前的所有修改数据 $(P_x^{(1)}, \cdots, P_x^{(T)})$, 其中 $P_x^{(i)}$ 表示第 i 次更新, $1 \leqslant i \leqslant T$. 这保证了数据库不会被服务器篡改. 如果验证通过, 用户将新的修改 $P_x^{(T+1)}$ 和 BLS 签名发送给服务器.

具体方案描述 支持增量更新的可验证数据库方案基于 CDH 假设构造, 由四个算法 (Setup, Query, Verify, Inc-Update) 组成, 具体描述如下:

(1) Setup(1^k, DB): 设 k 为安全参数, 数据库为 DB $= (x, v_x)$, 其中 $1 \leqslant x \leqslant q$. 设 $\mathbb{G}_1$ 和 $\mathbb{G}_2$ 是素数阶 p 的乘法循环群, 具有映射 $e: \mathbb{G}_1 \times \mathbb{G}_1 \to \mathbb{G}_2$. 由 g 生成 $\mathbb{G}_1$. 设 $\mathcal{H}: \mathbb{G}_1 \times \{0,1\}^* \to \mathbb{G}_1$ 是一个密码学哈希函数. 随机地选择 q 元素 $z_i \in_R \mathbb{Z}_p$, 并计算 $h_I = g^{z_i}$, $h_{i,j} = g^{z_i z_j}$, 其中 $1 \leqslant i, j \leqslant q$, $i \neq j$. 设 $PP = (p, q, \mathbb{G}_1, \mathbb{G}_2, \mathcal{H}, e, g, \{h_i\}_{1 \leqslant i \leqslant q}, \{h_{i,j}\}_{1 \leqslant i,j \leqslant q, i \neq j})$, 消息空间为 $\mathcal{M} = \mathbb{Z}_p$. 将 $(\alpha, Y = g^\alpha)$ 和 $(\beta, Z = g^\beta)$ 作为私钥和公钥分别交给用户 C 和服务器 S, 其中 $\alpha, \beta \in_R \mathbb{Z}_p^*$. Y 和 Z 的有效性是由可信任的第三方 (证书发布机构) 的证书保证的. 将 $C_R = \prod_{i=1}^q h_i^{v_i}$ 作为数据库记录向量 $(v_1, \cdots, v_q)$ 的根承诺. 当 $1 \leqslant x \leqslant q$ 时, T_x 作为索引 x 的计数器, 初始值为 0, 且 $H_x^{(0)} = \mathcal{H}(C_R, x, 0)^\alpha$. S 使用 BLS 签名的批验证技术来确定 $H_x^{(0)}(1 \leqslant x \leqslant q)$ 的有效性. 然后 S 根据 C_R 和所有初始计数器 $(0, \cdots, 0)$ (注意所有 T_x 的初始值都为 0) 计算签名 $\sigma = \mathcal{H}(C_R, 0, 0, \cdots, 0)^\beta$. 并且令 aux $= \{\mathrm{aux}_1, \cdots, \mathrm{aux}_q\}$. 定义 $PK = (PP, C_R, \mathrm{aux}, \mathrm{DB})$, $SK = \alpha$.

(2) Query(PK, x): 假设当前的公钥为 $PK = (PP, C_R, \mathrm{aux}, \mathrm{DB})$. 根据查询索引 x, S 计算 $\pi_x = \prod_{1 \leqslant j \leqslant q, j \neq x} h_{x,j}^{v_j}$, 并返回证明

$$\tau = (v_x, \pi_x, H_x^{T_x}, P_x^{(1)}, \cdots, P_x^{(T_x)}, T_x)$$

对所有索引为 x 的查询证明 $\pi_x = \prod_{1 \leqslant j \leqslant q, j \neq x} h_{x,j}^{v_j}$ 总是相同的. 因此, S 只需要在第一次查询 x 时计算一次 π_x 即可. 因此, S 查询算法所需要的计算开销要少得多.

(3) Verify(PK, x, τ): 证明 $\tau = (v_x, \pi_x, H_x^{T_x}, P_x^{(1)}, \cdots, P_x^{(T_x)}, T_x)$. 如果 τ 中的计数器 Y_x 小于 C 本地存储的 σ 中的计数器, 那么 C 拒绝该证明 τ. 否则, C 可以通过检查以下两个等式是否成立来验证 τ 的有效性: $e(C_R/h_x^{v_x}, hx) = e(\pi_x, g)$ 和 $e(H_x^{(T_x)}, g) = e(\mathcal{H}(C_R, x, P_x^{(1)}, \cdots, P_x^{(T_x)}, T_x), Y)$ 如果证明 τ 有效, C 接受并输出 $v_x^{(T_x)} = (v_x, P_x^{(1)}, \cdots, P_x^{(T_x)})$. 否则, 输出 $\perp$.

(4) Inc-Update($SK, x, P_x^{T_x+1}$): 为更新索引 x 的数据记录, C 先从 S 取回当前的数据记录 $v_x^{(T_x)}$ 和证明 $\tau \leftarrow \mathrm{Query}(PK, x)$ 并检查 $\mathrm{Verify}(PK, x, \tau) = v_x^{(T_x)} \neq \perp$. 然后, C 计算增量签名 $t_x' = H_x^{(T_x+1)} = \mathcal{H}(C_R, x, P_x^{(1)}, \cdots, P_x^{(T_x+1)}, T_x + 1)^\alpha$, 并将 $(t_x', P_x^{(T_x+1)})$ 发送给 S. 如果 t_x' 有效, 那么 S 将 $P_x^{(T_x+1)}$ 添加到索引 x 的记录, 并更新 PK 中的 aux_x. 在 PK 中, $\mathrm{aux}_x \leftarrow (t_x', P_x^{(1)}, \cdots, P_x^{(T_x+1)}, T_x + 1)$. S 也计算一个更新后的增量签名 $\sigma = \mathcal{H}(C_R, T_1, \cdots, T_x + 1, \cdots, T_q)^\beta$ 并发送给 C. 如果 σ 有效, C 本地更新 $T_x + 1$. 最终令 $T_x \leftarrow T_x + 1$.

7.2.6 支持全更新操作的可验证数据库方案

1. 基于分层承诺的全更新操作可验证数据库方案

Miao 等[5] 指出已有的 VDB 方案由于受高次多项式或向量承诺等密码原语的限制, 均需要预设数据库的大小, 导致数据库只支持替换更新操作, 不支持数据的插入和删除操作. 因此, Miao 等[5] 提出了第一个新的支持全更新操作的 VDB 方案. 该方案结合了承诺绑定技术和分层承诺技术, 支持数据的修改、删除和插入更新操作. 然而, 当用户不断将数据插入到数据库的相同索引位置中时, 该方案的分层承诺关于分层的数量呈线性增加, 造成较大的计算和存储开销. 该方案的具体描述如下:

(1) Setup($1^k, \mathrm{DB}$): k 是安全参数, 数据库为 $\mathrm{DB} = (x, v_x), 1 \leqslant x \leqslant q$. $\mathbb{G}_1$ 和 $\mathbb{G}_2$ 是两个阶为素数 p 的乘法循环群, $e: \mathbb{G}_1 \times \mathbb{G}_1 \rightarrow \mathbb{G}_2$ 为双线性对. g 是 $\mathbb{G}_1$ 的生成元, $\mathcal{H}: \mathbb{G}_1 \times \mathbb{G}_1 \times 0, 1^* \rightarrow \mathbb{G}_1$ 是哈希函数. 随机选取 q 个元素 $z_i \in_R \mathbb{Z}_p$ 并计算 $h_i = g^{z_i}, h_{i,j} = g^{z_i z_j}, 1 \leqslant i, j \leqslant q, i \neq j$. 令 $PP = (p, q, \mathbb{G}_1, \mathbb{G}_2, \mathcal{H}, e, g, \{h_i\}_{1 \leqslant i \leqslant q}, \{h_{i,j}\}_{1 \leqslant i, j \leqslant q, i \neq j})$ 且消息空间 $\mathcal{M} = \mathbb{Z}_p$. 用户随机选取一个元素 $y \in_R \mathbb{Z}_p$ 并计算 $Y = g^y$.

令 $C_R = \prod_{i=1}^{q} h_i{}^{v_i}$ 为数据库向量 $(v_1, v_2, \cdots, v_q)$ 的根承诺. T 是初始值为 0 的计数器, $C^{(T)}$ 是初始数据库 DB 在经过 T 次更新后对最新数据库的向量承诺. $C^{(0)} = C_R$, $C_{-1} = C_R$. 客户端计算并发送 $H_0 = \mathcal{H}(C_{-1}, C^{(0)}, 0)^y$ 给服务器, 如果 H_0 有效, 那么服务器计算 $C_0 = H_0 C^{(0)}$. 此外, 服务器添加信息 $(H_0, C_{-1}, C^{(0)}, 0)$ 到辅助信息 aux 里.

令 $PK = (PP, Y, C_R, C_0)$, $S = (PP, \text{aux}, \text{DB})$, $SK = y$.

(2) Query(PK, S, x): 假设当前公钥 $PK = (PP, Y, C_R, C_T)$, 给定一个查询索引 x, 服务器计算 $\pi_x{}^{(T)} = \prod_{1 \leqslant j \leqslant q, j \neq x} h_{x,j}{}^{v_j{}^{(T)}}$ 并返回证明

$$\tau = (v_x{}^{(T)}, \pi_x{}^{(T)}, H_T, C_{T-1}, C^{(T)}, \text{Ind}^T, \text{Tag}^T, T)$$

(3) Verify(PK, x, τ): 证明为 $\tau = (v_x{}^{(T)}, \pi_x{}^{(T)}, H_T, C_{T-1}, C^{(T)}, \text{Ind}^T, \text{Tag}^T, T)$. 包括用户在内的任何人都能够通过检查以下两个等式来验证证明 τ 的有效性: $e(H_T, g) = e(\mathcal{H}(C_{T-1}, C^{(T)}, T), Y)$ 和 $e(C_T / H_T h_x{}^{v_x{}^{(T)}}, h_x) = e(\pi_x{}^{(T)}, g)$. 如果证明 τ 有效, 则验证者接受并输出 $v_x{}^{(T)}$, 否则, 输出错误 $\perp$.

(4) Update(SK, x, v_x'):

修改 为了替换索引 x 对应的内容, 客户端首先需要从服务器检索当前的内容 v_x. 客户端从服务器得到 $\tau \leftarrow$ Query(PK, S, x), 并通过 Verify(PK, x, τ) = $v_x \neq \perp$ 进行检验. 然后, 令 $T \leftarrow T+1$, 客户端计算 $C^{(T)} = \dfrac{C_{T-1}}{H_{T-1}} h_x^{v_x' - v_x}$ 和 $t_x' = H_T = \mathcal{H}(C_{T-1}, C^{(T)}, T)^y$, 并将 (t_x', v_x') 发送给服务器. 如果 t_x' 有效, 则服务器计算 $C_T = H_T C^{(T)}$ 并更新公钥 $PK = (PP, Y, C_R, C_T)$, 使用 v_x' 的值更新数据库中索引 x 对应的内容, 即 $\text{DB}(x) \leftarrow v_x'$. 最后, 服务器将 $(t_x' = H_T, C_{(T-1)}, C^{(T)}, T)$ 添加到 S 中的 aux.

删除 与修改操作类似, 客户端从服务器检索 v_x, 然后令 $T \leftarrow T+1$, 客户端计算 $C^{(T)} = \dfrac{C_{T-1}}{H_{T-1}} h_x^{-v_x}$ 和 $t_x' = H_T = \mathcal{H}(C_{T-1}, C^{(T)}, T)^y$, 并发送 $(t_x', 0)$ 给服务器. 索引 x 更新后的内容为 0. 如果 t_x' 有效, 则服务器计算 $C_T = H_T C^{(T)}$, 并更新公钥 $PK = (PP, Y, C_R, C_T)$, 更新数据库中索引 x 对应的内容, 即 $\text{DB}(x) \leftarrow 0$. 最后, 服务器将 $(t_x' = H_T, C_{(T-1)}, C^{(T)}, T)$ 添加到 S 中的 aux.

插入 假设原始的数据库是一个全维度的层级. 令 $C^{(0)} = (V_1, V_2, \cdots, V_q)$, 其索引为 $\text{Ind}^0 = \{1, 2, \cdots, q\}$, 则初始的 $\text{Tag}^0 = \{1, 2, \cdots, q\}$. 令 $C^{\langle 1 \rangle}$ 为 1 层的插入承诺, 且初始值为 1. 令 $C_{T-2}^{\langle 1 \rangle} = C_{\langle 1 \rangle}^{(T-1)} = C_R^{\langle 1 \rangle} = 1$, 客户端计算 $H_{T-1}^{\langle 1 \rangle} = \mathcal{H}(C_{T-2}^{\langle 1 \rangle}, C_{\langle 1 \rangle}^{(T-1)}, T-1)^y$ 并发送给服务器. 如果 $H_{T-1}^{\langle 1 \rangle}$ 有效, 则服务器计算 $C_{T-1}^{\langle 1 \rangle} = H_{T-1}^{\langle 1 \rangle} C_{\langle 1 \rangle}^{(T-1)}$. 假设客户端想在 v_{i-1} 和 v_i 之间插入一条新的内容 v_i^1, 先令 $T \leftarrow T+$

1, 客户端计算最新的第 0 层承诺 $C_{\langle 0 \rangle}^{(T)} = C_{\langle 0 \rangle}^{(T-1)}$ 和 $t_i^{\langle 0 \rangle} = H_T^{\langle 0 \rangle} = \mathcal{H}(C_{T-1}^{\langle 0 \rangle}, C_{\langle 0 \rangle}^T, T)^y$ 并将 $t_i^{\langle 0 \rangle}$ 发送给服务器. 如果 $t_i^{\langle 0 \rangle}$ 有效, 则服务器计算 $C_{(T)}^{\langle 0 \rangle} = H_T C_{\langle 0 \rangle}^{(T)}$. 此外,

客户端计算最新的第 1 层承诺 $C_{\langle 1 \rangle}^{(T)} = \dfrac{C_{T-1}^{\langle 1 \rangle}}{H_{T-1}^{\langle 1 \rangle}} h_i^{v_i^1}$ 和 $t_i^{\langle 1 \rangle} = H_T^{\langle 1 \rangle} = \mathcal{H}(C_{T-1}^{\langle 1 \rangle},$

$C_{\langle 1 \rangle}^{(T)}, T)^y$ 并将 $t_i^{\langle 1 \rangle}$ 发送给服务器. 如果 $t_i^{\langle 1 \rangle}$ 有效, 则服务器计算 $C_T^{\langle 1 \rangle} = H_T^{\langle 1 \rangle} C_{\langle 1 \rangle}^{(T)}$. 客户端定义第一层的 $\mathrm{Ind}^1 = \{i\}$ 和 $\mathrm{Tag}^1 = \{i\}$. 客户端更新 $\mathrm{Ind}^0 = \{1, 2, \cdots, i - 1, i + 1, \cdots, q + 1\}$. 令 $C_T = \{C_T^{\langle 0 \rangle}, C_T^{\langle 1 \rangle}\}$, $C_{T-1} = \{C_{T-1}^{\langle 0 \rangle}, C_{T-1}^{\langle 1 \rangle}\}$, $C^{(T)} = \{C_{\langle 0 \rangle}^{(T)}, C_{\langle 1 \rangle}^{(T)}\}$, $\mathrm{Ind}^T = \{\mathrm{Ind}^0, \mathrm{Ind}^1\}$, $\mathrm{Tag}^T = \{\mathrm{Tag}^0, \mathrm{Tag}^1\}$, $H_T = \{H_T^{\langle 0 \rangle}, H_T^{\langle 1 \rangle}\}$. 最后, 客户端更新公钥 $PK = (PP, Y, C_R, C_T)$. 服务器将 $(H_T, C_{T-1}, C^{(T)}, \mathrm{Ind}^T, \mathrm{Tag}^T, T)$ 添加到 S 中的 aux.

假设客户端想要插入一个新的数据 (j, v_j^1), 根据两个被插入的数据的位置关系, 数据插入的步骤可以分为以下三种情况.

- 升序插入

当 $j > i$ 时, 客户端首先在当前数据库中定位第 j 个数据. 注意, 它应该是数据 v_{j-1}, 因为数据 (i, v_i^1) 已经预先插入了. 然后, (j, v_j^1) 被插入在第 1 层第 $j - 1$ 个位置上. 再通过之前提到的方式计算各层相应的承诺. 最后, 客户端更新 $\mathrm{Ind}^1 = \{i, j\}$, $\mathrm{Tag}^1 = \{i, j - 1\}$ 和 $\mathrm{Ind}^0 = \{1, 2, \cdots, i - 1, i + 1, \cdots, j - 1, j + 1, \cdots, q + 2\}$. 注意 Tag^0 并没有更新, 用户可以在第 1 层插入更多的数据直到 $\mathrm{Tag}^1 = \{1, 2, \cdots, q\}$.

考虑一种特殊情况, 如果 $j = i + 1$, 即插入的数据为 $(i + 1, v_{i+1}^1)$. 可以发现, 在索引第 $i + 1$ 的位置前已经插入了一个数据 (i, v_i^1), 这意味着应该在第 0 层和第 1 层之间添加一个新的层级. 换句话说, 应该将第 1 层改为第 2 层, 并插入新的第 1 层. 设 $C^{\langle 1 \rangle}$ 为第 1 层插入的承诺且初始值为 1. 客户端对第一层定义 $\mathrm{Ind}^1 = \{i + 1\}$ 和 $\mathrm{Tag}^1 = \{i\}$. 然后, 客户端更新 $\mathrm{Ind}^0 = \{1, 2, \cdots, i - 1, i + 2, \cdots, q + 2\}$, $\mathrm{Ind}^2 = \{i\}$.

- 降序插入

当 $j < i$ 时, 客户端首先在当前数据库中定位第 j 个数据, 然后数据 (j, v_j^1) 被插入在第 1 层的第 j 个位置上, 再通过之前提到的方式计算各层相应的承诺. 最后客户端更新 $\mathrm{Ind}^1 = \{j, i + 1\}$, $\mathrm{Tag}^1 = \{j, i\}$ 和 $\mathrm{Ind}^0 = \{1, 2, \cdots, j - 1, j + 1, \cdots, i, i + 2, \cdots, q + 2\}$. 注意, Tag^0 没有被更新, 用户可以在第 1 层插入更多的数据直到 $\mathrm{Tag}^1 = \{1, 2, \cdots, q\}$.

- 在同一位置重复插入

当 $j = 1$ 时, 客户端首先在当前数据库中定位第 j 个数据. 注意, $j \in \mathrm{Ind}^1$, 意味着数据 (i, v_i') 已经被插入在相同的位置. 因此, 新的数据应该插入到新的

一层, 即第 2 层, 并通过之前提到的方式计算各层相应的承诺. 方便起见, 定义 (j, v_j^1) 为 (i, v_i^2). 令 $C^{(2)}$ 为插入的第二层的承诺, 且初始值为 1. 客户端对第 2 层定义 $\mathrm{Ind}^2 = \{i\}$ 和 $\mathrm{Tag}^2 = \{i\}$. 然后, 客户端更新 $\mathrm{Ind}^1 = \{i+1\}$, $\mathrm{Ind}^0 = \{1, 2, \cdots, i-1, i+2, \cdots, q+2\}$. 注意 Tag^0 和 Tag^1 没有更新.

2. 基于 Merkle 求和哈希树的全更新操作可验证数据库方案

Miao 等[6] 利用 Merkle 求和哈希树提出了新的支持高效全更新操作的可验证数据库方案, 但该方案仅支持私有验证. 下面介绍 Merkle 求和哈希树和基于该数据结构的全更新操作可验证数据库方案.

Merkle 求和哈希树 Merkle 求和哈希树 (Merkle Sum Hash Tree, MSHT) 可以被视为 Merkle 哈希树 (Merkle Hash Tree, MHT)[1] 的扩展. 这两个数据结构的主要区别如下: 首先, MSHT 的树形结构与 MHT 是相同的. MSHT 在 VDB 方案中, 每个叶子对应于给定数据库的索引. 其次, MSHT 中每个叶子的输入是数据库中每个索引的数据记录次数和更新操作次数. 也就是说, MSHT 中不直接涉及数据的计算.

给定安全参数 k, 密码哈希函数 $\mathrm{hash}: \{0,1\}^{3k} \rightarrow \{0,1\}^k$, 如 SHA256. 设 SIGN 是一个可证明安全的签名方案, 如 BLS 短签名. 给定一个大型数据库 $\mathrm{DB} = (x, v_x)$, $1 \leqslant x \leqslant q$, 对应的 MSHT 由以下五个算法 (Setup, Hashing, Proof, Verification, Updating) 组成:

(1) Setup $(1^k, \mathrm{DB})$: 输入安全参数 k, 生成公/私密钥对 (PK, SK).

(2) Hashing (k, hash, SK): 当输入安全参数 k 和哈希函数时, 哈希算法将输出 MSHT 的每个节点的值和 MSHT 根的签名.

- 对于每个叶子 x, 定义:

$$\Phi_x = \mathrm{hash}(l_x, s_x, y_x)$$

其中 $l_x \geqslant 0$ 表示叶子 x 的数据记录个数, $s_x \geqslant 1$ 表示叶子 x 的更新操作次数 (也称为计数器), γ_x 为 k 位随机数.

- 对于内部节点, 假设 n_L 和 n_R 分别是父节点 n_P 的左子节点和右子节点, 定义

$$\Phi_{n_P} = \mathrm{hash}(l_{n_L} + l_{n_R}, \Phi_{n_L}, \Phi_{n_R})$$

其中 l_{n_L} 和 l_{n_R} 分别为节点 n_L 和 n_R 的第一个哈希输入元组 (即 n_L 和 n_R 的数据记录号).

- 一般情况下, 用 Φ_{n_R} 表示 MSHT 的根值. 然后在根值 n_R 上计算签名 $S = \mathrm{SIGN}_{SK}(\Phi_{n_R})$.

(3) Proof (x): 给定一个查询叶子 x, 证明算法输出五元组 $\Omega = (l_x, s_x, \gamma_x,$ $\{\Phi\}, S)$ 以确保 MSHT 的有效性, 其中 $\{\Phi\}$ 表示 MSHT 从叶子 x 到根 n_R 的路径上每个节点的兄弟节点集.

(4) Verification (x, PK, Ω): 如果 x 对应的 Ω 正确, 验证算法输出 "1", 否则输出 "0". 验证者可以根据 $\Omega = (l_x, s_x, \gamma_x, \{\Phi\})$ 重新计算根值 Φ_{n_R}, 这与 MHT 的计算方法完全相同. 然后, 可以在 Φ_{n_R} 上验证 S 是否是有效签名. 当且仅当 S 的验证成立时, 则验证通过.

(5) Updating $(SK, x, l_x', s_x', \gamma_x')$: 给定叶子 x 的一个三元组 (l_x', s_x', γ_x'), 更新算法输出 MSHT 新的根值和相应的签名. MSHT 的更新过程和 MHT 完全一样. 首先更新叶子 x 的值 $\Phi_x = \text{hash}(l_x', s_x', \gamma_x')$, 然后调用哈希算法更新叶子 x 到 MSHT 根路径上每个内部节点的值. 令 MSHT 的新根为 $\Phi_{n_{R'}}$. 最后计算相应的新签名 $S' = \text{SIGN}_{SK}(\Phi_{n_{R'}})$.

简单来说, 一个有 q 个叶子的 MSHT 更新和验证复杂度为 $O(\log_2 q)$, 包括 $O(\log_2 q)$ 的哈希计算和 1 个签名验证, 这和 MHT 是一样的. 然而, 在 MHT 中插入/删除操作会增加/减少叶子数量, 这将导致 MHT 结构的改变. 另外, 与 MHT 不同的是计算 MSHT 时不涉及任何数据库的具体数据记录. 因此, MSHT 更适用于实际的应用场景.

具体方案描述　在 Benabbas-Gennaro-Vahlis VDB 方案[4] 中, 数据库的单元索引是外包多项式函数的阶, 应将其预先固定为系统参数. 因此, 如果用户以 Benabbas-Gennaro-Vahlis 的 VDB 方案对数据库执行插入/删除操作, 则单元索引的数量将增加/减少 1. 因此, 需要重新设置系统参数.

一般情况下, 在每个单元索引中将存储多个数据记录, 数据库 DB $= (x, v_x)$, $1 \leqslant x \leqslant q$, 其中 $v_x = v_x^{(1)} || v_x^{(2)} || \cdots || v_x^{(\lambda)} || \cdots || v_x^{(l_x)}$, $l_x \geqslant 0$ 表示单元格索引 x 中的数据记录的编号. 首先在单元格记录 v_x 上定义三个更新操作:

- 修改: 用户将用 v_x' 代替 $v_x^{(\lambda)}$, 得到 $v_x' = v_x^{(1)} || v_x^{(2)} || \cdots || v_x' || \cdots || v_x^{(l_x)}$, l_x 不变.

- 删除: 用户删除 $v_x^{(\lambda)}$, $v_x' = v_x^{(1)} || v_x^{(2)} || \cdots || 0 || \cdots || v_x^{(l_x)}$, l_x 不变.

- 插入: 用户将插入一个新数据 v_x^*, 得到 $v_x' = v_x^{(1)} || v_x^{(2)} || \cdots || v_x^* || v_x^{(\lambda)} || \cdots || v_x^{(l_x)}$, l_x 不变.

该 VDB 方案包含四个算法 (Setup, Query, Verify, Update), 具体描述如下:

(1) Setup: 给定一个安全参数 k 和一个加密的 NoSQL 数据库 DB, 其形式为 $(i, v_i) \in [q] \times \mathbb{Z}_{n-1}$ (通常, 我们可以使用哈希函数 $H: \{0,1\}^* \to \mathbb{Z}_{n-1}$ 来预处理数据记录 v_i). $\mathbb{G}$ 和 $\mathbb{G}_T$ 是两个阶数为 $N = p_1 p_2$ 的群, 其中 p_1, p_2 是在 $[2^{n-1}, 2^n - 1]$ 范围内的素数. 双线性对 $e: \mathbb{G} \times \mathbb{G} \to \mathbb{G}_T$. $\mathbb{G}_1$ 和 $\mathbb{G}_2$ 是群 $\mathbb{G}$ 的

阶分别为 p_1 和 p_2 子群. 随机选择伪随机函数 F 的两个密钥 k_1, k_2, 并随机选择:

$$g_1, h_1 \in_R \mathbb{G}_1, \quad g_2, h_2, u_2 \in_R \mathbb{G}_2, \quad a, b \in_R \mathbb{Z}_N$$

对于每个 $i \in \{1, \cdots, q\}$, 设 $r_i = F_{k_1}(i)$, $w_i = F_{k_2}(i, 1)$ 且 $s_i = 1$, 定义

$$t_i = g_1^{(r_i + aH(v_i) + bs_i)} g_2^{w_i}, \quad \omega = \sum_{i=1}^q \omega_i, T_\omega \leftarrow e(g_2, u_2)^\omega$$

令 $\hat{t}_0 = u_2, \hat{t}_1 = h_1 h_2$. 生成 MSHT , $S = \text{SIGN}_{sk}(\Phi_{n_R})$ 是 MHST 的根 Φ_{n_R} 上的签名. 公钥是 $PK = ((\hat{t}_0, \hat{t}_1, s_1, t_1, \cdots, s_q, t_q), \text{DB}, S)$. 私钥是 $SK = (a, T_\omega, k_1, k_2, sk)$.

(2) Query: 输入公钥 PK 和查询索引 $\bar{x}$, 利用 MSHT 确定索引 $x \in \{1, \cdots, q\}$ 和相应证明 Ω. 然后, 计算

$$T = e(t_x, \hat{t}_1) \cdot e\left(\prod_{i=1, i \neq x}^q t_i, \hat{t}_0\right)$$

一般情况下, $v_x = v_x^{(1)} || v_x^{(2)} || \cdots || v_x^{(l_x)}$. 最后, 输出 $\tau = (T, \Omega, x, v_x)$.

(3) Verify: 验证算法输入公钥 PK 、查询索引 $\bar{x}$ 和 $\tau = (T, \Omega, x, v_x)$. 首先, 验证者用证明 $\Omega = (l_x, s_x, \gamma_x, \{\Phi\}, S)$ 来验证 x 的有效性. 具体地, 验证者可以用信息 $(l_x, s_x, \gamma_x, \{\Phi\})$ 计算根值 Φ_{n_R}. 当且仅当 S 是 n_R 上的有效签名时, 验证者保证 x 的有效性. 然后, 验证者检查

$$T \overset{?}{=} T_w \cdot e\left(g_1^{r_x + a \cdot \mathcal{H}(v_x) + b \cdot s_x} g_2, h_1 u_2^{-w_x} h_2^{w_x}\right)$$

其中, $r_x = F_{k_1}(x)$, $w_x = F_{k_2}(x, s_x)$. 如果等式成立, 验证者输出 1. 否则, 输出 $\perp$.

(4) Update: 考虑以下三种更新操作:

• 修改: 用户想要将索引为 $\bar{x}$ 的数据记录 $v_{\bar{x}}$ 替换为新的数据记录 $v_{\bar{x}}'$. 用户首先从服务器获取 $\tau = (T, \Omega, x, v_x) \leftarrow \text{Query}(PK, \bar{x})$. 如果 $\text{Verify}(SK, \bar{x}, \tau) = 1$, 用户将 v_x 中的 $v_{\bar{x}}$ 替换为 $v_{\bar{x}}'$ 得到 v_x'. 如果 $v_x = v_x^{(1)} || v_x^{(2)} || \cdots || v_{\bar{x}} || \cdots || v_x^{(l_x)}$, 则 $v_x' = v_x^{(1)} || v_x^{(2)} || \cdots || v_{\bar{x}}' || \cdots || v_x^{(l_x)}$. 另外, 根据 MSHT 的性质, 很容易确定 $\bar{x}$ 在索引 x 中的确切位置. 计算 $w_x' = F_{k_2}(x, s_x + 1) - F_{k_2}(x, s_x), T_w \leftarrow T_w \cdot e(g_2^{w_x'}, u_2)$, 且 $t_x' \leftarrow g_1^{a(\mathcal{H}(v_x') - \mathcal{H}(v_x)) + b} g_2^{w_x'}$. 用户给服务器发送 t_x'. 服务器计算 $t_x \leftarrow t_x \cdot t_x'$, $s_x \leftarrow s_x + 1$ 和 $l_x \leftarrow l_x$. 用户更新签名 S, 服务器也更新 MSHT 和相应的证明.

• 删除: 当用户想要删除索引 $\bar{x}$ 的记录时, 令 $v_{\bar{x}}' = 0$. 删除操作可以看作是上述替换的一种特殊情况.

● 插入: 插入操作也可以看作是替换的一种特殊情况. 不同之处在于, 当用户在数据库上执行插入时, MSHT 也应该被更新. 一般情况下, 假设用户将在数据记录 $v_{\bar{x}}$ 之前插入一个新的记录 $v_{\bar{x}}^*$. 类似于替换操作, 用户首先从服务器取回 $\tau \leftarrow$ Query$(PK, \bar{x})$. 如果 Verify$(SK, \bar{x}, \tau) = 1$, 用户在 v_x 中 $v_{\bar{x}}$ 之前插入 $v_{\bar{x}}^*$ 得到 v_x'. 如果 $v_x = v_x^{(1)}||v_x^{(2)}||\cdots||v_{\bar{x}}||\cdots||v_x^{(l_x)}$, $v_x' = v_x^{(1)}||v_x^{(2)}||\cdots||v_{\bar{x}}^*||v_{\bar{x}}||\cdots||v_x^{(l_x)}$. 计算 $w_x' = F_{k_2}(x, s_x+1) - F_{k_2}(x, s_x)$, $T_w \leftarrow T_w \cdot e\left(g_2^{w_x'}, u_2\right)$, 且 $t_x' \leftarrow g_1^{a(\mathcal{H}(v_x') - \mathcal{H}(v_x)) + b}$ $g_2^{w_x'}$. 用户给服务器发送 t_x'. 服务器更新 $t_x \leftarrow t_x \cdot t_x'^r$, $s_x \leftarrow s_x + 1$, $l_x \leftarrow l_x + 1$. 用户更新签名 S, 服务器也更新 MSHT 和相应的证明.

3. 支持公开验证的全更新操作可验证数据库方案

Chen 等[7] 利用承诺可翻转布隆过滤器 (Committed Invertible Bloom Filter, CIBF) 构造了一个高效的且支持全动态更新的公开可验证数据库方案. 下面介绍承诺可翻转的布隆过滤器 CIBF 和基于该数据结构构造的支持全更新操作的公开可验证数据库方案.

承诺可翻转布隆过滤器 承诺可翻转布隆过滤器 (Committed Invertible Bloom Filter, CIBF) 是结合可翻转布隆过滤器 (Invertible Bloom Filter, IBF) 和向量承诺 (Vetor Commitment, VC) 构造. 与 IBF 类似, CIBF 也用于具有插入和删除操作的大集合 S. 然而, CIBF 中的集合 S 是一个有序的集合, 对大型数据库的有序数据记录进行承诺.

令 $f, \chi : \{0,1\}^* \to \mathbb{Z}_p$ 为两个安全的哈希函数, 例如 SHA256. 为每个 CIBF 单元 $B[i]$ $(1 \leqslant i \leqslant q+1)$ 定义如下字段:

(1) "count" 字段 (初始值为 0) 用于存储单元格 $B[i]$ $(1 \leqslant i \leqslant q+1)$ 中所有元素的数量. 注意, 当元素 v 插入到 $B[i]$ 中时, $B[i]$.count 递增 1, 而当元素 v' 从 $B[i]$ 中替换/删除时, $B[i]$.count 不变.

(2) "idConc" 字段 (初始空值 $\varnothing$) 用于存储单元 $B[i]$ $(1 \leqslant i \leqslant q+1)$ 中所有有序元素的级联值.

(3) 将 $B[q+1]$.count 和 $B[q+1]$.idConc 分别定义为对 count 和 idConc 字段的单元 $B[i]$ $(1 \leqslant i \leqslant q+1)$ 值的向量承诺.

IBF 和 CIBF 存在如下区别:

(1) 在 CIBF 中, 仅使用两个安全哈希函数 $f, \chi : \{0,1\}^* \to \mathbb{Z}_p$, 而不是 IBF 中的 $t+3$ 个随机哈希函数: $h_i : \{0,1\}^* \to [0, l-1]$ $(1 \leqslant i \leqslant t)$, $f_1, f_2 : [0, n] \to [0, l]$ 和 $g : [0, n] \to [0, n^2]$.

(2) IBF 中的 "idSum" 字段替换为 CIBF 中的 "idConc" 字段, 该字段存储某个单元格中所有有序元素的级联值. 原因是每个数据记录应由服务器存储, 以备将来查询.

(3) CIBF 中不需要"hashSum"字段. 此外, 不需要回退 Bloom 过滤器来恢复数据库元素. 主要原因是服务器知道有关数据库的所有信息, 并且仅将 CIBF 用作正确更新数据库 (包括替换、插入和删除操作) 的证明. 尽管如此, IBF 主要用于解决 "straggler" 识别问题, 因此没人知道有关更新数据库的信息.

(4) CIBF 的每个字段的最后一个单元格存储对相应字段中其他单元格的 (向量) 值的承诺, 可以简单使用基于各种密码学假设的安全向量承诺方案.

在图 7.2 中给出了用于执行插入和删除操作的 CIBF 实例. 更准确地说, 在单元格 $B[1]$ 中, 更新操作是值 v, v' 和 v 的 (有序) 插入. $B[1].\text{count} = 3$ 和 $B[1].\text{idConc} = (v, v', v)$. 同样, 在单元格 $B[i]$ 中, 它首先插入 v' 和 v, 然后删除 v'. 因此, $B[i].\text{count} = 2$ 且 $B[i].\text{idConc} = (\varnothing, v)$. 此外, $B[q = 1].\text{count} = C_C = \text{VC}(f(3), \cdots, f(2), \cdots, f(1))$ 且 $B[q + 1].\text{idConc} = C_R = \text{VC}(\chi(v, v', v), \cdots, \chi(\varnothing, v), \cdots, \chi(\varnothing))$, 其中 VC 是任何可证明的安全向量承诺方案.

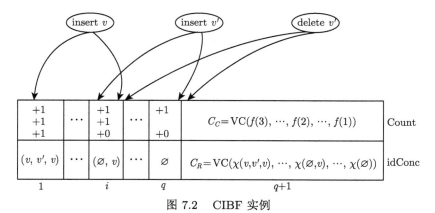

图 7.2 CIBF 实例

由于 CIBF 的原语用于正确更新数据库, 因此强调插入/删除是有序的操作. 也就是说, 数据记录 (v, v') 与 (v', v) 不同. 注意, 可以在 CIBF 中连续执行相同的插入操作 (例如在单元格中插入 v). 在解决 "straggler" 识别问题的 IBF 中是不同的, 如果 v 已经是集合的一个元素, 则不允许相同的插入操作. 另一方面, 如果从 CIBF 中的某个单元删除记录 v', 则 v' 应该已经是该单元的元素, 并且与 IBF 相同 (无法删除不存在的记录).

简单地, 在对 DB 执行一些更新 (删除/插入/替换) 操作之后, 一般的 CIBF 应该是如图 7.3 所示的形式. 注意 $a_i \geqslant 0$ 表示某个单元格中数据记录的数量 $1 \leqslant q$, $\boldsymbol{V}_i = (v_i^{(1)}, v_i^{(2)}, \cdots, v_i^{(a_i)})$ 表示同一单元格 i 中 (有序) 数据记录的向量.

支持增量的 CIBF 在给定大规模数据库 DB 的场景下, 基于向量承诺的更新特性, 即使频繁地更新数据库 DB 也可以有效更新 CIBF. 但是, 另一个问题出现了: 如何有效地确定给定查询索引的相应单元格位置? 例如, 对于给定的查询索引 $\bar{x}$, 是否有一种有效的方法来确定单元格 x 使得 $\sum_{i=1}^{x-1} a_i < \bar{x} \leqslant \sum_{i=1}^{x} a_i$? 简单地暴露所有 $a_i (1 \leqslant i \leqslant x)$ 的信息和相应的证明是非常昂贵的开销.

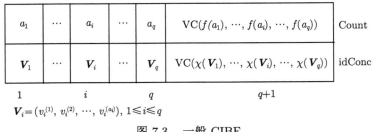

$$\boldsymbol{V}_i = (v_i^{(1)}, \ v_i^{(2)}, \ \cdots, \ v_i^{(a_i)}), \ 1 \leqslant i \leqslant q$$

图 7.3　一般 CIBF

下面介绍 CIBF 的一个变体 "支持增量的 CIBF" 可以有效解决此问题. 也就是说, 单元格 $B[i].\text{count} (1 \leqslant i \leqslant x)$ 中的所有元素都是递增序列. 构造技巧如下:

给定图 7.3 所示的一般 CIBF, 对于 $1 \leqslant i \leqslant q$ 定义 $b_i = \sum_{j=1}^{i} a_j$. 因此, 当前计数字段 $(b_1, b_2, \cdots, b_q)$ 是一个递增的序列, 如图 7.4 所示. 给定查询索引 $1 \leqslant \bar{x} \leqslant b_q$, 服务器首先确定单元索引 $1 \leqslant x \leqslant q$ 使得 $b_{x-1} < \bar{x} \leqslant b_x$ (定义 $b_0 = 0$). 然后, 服务器向用户公开 b_{x-1}, b_x 和相应的证明. 如果证明有效, 则用户可以推断出索引 $\bar{x}$ 的数据记录是 $\boldsymbol{V}_x = (v_x^{(1)}, v_x^{(2)}, \cdots, v_x^{(l)}, \cdots, v_x^{(a_x)})$ 的第 l 个组成部分, 其中 $l = \bar{x} - b_{x-1}$. 于是 $v_{\bar{x}} = v_x^{(l)}$.

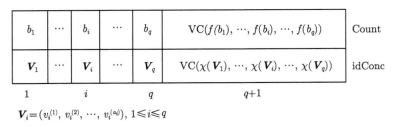

$$\boldsymbol{V}_i = (v_i^{(1)}, \ v_i^{(2)}, \ \cdots, \ v_i^{(a_i)}), \ 1 \leqslant i \leqslant q$$

图 7.4　支持增量的 CIBF

下面首先描述基于 CIBF 的基础方案. 然后, 给出基于增量 CIBF 的扩展方案. 两个方案都支持公共可验证性.

基础方案描述　在任何情况下都不能为插入的数据记录引入额外的群 $\mathbb{G}$ 生成元, 而技巧是将数据记录插入到 "idConc" 字段的某个单元格中. 例如, 如果想要在第 i 个数据记录 v_i 后面插入新的数据 v_i', 将 v_i 和 v_i' 放在 "idConc" 字段的同一单元格 $B[i]$ 中. 因此, $B[i].\text{count} = 2$ 且 $B[i].\text{idConc} = (v_i, v_i')$. 这等同于用数据记录 (v_i, v_i') 代替 v_i. 如果想要删除记录 v_i', 定义 $B[i].\text{idConc} =$

$(v_i, \varnothing)$, 其中 $\varnothing$ 表示记录为空. 用户的计算负担是在最后一个单元中更新相应的承诺. 对于每个字段, 只需要执行一次模幂运算. 此外, CIBF 可确保用户以适当的顺序检索单元格 $B[i]$ 中的整个数据记录 (v_i, v_i'). 结合 "count" 字段的信息, 用户可以知道所查询索引对应的数据记录. 基础 VDB 方案由以下四个算法 (Setup, Query, Verify, Update) 组成:

(1) Setup(1^k, DB): 给定安全参数 k, 定义 $\mathbb{G}_1$ 和 $\mathbb{G}_2$ 是两个阶为素数 p 的乘法循环群, $e : \mathbb{G}_1 \times \mathbb{G}_1 \to \mathbb{G}_2$ 为双线性映射. 定义三个安全的哈希函数 $f : \{0,1\}^* \to \mathbb{Z}_{p'}$, $H : \mathbb{G}_1 \times \mathbb{G}_1 \times \{0,1\}^* \to \mathbb{G}_1$ 和 $\chi : \{0,1\}^* \to \mathbb{Z}_p$. 对索引 $1 \leqslant x \leqslant q$, 给定数据库 DB $= (x, v_x)$, 随机选择 q 个元素 $z_i \in_R \mathbb{Z}_p$, 计算 $h_i = g^{z_i}$, $h_{i,j} = g^{z_i z_j}$, 其中 $1 \leqslant i \neq j \leqslant q$. 注意, 本方案中 v_x 可以是空值 $\varnothing$. 令 $PP = (p, q, \mathbb{G}_1, \mathbb{G}_2, H, f, \chi, e, g, \{h_i\}_{1 \leqslant i \leqslant q}, \{h_{i,j}\}_{1 \leqslant i,j \leqslant q, i \neq j})$. 令 $C_C = \prod_{i=1}^q h_i^{f(1)}$ 是初始计数字段 $(1, 1, \cdots, 1)$ 的承诺. 令 $C_R = \prod_{i=1}^q h_i^{\chi(v_i)}$ 是原始数据记录 $(v_1, v_2, \cdots, v_q)$ 的承诺. 令 T 是一个初始值为 0 的计数器. 令 (y, Y) 是用户的公私钥对, 其中 $Y = g^y$, $y \in_R \mathbb{Z}_p$. 计算签名 $H_0 = H(C_C, C_R, T)^y$, 添加信息 (H_0, C_C, C_R, T) 到 aux. 令 $PK = (PP, Y, C_C, C_R)$, $S = (PP, \text{aux}, \text{DB})$, $SK = y$.

(2) Query(PK, S, x): 给定查询索引 x, 服务器计算 $\pi_x = \prod_{1 \leqslant j \leqslant q, j \neq x} h_{x,j}^{\chi(v_j)}$ 和响应证据

$$\sigma = (v_x, \pi_x, H_0, C_C, C_R, T)$$

(3) Verify(PK, x, σ): 给定证据 σ, 任何人 (包括用户) 都可以很容易验证其正确性. 如果以下两个等式成立, 则输出 v_x; 否则输出 $\perp$.

$$e(H_0, g) = e(H(C_C, C_R, T), Y)$$

$$e(C_R / h_x^{\chi(v_x)}, h_x) = e(\pi_x, g)$$

(4) Update(SK, x, v_x'): 更新操作包含以下三种具体操作:
- 修改: 为了将索引 x 的数据 v_x 修改为 v_x', 用户首先取回当前的数据 v_x. 换句话说, 用户从服务器获得 v_x 使得 Verify(PK, x, σ) $\neq \perp$. 然后, 令 $T \leftarrow T+1$, 用户计算 $C_C' = C_C$, $C_R' = C_R h_x^{\chi(v_x') - \chi(v_x)}$ 和 $t_x' = H(C_C', C_R', T)^y$, 并发送 (t_x', v_x') 给服务器. 如果 t_x' 是一个有效的签名, 服务器将索引 x 的数据 v_x 修改为新的 v_x', 即 DB(x) $\leftarrow v_x'$. 同时, 服务器更新 $PK = (PP, Y, C_C', C_R')$ 和 S 中 aux 的信息 $(H_0, C_C, C_R, T) \leftarrow (t_x', C_C', C_R', T)$.
- 删除: 删除操作过程与 $v_x' = \varnothing$ 时的修改操作是一样的.
- 插入: 假设用户想要在索引 x 的数据 v_x 后面插入一个新的记录 v_x'. 令 $T \leftarrow T+1$, 用户计算 $C_C' = C_C h_x^{f(2) - f(1)}$, $C_R' = C_R h_x^{\chi(v_x, v_x') - \chi(v_x)}$ 和 $t_x' = H(C_C', C_R', T)^y$,

并发送 (t'_x, v'_x) 给服务器. 相似地, 如果签名 t'_x 是有效的, 定义 $\mathrm{DB}(x) \leftarrow (v_x, v'_x)$. 同时, 服务器更新公钥 $PK = (PP, Y, C'_C, C'_R)$ 和 S 中 aux 的信息 $(H_0, C_C, C_R, T) \leftarrow (t'_x, C'_C, C'_R, T)$.

扩展方案描述　在对数据库 DB 执行一些更新操作后, 假设 CIBF 的当前计数字段为 $(a_1, a_2, \cdots, a_q)$, 其中 $a_i \geqslant 0$ $(1 \leqslant i \leqslant q)$ 表示单元中数据记录的数量. 如何有效地确定所查询索引对应的单元格位置? 本方案可以使用增量 CIBF 来解决此问题. 但是, 这会导致计数字段的向量承诺更新效率很低! 因为如果在单元格 x 中执行插入操作, 则对于所有 $x \leqslant j \leqslant q$, $b_j \leftarrow b_j + 1$. 也就是说, 计数字段的 $q - x + 1$ 个元素同时更新, 并且用户需要 $\mathbb{G}_1$ 上 $q - x + 1$ 个幂运算的计算开销. 本方案利用 "hash spliting" 的方法解决这个问题. 令计数字段的当前承诺为 $C_C = \prod_{i=1}^{q} h_i^{f(b_i)}$, 更新的字段定义为 $C'_C = \prod_{i=1}^{x-1} h_i^{f(b_i)} \prod_{i=x}^{q} h_i^{f(b_i) + f(1)}$. 也就是, 用 $f(b_i) + f(1)$ 替换 $f(b_i + 1)$. 于是, $C'_C = C_C \prod_{i=x}^{q} h_i^{f(1)} = C_C (\prod_{i=x}^{q} h_i)^{f(1)}$. 除了 $q - x + 1$ 个 $\mathbb{G}_1$ 乘法操作, 只需要 1 个幂操作. 因此, 用户可以有效更新计数字段的承诺.

考虑更新计数字段的一般情况. 注意, DB 的原始计数字段为 $(1, 1, \cdots, 1)$, 而且增量的计数字段是 $(1, 2, \cdots, q)$. 给定更新的 (增量) 计数字段 $(b_1, b_2, \cdots, b_q)$, 相应的承诺是 $C_C = \prod_{i=1}^{q} h_i^{f(i) + (b_i - i)f(1)}$. 于是, 如果给定 x 和 $b_x - x$ 和相应的证据, 用户可以推断出单元 x 中的更新计数字段为 $b_x = x + (b_x - x) \cdot 1$. 为了符号简单, 定义 $\Delta(i, b_i) = f(i) + (b_i - i)f(1)$. 扩展的 VDB 方案由以下四个算法 (Setup, Query, Verify, Update) 组成:

(1) Setup$(1^k, \mathrm{DB})$: 令安全参数 $PP = (p, q, \mathbb{G}_1, \mathbb{G}_2, H, f, \chi, e, g, \{h_i\}_{1 \leqslant i \leqslant q}, \{h_{i,j}\}_{1 \leqslant i,j \leqslant q, i \neq j})$, 其中参数和基础方案相同. 令 $C_C = \prod_{i=1}^{q} h_i^{f(i)}$ 是初始计数字段 $(1, 2, \cdots, q)$ 的承诺. 令 $C_R = \prod_{i=1}^{q} h_i^{\chi(v_i)}$ 是原始数据记录 $(v_1, v_2, \cdots, v_q)$ 的承诺. 令 T 是一个初始值为 0 的计数器. 计算签名 $H_0 = H(C_C, C_R, T)^y$, 添加信息 (H_0, C_C, C_R, T) 到 aux. 令 $PK = (PP, Y, C_C, C_R)$, $S = (PP, \mathrm{aux}, \mathrm{DB})$, $SK = y$.

(2) Query(PK, S, x): 假设增量 CIBF 中计数字段的当前值为 $(b_1, b_2, \cdots, b_q)$, 其中对 $1 \leqslant i \leqslant q$, $b_i = \sum_{j=1}^{i} a_j$. 定义 $\boldsymbol{V}_i = (v_i^{(1)}, v_i^{(2)}, \cdots, v_i^{(a_i)})$. 相应的 $C_C = \prod_{i=1}^{q} h_i^{\Delta(i, b_i)}$ 和 $C_R = \prod_{i=1}^{q} h_i^{\chi(\boldsymbol{V}_i)}$. 给定查询索引 $1 \leqslant \bar{x} \leqslant b_q$, 服务器首先确定单元格索引 $1 \leqslant x \leqslant q$ 使得 $b_{x-1} < \bar{x} \leqslant b_x$ (定义 $b_0 = 0$), 然后计算 $\pi_{\bar{x}} = \prod_{1 \leqslant j \leqslant q, j \neq x-1, x} h_{x,j}^{\Delta(j, b_j)}$ 和 $\pi_x = \prod_{1 \leqslant j \leqslant q, j \neq x} h_{x,j}^{\chi(\boldsymbol{V}_j)}$. 证据如下:

$$\sigma = (x, b_{x-1}, b_x, \boldsymbol{V}_x, \pi_{\bar{x}}, \pi_x, H_0, C_C, C_R, T)$$

(3) Verify(PK, x, σ): 如果 $b_{x-1} < \bar{x} \leqslant b_x$, 则任何人都可以验证 σ 的正确性.

当下面的等式成立, 输出 $v_{\bar{x}} = v_x^{\bar{x}-b_{x-1}}$.

$$e(H_0, g) = e(H(C_C, C_R, T), Y)$$

$$e(\pi_{\bar{x}}, g) = e(C_C/h_{x-1}^{\Delta(x-1,b_{x-1})}h_x^{\Delta(x,b_x)}, h_x)$$

$$e(\pi_x, g) = e(C_R/h_x^{\chi(\vec{V}_x)}, h_x)$$

否则, 输出错误 $\perp$.

(4) Update(SK, x, v'_x): 相似地, 更新操作包含以下三种具体操作:

• 修改: 为了修改索引 $\bar{x}$ 的数据, 用户首先取回当前的数据 $v_{\bar{x}}$. 令 $T \leftarrow T+1$, $\mathbf{V}'_x = (v_x^{(1)}, v_x^{(2)}, \cdots, v'_{\bar{x}}, \cdots, v_x^{(a_x)})$. 用户计算 $C'_C = C_C$, $C'_R = C_R h_x^{\chi(\mathbf{V}'_x)-\chi(\mathbf{V}'_x)}$ 和 $t'_x = H(C'_C, C'_R, T)^y$, 并发送 (t'_x, v'_x) 给服务器. 如果 t'_x 是一个有效的签名, 服务器将索引 x 的数据修改为新的 $\mathbf{V}'_x$, 即 DB$(x) \leftarrow \mathbf{V}'_x$. 此外, 服务器更新公钥 $PK = (PP, Y, C'_C, C'_R)$, 并添加 S 中 aux 的信息 $(H_0, C_C, C_R, T) \leftarrow (t'_x, C'_C, C'_R, T)$.

• 删除: 删除操作过程与 $v'_{\bar{x}} = \varnothing$ 时的修改操作是一样的.

• 插入: 假设用户想要在索引为 x 的数据 $v_{\bar{x}}$ 后面插入一个新的记录 v^*. 于是, $\mathbf{V}'_x = (v_x^{(1)}, v_x^{(2)}, \cdots, v_{\bar{x}}, v^*, \cdots, v_x^{(a_x)})$. 令 $T \leftarrow T+1$, 用户计算 $C'_C = C_C(\prod_{i=x}^q h_i)^{f(1)}$, $C'_R = C_R h_x^{\chi(\mathbf{V}'_x)-\chi(\mathbf{V}_x)}$ 和 $t'_x = H(C'_C, C'_R, T)^y$, 并发送 (t'_x, v^*) 给服务器. 如果签名 t'_x 是有效的, 用新的数据 $\mathbf{V}'_x$ 更新单元格 x 中的数据记录, 即 DB$(x) \leftarrow \mathbf{V}'_x$. 同时, 服务器更新单元 $x \leqslant i \leqslant q$ 的计数字段的数值, 即 $b_i \leftarrow b_i + 1(x \leqslant i \leqslant q)$. 最后, 服务器更新公钥 $PK = (PP, Y, C'_C, C'_R)$ 和 S 中 aux 的信息 $(H_0, C_C, C_R, T) \leftarrow (t'_x, C'_C, C'_R, T)$.

7.3 数据流的可验证更新技术

可验证数据流 (VDS) 是可验证数据库 (VDB) 的一个扩展模型. 在 VDS 模型中, 用户将大型数据库外包给不可信的服务器后, 可以对数据的正确性进行公开验证和数据更新. 不同的是, VDS 模型下数据库有一种特性, 可以支持用户在不改变公开验证密钥的情况下不断向数据库中增加数据条目. 因此, VDS 可以支持流式数据的正确性验证. 本节将介绍可验证数据流方案.

7.3.1 安全定义

考虑如图 7.5 所示的可验证数据流模型, 用户 C 欲将数据库 DB 外包存储至不完全可信的云服务器 S. VDS 模型与 VDB 模型非常相似, 但一般来说, VDS 和 VDB 之间存在主要的区别: ① 在 VDB 模型中, 数据库的大小在建立阶段就已经定义, 而在 VDS 模型下数据库的大小可能是无界的; ② VDB 中的数据没有明确的顺序, 而 VDS 中的数据是严格有序的. 下面将详细介绍可验证数据流 VDS 方案的形式化定义.

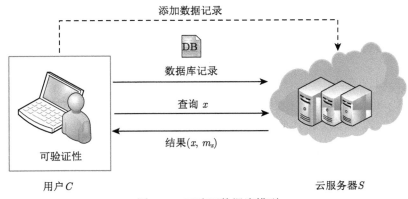

图 7.5　可验证数据流模型

定义 7.7　一个可验证数据流方案 VDS = (Setup, Append, Query, Verify, Update) 由以下五个算法组成:

(1) Setup(1^k): 该算法输入安全参数 k, 生成密钥对 (PK, SK). 将公开验证密钥 PK 给服务器 S, 私钥 SK 给用户 C.

(2) Append(SK, d): 该算法将私钥和数据 d 作为输入. 该算法中, 用户 C 向服务器 S 发送一条消息, 服务器将新的元素 d 存储到 DB 中. 算法输出新的私钥 SK' 给用户, 且不改变公钥.

(3) Query(PK, DB, i): 查询算法在 $S(PK, \mathrm{DB})$ 和 $C(i)$ 之间进行. 最终输出数据库 DB 的第 i 个条目, 以及一个证明 $\tilde{\pi}_i$.

(4) Verify($PK, i, d, \tilde{\pi}_i$): 当且仅当 d 为数据库中的第 i 个元素且与证明 $\tilde{\pi}_i$ 相符时, 输出 d. 否则输出 $\bot$.

(5) Update($PK, \mathrm{DB}, SK, i, d'$): 更新算法在 $S(PK, \mathrm{DB})$ 和 $C(i, d')$ 之间进行. 最终服务器将数据库 DB 中第 i 个条目的元素更新为 d', 并且双方都将公钥更新为 PK'. 用户将私钥更新为 SK'.

VDS 的安全性要求攻击者不能修改数据, 也不能添加其他数据. 此外, 已更新数据的旧值将不再验证通过. 下面介绍关于 VDS 的安全性质.

定义 7.8 (VDS 安全性)　如果在实验 VDSsec 中, 任何 PPT 敌手的成功率关于 k 忽略不计, 那么 VDS 方案是安全的. 实验 VDSsec 如下:

Setup: 首先, 挑战者生成一个密钥对 $(SK, PK) \leftarrow$ Setup(1^k). 设置一个空的数据库 DB 并将验证公钥 PK 给敌手 $\mathcal{A}$.

Streaming：在这个阶段, 敌手 $\mathcal{A}$ 可以添加新的数据 d 到挑战者. 挑战者执行 $(SK', i, \tilde{\pi}_i) \leftarrow \mathrm{Append}(SK, d)$ 将 d 添加到其数据库, 然后将 $(i, \tilde{\pi}_i)$ 返回给敌手. $\mathcal{A}$ 可能根据元组 (d', i) 来更新挑战者已经存在的数据. 挑战者和敌手 $\mathcal{A}$ 执行更新算法 $\mathrm{Update}(PK, \mathrm{DB}, SK, i, d')$. 挑战者将总是持有最新的公钥 PK^* 和数据库的序列 $Q = \{(d_1, 1), \cdots, (d_{q(k)}, q(k))\}$.

Output：最后, 敌手 $\mathcal{A}$ 输出一个元组 $(d^*, i^*, \hat{\pi})$. 令 $\hat{d} \leftarrow \mathrm{Verify}(PK^*, i^*, d^*, \hat{\pi})$. 当且仅当 $\hat{d} \neq \bot$ 且 $(\hat{d}, i^*) \notin Q$ 时敌手获胜.

7.3.2　基于变色龙认证树的可验证数据流方案

Schroder 等[8] 提出了一种高效的可验证数据流方案. 该方案基于变色龙认证树在离散对数假设构造, 可以使拥有陷门的用户根据需要验证一个新添加元素而不需要预计算或重新计算其他所有的叶子节点, 从而实现对流式数据的高效可验证性.

变色龙认证树　一个变色龙认证树模型由三个算法 $\mathrm{CAT} = (\mathrm{catGen}, \mathrm{addLeaf}, \mathrm{catVrfy})$ 构成, 具体描述如下:

(1) $\mathrm{catGen}(1^k, D)$：生成算法输入安全参数 k 和整数 D 来确定树的深度, 并且返回私钥 SK 和验证密钥 PK.

(2) $\mathrm{addLeaf}(SK, \ell)$：路径生成算法用于将一个叶子节点添加到树中, 并返回相应的身份验证路径. 该算法输入私钥 SK 和叶子节点集合 $\mathcal{L}$ 中的一个叶子节点 $\ell \in \mathcal{L}$. 输出新私钥 SK', ℓ 在树中的索引 i, 以及认证路径 aPath.

(3) $\mathrm{catVrfy}(PK, i, \ell, \mathrm{aPath})$：验证算法用于检查某个叶子节点是否是树中的一部分. 该算法输入公钥 PK、索引 i、叶子 ℓ 和路径 aPath. 当且仅当 ℓ 是树中的第 i 个叶子时输出 1, 否则输出 0.

构造一个安全的 CAT 方案的基本思想是结合哈希函数 H 和变色龙哈希函数 $\mathcal{CH}$ $(\mathrm{Gen}, \mathrm{Ch}, \mathrm{Col})$. 在变色龙哈希函数中, 陷门的拥有者可以容易地找到碰撞, 即对于给定的 x (和随机数 r), 存在一个有效的算法计算满足 $\mathrm{Ch}(x; r) = y = \mathrm{Ch}(x'; r')$ 的 r'.

如图 7.6 所示, 一个深度为 3 的 CAT 认证叶子节点 ℓ_0 和 ℓ_1. 根节点和右侧的节点由变色龙哈希计算, 左侧的节点由抗碰撞哈希计算. 叶子 $\ell_2, \cdots, \ell_7$ 未知.

定义 $[\boldsymbol{a}]$ 是元素向量, 即 $[\boldsymbol{a}] = (a_0, \cdots, a_{D-1})$ 且 $[\boldsymbol{a}, \boldsymbol{x}] = ((x_0, r_0), \cdots, (x_{D-1}, r_{D-1}))$. 令 H 为哈希函数, $\mathcal{CH} = (\mathrm{Gen}, \mathrm{Ch}, \mathrm{Col})$ 为变色龙哈希函数.

基于哈希函数 H 和变色龙哈希函数 $\mathcal{CH}$ 构造的 $\mathrm{CAT} = (\mathrm{catGen}, \mathrm{addLeaf}, \mathrm{catVrfy})$ 的三个算法具体描述如下:

(1) $\mathrm{catGen}(1^k, D)$：密钥生成算法计算变色龙哈希函数的密钥 $(cpk, csk) \leftarrow$

$\mathrm{Gen}(1^k)$ 和 $(cpk_1, csk_1) \leftarrow \mathrm{Gen}(1^k)$. 挑选两个随机值 x_ρ 和 r_ρ, 设 $\rho \leftarrow \mathrm{Ch}(x_\rho; r_\rho)$, 计数器 $c \leftarrow 0$, 以及状态 $\mathrm{st} = (c, D, x_\rho, r_\rho)$. 算法返回私钥 SK 为 (csk, st) 和公钥 PK 为 (cpk, ρ).

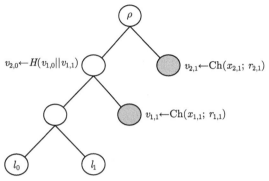

图 7.6　变色龙认证树实例

(2) $\mathrm{addLeaf}(SK, \ell)$: 路径生成算法解析私钥 SK 为 (csk, st), 并从 st 获得计数器 c. 然后选择一个随机值 r, 令 $(\ell_c, \ell_{c+1}) \leftarrow \mathrm{Ch}(\ell; r)$, 并区分以下两种情况:

$c = 0$: $\mathrm{addLeaf}$ 选择随机值 $x_{h,1} \leftarrow \{0,1\}^{2\mathrm{len}}$, $r_{h,1} \leftarrow \{0,1\}^k$ $(h = 1, \cdots, D-2)$, 且 $v_{h,1} \leftarrow \mathrm{Ch}(x_{h,1}; r_{h,1})$. 随后按照算法 catVrfy 定义的计算 ℓ 的认证路径直到 $D-2$ 层, 用 x_ρ' 表示结果的值. 然后 $\mathrm{addLeaf}$ 应用陷门 csk 到根节点 ρ 得到相应的随机性 r_ρ', 即 $r_\rho' \leftarrow \mathrm{Col}(csk, x_\rho, r_\rho, x_\rho')$, 并设 $R = (r_\rho', r)$. 算法计算叶子 ℓ 对应的认证路径 $\mathrm{aPath} = ((v_{h+1,1}, \cdots, v_{D-1,1}), R)$, 令计数器 $c \leftarrow 2$ 和状态 $\mathrm{st}' \leftarrow (c, D, x_\rho', r_\rho', [\boldsymbol{x}, \boldsymbol{r}], \ell_0, \ell_1)$. 算法返回 $SK' = (csk, \mathrm{st}')$、索引 0 和认证路径 aPath.

$c > 0$: $\mathrm{addLeaf}$ 算法从状态 st 得到计数器 c, 创建一个新的列表路径, 根据算法 11 进行操作.

(3) $\mathrm{catVrfy}(PK, i, \ell, \mathrm{aPath})$: 路径验证算法的输入为公钥 $PK = (cpk, \ell)$, 叶子 ℓ 的索引 i, 以及认证路径 $\mathrm{aPath} = ((v_{1,\lfloor i/2 \rfloor}, \cdots, v_{D-2,\lfloor i/2D-2 \rfloor}), R)$, 其中 R 是一个非空集合, 包含了计算变色龙哈希函数所需的所有随机数. 验证算法令 $(\ell_i, \ell_{i+1}) \leftarrow \mathrm{Ch}_1(\ell; r)$, 并根据下面的规则在 $h = 2, \cdots, D-2$ 上计算节点 $v_{h,i}$:

If $\lfloor i/2^h \rfloor \equiv 1 \bmod 2$:

$$x \leftarrow v_{h-1,\lfloor i/2^{h-1} \rfloor} \parallel v_{h-1,\lfloor i/2^{h-1} \rfloor+1}, \quad v_{h,i} \leftarrow \mathrm{Ch}(x; r_{h,\lfloor i/2^h \rfloor}), \quad r_{h,\lfloor i/2^h \rfloor} \in R$$

If $\lfloor i/2^h \rfloor \equiv 0 \bmod 2$:

$$x \leftarrow v_{h-1,\lfloor i/2^{h-1} \rfloor-2} \parallel v_{h-1,\lfloor i/2^{h-1} \rfloor-1}, \quad v_{h,i} \leftarrow H(x)$$

最终, 验证方计算根节点 $\hat{\rho} \leftarrow \mathrm{Ch}(v_{D-2,0} \parallel v_{D-2,1}, r_\rho)$ (其中 $r_\rho \in R$). 如果 $\hat{\rho} = \rho$, 叶子节点认证通过, 否则失败.

算法 11 addLeaf 算法

输入: sp, ℓ

输出: $\mathrm{sp}', c, (\mathrm{aPath}, R)$

1: $c \leftarrow c + 2$

2: **for** $h = 1$ **to** $D - 2$ **do**

3:   **if** $\lfloor c/2^h \rfloor$ 为偶数 **then**   **if** $\lfloor c/2^h \rfloor$ 为奇数 **then**

4:     **if** $(v_{h,\lfloor c/2^h \rfloor + 1}) \notin \mathrm{st}$ **then**   **if** $(v_{h,\lfloor c/2^h \rfloor}) \in \mathrm{st}$ **then**

5:       $x_{h,\lfloor c/2^h \rfloor + 1} \leftarrow \{0,1\}^{2\mathrm{len}}$ $x'_{h,\lfloor c/2^h \rfloor} = (v_{h-1,\lfloor c/2^{h-1} \rfloor} \,\|$
                                             $v_{h-1,\lfloor c/2^{h-1} \rfloor + 1})$

6:       $r_{h,\lfloor c/2^h \rfloor + 1} \leftarrow \{0,1\}^k$ $r'_{h,\lfloor c/2^h \rfloor} \leftarrow \mathrm{Col}(csk, x_{h,\lfloor c/2^h \rfloor}, r_{h,\lfloor c/2^h \rfloor},$
                                             $x'_{h,\lfloor c/2^h \rfloor})$

7:       $v_{h,\lfloor c/2^h \rfloor + 1} = \mathrm{Ch}(x_{h,\lfloor c/2^h \rfloor + 1}; r_{h,\lfloor c/2^h \rfloor + 1})$ $v_{h,\lfloor c/2^h \rfloor - 1} = H(v_{h-1,c/2^{h-1},-2} \,\|$
                                             $v_{h-1,c/2^{h-1},-1})$

8:       $\mathrm{st.add}(x_{h,\lfloor c/2^h \rfloor + 1}, r_{h,\lfloor c/2^h \rfloor + 1})$ $R.\mathrm{add}(r'_{h,\lfloor c/2^h \rfloor})$

9:       $\mathrm{aPath}(v_{h,\lfloor c/2^h \rfloor + 1})$ $\mathrm{st.add}(r'_{h,\lfloor c/2^h \rfloor})$

10:     **else** $\mathrm{aPath.add}(v_{h,\lfloor c/2^h \rfloor - 1})$

11:       $\mathrm{aPath}(v_{h,\lfloor c/2^h \rfloor + 1})$ $\mathrm{st.del}(v_{h-1,c/2^{h-1},-2}, v_{h-1,c/2^{h-1},-1},$
                                             $x_{h,\lfloor c/2^h \rfloor}, r_{h,\lfloor c/2^h \rfloor})$

12:     **end if**   **else**

13:   **end if**   **end if**

14: **end for**

15: $R.\mathrm{add}(r)$

具体方案描述   基于变色龙哈希树的可验证数据流方案由以下五个算法 VDS = (Setup, Append, Query, Verify, Update) 构成:

(1) Setup(1^k): 算法选择 $D = \mathrm{poly}(k)$ 并生成 CAT(SK, PK) $\leftarrow$ catGen ($1^k, D$). 私钥 $SK = (csk, csk_1, \mathrm{st})$, 公钥 $PK = (cpk, cpk_1, \rho)$, 其中 ρ 是初始空树的根. 用户 C 拥有私钥 SK, 服务器存储公钥 PK, 并且服务器设置了一个初始空数据库.

(2) Append(SK, d): 为了将元素 d 添加到数据库 DB 中, 用户 C 本地执行 addLeaf(SK, d) 算法, 并返回密钥 SK'、索引 i 和认证路径 aPath_i. 用户将 i, d 和 aPath_i 发送给服务器. 服务器将 d 添加到 DB, 并添加从 $\mathrm{aPath}_i = ((v_{1,\lfloor i/2 \rfloor}, \cdots, v_{D-2,\lfloor i/2 \rfloor^{D-2}}), R)$ 得到的未知节点到树上, 并由 R 存储新的随机数.

(3) Query(PK, DB, i): 用户向服务器发送查询索引 i, 服务器返回 $s[i]$ 和相

应的认证路径 $\tilde{\pi}_{d[i]} = \text{aPath}_i$, 或者当 DB 中第 i 个元素不存在时, 返回 $\perp$.

(4) $\text{Verify}(PK, i, d, \tilde{\pi}_{d[i]})$: 验证算法将 PK $\tilde{\pi}_{d[i]}$ 解析为 $\text{aPath}_{d[i]}$. 当算法 $\text{catVrfy}(PK, i, s, \pi_i)$ 输出 1 时返回 d, 否则输出 $\perp$.

(5) $\text{Update}(PK, \text{DB}, SK, i, d')$: 为了将 DB 中的第 i 个元素更新为 d', 用户将 SK 解析为 CAT 的陷门 SK, 状态 st, 以及由变色龙哈希函数计算的 "未使用" 节点对 $(x_{i,j}, r_{i,j})$ ("未使用" 表示陷门还未应用于这些节点). 首先, 用户向服务器 S 发送索引 i. 服务器返回 $d[i]$ 和对应的证明 $\tilde{\pi}_{d[i]}$ (即认证路径 aPath_i). 用户 C 执行 $\text{Verify}(PK, i, d[i], \tilde{\pi}_{d[i]})$ 检查 $d[i]$ 的有效性. 如果 Verify 返回 $\perp$, C 终止. 否则, 将叶子 $\ell_i = d[i]$ 设为 d' 并重新计算新叶子的认证路径. 该算法的输出是一个新的根 ρ'. 随后用户更新在其状态 st 中存储的所有节点, 但是已经通过重计算带有新叶子的认证路径来更新了 (这至少包括根 ρ, 因此也包括验证密钥 PK). 注意, 使用变色龙哈希函数的随机性保持不变. 然后用户 C 发送给服务器新的认证路径 aPath'_i, 更新的叶子 d' 和更新的验证密钥 PK. 服务器首先验证认证路径. 如果有效, 服务器 S 将替换 CAT 中相应的节点存储的值 $d[i]$ 为 $d[i]'$, 以及验证密钥 PK', 否则服务器终止.

7.3.3　基于认证数据结构的可验证数据流方案

Papamanthou 等[11] 考虑了数据流验证计算的问题: 验证方和证明方都可以看到规模为 n 的数据流 $x_1, \cdots, x_n$, 并且验证后可以将一些数据流上的计算外包给证明方. 验证方必须返回计算结果, 以及保证该结果正确性的密码学证明. 由于数据流的特性, 验证方只能维护较少的本地状态 (例如对数大小级的存储), 并且必须以数据流的方式进行数据更新且无需证明方交互. 下面介绍流式数据认证结构和基于该数据结构的可验证数据流方案.

流式数据认证结构 SADS　一个流式数据认证结构 (SADS) 模型由以下六个算法 SADS = (KeyGen, Initialize, UpdateVerifier, UpdateProver, Query, Verify) 组成, 具体定义如下:

(1) $\text{KeyGen}(1^k, n)$: 算法输入安全参数 k 和数据流大小的上界 n, 输出公钥 PK.

(2) $\text{Initialize}(D_0, PK)$: 算法输入一个空数据结构 D_0 和公钥 PK, 计算认证的数据结构 $\text{auth}(D_0)$ 及相应的状态 d_0.

(3) $\text{UpdateVerifier}(\text{upd}, d_h, PK)$: 算法输入一个数据结构 D_h 的更新 upd, 当前的状态 d_h 和公钥 PK, 输出更新后的状态 d_{h+1} (由验证方执行).

(4) $\text{UpdateProver}(\text{upd}, D_h, \text{auth}(D_h), PK)$: 算法输入一个数据结构 D_h 的更新 upd, 认证数据结构 $\text{auth}(D_h)$ 和公钥 PK, 输出更新后的数据结构 D_{h+1} 以及更新的认证数据结构 $\text{auth}(D_{h+1})$ (由证明方执行).

(5) Query$(q, D_h, \mathrm{auth}(D_h), PK)$: 算法输入数据结构 D_h 的查询 q, 认证数据结构 $\mathrm{auth}(D_h)$ 和公钥 PK, 返回对该查询的应答 $\alpha(q)$ 和证明 $\Pi(q)$ (由证明方执行).

(6) Verify$(q, \alpha(q), \Pi(q), d_h, PK)$: 算法输入查询 q, 应答 $\alpha(q)$, 对于查询 q 的证明 $\Pi(q)$, 摘要 d_h 和公钥 PK, 输出 1 (表示接受) 或 0 (表示拒绝)(由验证方执行).

具体方案描述 基于认证数据结构的支持验证多次查询的可验证数据流方案 SADS = (KeyGen, Initialize, UpdateVerifier, UpdateProver, Query, Verify) 的具体描述如下:

(1) KeyGen$(1^k, n)$: 输入安全参数 k 和数据流大小 n, 计算 $\{q, \mu, \beta\} \leftarrow$ paramesters$(1^k, n)$, 其中 q 是满足 $q/\sqrt{\lceil \log q \rceil} \geqslant \sqrt{2} \cdot n \cdot k^{0.5+\delta}$ (对于 $\delta > 0$) 最小的素数, $\mu = 2k\lceil \log q \rceil$, $\beta = n\sqrt{\mu}$. 令 $PK = \{\mathbf{L}, \mathbf{R}, q, \mathcal{U}\}$, 其中 $\mathcal{U}$ 是一个域, 即 $|\mathcal{U}| = M$, 且 $\mathbf{L}$ 和 $\mathbf{R}$ 是从 $\mathbb{Z}_q^m$ 均匀随机地挑选地, 且 $m = \frac{\mu}{2}$.

(2) Initialize(D_0, PK): 令 D_0 为结构二叉树 T_C, 其中 $c_i = 0 (i = 0, \cdots, M-1)$. 算法输出广义系数 (T_C, λ, f, h_n), 对于 T_C 的所有节点 v, $\lambda(v) = 0$, $d_0 = \mathbf{0} \in [n]^m$.

(3) UpdateVerifier(upd, d_h, PK): 令 $x \in \mathcal{U}$ 为数据流当前的元素. 算法通过 $d_{h+1} = d_h + \mathcal{L}_{\epsilon(x)}$ 更新本地状态, 其中 ϵ 是 T_C 的根节点.

(4) UpdateProver$(\mathrm{upd}, D_h, \mathrm{auth}(D_h), PK)$: 令 $x \in \mathcal{U}$ 为数据流当前的元素. 算法令 $c_x = c_X + 1$, 输出更新后的树 T_C. 设 $v_\ell, \cdots, v_1$ 是根为 ϵ 的树中从节点 $v_\ell (v_\ell$ 存储 $c_x)$ 到子节点 v_1 的路径.

$$\lambda(v_i) = \lambda(v_i) + \mathcal{L}_{v_i}(x) \quad 对于 \ i = \ell, \ell-1, \cdots, 1$$

新的认证数据结构 $\mathrm{auth}(D_{h+1})$ 就是通过上式计算带有更新标签的新哈希树.

(5) Query$(q, D_h, \mathrm{auth}(D_h), PK)$: 令 q 为对于元素 $x \in \mathcal{U}$ 的多次查询. 设 $\aleph(q) = c_x$(如果 $c_x = 0$, 则 X 不在集合中), 令 $v_\ell, \cdots, v_1$ 是根为 ϵ 的树中从节点 $v_\ell (v_\ell$ 存储 $c_x)$ 到子节点 v_1 的路径. 并设 $w_\ell, \cdots, w_1$ 为 $v_\ell, \cdots, v_1$ 的兄弟节点. 证明 $\Pi(q)$ 包括从叶子节点 v_ℓ 到根节点 ϵ 的路径的有序的标签对, 也就是 $\{(\lambda(v_\ell), \lambda(w_\ell)), \cdots, (\lambda(v_1), \lambda(w_1))\}$.

(6) Verify$(q, \alpha(q), \Pi(q), d_h, PK)$: 令 q 为对于元素 $x \in \mathcal{U}$ 的多次查询. 将 $\Pi(q)$ 解析为 $\{(\lambda(v_\ell), \lambda(w_\ell)), \cdots, (\lambda(v_1), \lambda(w_1))\}$, $\alpha(q)$ 解析为 c_x. 如果 $\lambda(v_\ell) \neq c_x$ 或 $\lambda(v_\ell) \neq [n]^m$, 输出 0. 计算 $y_{\ell-1}, \cdots, y_0$ 的值为 $y_i = \mathbf{L} \cdot \lambda(v_{i+1}) + \mathbf{R} \cdot \lambda(w_{i+1})$(如果 v_{i+1} 是 v_i' 左边的子节点) 或 $y_i = \mathbf{R} \cdot \lambda(v_{i+1}) + \mathbf{L} \cdot \lambda(w_{i+1})$ (如果 v_{i+1} 是 v_i' 右边的子节点). 对于 $i = \ell-1, \cdots, 1$, 如果 $f(\lambda(v_i)) \neq y_i$ 或 $\lambda(v_i), \lambda(w_i) \notin [n]^m$, 输出 0. 如果 $f(d_h) \neq y_0$, 输出 0; 否则, 输出 1.

7.3.4 基于变色龙向量承诺的可验证数据流方案

Krupp 等[10] 提出了无上界的数据库 VDS 构造. 该方案利用树结构和一种新的密码学原语——变色龙向量承诺 (CVC) 构造. 下面介绍变色龙向量承诺和基于该数据结构的可验证数据流方案.

变色龙向量承诺 CVC 变色龙向量承诺 (CVC) 是由七个 PPT 算法 CVC = (CGen, CCom, COpen, CVer, CCol, CUpdate, CProofUpdate) 组成, 具体描述如下:

(1) $\mathrm{CGen}(1^k, q)$: 密钥生成算法输入安全参数 k 和向量大小 q. 输出公开参数 PP 和陷门 td.

(2) $\mathrm{CCom}_{PP}(m_1, \cdots, m_q)$: 承诺算法输入一个大小为 q 的有序消息列表. 算法返回承诺 C 和辅助信息 aux.

(3) $\mathrm{COpen}_{PP}(i, m, \mathrm{aux})$: 打开算法返回一个证明 π, 证明 m 是与 aux 对应的承诺中第 i 个被承诺的消息.

(4) $\mathrm{CVer}_{PP}(C, i, m, \pi)$: 当且仅当 π 是个有效的证明时 (证明 C 是由该有序消息序列得出, 且 m 是位置 i 对应的消息), 验证算法返回 1.

(5) $\mathrm{CCol}_{PP}(C, i, m, m', \mathrm{td}, \mathrm{aux})$: 碰撞生成算法返回一个新的辅助信息 aux′, 表明 (C, aux') (此时消息序列中位置 i 的消息为 m', 而不是 m) 与 CCom_{PP} 的输出不可区分.

(6) $\mathrm{CUpdate}_{PP}(C, i, m, m')$: 更新算法可以将承诺 C 中的第 i 个消息 m 更新为 m'. 输出一个新的承诺 C' 和更新信息 U, 用于更新 aux 和之前生成的证明.

(7) $\mathrm{CProofUpdate}_{PP}(C, \pi_j, i, U)$: 证明更新算法可以将位置 j 的证明 π_j 更新, 保证 π_j' 对于承诺 C 依然有效.

具体方案描述 首先, 介绍基于变色龙向量承诺的可验证数据流方案涉及的三个函数:

(1) $\mathrm{parent}(i) = \left\lfloor \dfrac{i-1}{q} \right\rfloor$ 用于计算节点 i 的父节点的索引;

(2) $\#\mathrm{child}(i) = ((i-1) \bmod q) + 2$ 用于计算节点 i 在父节点中存储的位置;

(3) $\mathrm{level}(i) = \lceil \log_q((q-1)(i+1)+1) - 1 \rceil$ 用于计算节点 i 在树中的哪一层.

其次, 令 CVC = (CGen, CCom, COpen, CVer, CCol, CUpdate, CProofUpdate), 则 VDS = (Setup, Append, Query, Verify, Update), 基于 CVC 的 VDS 方案具体描述如下:

(1) $\mathrm{Setup}(1^k, q)$: 该算法选择一个随机 PRF 键值 $K \leftarrow \{0,1\}^k$, 为变色龙向量承诺计算一个密钥对 $(PP, \mathrm{st}) \leftarrow \mathrm{CGen}(1^k, q+1)$, 并设置计数器 $\mathrm{cnt} := 0$. 算法计算 $r_0 \leftarrow f(k, 0)$, 设置根节点为 $(\rho, \mathrm{aux}_\rho) \leftarrow \mathrm{CCom}_{PP}(0, \cdots, 0, ; r_0)$, 密钥

$SK := (k, td, \text{cnt})$, 公钥 $PK := (PP, \rho)$. 最终, 密钥 SK 由用户保存, 公钥发送给服务器.

在介绍下面的算法之前, 首先对服务器存储的信息进行说明. 服务器维护数据库 DB, 由元组 $(i, d_i, n_i, \pi_i, \pi_{p,j}, AU_i, \{AU_{i,j}\}_{j=1}^{q+1})$ 组成, 其中 $i \geqslant 0$ 表示 DB 每个元素的索引, d_i 是 DB 中索引 i 对应的值, n_i 是一个 CVC 承诺, π_i 是 CVC 证明, 它表明 d_i 是 n_i 中第一个被承诺的消息, $\pi_{p,j}$ 也是 CVC 证明, 它表示承诺 n_p 中位置为 $j+1$ 的被承诺消息 (n_p 是 n_i 父节点的 CVC), AU_i 是可以用来更新证明 π_i 的累加的更新信息, 以及 $AU_{i,j}$ 是用来更新子节点证明 $\pi_{i,j}$ 的累加的更新信息.

(2) Append(SK, d): 该算法首先解析 $SK = (k, td, \text{cnt})$, 并且确定新元素的索引为 $i = \text{cnt}+1$, 父节点的索引 $p = \text{parent}(i)$, 然后增加计数器 $\text{cnt}' = \text{cnt}+1$. 接下来, 计算新节点 $(n_i, \text{aux}_i^*) \leftarrow \text{CCom}_{PP}(0, \cdots, 0; r_i)$, 其中 $r_i \leftarrow f(k, i)$ 且通过寻找一个碰撞 $\text{aux}_i \leftarrow \text{CCol}(n_i, 1, 0, d, td, \text{aux}_i^*)$ 来插入数据 d. 为了将节点 n_i 添加到树上, 该算法重计算父节点 $(n_p, \text{aux}_p^*) \leftarrow \text{CCom}_{PP}(0, \cdots, 0; r_p)$, 并通过寻找在父节点位置 j 上的碰撞来插入 n_i 为 n_p 的第 j 个子节点, 即用户执行 $\text{aux}_p \leftarrow \text{CCol}_{PP}(n_p, j, 0, n_i, \text{aux}_p^*)$. 然后计算 $\pi_{i,1} \leftarrow \text{COpen}_{PP}(1, d, \text{aux}_i)$ 和 $\pi_{p,j} \leftarrow \text{COpen}_{PP}(j, n_i, \text{aux}_p)$, 并设置插入路径为 $(\pi_i.1, n_i, \pi_{p,j})$. 用户 C 发送插入路径和新元素 d 给服务器 S. S 然后应用累加的更新信息 $AU_{p,j}$ 到 $\pi_{p,j}$, 即计算 $\pi'_{p,j} \leftarrow \text{CProofUpdate}'_{PP}(\pi_{p,j}, AU_{p,j})$ 并将这些项目存储到数据库 DB 中.

(3) Query(PK, DB, i): 在查询算法中, 用户将 i 发送给服务器, 服务器确定所在树中的层 $l = \text{level}(i)$ 并创建一个认证路径:

$\tilde{\pi}_i \leftarrow (\pi_i, 1)$

$a \leftarrow i$

$b \leftarrow \text{parent}(i)$

for $h = l-1, \cdots, 0$

    $c \leftarrow \#\text{child}(a)$

    $\tilde{\pi}_i \leftarrow \tilde{\pi}_i :: (n_a, \pi_{b,c})$

    $a \leftarrow b$

    $b \leftarrow \text{parent}(b)$

最后, 服务器将 $\tilde{\pi}_i$ 返回给用户.

(4) Verify$(PK, i, d, \tilde{\pi}_i)$: 该算法将 PK 解析为 (PP, ρ), 且 $\tilde{\pi}_i = (\pi_l, n_l, \cdots, n_1, \pi_0)$. 然后继续验证认证路径中的所有证明:

$v \leftarrow \text{CVer}_{PP}(n_i, 1, d, \pi_l) \wedge n_i \neq 0$

$a \leftarrow i$

$b \leftarrow \text{parent}(i)$

$$\text{for } h = l - 1, \cdots, 0$$
$$\quad c \leftarrow \#\text{child}(a)$$
$$\quad v \leftarrow v \wedge \text{CVer}_{PP}(n_b, c, n_a, \pi_h) \wedge n_b \neq 0$$
$$\quad a \leftarrow b$$
$$\quad b \leftarrow \text{parent}(b)$$

如果 $v = 1$, 输出 d; 否则, 输出 $\perp$.

(5) Update$(PK, \text{DB}, SK, i, d')$: 在更新算法中, 用户给定私钥 SK, 将索引 i 发送给服务器. 服务器将位置 i 存储的值 d 及对应的认证路径 $\tilde{\pi}_i = (\pi_l, n_l, \cdots, n_1, \pi_0)$ (由 Query 算法生成) 返回给用户. 用户通过执行 Verify$(PK, i, d, \tilde{\pi}_i)$ 来检查 $\tilde{\pi}_i$ 的正确性. 如果验证失败, 用户会终止进程. 否则, 继续执行下面的步骤. 首先将 SK 解析为 (K, td, cnt), 确定被更新节点的层级 $l \leftarrow \text{level}(i)$, 并计算新的根节点 $\rho' = n_0'$, 如下所示:

$$(n_l', U_l) \leftarrow \text{CUpdate}_{PP}(n_i, 1, d, d', \pi_l)$$
$$a \leftarrow i$$
$$b \leftarrow \text{parent}(i)$$
$$\text{for } h = l - 1, \cdots, 0$$
$$\quad c \leftarrow \#\text{child}(a)$$
$$\quad (n_h', U_h) \leftarrow \text{CUpdate}_{PP}(n_h, c, n_{h+1}, \pi_h)$$
$$\quad a \leftarrow b$$
$$\quad b \leftarrow \text{parent}(b)$$

另一方面, 在接收 (i, d') 之后, 服务器执行类似的算法, 沿着新节点的路径更新所有存储的元素和证明. 并为该路径的每个节点累加新的更新信息.

$$(n_i', U_i) \leftarrow \text{CUpdate}_{PP}(n_i, 1, d, d')$$
$$\text{for } j = 1, \cdots, q + 1$$
$$\quad AU_{i,j} \leftarrow \text{accumulateUpdate}(AU_{i,j}, U_i)$$
$$\quad \pi_{i,j}' \leftarrow \text{CProofUpdate}_{PP}'(\pi_{i,j}, VU_{i,j})$$
$$(\cdot, \pi_i') \leftarrow \text{CProofUpdate}_{PP}(n_i, \pi_i, i, U_i)$$
$$a \leftarrow i$$
$$b \leftarrow \text{parent}(a)$$
$$\text{for } h = l - 1, \cdots, 0$$
$$\quad c \leftarrow ((a - 1) \bmod q) + 2$$
$$\quad (n_b', U_b) \leftarrow \text{CUpdate}_{PP}(n_b, c, n_a, n_a')$$
$$\quad \text{for } j = 1, \cdots, q + 1$$
$$\quad\quad AU_{b,j} \leftarrow \text{accumulateUpdate}(AU_{b,j}, U_b)$$
$$\quad\quad \pi_{b,j}' \leftarrow \text{CProofUpdate}_{PP}'(\pi_{b,j}, U_b)$$

$$a \leftarrow b$$
$$b \leftarrow \text{parent}(b)$$

在上述算法中, a 是被更改节点的索引, b 是其父节点的索引, c 是 a 在 b 中的位置. 以上算法更改节点 i 的值, 然后这一改变会传播到根节点 $(\rho' = n_0')$. 最后, 服务器和用户计算新的公钥 $PK = (PP, \rho')$.

7.4 分布式存储的可验证更新技术

分布式存储模型包含两个实体, 分别是用户节点和存储节点. 用户节点主要使用存储服务, 并对存储的文件进行检索; 存储节点主要用来提供存储服务, 并应答与其存储部分相关的用户节点的检索查询. 特别地, 存储节点也可以充当用户节点的角色.

分布式存储网络在将用户上传的文件存储前, 先将文件拆分成为向量形式的文件块序列, 然后经过多次拷贝和分割将文件序列的子集存储在不同的节点中. 为满足分布式存储的安全性, 需要保证恶意的存储节点不能将被篡改的文件块发送给用户节点. 当用户需要检索数据时, 首先向可验证分布式网络发送查询请求, 然后存储节点进行检索, 将用户查询的文件内容返回给用户, 最后用户需要对返回的内容进一步验证. 可验证分布式存储模型如图 7.7 所示.

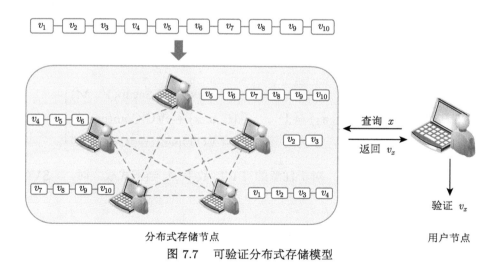

图 7.7 可验证分布式存储模型

7.4.1 安全定义

可验证的分布式存储的核心技术是子向量承诺技术. 子向量承诺是支持子向

量打开的向量承诺 (SVC), 允许对已承诺的向量在一组位置子集上进行打开, 产生该位置子集对应子向量的打开证明. 与向量承诺的简洁性相似, 子向量承诺中承诺值的大小和打开证明的大小与向量的长度、打开位置的个数均无关. 下面将介绍子向量承诺 SVC 的形式化定义. 设 $\mathcal{M}$ 为一个集合, $n \in \mathbb{N}$ 为正整数, $I = \{i_1, \cdots, i_{|I|}\} \subseteq [n]$ 为一个有序的索引集. 对于一个向量 $\boldsymbol{v} \in \mathcal{M}^n$, 向量 $\boldsymbol{v}$ 的子向量 $\vec{v}_I := (v_{i_1}, \cdots, v_{i_{|I|}})$. 设 $I, J \subseteq [n]$ 是两个子集, $\boldsymbol{v}_I$ 和 $\boldsymbol{v}_J$ 是向量 $\boldsymbol{v} \in \mathcal{M}^n$ 的两个子向量, $\boldsymbol{v}_I$ 和 $\boldsymbol{v}_J$ 的并集是子向量 $\boldsymbol{v}_{I \cup J} := (v_{k_1}, \cdots, v_{k_m})$, 其中 $I \cup J = \{k_1, \cdots, k_m\}$ 是集合 I 和 J 的并集.

定义 7.9　一个子向量承诺 SVC 由以下四个算法 SVC = (VC.Setup, VC.Com, VC.Open, VC.Ver) 构成, 定义如下:

(1) VC.Setup$(1^k, \mathcal{M}) \to \mathrm{crs}$: 给定安全参数 k, 消息空间 $\mathcal{M}$, 该概率性算法输出一个公共参考字符串 crs.

(2) VC.Com$(\mathrm{crs}, \boldsymbol{v}) \to (C, \mathrm{aux})$: 承诺算法输入 crs 和向量 $\boldsymbol{v}$, 输出承诺 C 和辅助信息 aux.

(3) VC.Open$(\mathrm{crs}, I, \boldsymbol{y}, \mathrm{aux}) \to \pi_I$: 打开算法输入 crs, 向量 $\boldsymbol{y} \in \mathcal{M}^m$, 有序的索引集 $I \subset \mathbb{N}$ 和辅助信息 aux. 输出一个证明 π_I, 表明 $\boldsymbol{y}$ 是被承诺信息子集 I 的子向量.

(4) VC.Ver$(\mathrm{crs}, C, I, \boldsymbol{y}, \pi_I) \to b \in \{0, 1\}$: 验证算法输入 crs, 承诺 C, 有序的索引集 $I \subset \mathbb{N}$, 向量 $\boldsymbol{y} \in \mathcal{M}^m$ 和证明 π_I. 当且仅当 π_I 是有效的证明时, 算法输出 1, 表明 C 是向量 $\boldsymbol{v} = (v_1, \cdots, v_n)$ 的承诺, 且 $\boldsymbol{y} = \boldsymbol{v}_I$.

定义 7.10 (正确性)　对于安全参数 $k \in \mathbb{N}$, 向量长度 n, 有序的索引集 $I \subseteq [n]$ 和向量 $\boldsymbol{v} \in \mathcal{M}^n$. 当下式成立时, SVC 模型满足正确性:

$$\left[\mathrm{VC.Ver}(\mathrm{crs}, C, I, \boldsymbol{v}_I, \pi_I) = 1 \ : \ \begin{array}{l} \mathrm{crs} \leftarrow \mathrm{VC.Setup}(1^k, \mathcal{M}) \\ (C, \mathrm{aux}) \leftarrow \mathrm{VC.Com}(\mathrm{crs}, \boldsymbol{v}) \\ \pi_I \leftarrow \mathrm{VC.Open}(\mathrm{crs}, I, \boldsymbol{v}_I, \mathrm{aux}) \end{array} \right] = 1$$

定义 7.11 (位置绑定)　对于任意的 PPT 敌手 $\mathcal{A}$, 当下式成立时, 该 SVC 模型满足位置绑定:

$$\Pr \left[\begin{array}{l} \mathrm{VC.Ver}(\mathrm{crs}, C, I, \boldsymbol{y}, \pi) = 1 \\ \quad \wedge \ \boldsymbol{y} \neq \boldsymbol{y}' \ \wedge \quad : \\ \mathrm{VC.Ver}(\mathrm{crs}, C, I, \boldsymbol{y}', \pi') = 1 \end{array} \begin{array}{l} \mathrm{crs} \leftarrow \mathrm{VC.Setup}(1^k, \mathcal{M}) \\ (C, I, \boldsymbol{y}, \pi, \boldsymbol{y}', \pi') \leftarrow \mathcal{A}(\mathrm{crs}) \end{array} \right] \in \mathrm{negl}(k)$$

定义 7.12 (聚合与分解)　SVC 的聚合和分解算法定义如下:

(1) VC.Agg(crs, $(I, \boldsymbol{v}_I, \pi_I), (J, \boldsymbol{v}_J, \pi_J)) \to \pi_K$ 将两个三元组 $(I, \boldsymbol{v}_I, \pi_I)$ 和 $(J, \boldsymbol{v}_J, \pi_J)$ 作为输入, 其中 I 和 J 为两个索引子集, $\boldsymbol{v}_I \in \mathcal{M}^{|I|}$ 和 $\boldsymbol{v}_J \in \mathcal{M}^{|J|}$ 是子向量, π_I 和 π_J 是对应的打开证明; 输出是位置索引集 $K = I \cup J$ 对应的证明 π_K.

(2) Disagg(crs, $I, \boldsymbol{v}_I, \pi_I, K) \to \pi_K$ 输入一个三元组 $(I, \boldsymbol{v}_I, \pi_I)$ 和一个位置索引集 $K \subset I$; 输出子集 K 所对应的证明 π_K.

定义 7.13 (聚合与分解的正确性) 对安全参数 $k \in \mathbb{N}$, 正确地生成 crs $\leftarrow$ VC.Setup($1^k, \mathcal{M}$), 承诺 C 以及三元组 $(I, \boldsymbol{v}_I, \pi_I)$, 使得 VC.Ver(crs, $C, I, \boldsymbol{v}_I, \pi_I)$ $= 1$, 聚合算法是正确的, 且满足以下两个性质:

(1) 对于任何三元组 $(J, \boldsymbol{v}_J, \pi_J)$ 使得

$$\text{VC.Ver(crs}, C, J, \boldsymbol{v}_J, \pi_J) = 1$$

$$\Pr[\text{VC.Ver(crs}, C, K, \boldsymbol{v}_K, \pi_K) = 1 : \pi_K \leftarrow \text{VC.Agg(crs}, (I, \boldsymbol{v}_I, \pi_I), (J, \boldsymbol{v}_J, \pi_J))] = 1$$

其中 $K = I \cup J$, $\boldsymbol{v}_K$ 是 $\boldsymbol{v}_I$ 和 $\boldsymbol{v}_J$ 合并后的向量.

(2) 对于任何索引集 $K \subset I$,

$$\Pr[\text{VC.Ver(crs}, C, K, \boldsymbol{v}_K, \pi_K) = 1 : \pi_K \leftarrow \text{VC.Disagg(crs}, I, \boldsymbol{v}_I, \pi_I, K)] = 1$$

其中 $\boldsymbol{v}_K = (v_{i_l})_{i_l \in K}$, $\boldsymbol{v}_I = (v_{i_1}, \cdots, v_{i_{|I|}})$.

定义 7.14 (聚合的简洁性) 给定安全参数 k, 存在一个确定的多项式 $p(\cdot)$, 使得所有由 VC.Agg 和 VC.Disagg 生成的承诺和打开证明的长度都与 $p(k)$ 相关.

7.4.2 基于子向量承诺的可验证分布式存储方案

Campanelli 等[12] 提出了支持"增量聚合"的子向量承诺原语和具体构造, 可以提高子向量承诺打开证明的效率, 并且提出了基于该子向量承诺的可验证分布式存储方案, 可以对存储在完全分布式网络中的数据文件进行正确性验证. 下面将具体介绍 Campanelli 等人提出的基于子向量承诺的可验证分布式存储方案的具体构造.

可验证分布式存储模型由存储节点和用户节点执行的算法定义. Bootstrap 算法用于启动整个系统, 并且假设由受信任方执行, 或以分布式的方式实现. 这一规则确保在高度动态和分布式的网络中保证数据的完整性 (文件可以频繁地更改, 且没有一个单独的节点存储整个文件). 在 VDS 中, 首先为空文件创建参数和一个初始承诺 (通过由可信方执行的概率 Bootstrap 算法). 其次, 通过增量更新来更新承诺. 更新阶段分为两部分. 一个节点执行更新并将其"推"到所有其他节点, 即提供辅助信息 aux (称为"更新提示"), 其他节点可以使用这一信息更新本地的证书和新摘要. 这些操作分别由 StrgNode.PushUpdate 和 StrgNode.ApplyUpdate

执行. 该方案的打开阶段和验证阶段和向量承诺方案相同. 为了响应查询, 存储节点通过 StrgNode.Retrieve 算法产生打开证明. 如果证明需要聚合, 所有节点都可以执行 AggregateCertificates 算法. 任何人都可以通过 ClntNode.VerRetrieve 算法验证证明. 令消息空间为 $\mathcal{M}$, 即 $\mathcal{M} = \{0,1\}$ 或 $\{0,1\}^l$, 文件分块向量为 $F = (F_1, \cdots, F_N)$. (I, F_I) 表示文件 F 的一个子集部分, 其中 F_I 就是 F 的 I -子向量. 基于子向量承诺的可验证分布式存储方案具体描述如下.

- 辅助算法:

Bootstrap$(1^k) \to (PP, \delta_0, \mathrm{st}_0)$.

给定一个安全参数 k, 概率 Bootstrap 算法输出公共参数 PP, 初始摘要 δ_0 和状态 st_0. 对于一个空文件, δ_0 和 st_0 分别是摘要和存储节点本地状态. 注意, 以下所有算法都默认将公共参数 PP 作为输入.

- 存储节点算法:

(1) StrgNode.AddStorge$(\delta, n, \mathrm{st}, I, F_I, Q, F_Q, \pi_Q) \to (\mathrm{st}', J, F_J)$.

该算法可以将给定的文件 F 中更多的块添加到本地存储. 首先输入存储节点的本地视图, 由摘要 δ、长度 n、状态 st 和文件子集 (I, F_I) 构成. 然后输入文件的子集 (Q, F_Q) 和有效的检索证明 π_Q. 输出结果为更新后的存储节点视图, 由新的状态 st' 和文件子集 $(J, F_J) := (I, F_I) \cup (Q, F_Q)$ 构成. 注意, 该算法可以使任何拥有文件子集 F_Q 的有效检索证明的所有者成为该部分的存储节点.

(2) StrgNode.RmvStorage$(\delta, n, \mathrm{st}, I, F_I, K) \to (\mathrm{st}', J, F_J)$.

该算法允许存储节点从本地存储中删除文件 F 中的块. 首先, 输入存储节点的本地视图, 由摘要 δ、长度 n、状态 st 和文件子集 (I, F_I) 构成. 然后, 输入位置集和 $K \subseteq I$; 输出更新后的存储节点视图, 由新的状态 st' 和文件子集 $(J, F_J) := (I, F_I) \backslash (K, \cdot)$ 构成.

(3) StrgNode.CreateFrom$(\delta, n, \mathrm{st}, I, F_I, J) \to (\delta', n', \mathrm{st}', J, F_J, \Upsilon_J)$.

该算法允许存储文件子集 F_I 的存储节点, 创建一个只包含 F_I 的子集 F_J 的新文件, 以及对应的摘要 δ'、长度 n 和一个提示信息 (用于帮助其他节点产生它们自己的摘要). 算法将存储节点的本地视图, 即摘要 δ、长度 n、本地状态 st、文件子集 (I, F_I) 和索引集 $K \subseteq J$ 作为输入. 算法返回新的摘要 δ'、长度 n'、本地状态 st'、文件子集 (J, F_J) 和一个提示信息 Υ_J. 提示信息由仅持有前一个摘要 δ 的用户节点使用, 用来得到新的摘要 δ', 将会由后面描述的 ClntNode.GetCreate 算法实现该功能.

(4) StrgNode.PushUpdate$(\delta, n, \mathrm{st}, I, F_I, \mathrm{op}, \Delta) \to (\delta', n', J, F_J, \Upsilon_\Delta)$.

该算法允许存储文件子集 F_I 的存储节点对文件进行更新, 并生成对应的摘要、长度和本地视图, 以及一个提示信息, 其他节点可以用于相应地更新其摘要和本地视图. 算法的输入包括存储节点的本地视图, 即摘要 δ、长度 n、本地状态 st 和文件子集 (I, F_I), 以及一个更新操作 op $\in \{\mathrm{mod}, \mathrm{add}, \mathrm{del}\}$ 和更新描述 Δ. 输出一个新的摘要 δ'、长度 n'、新的本地状态 st'、已更新的文件子集 (J, F_J) 和更新提示信息 Υ_Δ.

如果 op $=$ mod, 那么 Δ 包括文件部分 (K, F_K'), 其中 $K \subseteq I$, F_K' 表示位置集 K 上需要写入的新内容. 如果 op $=$ add, 依然是 $\Delta = (K, F_K')$, K 是一组新的 (顺序的) 位置集合且 $K \cap I = \varnothing$, 即从 $n+1$ 开始到 $n+|K|$ 结束. 如果 op $=$ del, 那么 Δ 只包含位置集 $K \subseteq I$, 即需要被删掉的部分. Υ_Δ 可以由持有 δ 的用户节点使用, 用来检查新摘要 δ 的有效性; 也可以被另外持有长度 n 的存储节点使用, 以检查更改的有效性, 并相应地更新其本地视图.

(5) StrgNode.ApplyUpdate$(\delta, n, \mathrm{st}, I, F_I, \mathrm{op}, \Delta, \Upsilon_\Delta) \to (b, \delta', n', J, F_J)$.

该算法允许存储节点合并另一个节点推送的文件的更改. 将摘要 δ、长度 n、本地状态 st、文件子集 (I, F_I) 以及一个更新操作 op $\in \{\mathrm{mod}, \mathrm{add}, \mathrm{del}\}$, 更新描述 Δ 和更新提示信息 Υ_Δ 作为输入. 算法返回一个比特 b (用于表示接受/拒绝更新). 当 $b = 1$ 时, 返回新的摘要 δ'、新的长度 n'、新的本地状态 st' 和更新后的文件 (J, F_J').

如果 op $\in \{\mathrm{mod}, \mathrm{add}\}$, 则 $J = I$, 即节点依然存储相同的索引集; 如果 op $=$ del, 那么 J 就是 I 删除索引后的集合.

(6) StrgNode.Retrieve$(\delta, n, \mathrm{st}, I, F_I, Q) \to (F_Q, \pi_Q)$.

该算法允许存储节点响应索引为 Q 的查询, 并为返回的块生成正确性证明. 将摘要 δ、长度 n、本地状态 st、文件子集 (I, F_I) 和查询的索引集 Q 作为输入. 输出文件子集 F_Q 和证明 π_Q.

• 用户节点算法:

(1) ClntNode.GetCreate$(\delta, J, \Upsilon_J) \to (b, \delta')$.

该算法输入摘要 δ、索引集 J、更新提示信息 Υ_J; 输出一个比特 b (表示接受/拒绝). 当 $b = 1$ 时返回对应文件 F' 的新摘要 δ'.

(2) ClntNode.ApplyUpdate$(\delta, \mathrm{op}, \Delta, \Upsilon_\Delta) \to (b, \delta')$.

该算法输入摘要 δ、更新操作信息 op $\in \{\mathrm{mod}, \mathrm{add}, \mathrm{del}\}$、更新描述 Δ 和更新提示信息 Υ_Δ; 输出一个比特 b(表示接受/拒绝). 当 $b = 1$ 时返回新的摘要 δ'.

(3) ClntNode.VerRetrieve$(\delta, Q, F_Q, \pi_Q) \to b$.

该算法输入摘要 δ、文件子集 (Q, F_Q) 和证明 π_Q. 当 π_Q 是一个有效的证明时 (即 F_Q 确实是文件 F 中索引 Q 所对应的部分), 输出 1.

(4) AggregateCertificates$(\delta, (I, F_I, \pi_I), (J, F_J, \pi_J)) \to \pi_K$.

该算法输入摘要 δ 和两个检索结果 (I, F_I, π_I) 和 (J, F_J, π_J). 该算法将两个证明聚合为一个单独的证明 π_K, 其中 $K := (I \cup J)$. 在该方案中, 任何节点都可以使用该算法将两个甚至多个打开证明聚合为单个打开证明.

7.5 小 结

数据库系统广泛应用于政务商务、军事国防、航空航天、银行证券、医疗卫生等国家重大行业. 数据库的可验证更新技术是目前云计算和大数据的研究热点之一. 它能够使得资源受限的用户安全地外包大规模数据库到云服务器上, 同时用户可以检索数据记录以及进行数据更新. 此外, 数据记录一旦被服务器恶意篡改或损坏, 用户能够及时发现服务器的作弊行为. 因此, 研究外包数据库的可验证更新技术对于外包数据库系统安全应用于各个行业具有非常重要的意义. 本章对云环境下密文数据库外包的可验证更新技术进行了详细的探讨. 首先, 介绍了动态数据库、数据流和分布式存储外包面临的安全问题与挑战; 其次, 阐述了当前最新的研究现状; 最后, 详细介绍了可验证数据库、可验证数据流和可验证分布式存储的安全定义和相关的经典方案. 希望能为读者对云计算环境下数据库可验证检索和更新技术研究提供参考与帮助.

参 考 文 献

[1] Benabbas S, Gennaro R, Vahlis Y. Verifiable delegation of computation over large datasets. The Proceedings of Advances in Cryptology - CRYPTO 2011. Springer, 2011: 111-131.

[2] Catalano D, Fiore D. Vector commitments and their applications. The Proceedings of Public Key Cryptography - PKC 2013. Springer, 2013: 55-72.

[3] Chen X F, Li J, Huang X Y, Ma J F, Lou W J. New publicly verifiable databases with efficient updates. IEEE Transactions on Dependable and Secure Computing, 2015, 12(5): 546-556.

[4] Chen X F, Li J, Weng J, Ma J F, Lou W J. Verifiable computation over large database with incremental updates. IEEE Transactions on Computers, 2016, 65(10): 3184-3195.

[5] Miao M X, Wang J F, Ma J F, Susilo W. Publicly verifiable databases with efficient insertion/deletion operations. Journal of Computer and System Sciences, 2017, 86: 49-58.

[6] Miao M X, Ma J F, Huang X Y, Wang Q. Efficient verifiable databases with insertion/deletion operations from delegating polynomial functions. IEEE Transactions on Information and Forensics Security, 2018, 13(2): 511-520.

[7] Chen X F, Li H, Li J, Wang Q, Huang X Y, Susilo W, Xiang Y. Publicly verifiable databases with all efficient updating operations. IEEE Transactions on Knowledge and Data Engineering, 2021, (12): 3279-3740.

[8] Schröder D, Schröder H. Verifiable data streaming. The ACM Conference on Computer and Communications Security-CCS 2012. ACM, 2012: 953-964.

[9] Schröder D, Simkin M. Veristream-A framework for verifiable data streaming. The 19th International Conference of Financial Cryptography and Data Security-FC 2015, Springer, 2015: 548-566.

[10] Krupp J, Schröder D, Simkin M, Fiore D, Ateniese G, Nürnberger S. Nearly optimal verifiable data streaming. The Proceedings of Public Key Cryptography-PKC 2016. Springer, 2016: 417-445.

[11] Papamanthou C, Shi E, Tamassia R, Yi K. Streaming authenticated data structures. The Proceedings of Advances in Cryptology-EUROCRYPT 2013. Springer, 2013: 353-370.

[12] Campanelli M, Fiore D, Greco N, Kolonelos D, Nizzardo L. Incrementally aggregatable vector commitments and applications to verifiable decentralized storage. The Proceedings of Advances in Cryptology-ASIACRYPT 2020. Springer, 2020: 3-35.

[13] Shamir A, Tauman Y. Improved online/offline signature schemes. The Proceedings of Advances in Cryptology-CRYPTO 2001. Springer, 2001: 355-367.

第 8 章　云数据安全去重技术

云存储服务中, 检测并删除云中相同数据的多余副本 (简称数据去重) 可以有效节省云服务器的存储空间, 缓解爆炸式数据增长导致的存储资源不足的问题. 然而, 明文形式的数据去重存在泄露用户隐私的风险, 传统加密算法又无法很好地兼容数据去重 (即无法保证同一数据的不同所有者生成的密文数据也相同). 所以, 研究云环境下密文数据的高效去重技术具有重要的意义. 本章主要介绍云数据安全去重技术, 包括文件级安全去重技术和数据块级安全去重技术.

8.1　问　题　阐　述

在云存储中, 数据的重复上传是导致云数据爆炸式增长的主要原因之一. 据互联网数据中心 IDC 报道[1], 目前全球云数据中存在超过 75% 的重复数据, 这不仅导致了大量的资源浪费, 而且对云服务器的存储能力提出了严峻的挑战. 众多云服务提供商, 诸如 Dropbox、Mozy 和 Memopal 等, 都尝试利用数据去重技术来检测并删除相同数据的多余副本, 从而节省存储资源.

在数据去重技术中[2], 如果用户的外包数据是首次上传至服务器, 则称该用户为初始上传者; 否则, 称为后续上传者. 数据去重技术的核心思想是: 服务器根据数据的相似性判断目标数据是否已存储在服务器中, 然后删除该数据由于重复后续上传导致的大量多余副本, 从而节省服务器的存储空间. 同时, 通过分发数据访问链接给所有有效用户, 允许其访问服务器中目标数据的唯一物理副本, 保证用户对数据的正常访问. 数据去重过程涉及的资源消耗主要分为三种: 存储空间、网络带宽和计算资源, 如何减少这些资源的消耗也成为数据去重技术研究的主要方向.

早期的数据去重主要面向明文数据, 根据去重对象的粒度可分为文件级去重和数据块级去重. 文件级去重旨在实现跨用户的重复文件删除, 而数据块级去重是一个两层的去重机制: 首先对外包数据进行文件级副本检测, 若文件重复则删除多余副本. 否则, 执行数据块级副本检测, 对不同文件中的相同数据块进行去重, 旨在进一步节省系统存储空间. 然而, 数据块级去重的效率取决于数据分块的策略, 已有方案可分为固定大小的数据分块方法和基于内容的数据分块法, 前者便于数据管理, 但可能导致空间节省效率受限; 后者具备更好的空间节省效率, 但数据块大小的不同可能导致文件信息泄露的问题, 继而引发侧信道攻击等安全威胁.

此外, 数据去重技术根据工作模式可分为服务器端去重和客户端去重, 前者要求云服务器在用户上传数据后独立完成去重任务 (生成外包数据哈希值, 然后通过一一比对查找并删除多余数据副本), 而后者则要求云服务器在用户上传数据前先判断数据是否已上传, 除初始上传者需上传完整的外包数据外, 后续上传者仅需出示相关证据 (如数据哈希值) 便可完成数据上传并获得有效的数据访问权限. 因此, 客户端去重可以比服务器端去重节省更多的网络带宽资源, 但其仅凭哈希值的数据认证模式存在一定的安全风险, 恶意的攻击者可以通过窃听获得的哈希值发起证据重放攻击, 向云服务器证明其拥有数据并获得数据访问权限. 为此, Halevi 等[3] 提出了所有权证明 (Proofs of Ownership, PoWs) 的概念, 并基于 Merkle 哈希树 (Merkle Hash Tree, MHT) 给出了具体的所有权证明协议. 该协议要求服务器在数据初始上传后生成相应的 MHT 并保留其根节点作为证明验证值. 然后, 在后续上传阶段随机选择数据块作为所有权挑战, 并要求后续上传者返回相应的证据作为响应, 最后通过验证证据的有效性确认该用户是否真正持有目标数据. 从安全的角度来看, 尽管基于 MHT 的 PoWs 协议可以阻止恶意敌手发起的证据重放攻击, 但所有权证明的 "挑战-响应" 实例中包含了数据的敏感信息, 这使得多个用户可能通过共享窃听得到的 "挑战-响应" 实例重构部分, 甚至完整的 MHT, 进而提高其成功伪造所有权证据的优势. 为此, Miao 等[4] 基于变色龙哈希函数 (Chameleon Hash Function, CHF)[5] 提出了一个安全的 PoWs 协议, 利用变色龙哈希函数的碰撞特性实现了无信息泄露的所有权证明.

为保证数据的机密性, 数据用户会在上传数据前对其加密. 然而在传统加密体制下, 持有相同数据的用户加密数据时使用的密钥不同, 则得到的密文数据也不同, 所以无法执行数据去重操作. 理论上, 只要保证相同数据的密文数据相同, 数据加密便不会影响去重技术的实现. 一个简单的解决方案是相同数据的不同用户通过密钥协商或者密钥交换协议获取统一的数据加密密钥, 从而生成相同的密文以实现密文数据去重. 然而, 这种密钥交换式的去重模式存在实用性和安全性缺陷. 一方面, 在云存储场景中, 同一数据的用户群组可能十分巨大并且分散存在, 因此如何高效地统一数据加密密钥是一个十分困难的问题. 另一方面, 用户在加密数据时可能为避免密钥管理问题而使用相同的密钥 (弱口令) 加密所有的数据, 而其他用户可能在密钥交换过程中获得该用户的 "弱口令", 并进一步获取用户隐私. 针对这些问题, Liu 等[6] 基于 "口令认证-密钥交换"(Password Authenticated Key Exchange, PAKE) 协议[7] 提出了一个密钥交换式去重协议, 该协议允许用户在上传数据时通过服务器获取数据的加密密钥. 鉴于短哈希值的高碰撞性和 PAKE 协议的同输入同输出特性, 当且仅当用户的数据已被上传时才能获取该目标数据由初始上传者随机选取的加密密钥, 但无法获取密钥的来源信息; 否则, 该用户将作为目标数据初始上传者, 在服务器的协助下生成一个随机的数据加密密钥, 然后加密并上传目标数据. 此外, Cui 等[8] 利用基于属性的加密算法提出了一种新的密钥交换式去重协议, 使得只有满足访问策略集合的数据用户才能获得正确的数据加密密钥, 从而在实现安全数据去重的同时支持数据的安全共享. 尽管这些方案在一定程度上解决了密钥交换式去重技术实用性不足的问题, 但其固有的密钥交换模式不可避免地限制了系统的工作效率, 无法带给用户灵活、便捷的服务体验.

2002 年, Douceur 等[9] 提出了收敛加密 (Convergent Encryption, CE) 算法, 为实现灵活、高效的密文数据去重提供了新的解决思路. CE 使用外包数据的哈希值作为密钥, 加密该数据本身, 使得持有相同数据的用户无需密钥交换即可获得相同的密钥和密文数据, 因此十分契合密文数据去重的场景. 2013 年, Bellare 等[10] 基于 CE 的思想提出了消息锁定加密 (Message-locked Encryption, MLE), 不但给出了 CE 的三种延伸版本: HCE1、HCE2 和随机收敛加密 (Randomized Convergent Encryption, RCE), 还给出了形式化定义的隐私模型 PRV\$-CDA 以及相应的安全性证明. 相比密钥交换式去重, 基于 MLE 的密钥自生式去重技术因其灵活、便捷的特性受到了广泛的关注和青睐, 并逐渐成为云数据安全去重技术的主流研究课题.

尽管云数据去重技术通过兼容加密技术为外包数据提供了有效的隐私保护, 但也因此面临一些安全性和效率性问题. 首先, 客户端去重中云服务器无法检验用户生成的标签与外包密文数据的一致性, 因此易遭受副本伪造攻击 (Duplicate-faking Attack, DFA)[11]: 对于未被上传的文件 F_A, 恶意用户使用由 F_A 生成的标签 T_A, 上传毒性文件 F_B 的密文数据 C_B, 服务器存储数据 (T_A, C_B). 当后续上传者上传文件 (T_A, C_A) 时, 云服务器通过检测 T_A 判断出文件已上传, 并删除 C_A. 因此, 该后续上传者在上传数据后, 只能下载得到 C_B, 即其丢失了原始数据. 在 MLE 的四个算法中, CE 采用密文数据生成文件标签, 云服务器可以在文件初始上传时检测标签与密文数据的一致性, 从而阻止 DFA, 但这种方式要求所有的后续上传者在上传数据时必须加密数据, 造成了不可避免的计算开销. 而 HCE1, HCE2 和 RCE 则采用明文数据计算文件标签, 并在下载解密阶段支持用户通过标签检测验证数据完整性, 但无法阻止 DFA 导致的用户数据丢失. 2015 年, Wang 等[12] 提出了一个可以缓解 DFA 的方案, 该方案通过结合 MLE 和可追踪签名技术实现了追踪发起 DFA 的恶意用户的功能, 可以很好地缓解 DFA 带来的安全威胁. 2017 年, Kim 等[13] 提出了一个采用双标签交互模式来抵抗 DFA 的去重方案. 其中, 云服务器根据两个文件标签存储数据, 其中一个文件标签由云服务器在文件初始上传时生成, 所以云服务器可以通过保证密态数据与该标签的一致性来抵抗 DFA. 尽管这种方法可以保证用户数据的安全性, 但也因此受到诸多安全威胁. 一方面, 所有的后续上传者均需加密整个文件以生成用作所有权证据的密文文件标签, 这种方式不但需要耗费大量的计算资源, 同时面临证据重放攻击的威胁. 另一方面, 云服务器通过存储目标标签下所有被上传数据的方式来防止用户在 DFA 下丢失数据, 但恶意的竞争对手也可以通过副本伪造攻击上传恶意文件来浪费系统存储资源, 降低去重技术的资源节省效率.

其次, 已有基于 MHT 的 PoWs 在密文数据去重的场景中需要服务器根据密文数据生成相应的 MHT, 而用户生成的证据中包含所有密文数据块的信息, 这意味着数据的后续上传者必须在加密整个数据之后才能生成所有权证据, 造成了不可避免的计算开销. 2020 年, Xu 等[14] 给出了一种新的思路: 在支持公开审计的数据去重方案中, 使用同一组审计标签完成了所有权证明和数据完整性验证. 由于数据审计机制中, 证明者仅需根据被挑战数据块生成证明, 因此用户在密文数据去重场景下无需加密整个文件即可完成数据上传, 在一定程度上减少了计算开销. 此后, Miao 等[4] 基于变色龙哈希函数给出了一种新的 PoWs 协议, 该协议中用户仅需计算数据哈希值作为变色龙哈希函数的陷门, 即可根据云服务器的挑战计算出相应的哈希碰撞作为证据, 向云服务器证明自己持有该数据. 相比之下, 这种新的 PoWs 协议无需用户加密整个数据, 因此具备更好的应用前景.

再次, 密文数据去重中, 用户在上传数据至服务器之后, 可能会根据实际需要删除或更改云中数据. 如果该用户在删除数据之后保留了数据密钥, 便仍然可以解密非法获得的云中数据, 破坏了外包数据的前向安全; 类似地, 未上传数据的拥有者只要生成相应密钥便可解密非法获得的云中数据, 破坏了数据的后向安全. 在上述两种情况中, 未获得有效所有权的用户免费使用了云服务, 破坏了云服务的公平性. 同时, 外包数据所有权的变化越频繁, 其关键信息泄露的可能性也越大, 所以云服务器应该对外包数据实现所有权管理, 保证数据的前向和后向安全. 一种简单且有效的方法是服务器在数据初始上传时重加密外包数据, 并在数据所有权发生变化时及时更新外包数据的重加密密文, 最后通过安全的密钥分发机制将重加密密钥分发给有效的数据用户. 2016 年, Hur 等[15] 利用密钥加密密钥 (Key-encrypting Key, KEK) 树设计了一种支持所有权管理的密态数据去重方案. 在每个文件的初始上传阶段, 云服务器使用随机的所有权组密钥对文件重加密, 并使用 KEK 树对所有权组密钥进行封装. 当用户后续上传、删除云中数据时, 云服务器首先使用所有权组密钥对重加密密文解密, 再随机选取新的所有权组密钥对密态数据重加密, 最后使用 KEK 树中新的相关节点元素对重加密密钥进行封装. 只有有效的用户才可以在下载解密阶段从封装密钥中获得最新的重加密密钥. 通过这种方式, 该方案保证了数据的前向和后向安全. Jiang 等[16] 在 Hur 等工作的基础上提出了一种延迟更新策略. 该策略仅要求云服务器在用户访问数据时, 对之前发生的多次所有权变化做出一次更新, 避免了所有权频繁变化时不必要的更新操作, 减轻了服务器的工作负担. 然而, 由于 KEK 树的用户空间是固定不变的,所以用户数量一旦超出 KEK 树的容量极限, 则系统将无法正常工作. 同时, 如果预设的 KEK 树的用户空间过大, 也将降低云存储系统的工作效率, 所以如何实现无用户空间限制的所有权管理具有十分重要的研究价值. 2018 年, Yuan 等[17] 提出了一种不受用户空间限制的所有权管理技术, 该技术使用即时的公钥加密实现了安全的密钥分发, 但其在密态数据更新阶段先解密, 再加密的更新方式导致了额外的计算开销, 降低了系统工作的效率. Koo 等[18] 提出了一种不用解密现有密态数据, 便可以直接实现密态数据更新的所有权管理技术, 服务器在更新数据时, 首先生成随机的更新密钥, 然后依次对重加密密文和重加密密钥实现更新. 这种更新方法有效地降低了服务器计算成本, 提高了系统工作效率.

最后, MLE 算法在数据块级去重场景中存在密钥管理的问题, 这严重影响了数据隐私性. 为此, Li 等[19] 给出了一种密钥管理机制 Dekey, Dekey 采用收敛加密算法 CE 加密外包数据, 然后使用 Ramp 秘密共享方案 (Ramp Secret Sharing Scheme, RSSS) 实现密钥管理, 保证只有通过文件所有权证明或数据块级所有权证明的数据用户才能在数据上传阶段分布式存储密钥, 并在下载解密阶段取回相关密钥. 2015 年, Chen 等[20] 将 MLE 拓展至数据块级去重, 提出了数据块级消息锁定加密 (Block-level Message-locked Encryption, BL-MLE) 的概念, 不仅给出了有效的密钥管理机制, 还给出了相应的隐私模型 PRV\$-CDA-B 及安全性证明, 因此 BL-MLE 更适用于大文件的高效去重场景. 随后, Zhao 等[21] 进一步提出了一种可更新的块级消息锁定加密方案 (Updatable Block-level Message-locked Encryption, UMLE), 不仅给出了新的密钥管理机制, 还支持块级的数据更新功能.

8.2　文件级安全去重技术

文件级安全去重技术旨在实现跨用户场景中的密文数据去重. 本节主要介绍密文数据去重技术的底层加密算法、针对客户端去重的所有权认证机制、针对数据前/后向安全的所有权管理机制.

8.2.1　安全定义

定义 8.1　一个通用的安全密文数据去重方案 Dedup=(Setup, KeyGen, Encrypt, TagGen, Decrypt) 应包括以下 5 个多项式时间算法:

(1) Setup(1^λ) $\to P$: 输入安全参数, 该系统初始化算法生成并输出必要的系统参数 P;

(2) KeyGen(F) $\to k$: 输入外包文件 F, 该密钥生成算法或密钥交换协议输出数据加密密钥 k;

(3) Encrypt(k, F) $\to C$: 输入数据加密密钥 k 和外包文件 F, 该数据加密算法输出密文数据 C;

(4) TagGen(C) → T: 输入密文数据 C, 该标签生成算法输出文件标签 T, 文件标签 T 旨在提高方案检测文件多余副本的效率, 避免文件比对式副本检测造成的高成本和高延迟;

(5) Decrypt(k, C) → F: 输入加密密钥 k 和密文数据 C, 该解密算法输出文件的明文文件 F.

特别地, KeyGen 在密钥交换式去重模式中指代的是密钥交换协议 (例如, PAKE 协议), 而在密钥自生式去重模式中指密钥生成算法 (例如, CE 和 MLE 中的哈希函数). 相比于前者, 后者不存在高成本的密钥交换和在线运行限制, 可以更好地支持密文去重功能. 然而, 由于密钥空间有限, 密钥自生式的去重协议容易遭受在线/离线的暴力攻击[22]. 因此, 密钥自生式去重协议可以看作是安全性和效率性的权衡, 而其优秀的性能使其成为当前数据去重技术领域的主流研究课题.

定义 8.2 一个通用的安全数据去重系统 Dedup=(System setup, Preprocess, Data upload, Download) 主要包含以下四个阶段.

(1) System setup: 管理者运行 Setup(1^λ) 算法生成必要系统参数 P, 初始化系统.

(2) Preprocess: 数据用户在上传文件 F 前, 首先运行密钥生成算法 KeyGen 计算加密密钥 k, 然后分别运行数据加密算法和标签生成算法, 计算密文数据 $C \leftarrow$ Encrypt(k, F) 和文件标签 $T \leftarrow$ TagGen(C).

(3) Data upload: 根据文件是否已经被上传, 数据用户执行不同的数据上传流程:

(a) Initial upload: 若数据未被上传, 数据用户作为初始上传者上传文件标签和密文数据 (T, C), 并在云服务器成功存储数据, 返回访问链接后, 删除本地数据副本.

(b) Subsequent upload: 若数据已被上传, 数据用户作为后续上传者执行后续上传步骤. 其中, 若数据用户采用服务器端去重模式, 则执行与初始上传相似的步骤, 服务器在收到文件后自行删除多余副本; 若执行客户端去重模式, 则与服务器执行所有权证明协议, 无需上传文件, 仅需返回有效的证据作为服务器挑战响应, 即可完成数据上传和去重.

(4) Download: 当用户从服务器下载得到密文数据 C 后, 可运行数据解密算法, 利用加密密钥 k 计算 C 的明文文件 $F \leftarrow$ Decrypt(k, C).

密文数据去重技术可以分为服务器端去重和客户端去重. 在服务器端去重模式中, 用户无需关注文件是否已经上传, 只需在 Preprocess 之后执行类似于 Initial upload 的步骤上传数据至服务器即可, 云服务器通过文件比对或标签比对检测并删除相同数据的多余副本, 并返回云服务器中该数据唯一物理副本的访问链接. 而在客户端去重模式中, 数据用户在上传数据前确认该数据是否被上传, 若未被上传, 则执行 Initial upload 的步骤; 否则, 与服务器执行 Subsequent up-load 中的所有权证明协议. 相比服务器端去重, 因为所有的后续上传者无需上传完整的外包文件, 所以客户端去重可以节省大量的带宽资源, 受到了广泛的关注和研究.

8.2.2 消息锁定加密方案

消息锁定加密 (Message-locked Encryption, MLE) 是 Bellare 等人在收敛加密 (Convergent Encryption, CE) 算法的基础上延伸、发展而来的, 主要用于帮助相同数据的不同用户生成相同的密文数据, 从而实现安全的密文数据去重. 如图 8.1 所示, MLE 包含 4 种变体: CE、HCE1(Hash-and-CE 1)、HCE2(Hash-and-CE 2) 和 RCE(Random Convergent Encryption), 本节主要介绍这 4 种子算法的具体构造, 对比分析其性能与安全属性.

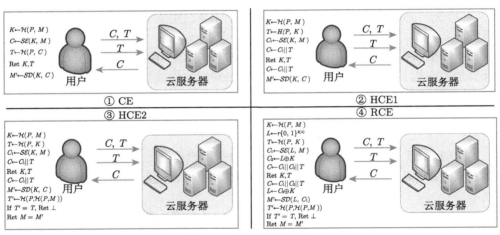

图 8.1   四种 MLE 变体

一个通用的消息锁定加密算法 MLE = {ParaGen, KeyGen, Encrypt, TagGen, Decrypt} 主要由 5 个 PPT 算法组成: 参数生成算法 ParaGen、密钥生成算法 KeyGen、加密算法 Encrypt、标签生成算法 TagGen 和解密算法 Decrypt. 其中, Encrypt 和 Decrypt 采用对称加密算法 SE = $\{\mathcal{SK}, \mathcal{SE}, \mathcal{SD}\}$.

1. 收敛加密算法 CE

相比传统对称加密算法, CE 利用数据的哈希值加密数据本身, 可以保证相同数据的不同用户无需协商密钥, 即可加密获得相同的密文数据, 从而实现安全的数据去重, 其具体构造如下:

(1) ParaGen : $\mathcal{P}(1^\lambda) \to P$, 输入安全参数 1^λ, 该参数生成算法输出公开系统参数 P;

(2) KeyGen : $H(P,F) \to K$, 输入系统参数 P 和文件 F, 该密钥生成算法运行哈希函数 $H()$ 计算哈希值, 并作为密钥 K 输出;

(3) Encrypt : $\mathcal{SE}(K,F) \to C$, 输入密钥 K 和文件 F, 该对称加密算法计算并输出密文数据 C;

(4) TagGen : $H(P,C) \to T$, 输入系统参数 P 和密文数据 C, 该标签生成算法输出数据标签 T;

(5) Decrypt : $\mathcal{SD}(K,C) \to F$, 输入密钥 K 和密文数据 C, 该对称解密算法输出明文文件 F.

2. HCE1

HCE1 算法与 CE 具备相似的结构, 其不同之处在于: HCE1 的标签生成算法利用明文数据计算数据标签, 使用户无需加密整个数据即可获知该文件是否已经被上传, 因此更适用于客户端去重场景. 具体构造如下:

(1) ParaGen : $\mathcal{P}(1^\lambda) \to P$, 输入安全参数 1^λ, 该参数生成算法输出公开系统参数 P;

(2) KeyGen : $H(P,F) \to K$, 输入系统参数 P 和文件 F, 该密钥生成算法运行哈希函数 $H()$ 计算哈希值, 并作为密钥 K 输出;

(3) Encrypt : $H(P,K) \to T, \mathcal{SE}(K,F) \to C_1$, 输入系统参数 P、密钥 K 和文件 F, 该算法调用哈希函数计算数据标签 T, 然后调用对称加密算法计算密文 C_1, 并输出密文 $C = C_1||T$;

(4) TagGen : $C = C_1||T$, 输入密文数据 C, 该标签生成算法分解 C 得到数据标签 T, 实质上 $H(P,K) \to T$;

(5) Decrypt : $C = C_1||T$, $\mathcal{SD}(K,C_1) \to F$, 输入密钥 K 和密文 C, 该算法首先分解得到密文数据 C_1, 然后调用对称解密算法计算并输出明文文件 F.

3. HCE2

HCE2 算法是在 HCE1 算法的基础上扩展而来的, 同样适用于客户端去重. 相比 HCE1, HCE2 在数据解密解阶段增加了标签检验操作, 可以帮助用户检验外包数据的完整性. 具体构造如下:

(1) ParaGen : $\mathcal{P}(1^\lambda) \to P$, 输入安全参数 1^λ, 该参数生成算法输出公开系统参数 P;

(2) KeyGen : $H(P,F) \to K$, 输入系统参数 P 和文件 F, 该密钥生成算法运行哈希函数 $H()$ 计算哈希值, 并作为密钥 K 输出;

(3) Encrypt : $H(P,K) \to T, \mathcal{SE}(K,F) \to C_1$, 输入系统参数 P、密钥 K 和文件 F, 该算法调用哈希函数计算数据标签 T, 然后调用对称加密算法计算密文 C_1, 并输出密文 $C = C_1 || T$;

(4) TagGen : $C = C_1 || T$, 输入密文数据 C, 该标签生成算法分解 C 得到数据标签 T, 实质上 $H(P,K) \to T$;

(5) Decrypt : $C = C_1 || T$, $\mathcal{SD}(K,C_1) \to F$, $H(P,H(P,F)) \to T'$, 输入系统参数 P、密钥 K 和密文 C, 该算法首先分解得到密文数据 C_1, 调用对称解密算法计算明文文件 F, 然后调用哈希函数 $H()$ 计算数据标签 T', 最后判断 $T' \neq T$ 是否成立, 如果成立, 则输出明文文件 F, 否则终止.

4. 随机收敛加密 RCE

相比上述三种 MLE 算法, RCE 采用了相似的加密思路, 不同之处在于其不再使用收敛密钥加密外包数据, 而是采用随机生成的密钥加密数据, 同时使用收敛密钥封装数据加密密钥, 因此具备更好的隐私保护. 其具体构造如下:

(1) ParaGen : $\mathcal{P}(1^\lambda) \to P$, 输入安全参数 1^λ, 该参数生成算法输出公开系统参数 P;

(2) KeyGen : $H(P,F) \to K$, 输入系统参数 P 和文件 F, 该密钥生成算法运行哈希函数 $H()$ 计算哈希值, 并作为密钥 K 输出;

(3) Encrypt : $\{0,1\}^{k(\lambda)} \to_R L$, $H(P,K) \to T$, $\mathcal{SE}(L,F) \to C_1$, $L \oplus K \to C_2$, 输入系统参数 P、密钥 K 和文件 F, 该算法首先随机选取加密密钥 L, 然后调用哈希函数计算数据标签 T, 调用对称加密算法计算密文数据 C_1, 同时计算密文数据 C_2, 最后输出密文 $C = C_1 || C_2 || T$;

(4) TagGen : $C = C_1 || C_2 || T$, 输入密文数据 C, 该标签生成算法分解 C 得到数据标签 T, 实质上 $H(P,K) \to T$;

(5) Decrypt : $C = C_1 || C_2 || T$, $C_2 \oplus K \to L, \mathcal{SD}(L,C_1) \to F, H(P,H(P,F)) \to T'$, 输入系统参数 P、密钥 K 和密文 C, 该算法首先分解得到密文数据 C_1 和 C_2, 并计算数据加密密钥 L, 然后调用对称解密算法计算明文文件 F, 并调用哈希函数 $H()$ 计算数据标签 T', 如果 $T' \neq T$ 成立, 则输出明文文件 F, 否则终止.

由于 MLE 采用数据自身哈希值作为密钥加密数据, 所以密钥空间有限, 无法达到语义安全性. Bellare 等[10] 给出了一个弱化的隐私保护模型: 针对数据隐私的选择分布攻击 (Private Chosen-distribution Attack, PRV-CDA) 和 PRV\$-CDA, 以及数据完整性安全模型: 标签一致性模型 (Tag Consistency, TC) 和强标签一致性模型 (Strong Tag Consistency, STC).

定义 8.3　PRV-CDA　两个不可预测消息的加密数据应该是不可区分的.

定义 8.4　PRV\$-CDA　一个不可预测消息的加密数据, 应该与一个相同长度的随机消息的加密数据是不可区分的.

定义 8.5　TC　找到一组 (F, C) 满足 $\mathrm{TagGen}(C) = \mathrm{TagGen}\,(\mathrm{Encrypt}\,(\mathrm{Key}$ $\mathrm{Gen}(F), F))$, 但 $\mathrm{Decrypt}(\mathrm{KeyGen}(F), C)$ 是一个不同于 F 的字符串, 应该是十分困难的.

定义 8.6　STC　找到一组 (F, C) 满足 $\mathrm{TagGen}(C) = \mathrm{TagGen}\,(\mathrm{Eencrypt}$ $(\mathrm{KeyGen}(F), F))$, 但 $\mathrm{Decrypt}(\mathrm{KeyGen}(F), C) = \perp$, 应该是十分困难的.

8.2.3　支持所有权证明的客户端数据去重方案

在早期的客户端去重协议中, 后续上传者通常以密文数据的哈希值作为证据向云服务器证明自己拥有该数据, 但恶意的攻击者通过窃听该哈希值进而发起证据重放攻击, 也可以向服务器证明自己的有效所有权, 所以如何实现安全的数据所有权认证是提升客户端去重技术可用性的关键. 为避免重复介绍客户端去重的服务架构, 本小节仅介绍两种安全的所有权证明方案.

1. 基于 Merkle 哈希树的所有权证明方案

2011 年, Halevi 等[3] 首次提出了所有权证明 (Proofs of Ownership, PoWs) 的概念, 并基于 Merkle 哈希树 MHT 给出了具体的方案构造.

定义 8.7　一个基于 MHT 的有效所有权证明协议 PoWs＝(Setup, Challenge, Prove, Verify) 主要包括以下 4 个算法:

(1) Setup: 输入一个文件 F, 该算法对 F 进行编码、分块后, 调用哈希函数 h 计算并构建相应的 MHT , 输出该 MHT 的根节点值 $\mathrm{Root_{MHT}}$;

(2) Challenge: 输入一个挑战请求, 该算法随机选择被挑战的数据块, 输出被挑战数据块的信息作为所有权挑战 Chal;

(3) Prove: 输入一个所有权挑战 Chal 和被挑战的文件 F, 该算法重构 F 对应的 MHT , 并根据 Chal 返回被挑战数据块的兄弟路径作为所有权证据 Proof;

(4) Verify: 输入一个所有权证据 Proof 和预计算得到的 MHT 的根节点值 $\mathrm{Root_{MHT}}$, 该算法按照 MHT 的计算方式恢复出 $\mathrm{Root'_{MHT}}$, 当 $\mathrm{Root_{MHT}} = \mathrm{Root'_{MHT}}$, 该算法输出验证结果 1, 否则输出 0.

本小节以文件 F 的加密文件 $C = C_1||C_2||\cdots||C_8$ 为例, 介绍一个完整的所有权证明过程. 主要涉及两个实体: 云服务器 (验证者) 和后续上传者 (证明者), 包含以下 4 个阶段:

(1) System setup: 在文件 $C = C_1||C_2||\cdots||C_8$ 的初始上传阶段, 服务器调用 Setup 算法构建相应的 Merkle 哈希树 MHT_C, 如图 8.2 所示, 其叶子节点存储密文数据块的哈希值, 内部节点存储其两个孩子节点值级联的哈希值, 依次向上直至生成根节点 $\mathrm{Root_{MHT}} = h_{18}$. 最终, 服务器只保存 $\mathrm{Root_{MHT}}$ 作为该文件所有权证据的验证值.

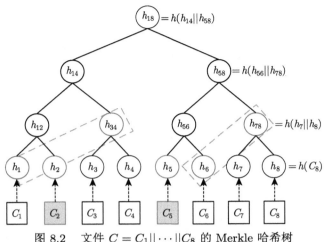

图 8.2 文件 $C = C_1 || \cdots || C_8$ 的 Merkle 哈希树

(2) Challenge: 在后续上传阶段, 服务器调用 Challenge 算法随机挑选数据块. 假设被挑战数据块为 C_2 和 C_5, 则相应的所有权挑战 Chal $= \{2, 5\}$ 包含被挑战数据块的序号. 服务器发送 Chal 给后续上传者, 并要求其返回被挑战数据块的兄弟路径信息.

(3) Proof generation: 后续上传者调用 Prove 算法为文件 $C = C_1 || C_2 || \cdots || C_8$ 生成 MHT_C, 并根据所有权挑战 Chal 返回被挑战数据块的兄弟路径信息 $\Omega_2 = (h_1, h_{34})$ 和 $\Omega_5 = (h_6, h_{78})$. 最终, 后续上传者生成并返回所有权证据: Proof $= \{h_2, h_5, \Omega_2, \Omega_5\}$.

(4) Verification: 收到证据 Proof 后, 服务器调用 Verify 算法验证公式 (8-1) 是否成立:

$$\mathrm{Root}'_{\mathrm{MHT}} = h'_{18} = h(h(h(h(h_1||h_2)||h_{34})||h(h(h(h_5||h_6)||h_{78})) = h_{18} = \mathrm{Root}_{\mathrm{MHT}} \tag{8-1}$$

如果成立, 则输出 Result $= 1$, 证明后续上传者真实拥有文件 $C = C_1 || C_2 || \cdots || C_8$. 服务器向用户返回有效的数据访问链接, 完成数据上传和去重. 否则, 服务器终止所有权验证过程.

实质上, PoWs 是一种类似 PDP[23] 的完整性验证协议, 可以保证只有真正持有目标数据的证明者才能通过所有权挑战. 然而, PoWs 与 PDP 的应用模式的不同, PoWs 中是服务器作为验证者检验数据用户持有数据的完整性, 即所有权. 特别地, 尽管基于 MHT 的 PoWs 协议与 PDP 均采用随机的 "挑战-响应" 检验模式, 但 PDP "随机序号 + 随机系数" 的双随机参数挑战机制可以有效防止外包数据敏感信息泄露, 而 PoWs (MHT) 仅支持 "随机序号" 的单随机参数挑战机制, 这使得在一些特殊场景中, 多个恶意攻击者可以通过窃听等非法手段获取目标文件的"挑战- 响应"实例, 然后通过共享挑战实例重构部分甚至完整的 MHT , 从而提高其通过所有权挑战的优势.

2. 基于变色龙哈希的所有权证明方案

PoWs 的出现奠定了客户端去重技术的基本框架, 使其在节省带宽资源的同时, 兼顾了安全可靠的所有权认证, 因此受到了广泛的关注. 针对已有 PoWs 方案的隐私泄露和效率低下等问题, Miao 等[4] 基于无密钥泄露的变色龙哈希函数提出了一个安全高效的所有权证明方案.

定义 8.8 一个无密钥泄露的变色龙哈希算法 CH = (Setup, KeyGen, Hash, Collision) 包含以下 4 个多项式时间算法:

(1) Setup: 输入安全参数 λ, 该参数生成算法输出一个公开的系统参数 P ;

(2) KeyGen: 输入系统参数 P, 该密钥生成算法为特定用户输出陷门/散列密钥对 (TK, HK), 其中, HK 是公开的, 而 TK 由用户保密;

(3) Hash: 输入特定用户的哈希密钥 HK 、标签 $\mathcal{L}$ 、消息 m 和随机字符串 r, 该哈希算法输出哈希值 $h = \text{Hash}(HK, \mathcal{L}, m, r)$;

(4) Collision $\mathcal{F}$: 输入用户陷门 TK 、标签 $\mathcal{L}$ 、消息 m 、随机字符串 r 和另一个消息 $m' \neq m$ 时, 该哈希碰撞算法输出字符串 $r' = \mathcal{F}(TK, \mathcal{L}, m, r, m')$ 使得

$$\text{Hash}(HK, \mathcal{L}, m', r') = \text{Hash}(HK, \mathcal{L}, m, r) \tag{8-2}$$

特别地, 我们将 (m', r') 和 (m, r) 称为标签 $\mathcal{L}$ 下的变色龙哈希 Hash 碰撞.

进一步地, 在文件 F 的客户端去重场景中, 一个完整的基于变色龙哈希函数的所有权证明过程 PoWs 主要包含以下 4 个阶段:

(1) System Setup: 所有权证明的初始化过程主要分为两个阶段:

(a) 系统建立, 系统管理者调用 Setup 算法生成系统参数. 首先, 选取生成元为 g 的素数 q 阶 gap Diffie-Hellman 群 $\mathbb{G}$. 然后选取两个抗碰撞的密码学哈希算法 $\mathcal{H} : \{0,1\}^* \to \mathbb{Z}_q^*$ 和 $H : \{0,1\}^* \to \mathbb{G}^*$, 例如 SHA-3. 最后系统管理者公开系统参数 $P = \{\mathbb{G}, q, g, \mathcal{H}, H\}$.

(b) 初始上传, 对于文件 F, 初始上传者计算变色龙哈希陷门 $x = \mathcal{H}(F)$ 及其公钥 $y = g^x$, 随后上传文件 F 和公钥 $y = g^x$ 至云服务器, 并秘密保存陷门 $x = \mathcal{H}(F)$.

(2) Challenge: 当服务器确认后续上传者的文件已被存储后, 随机选择两个整数 $m, a \in \mathbb{Z}_q^*$, 然后将三元组 (m, g^a, y^a) 发送给后续上传者.

(3) Proof generation: 后续上传者计算文件 F 的变色龙哈希陷门 $x = \mathcal{H}(F)$ 及其公钥 $y = g^x$, 然后计算变色龙哈希碰撞. 首先, 根据当前时间戳 T 计算标

签 $\mathcal{L} = H(T)$，然后根据公式 (8-3) 计算 $\mathcal{L}$ 的无密钥泄露变色龙哈希值.

$$\text{Hash}\left(\mathcal{L}, m, g^a, y^a\right) = (g * \mathcal{L})^m y^a \tag{8-3}$$

此外, 后续上传者选择一个随机整数 $m' \in \mathbb{Z}_q^*$, 并利用陷门 x 计算变色龙哈希函数值的碰撞:

$$\mathcal{F}\left(x, m, g^a, y^a, m', \mathcal{L}\right) = \left(g^{a'}, y^{a'}\right) \tag{8-4}$$

其中, $g^{a'} = g^a(g * \mathcal{L})^{x^{-1}(m-m')}$, 并且 $y^{a'} = y^a(g * \mathcal{L})^{m-m'}$. 最终, 后续上传者向服务器返回所有权证据 $\text{Proof} = (\mathcal{L}, m, g^a, y^a, m', g^{a'}, y^{a'})$.

(4) Verification: 服务器对后续上传者返回的证据 Proof 进行如下验证:

(a) 检查等式 $\text{Hash}\left(\mathcal{L}, m, g^a, y^a\right) = \text{Hash}\left(\mathcal{L}, m', g^{a'}, y^{a'}\right)$ 是否成立.

(b) 检查 $(g, y, g^{a'}, y^{a'})$ 是否为有效的 Diffie-Hellman 元组.

若上述检验全部通过, 则后续上传者通过所有权证明, 并获得服务器返回的数据访问链接. 否则, 服务器终止数据上传操作.

显然, 在 Miao 等[4] 的 PoWs 方案中, 只有真实持有数据的用户才能获得相应的数据哈希值作为变色龙哈希函数的陷门, 进而向验证者提供变色龙哈希碰撞作为所有权证明. 相比基于 MHT 的 PoWs 方案, Miao 等人方案[4] 中的 "随机挑战参数" 和 "安全的变色龙哈希陷门" 保证了用户产生的所有权证据不会泄露任何与目标数据相关的敏感信息, 杜绝了攻击者通过共享 "挑战- 响应" 实例发起合谋认证攻击, 因此具备更好的安全性. 此外, Miao 等人方案中证据的计算成本与数据大小无关, 具备更小的计算和存储开销.

8.2.4 支持所有权管理的数据去重方案

在安全数据去重场景中, 相同数据的用户们共享了云中的唯一物理副本, 因此数据的删除、更改等操作本质上是改变了用户的所有权. 在实际中, 由于数据加密保护了数据隐私, 所以趋利的云用户或者恶意攻击者可能以低价转发、共享其持有的目标密文数据. 如此, 部分云用户可能删除云服务器中的目标数据, 转而使用这种廉价的非法服务, 这破坏了数据的前向安全; 类似地, 未上传目标数据的用户也可能删除本地数据, 仅保留密钥以使用廉价的非法服务, 这破坏了数据的后向安全. 为此, Hur 等[15] 提出一种基于密钥加密密钥 (Key-encrypting Key, KEK) 树的所有权管理方案. 一般地, 一个支持基于 KEK 所有权管理的去重方案包括以下 6 个阶段.

(1) System setup: 系统管理者选取安全的哈希函数 $H : \{0,1\}^* \to \{0,1\}^\lambda$ 用于生成外包数据的加密密钥和标签. 同时, 选取对称加密算法 $\text{SE} = \{\mathcal{SK}, \mathcal{SE}, \mathcal{SD}\}$ 用于加/解密数据.

(2) Key generation: 对于每个外包文件, 服务器预先生成一个如图 8.3 所示的 KEK 树. 其中, 每个节点 v_j 都存储一个随机的 KEK_j. 每个用户在完成数据上传后, 都将对应于一个叶子节点, 并维护该节点到本节点的路径密钥. 例如, 用户 u_2 的路径密钥为 $PK_2 = (KEK_1, KEK_2, KEK_4, KEK_9)$. 换言之, KEK 树对应于一个预先建立的用户空间 $\mathcal{U}$, 可以保证只有有效用户群组 $G_i \in \mathcal{U}$ 里的用户可以获得密钥, 以实现细粒度访问控制.

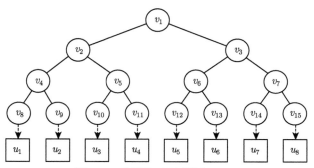

图 8.3　密钥加密密钥树 KEK

(3) Data encryption: 一般地, 假设数据用户 u_t 希望将文件 F_i 上传到云服务器, 则其调用 MLE 中 RCE 加密算法加密数据. 首先, u_t 选取随机的数据加密密钥 $L \leftarrow \{0,1\}^{k(\lambda)}$, 然后通过对称加密算法计算密文数据 $C_i^1 = \mathcal{SE}(L, F_i)$. 同时, 计算密钥密文 $C_i^2 = L \oplus K_i = L \oplus H(F_i)$ 和数据标签 $T_i = H(K_i)$, 最终, 用户 u_t 向云服务器发送数据上传请求 upload $\| T_i \| C_i \| ID_t$ 并删除本地数据 F_i, 仅保留用于后续访问的密钥 K_i. 云服务器收到上传请求后, 检测该文件是否已被上传. 如果未被上传, 则创建所有权列表 $L_i = \langle T_i, G_i \rangle$, 并将 ID_t 插入 G_i 中, 然后返回其对应的 KEK 树路径密钥 PK_t. 否则, 服务器丢弃文件 C_i, 然后将 ID_t 插入 G_i 并返回 KEK 树路径密钥 PK_t.

(4) Data re-encryption: 为了确保数据的前向安全和后向安全, 服务器对外包数据进行重加密操作, 然后通过 KEK 树实现安全的重加密密钥 (所有权组密钥) 分发.

(a) 当用户 u_t 成功上传数据后, 数据所有权组 G_i 发生变化, 服务器选择一个随机所有权组密钥 GK_i 对外包数据 C_i^1 进行重加密: $C_i^{1\prime} = \mathcal{SE}(GK_i, C_i^1)$.

(b) 服务器选择当前 G_i 在 KEK 树中对应的最小覆盖根节点集合. 例如, $G_i = \{u_1, u_2, u_3, u_4, u_7, u_8\}$, 则最小覆盖根节点集合 $KEK(G_i) = \{KEK_2, KEK_7\}$. 然后, 服务器利用最小覆盖根节点集合的值加密所有权组密钥 GK_i:

$$C_i^3 = \{\mathcal{SE}(K, GK_i)\}_{K \in KEK(G_i)} \tag{8-5}$$

(5) Decryption: 在用户 $u_t \in G_i$ 从云服务器下载获得密文 C_i' 后, 首先将其解析为 $T_i, C_i^{1'}, C_i^2, C_i^3$, 然后分别执行所有权组密钥解密和数据解密步骤, 获得明文数据.

(a) Group key decryption: 由于 $u_t \in G_i$, 所以 u_t 可以通过路径密钥 PK_t 和 G_i 的 KEK 树最小覆盖根节点结合 $\mathrm{KEK}(G_i)$ 计算所有权组密钥的加密密钥: $\mathrm{KEK}_t = \mathrm{KEK}(G_i) \cap PK_t$, 然后进一步解密 C_i^3 获得所有权组密钥 GK_i:

$$GK_i = \mathcal{SD}(\mathrm{KEK}_t, C_i^3) \tag{8-6}$$

(b) Data decryption: 获得有效的所有权组密钥 GK_i 后, 用户 u_t 进一步解除重加密, 并解密密文数据:

$$
\begin{aligned}
C_i^1 &\leftarrow \mathcal{SD}\left(GK_i, C_i^{1'}\right), \quad L \leftarrow C_i^2 \oplus K_i \\
F_i &\leftarrow \mathcal{SD}\left(L, C_i^1\right), \quad T_i' \leftarrow H\left(F_i\right)
\end{aligned}
\tag{8-7}
$$

如果 $T_i' \neq T_i$, 则表示数据可能因为副本伪造攻击而被修改, 用户会丢弃获得的数据; 否则, 用户接受 F_i 作为他外包的原始数据.

(6) Update: 数据的后续上传、删除都会引起数据所有权的变化, 因此服务器需及时更新外包数据的重加密密钥和密文数据, 以保护数据的前向、后向安全.

(a) Subsequent upload: 假设用户 u_t 作为后续上传者完成了数据外包, 则服务器需在返回其对应 KEK 树路径密钥 PK_t 之后, 对数据 $C_i = C_i^{1'} \parallel C_i^2 \parallel C_i^3$ 进行更新.

(i) 云服务器使用当前所有权组密钥 GK_i 解密密文 C_i 中的 $C_i^{1'}$: $C_i^1 = \mathcal{SD}(GK_i, C_i^{1'})$, 然后随机选择一个新的所有权组密钥 $GK_i' (\neq GK_i)$, 并使用最新的所有权组信息 G_i 和 GK_i' 计算 $C_i^{1''} = \mathcal{SE}(GK_i', C_i^1)$ 以替换原密文数据中的 $C_i^{1'} = \mathcal{SE}(GK_i, C_i^1)$;

(ii) 云服务器选择当前 G_i 在 KEK 树中对应的最小覆盖根节点集合 $\mathrm{KEK}'(G_i)$. 然后, 服务器利用最小覆盖根节点集合的值加密所有权组密钥 GK_i':

$$C_i^{3'} = \{\mathcal{SE}(K', GK_i')\}_{K' \in \mathrm{KEK}'(G_i)} \tag{8-8}$$

最终, 服务器将原外包数据 $C_i = C_i^{1'} \| C_i^2 \| C_i^3$ 替换为 $C_i' = C_i^{1''} \| C_i^2 \| C_i^{3'}$.

(b) Data deletion: 当用户 $u_s (ID_s \in G_i)$ 想要从云存储中删除数据 F_i 时, 云服务器执行以下过程: 云服务器将从 G_i 中删除 ID_s, 然后执行类似后续上传步骤中的数据更新过程, 保证数据的后向安全.

8.3 数据块级安全去重技术

数据块级安全去重技术旨在实现跨用户、跨文件的密文数据块去重, 进一步提高云数据安全去重技术的存储空间节省效率, 但却引发了数据块密钥管理的问题. 本小节围绕这一问题, 主要介绍了当前已有的几个经典方案.

8.3.1 安全定义

定义 8.9 一个通用的数据块级安全去重方案 BL-Dedup=(Setup, KeyGen, Encrypt, Decrypt, TagGen) 主要包括以下 5 个算法:

(1) Setup: 输入安全参数 λ, 该系统初始化算法生成并输出必要的系统参数 P.

(2) KeyGen: 输入外包文件 $F = M_1||\cdots||M_n$, 该密钥生成算法分别调用以下两个子算法来生成文件主密钥 k_{mas} 和数据块密钥 $\{k_i\}_{1\leqslant i\leqslant n}$.

(a) M-KeyGen: 输入系统参数 P 和文件 F, 输出文件主密钥 k_{mas};

(b) B-KeyGen: 输入系统参数 P 和文件 M_i, 输出数据块加密密钥 k_i.

(3) Encrypt: 输入系统参数 P, 数据块 M_i 及其密钥 k_i, 该数据加密算法输出密文数据块 C_i.

(4) Decrypt: 输入系统参数 P, 密文数据块 C_i 和块密钥 k_i, 该解密算法输出数据块的明文数据 M_i 或 $\bot$.

(5) TagGen: 输入系统参数 P 和文件 F, 该标签生成算法分别调用两个子算法生成文件标签 T_0 和数据块标签 $\{T_i\}_{1\leqslant i\leqslant n}$.

(a) F-TagGen: 输入系统参数 P 和文件 F, 输出文件标签 T_0;

(b) B-TagGen: 输入系统参数 P 和数据块 M_i, 输出数据块标签 T_i.

相比文件级去重, 数据块级去重需要更多的数据块密钥, 而通过密钥交换的方式统一所有用户的数据块密钥显然不可行, 因此数据块级安全去重技术与消息锁定加密算法具备天然的兼容性.

定义 8.10 一个通用的数据块级安全数据去重系统 BL-Dedup=(System setup, Preprocess, Data upload, Download) 主要包含以下四个阶段.

(1) System setup: 系统管理者运行 Setup 算法生成必要系统参数 P, 初始化系统.

(2) Preprocess: 数据用户在上传文件 F 前, 首先调用密钥生成算法 KeyGen 生成主密钥 k_{mas} 和数据块密钥 $\{k_i\}_{1\leqslant i\leqslant n}$, 然后分别运行数据加密算法 Encrypt 和标签生成算法 TagGen, 计算密文数据 $\{C_i\}_{1\leqslant i\leqslant n}$, 文件标签 T_0 和数据块标签 $\{T_i\}_{1\leqslant i\leqslant n}$.

(3) Data upload: 数据用户向云服务器查询文件标签 T_0 是否存在, 仅为判断文件是否已被上传, 并根据不同结果执行不同的数据上传流程:

(a) Initial upload: 若文件未被上传, 数据用户作为初始上传者执行初始上传步骤: 首先上传数据块标签 $\{T_i\}_{1 \leqslant i \leqslant n}$, 云服务器进行标签对比, 找出未被上传的数据块并要求数据用户返回, 并在数据返回后存储文件的相关数据. 数据用户在获得数据的有效访问链接之后, 保留主密钥并删除其他本地数据副本.

(b) Subsequent upload: 若文件已被上传, 数据用户作为后续上传者执行后续上传步骤. 其中, 若数据用户采用服务器端去重模式, 则执行与初始上传相同的操作, 服务器在收到文件后自行删除多余副本; 若执行客户端去重模式, 则与服务器执行所有权证明协议, 无需上传文件即可完成数据上传和去重.

(4) Download: 用户从服务器下载得到密文数据 $C = \{C_i\}_{1 \leqslant i \leqslant n}$ 后, 可调用解密算法 Decrypt, 分别解密 C_i 并得到明文数据 M_i, 最终获得文件明文文件 $F = M_1 || \cdots || M_n$.

本质上, 数据块级安全去重技术是一种两级的数据去重协议, 即用户在上传数据时首先进行了文件级去重, 并在文件未被上传时进一步执行数据块级去重, 实现跨文件的重复数据块检测删除. 相对于文件级去重, 数据块级去重不仅可以更高效地节省存储空间和带宽资源, 还具备更高的灵活性、耦合性. 因此, 数据块级去重方案包含但不限于上述方案构造, 例如部分已有方案在预处理阶段 Preprocess 不生成密文数据, 而是在数据上传的过程中根据需要加密数据, 以此降低计算成本.

8.3.2 支持密钥管理的数据块级去重方案

2014 年, Li 等[19] 针对数据块级安全去重技术中的密钥管理问题, 给出了一种新的密钥管理机制 Dekey. Dekey 采用收敛加密算法 CE 加密外包数据, 然后使用 RSSS (Ramp Secret Sharing Scheme) 秘密共享方案[24,25] 实现密钥管理, 并保证只有通过所有权证明的用户才能在数据上传阶段分布式地存储密钥, 并在下载解密阶段取回相关密钥.

定义 8.11 一个 RSSS 方案 (n, k, r)-RSSS $(n > k > r \geqslant 0)$ 可以将一个秘密分为 n 个大小相等的片段, 同时满足: ① 该秘密可以从其中任意 k 个片段中恢复出来; ②任何 r 个片段都不能推断出关于该秘密的相关信息. 具体而言, 一个完整的 (n, k, r)-RSSS 秘密共享方案由以下两个算法组成.

(1) Share: 把一个秘密 S 分成 $(k-r)$ 个大小相等的片段 $s_1, s_2, \cdots, s_{k-r}$, 同时生成 r 个大小相同的随机片段 $s_{k-r+1}, \cdots, s_k$, 然后使用非对称的 k-of-n 纠删编码将这 k 个秘密片段编码为 n 个大小相等的片段 $s_1^*, s_2^*, \cdots, s_n^*$, 并分发给 n 个密钥服务器.

(2) Recover: 输入这 n 片段中的任意 k 个片段, 该算法利用纠删码恢复出包含秘密片段的集合 $s_1, s_2, \cdots, s_k$, 然后剔除随机元素, 最终合并输出原始的秘密 S.

DeKey 的系统模型主要涉及 3 个实体: 用户 (User)、存储云服务提供商 (S-CSP) 和 n 个密钥管理云服务提供商 (KM-CSP), 支持数据块级的安全数据去重.

(1) System setup: 系统管理者运行 Setup 算法生成必要系统参数:

(a) 选取对称加密方案 $\mathrm{SE} = (\mathcal{SK}, \mathcal{SE}, \mathcal{SD})$, 同时定义收敛加密方案 $\mathrm{CE} = (\mathrm{ParaGen}, \mathrm{KeyGen}, \mathrm{Encrypt}, \mathrm{TagGen}, \mathrm{Decrypt})$, 以及文件所有权按证明算法 PoW_F 和数据块所有权证明算法 PoW_B.

(b) 用户生成主密钥 $k_{mas} \leftarrow \mathcal{SK}$, S-CSP 初始化两个存储系统: 一个用于存储标签、副本检测的快速存储系统和一个用于存储加密数据和加密收敛密钥的文件存储系统.

(2) Data upload: 为了上传文件 F, 用户首先计算文件标签 $T_0 = \mathrm{TagGen}(F)$, 并发送给 S-CSP 进行文件级副本检测. 然后, 根据 S-CSP 返回的查询结果执行不同的上传步骤.

(a) Initial upload: 当 T_0 不存在时, 即文件 F 尚未被上传. 用户执行以下步骤:

(i) 用户将文件 F 分为一个数据块集合 $\{M_i\}, i = 1, 2, \cdots$, 然后利用主密钥 k_{mas} 为每个 M_i 计算块标签 $T_i = \mathrm{TagGen}(M_i)$, 最后将标签集合 $\{T_i\}_{1 \leqslant i \leqslant n}$ 发送至 S-CSP.

(ii) 收到标签集合 $\{T_i\}_{1 \leqslant i \leqslant n}$ 之后, S-CSP 计算一个信号向量 σ: 对于每个 i, 如果已存在标签与 T_i 相匹配的数据块, 表明该数据块已被上传, 则令 $\sigma = 1$; 否则, 令 $\sigma = 0$, 表明该标签对应的数据块尚未被上传, 并将其存储在快速存储服务器中. 最后, S-CSP 向用户返回信号向量 σ.

(iii) 用户收到信号向量 σ 之后, 进行检查: 当 $\sigma_i = 1$ 时, 用户运行块级所有权证明算法 PoW_B 向 S-CSP 证明其拥有数据块 M_i. 如果验证通过, S-CSP 向用户返回 M_i 的地址, 用户无需上传数据块 M_i. 当 $\sigma_i = 0$ 时, 用户使用收敛密钥 $k_i = \mathrm{KeyGen}(M_i)$ 计算密文块 $C_i = \mathrm{Encrypt}(k_i, M_i)$.

(iv) 用户上传所有 $\sigma_i = 0$ 的密文数据块 C_i 和文件标签 T_0 至服务器, 这些数据最终将被存储在 S-CSP 的存储服务器中.

(b) Subsequent upload: 当 T_0 存在时, 即文件 F 已被上传. 用户与 S-CSP 执行 PoW_F 协议来证明在拥有该文件. 如果用户通过了 PoW_F, S-CSP 向用户返回文件 F 的地址指针. 否则, S-CSP 将终止上传操作, 并执行数据块级副本检测删除, 进一步消除冗余块.

(3) Key management: 当用户完成数据上传后, 需要向密钥管理服务器 KM-CSP 上传数据密钥. 根据文件上传过程的不同, 用户执行以下步骤:

(a) 用户将数据块标签 $\{T_i\}_{1 \leqslant i \leqslant n}$ 发送给每个 KM-CSP.

(b) 用户为每个 KM-CSP 计算文件 F 的标签 $T_{0j} = \text{TagGen}(F, j)(1 \leqslant j \leqslant n)$, 并发送给分别发给相应的第 j 个 KM-CSP.

(c) 对于收到的每个数据块标签 T_i, 第 j 个 KM-CSP 检查该标签是否已经存在: 如果不存在, 则保存 T_i 并要求用户上传收敛密钥的秘密共享片段; 否则, 该服务器与用户执行 $\text{PoW}_{B,j}$ 以检查 $T_{ij} = \text{TagGen}(M_i, j)$ 是否正确. 若验证通过, 该服务器返回收敛密钥 k_i 的秘密共享片段存储指针给用户.

(d) 对于数据块 M_i $(1 \leqslant i \leqslant n)$, 用户检查所有 KM-CSPs 返回的结果, 如果这些指针是有效的, 则将它们保存在本地; 否则, 用户调用 (n, k, r)-RSSS 秘密共享算法, 计算密钥 k_i 的共享片段: $\text{Share}(k_i) \to k_{i1}, \cdots, k_{ik}$. 最终, 用户通过安全信道将共享片段 k_{ij} 和块级所有权证据 $T_{ij} = \text{TagGen}(M_i, j)$ 发送给第 j 个 KM-CSP, 其中 $j = 1, 2, \cdots, n$.

(e) 当第 j 个 KM-CSP 收到所有的 (k_{ij}, T_{ij}) 之后, 向用户返回 k_{ij} 存储指针. 用户在收到指针后, 删除本地文件副本.

(4) Download: 用户从 S-CSP 下载获得所有的密文数据块 $\{C_i\}$, 然后为每个数据块 C_i 从 n 个 KM-CSP 获取 k 个秘密共享片段, 并恢复出收敛密钥 $k_i = \text{Recover}(\{k_{ij}\})$, 随后解密 C_i 获得明文数据块 $M_i = \text{Decrypt}(k_i, C_i)$, 最终获得明文文件 F.

8.3.3　数据块级消息锁定加密方案

2015 年, Chen 等[20] 将消息锁定加密技术 MLE 推广至数据块级去重, 不仅解决了数据块级去重中的密钥管理问题, 同时给出了相应的隐私保护模型 PRV\$-CDA-B. 其具体构造如下:

(1) Setup(1^λ): 输入安全参数 1^λ, 该算法生成两个阶为大素数 p 的乘法循环群 $\mathbb{G}$ (生成元为 g) 和 $\mathbb{G}_T$, 构成双线性映射 $e: \mathbb{G} \times \mathbb{G} \to \mathbb{G}_T$. 此外, 随机选择一个整数 $s \in \mathbb{N}$, 定义三个哈希函数 $H_1: \{0,1\}^* \to \mathbb{Z}_p$, $H_2: \{\mathbb{Z}_p\}^s \to \mathbb{G}$, $H_3: \mathbb{G} \to \{\mathbb{Z}_p\}^s$, 然后选择 s 个随机元素 $u_1, u_2, u_3, \cdots, u_s \leftarrow_R \mathbb{G}$. 最终, 该算法输出系统参数: $\langle p, g, \mathbb{G}, \mathbb{G}_T, e, H_1, H_2, H_3, s, u_1, u_2, u_3, \cdots, u_s \rangle$.

(2) KeyGen(F): 给定文件数据 $F = m_1 || m_2 || \cdots || m_n$, 其中 $1 \leqslant i \leqslant n$, $m_i \in \{\mathbb{Z}_p\}^s$, 主密钥 k_{mas} 和块密钥 k_i 的计算方式如下:

(a) M-KeyGen(F): 以 F 输入, 输出密钥 $k_{mas} = H_1(F)$;

(b) B-KeyGen(m_i): 以 m_i 输入, 输出密钥 $k_i = H_2(m_i)$.

(3) Encrypt(k_i, m_i): 输入块密钥 k_i 和文件块 m_i, 输出密文块 $C_i = H_3(k_i) \oplus m_i$.

(4) Decrypt(k_i, C_i): 输入块密钥 k_i, 以及密文数据块 C_i, 输出 $m_i = H_3(k_i)$

$\bigoplus C_i$, 如果 $k_i = H_2(m_i)$, 则保留 m_i, 否则输出 $\perp$.

(5) TagGen(F): 给定文件 $F = m_1||m_2||\cdots||m_n$, 计算文件标签 T_0 和数据块标签 T_i:

(a) M-TagGen(F): 首先生成主密钥 k_{mas}, 然后输出 $T_0 = g^{k_{mas}}$;

(b) B-TagGen(F, i): 首先生成主密钥 k_{mas}, 相关块密钥 k_i 以及密文块 C_i, 然后将 C_i 分成 s 片 $\{C_{i,j}\}_{1\leqslant j\leqslant s}$, 然后计算数据块标签 $T_i = (k_i \prod_{j=1}^s u_j^{C_{i,j}})^{k_{mas}}$, 以及一些辅助信息 $\text{aux}_i = e(k_i, T_0)$.

(6) ConTest(T_i, C_i): 给定文件标签 T_0, 密文数据块 C_i, 标签 T_i 以及相应的辅助信息 aux_i, 将密文 C_i 分成 s 个片段, $\{C_{i,j}\}_{1\leqslant j\leqslant s}$, 检查是否 $e(T_i, g) \overset{?}{=} \text{aux}_i \cdot e(\prod_{j=1}^s u_j^{C_{i,j}}, T_0)$. 如果等式成立, 则输出 1, 表示该数据块标签与文件标签是一致的, 否则输出 0.

(7) EqTest(T_i, T_i', T_0, T_0'): 给定两个数据块标签 T_i, T_i' 以及相关文件标签 T_0, T_0', 检查是否 $e(T_i, T_0') = e(T_i', T_0)$. 如果相等, 输出为 1, 表明两个数据块相同; 否则, 输出为 0.

(8) B-KeyRet(k_{mas}, T_i, C_i): 给定密文块 C_i 和块标签 T_i, 将 C_i 分成 s 片, $\{C_{i,j}\}_{1\leqslant j\leqslant s}$, 计算块密钥 $k_i = T_i^{k_{mas}^{-1}} \cdot (\prod_{j=1}^s u_j^{C_{i,j}})^{-1}$. 如果 $\text{Decrypt}(k_i, C_i) = \perp$, 输出 $\perp$. 否则输出 k_i.

(9) PoWPrf(M, Q): 对于挑战语句 $Q = \{(i, v_i)\}$, 计算块标签 T_i, 最后生成证据 $P_T = \prod_{(i,v_i)\in Q} T_i^{v_i}$.

(10) PoWVer($P_T, \{T_i\}_{1\leqslant i\leqslant n}, Q$): 给定挑战 $Q = \{(i, v_i)\}$ 生成的证据 P_T, 计算验证信息 $V_T = \prod_{(i,v_i)\in Q} T_i^{v_i}$, 然后检查 $P_T \overset{?}{=} V_T$, 相等输出 1, 否则输出 0.

理论上, BL-MLE 使用了数据块产生的密钥加密了数据, 因此可以实现跨文件的数据块级去重. 但值得注意的是, BL-MLE 产生的数据块标签 T_i 无法用于数据块级的副本检测, 因为其计算过程中使用了文件主密钥 k_{mas}, 这暗含了所属文件的信息, 即不同文件中的相同数据块将产生不同的数据块标签, 因此无法用于去重. 有趣的是, 文件主密钥 k_{mas} 成功地将数据块密钥 k_i 封装在了标签中, 同时确保只有持有文件主密钥 k_{mas} 的有效数据用户才可以获取数据块密钥, 实现了高效的密钥管理, 而这也是 BL-MLE 的核心贡献之一, 因此可以看作是一种权衡.

8.3.4 支持更新的数据块级消息锁定加密方案

2017 年, Zhao 等[21] 针对数据块级去重中存在的密钥管理和数据更新问题, 给出了一个支持更新的数据块级消息锁定加密方案 (Updatable Block-Level Message-Locked Encryption, UMLE).

定义 8.12 一个支持更新的数据块级消息锁定加密方案 UMLE=(Setup, KenGen, Encrypt, Decrypt, TagGen, PoWPrf, PoWVer, Update, UpdateTag)

主要包含以下 9 个算法.

(1) Setup: 以 1^λ 为输入, 该初始化算法返回参数 P. 此处假设 P 中包含了 1^λ 的信息, 并默认其为其他算法的输入参数.

(2) KenGen: 以文件 $F = m_1 || \cdots || m_n$ 为输入, 该密钥生成算法调用以下两个子算法分别生成数据块密钥 $k_1, \cdots, k_n$ 和文件主密钥 k_{mas}:

(a) B-KenGen: 以 m_i 为输入, 返回块密钥 k_i;

(b) M-KenGen: 以 F 为输入, 返回主密钥 k_{mas}.

(3) Encrypt: 以文件 $F = m_1 || \cdots || m_n$ 和块密钥 $k_1, \cdots, k_n$ 为输入, 该数据加密算法调用以下两个子算法加密生成密文数据 C:

(a) B-Enc: 以块密钥 k_i、数据块 M_i 为输入, 输出密文数据块 $C_i(1 \leqslant i \leqslant n)$;

(b) BK-Enc: 以块密钥 $k_1, \cdots, k_n$ 为输入, 输出加密后的块密钥 $C_{n+1} || \cdots || C_{n'}$, 其中 $n' \in O(n)$, 最终得到加密文件 $C = C_1 || \cdots || C_n || C_{n+1} || \cdots || C_{n'}$.

(4) Decrypt: 以加密文件 $C = C_1 || \cdots || C_n || C_{n+1} || \cdots || C_{n'}$ 和主密钥 k_{mas} 为输入, 该数据解密算法调用以下两个子算法解密获得明文文件 $F = m_1 || \cdots || m_n$:

(a) BK-Dec: 以主密钥 k_{mas} 和加密的块密钥 $C_{n+1} || \cdots || C_{n'}$ 为输入, 输出所有的块密钥 $k_1, \cdots, k_n$;

(b) B-Dec: 以块密钥 k_i 和相应密文数据块 $C_i(1 \leqslant i \leqslant n)$ 为输入, 输出明文数据块 m_i.

(5) TagGen: 以文件 C 为输入, 该标签生成算法调用以下两个子算法生成数据块标签 $T_1, \cdots, T_{n'}$ 和文件标签 T_0:

(a) B-TagGen: 以加密块 C_i 为输入, 输出标签 $T_i(1 \leqslant i \leqslant n')$;

(b) M-TagGen: 以加密文件 C 为输入, 输出文件标签 T_0.

(6) PoWPrf: 以挑战 Q 和文件 F 为输入, 该证据生成算法输出 PoWs 证据 P.

(7) PoWVer: 以挑战 Q、文件标签 T_0, 块标签 $T_1, \cdots, T_{n'}$ 和 PoWs 证据 P, 该证据验证算法输出验证结果真或假.

(8) Update: 这是用户和服务器的交互协议, 用户输入主密钥 k_{mas}, 待更新数据块的索引 i, 一个明文块 m_i^*; 而服务器输入加密文件 C. 协议执行后, 用户输出更新后的密钥 k_{mas}^*, 服务器输出更新后的文件 C^*: $(k_{mas}^*, C^*) \leftarrow \mathrm{Update}((k_{mas}, i, m_i^*), C)$.

(9) UpdateTag: 输入文件标签 T_0, 块标签 $T_1, \cdots, T_{n'}$, 原始密文 C 以及更新后密文 C', 输出更新后文件标签 T_0' 和块标签 $T_1', \cdots, T_{n'}'$.

为了方便进一步介绍 UMLE 的具体构造, 此处假设数据块的大小 B 大于主密钥 $k_{mas} = \lambda$ 的长度, 且能被其整除, 同时假设块的数量 n 是 B/λ 的幂.

(1) Setup: 以 1^λ 为输入, 该初始化算法选择一个哈希函数 $H : \{0,1\}^* \to \{0,1\}^\lambda$. 同时输出系统参数 P, 作为对哈希函数 H 的描述.

(2) KeyGen: 以文件 $F = m_1||\cdots||m_n$ 为输入, 调用以下两个子算法:

(a) B-KeyGen: 输入数据块 m_i, 输出块密钥 $k_i = H(m_i)$;

(b) M-KeyGen: 输入文件 F, 输出主密钥 k_{mas}, 如图 8.4 所示.

(3) Encrypt: 以文件 F 为输入, 调用以下两个子算法:

(a) B-Enc: 输入块密钥 k_i 和数据块 m_i, 输出密文块 $C_i = \mathcal{SE}(k_i, m_i)$ $(1 \leqslant i \leqslant n)$;

(b) BK-Enc: 如图 8.4 所示, 输入块密钥 $k_1||\cdots||k_n$, 输出块密钥密文 C_{n+1} $||\cdots||C_{n'}$.

(4) Decrypt: 以加密文件 C 和主密钥 k_{mas} 为输入, 调用以下两个子算法:

(a) BK-Dec: 如图 8.4 所示, 输入块密钥密文 $C_{n+1}||\cdots||C_{n'}$, 逆向调用对称解密算法 $\mathcal{SD}$, 输出所有的块密钥 $k_1, \cdots, k_n$.

(b) B-Dec: 输入密钥 k_i 和密文块 C_i, 输出 $m_i = \mathcal{SD}(k_i, C_i)(1 \leqslant i \leqslant n)$.

(5) TagGen: 以文件 C 为输入, 调用以下两个子算法:

(a) B-TagGen: 输入密文数据块 C_i, 输出块标签 $T_i = H(C_i)(1 \leqslant i \leqslant n')$;

(b) M-TagGen: 输入加密文件 C, 输出文件标签 $T_0 = \text{Mu.HASH}(C_1||\cdots|| C_n') = \prod_{i=1}^{n'} H(i||C_i)$.

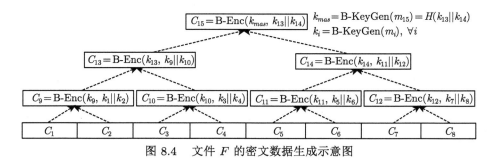

图 8.4　文件 F 的密文数据生成示意图

除此之外, UMLE 还提供了与 PoWs 相关的算法. 当用户显示已经存储在服务器数据库中的文件标记 T_0 时, 该协议将被执行. 服务器要求这个用户确保他/她确实拥有这个文件.

(1) PoWPrf: 给定一组挑战询问 $Q = \{i\}$, 计算加密块 $C_i, i \in Q$, 返回证据 $\prod = \{C_i\}$;

(2) PoWVer: 给定 $\prod = \{C_i\}$, 检查其是否与本地数据中存储的数据块相同. 如果相同, 则返回真, 否则返回假.

最后, UMLE 的更新算法如图 8.5 所示.

(1) Update: 用户输入主密钥 k_{mas}, 待更新块的索引 i, 一个明文块 m_i^*; 而服务器输入加密文件 C. 更新的主要思想是对密文 C 执行部分解密、更新. 注意, 与实际明文对应的密文被放置在树的叶子节点, 如图 8.5, 改变一个叶会影响根到叶路径上的所有节点. 服务器将路径上的所有密文块返回给客户端, 客户端使用 k_{mas} 从根节点密文块开始, 依次向待更改数据块逐个解密, 其中每个解决过程的密钥都是上一个解密过程的输出. 最后, 客户端为更新的数据块生成密钥, 并通过多次迭代块密钥加密算法, 直至生成新的主密钥和根节点. 图 8.5 展示了 Update 协议如何更新主密钥和密文块.

(2) UpdateTag: 输入原始密文 C 以及更新后密文 C', I 是一个包含所有满足 $C_i \neq C_i'$ 的索引 i 的集合. 对于 $i \in I$ 执行 B-TagGen(C_i') 来获得新标签 T_i', 计算更新后的文件标签 $T_0' = \text{Mu.Update}(i, C_i, C_i', T_0) = T_0 \cdot \text{H}(i||C_i)^{-1} \cdot \text{H}(i||C_i')$.

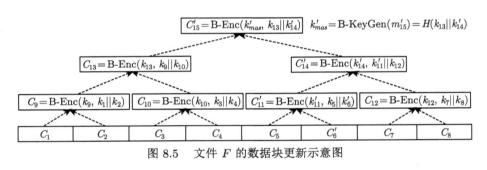

图 8.5　文件 F 的数据块更新示意图

8.4 小　结

随着云存储服务的不断普及, 日益增长的数据量无疑挑战着云服务器的存储能力, 云数据安全去重技术为节省服务器存储资源提供了一种切实有效的方法, 因此得到了广泛的研究和应用. 本章介绍了云数据安全去重技术的发展轨迹和研究现状, 不仅系统地介绍了文件级去重和数据块级去重的服务架构, 而且对其涉及的底层加密算法、所有权证明技术、前/后向安全性等概念进行了详细介绍, 剖析了已有方案中的优点和缺点. 从资源节省的角度来看, 数据块级的客户端去重必将成为学术界与工业界焦点, 值得进一步研究和探索.

参 考 文 献

[1] Gantz J, Reinsel D. The digital universe decade-are you ready? IDC White Paper, 2010: 1-16.

[2] Miao M X, Wang J F, Li H, Chen X F. Secure multi-server-aided data deduplication in cloud computing. Pervasive and Mobile Computing, 2015, 24: 129-137.

[3]   Halevi S, Harnik D, Pinkas B, Shulman-Peleg A. Proofs of ownership in remote storage systems. Proceedings of the 18th ACM conference on Computer and communications security, 2011: 491-500.

[4]   Miao M X, Tian G H, Susilo W. New proofs of ownership for efficient data deduplication in the adversarial conspiracy model. International Journal of Intelligent Systems, 2021, 36(6): 2753-2766.

[5]   Chen X F, Zhang F G, Kim K. Chameleon hashing without key exposure. International Conference on Information Security. Springer, 2004: 87-98.

[6]   Liu J, Asokan N, Pinkas B. Secure deduplication of encrypted data without additional independent servers. Proceedings of the 22nd ACM SIGSAC Conference on Computer and Communications Security, 2015: 874-885.

[7]   Abdalla M, Pointcheval D. Simple password-based encrypted key exchange protocols. Cryptographers Track at the RSA Conference. Springer, 2005: 191-208.

[8]   Cui H, Deng R H, Li Y J, Wu G W. Attribute-based storage supporting secure deduplication of encrypted data in cloud. IEEE Transactions on Big Data, 2017, 5(3): 330-342.

[9]   Douceur J R, Adya A, Bolosky W J, Simon D, Theimer M. Reclaiming space from duplicate files in a serverless distributed file system. Proceedings 22nd International Conference on Distributed Computing Systems. IEEE, 2002: 617-624.

[10]   Bellare M, Keelveedhi S, Ristenpart T. Message-locked encryption and secure deduplication. Annual International Conference on the Theory and Applications of Cryptographic Techniques. Springer, 2013: 296-312.

[11]   Storer M W, Greenan K, Long D D E, Miller E L. Secure data deduplication. Proceedings of the 4th ACM International Workshop on Storage Security and Survivability, 2008: 1-10.

[12]   Wang J F, Chen X F, Li J, Kluczniak K, Kutylowski M. A new secure data deduplication approach supporting user traceability. 10th International Conference on Broadband and Wireless Computing, Communication and Applications. IEEE, 2015: 120-124.

[13]   Kim K, Youn T Y, Jho N S, Chang K Y. Client-side deduplication to enhance security and reduce communication costs. Etri Journal, 2017, 39(1):116-123.

[14]   Xu Y, Zhang C, Wang G J, Qin Z, Zeng Q R. A blockchain-enabled deduplicatable data auditing mechanism for network storage services. IEEE Transactions on Emerging Topics in Computing, 2021, 9(3): 1421-1432.

[15]   Hur J, Koo D, Shin Y, Kang K. Secure data deduplication with dynamic ownership management in cloud storage. IEEE Transactions on Knowledge and Data Engineering, 2016, 28(11): 3113-3125.

[16]   Jiang S R, Jiang T, Wang L M. Secure and efficient cloud data deduplication with ownership management. IEEE Transactions on Services Computing, 2020, 13(6): 1152-1165.

[17] Yuan H R, Chen X F, Jiang T, Zhang X Y, Yan Z, Xiang Y. Dedupdum: Secure and scalable data deduplication with dynamic user management. Information Sciences, 2018, 456: 159-173.

[18] Koo D, Hur J. Privacy-preserving deduplication of encrypted data with dynamic ownership management in fog computing. Future Generation Computer Systems, 2018, 78: 739-752.

[19] Li J, Chen X F, Li M Q, Li J W, Lee P P C, Lou W J. Secure deduplication with efficient and reliable convergent key management. IEEE Transactions on Parallel and Distributed Systems, 2014, 25(6): 1615-1625.

[20] Chen R M, Mu Y, Yang G M, Guo F C. Bl-MLE: Block-level message-locked encryption for secure large file deduplication. IEEE Transactions on Information Forensics and Security, 2015, 10(12): 2643-2652.

[21] Zhao Y J, Chow S S M. Updatable block-level message-locked encryption. IEEE Transactions on Dependable and Secure Computing, 2021, 18(4): 1620-1631.

[22] Bellare M, Keelveedhi S, Ristenpart T. Dupless: Server-aided encryption for deduplicated storage. Proceedings of the 22nd USENIX Conference on Security, USENIX Association, 2013: 179-194.

[23] Ateniese G, Burns R, Curtmola R, Herring J, Kissner L, Peterson Z, Song D. Provable data possession at untrusted stores. Proceedings of the 14th ACM Conference on Computer and Communications Security, 2007: 598-609.

[24] Blakley G R, Meadows C. Security of ramp schemes. Workshop on the Theory and Application of Cryptographic Techniques. Springer, 1984: 242-268.

[25] De Santis A, Masucci B. Multiple ramp schemes. IEEE Transactions on Information Theory, 1999, 45(5): 1720-1728.

索　引

后　　记

近代科学技术的发展日新月异，瞬息万变．近百年人类取得的科技成就远远超越了以前历史成就的总和．请想想微积分、信息论、互联网、移动通信、DNA、克隆羊、黑洞、公钥密码学、云计算、大数据、区块链、人工智能等．因此，科学技术的演化应该是一个指数时间复杂度的函数．

密码学是网络空间安全的核心技术模块之一，它的历史至少可以追溯到公元前 5 世纪．然而自 1976 年以来，密码学的发展似乎也变成了一个指数函数，许多让人惊叹的成果层出不穷．密码学曾经是一门艺术，现在则是一门严肃的科学．

我们在很小的时候就被教育"安全第一"，这是指人身安全．但是科学技术中的安全是否也应该排在第一位？如通信安全、网络安全、计算机安全、系统安全、数据安全等．更进一步说，我们在进行通信时，是首先保证通信还是保证安全？我们的目标到底是什么？

一切科学技术都要为人类服务．网络与信息安全实际上是一种恰到好处的增值服务．"恰到好处"是指增之一分则太多，减之一分则太少；因此，网络与信息安全是所有信息基础设施建设、运行、发展的关键；虽然不是最终目标，但绝对是不可或缺．

云计算也很好地阐述了"一切是服务"的理念，包括 SaaS、IaaS 和 PaaS 等等．云安全则为云计算和云存储服务，提供相应的安全技术保障．因此，云安全也可以理解为服务的服务 (Service of Service)．

愿一切皆安全．

最后，我要特别地感谢我心爱的妻子苗美霞女士和两个可爱的女儿陈佳睿 (Erry)、苗佳奕 (Very)，她们给了我无尽的爱．有爱就有安全．

陈晓峰

2021 年 11 月修订

"密码理论与技术丛书"已出版书目

(按出版时间排序)

1. 安全认证协议——基础理论与方法　2023.8　冯登国　等　著
2. 椭圆曲线离散对数问题　2023.9　张方国　著
3. 云计算安全(第二版)　2023.9　陈晓峰　马建峰　李　晖　李　进　著